U0910078

城市发展与交通规划

——新时期大城市综合交通规划理论与实践

孔令斌　著

人民交通出版社

内 容 提 要

本书分5篇,共21章。第一篇,绪论,内容包括交通发展的背景和阶段性;第二篇,我国城市交通发展阶段回顾;第三篇,新时期城市综合交通发展特征与形势;第四篇,新时期交通规划理论与方法;第五篇,新时期城市交通规划实践。

本书作者根据自己多年来参与城市交通规划的实践,深入总结与思考,形成了可以共享的宝贵经验,并在充分借鉴国内外相关研究成果的基础上,提出和构建了具有自身特点的观点和理论体系。

本书可供交通规划与管理人员阅读使用,也可供高等院校交通工程专业本科生及交通运输规划与管理专业研究生学习参考。

图书在版编目(CIP)数据

城市发展与交通规划——新时期大城市综合交通规划理论与实践/孔令斌著. —北京:人民交通出版社,2009.9

ISBN 978-7-114-07917-7

I.城… II.孔… III.城市规划:交通规划

IV.TU984.191

中国版本图书馆CIP数据核字(2009)第129849号

书　　名:城市发展与交通规划
——新时期大城市综合交通规划理论与实践
著 作 者:孔令斌
责任编辑:沈鸿雁　刘永超
出版发行:人民交通出版社
地　　址:(100011)北京市朝阳区安定门外外馆斜街3号
网　　址:http://www.ccpress.com.cn
销售电话:(010)59757969,59757973
总 经 销:北京中交盛世书刊有限公司
经　　销:各地新华书店
印　　刷:北京市密东印刷有限公司
开　　本:787×1092　1/16
印　　张:24
字　　数:455千
版　　次:2009年9月　第1版
印　　次:2009年9月　第1次印刷
书　　号:ISBN 978-7-114- 07917-7
印　　数:0001~2000册
定　　价:55.00元

(如有印刷、装订质量问题的图书由本社负责调换)

序　言

21世纪以来，中国的城镇化进程对全世界都产生了重大的影响，中国数亿人口在20～30年内进入城镇，带来了土地资源、环境、能源、人口等方面的巨大挑战，而城市交通又首当其冲。城市交通能否支撑城市的可持续发展、能否引导城市形态的合理布局和调整、能否保障城市经济与社会活动的正常运行，成为了政府，乃至公众共同面对的严峻课题。

回顾我国的发展历程，在经济与社会快速发展的背景下取得了许多巨大成绩，也留下了很多深刻的教训，这都促使我们在城市交通发展理念、具体分析技术、建设推进方法等诸多方面进行深入的反思，以更好地面对未来、迎接挑战。

我们今天所面临的交通问题与20世纪80年代所面临的问题有非常大的变化。20世纪80年代主要是供给不足，多渠道筹集资金投入城市交通基础设施建设很快就会产生效果；而目前面临的主要问题是资源不足，需要在满足交通需求与保障人居环境之间进行协调。因此，城市交通当前所面临的挑战远比一般想象的要复杂，城市交通对策需要的智慧必须集成工程技术与社会科学。正因为如此，城市交通规划理论面临变革的巨大压力，处理好机动化与人居环境之间的矛盾，将交通规划有机地融入城市规划法规体系，切实有效地推进公交优先，加大信息化技术对城市交通系统的贡献，将交通规划从目标控制转向过程调控，在交通拥堵成为常态的背景下，保障经济与社会活动正常运行等问题，均需要采用新理念、新技术、新方法来加以解决。

交通规划理论经历了定性分析为主和定量分析为主的两个不同发展阶段，正在进入一个定性与定量相结合的阶段。交通规划理论的科学性，表现在对于问题的把握，对于发展趋势的判别，测试分析方法的有效性，以及对策方案设计的科学化和精细化。把交通规划理论归结成为一种简单的数理分析过程，会把许多重要的、难以量化的因素排除在决策分析之外。同样，如果把交通规划归结为经验性、协调性为主体的过程，也会使得我们不能把握快速发展的趋势而陷于被动。正确地认识交通规划理论的内涵，有效吸取发展的经验，我相信，能够建立适合中国发展规律的理论体系，能够指导我们应对未来的挑战。

本书作者根据自己多年来参与城市交通规划的实践，深入总结与思考，形成了可以共享的宝贵经验，并在充分借鉴国内外相关研究成果的基础上，构建了具有特点的观点和理论。相信本书对于中国城市交通规划理论的发展会起到推动作用。

本书丰富的内容一定会吸引更多的研究者、管理者、技术人员理性地思考中国的城市交通问题，也希望能够有更多的人参与到推进城市交通规划发展的进程中。

杨东援

同济大学教授、博士生导师

2009 年 4 月

前　言

2000年以来，经过20年改革开放，中国城市的投资能力大幅提升，持续20年的城市化和城市扩张，使得城市人口规模和空间范围都达到历史的最高峰，城市的新型职能在不断增加，既有职能不断加强，从建成至今延续了百年，甚至千年的城市发展模式变得越来越不能适应城市经济、社会、产业和交通组织的要求，城市中心区的密度越来越高、职能越来越集中，交通拥堵越来越严重，城市外围地区的城市服务随着城市扩大变得越来越差、城市空间扩张的代价越来越大，使国内许多大城市都不约而同地把目光投到城市空间结构调整上，希望通过城市空间结构调整改变城市发展带来的交通、职能发展的难题，使城市能够重新获得扩张的动力。而从1994年汽车产业政策实施后，居民收入增长和汽车价格的差距越来越小，2000年后进入了私人汽车高速增长的时期，同时，城市轨道交通建设也迅速在全国的特大城市中普及开来，交通投资也比20世纪90年代增加了一个数量级。

在机动化和城市化的双重作用下，城市空间扩张获得了充沛的动力，城市交通与城市开发紧密地联系在一起，城市交通特征在短短的几年里发生了显著的变化。城市交通问题的凸显，使交通规划得到前所未有的关注，本人也从那时开始忙于许多大城市的交通规划，交通规划成果的产出越来越多，规划要求的周期越来越短，但困惑却越来越多。从交通规划编制体系到交通规划的目标，从标准规范的使用到交通规划的方法，似乎都在城市和交通新的发展形势下失灵了，交通规划工作者们付出的努力并没有换来交通问题的解决，包括政府决策者和城市规划技术人员在内的城市规划建设亲历者，对有凿凿数据支持的交通规划产生怀疑，城市决策者和居民把交通问题归罪于规划，城市规划技术人员认为交通规划并不理解城市的布局和发展，城市规划和交通规划人员之间的相互埋怨越来越多，有些项目上甚至分道扬镳，各做各的。

本人有幸在此期间参与了大量的城市规划和交通规划项目及政策研究，在项目中把规划实践与对交通规划理论与方法的反思结合起来，在不同的项目中一点一滴地尝试和研究。到2006年，通过几次在国内讲课，逐步归纳、提升和整理，有了要把自己这几年的研究所得整理出来的冲动，希望能写出来和城市规划、交通规划的各位同仁一起探讨。

本书内容不是科研资金资助的项目，读者会发现本书并不是系统地讲述城市交通规划的理论和方法，而是根据本人在2000年后的城市交通规划实践工作中的心得和体会提炼出来的，是对目前城市发展和交通规划发展中的问题进行探讨，并试图从理论和方法的角度理出城市交通规划发展的一个框架。前半部分通过对城市和交通发展的回顾和认识，重点讲述在理论与方法上的思考和改进，后半部分是我近年来部分相关项目实践的提炼。

本书的出版，应特别感谢中国城市规划设计研究院的同事们的帮助和支持，感谢中国城市规划设计研究院和交通所的领导让我有机会参与那些对我专业发展有帮助的项目，并给我提供研究的机会，感谢与我一起承担项目的同事们，让我能在项目中实现自己的想法，并与我就本书中的许多问题进行探讨，感谢项目的业主方提供的合作机会，并且能接纳我们在项目中所做的探索和研究。特别感谢我的同事戴彦欣为本书的许多章节提供了大量的资料，并参与了部分章节的写作和校对、修改等工作，我的学生邹歆为本书中的插图进行修改和整理。尤其要感谢杨东援教授在百忙之中阅读了书稿，提出很多中肯的意见，并撰写了热情洋溢的序言。还要感谢人民交通出版社公路图书出版中心主任沈鸿雁给了我出书的信心，并为本书的出版提供了方便。而有了中国城市规划设计研究院的领导，尤其是院长李晓江教授和总工室主任张菁教授的大力支持，才使得本书得以出版。如果本书能对我国的城市规划和交通规划事业有所贡献，与他们的热忱和孜孜不倦的工作密不可分！本人在此一并表示感谢！

编　者

2009年2月

目 录

第1篇 绪论

第2篇 我国城市与交通发展阶段回顾(改革开放初期至20世纪末期)

第3篇 新时期城市综合交通发展特征与形势

第4篇 新时期交通规划理论与方法

第5篇　新时期城市交通规划实践

第1篇 绪　论

1 交通发展的背景

1.1 城市与交通发展进入新时期

经过近30年的改革开放，我国大城市的城市空间、土地利用和交通都进入了一个全新的发展时期。城市正在摆脱蔓延式空间生长，逐渐步入空间结构调整阶段。交通的内涵、功能、影响、发展制约因素和发展策略都在随着城市发展环境的变化进行调整。

在城市发展的国家政策和外部环境上，资源短缺正成为城市和交通发展的主要制约因素。在科学发展观的指导下，国家加强了对城市发展中节能、减排、节约资源的要求，节约土地、集约发展、生态环保正逐渐成为城市发展的核心政策。交通方面，加大了优先发展公共交通和交通节能减排政策的实施力度。而随着城镇化和区域经济一体化发展，城市和交通发展也呈现新的特征，区域交通和重大对外交通基础设施对城市空间和交通的影响日益增加。

在城市形态上，空间结构成为大城市发展的核心问题。绝大多数的大城市在2000年后开始在规划中调整城市发展的空间结构，多中心、组团、新城、跨界都市区、区域空间协调等成为城市空间结构调整的关键词；在发展的内涵上，以“集约”和“节约”为主题的发展模式转变正在影响着大城市的建设方式与面貌；在开发模式上，开发区、工业区、新区、园区等各种各样不同功能与发展模式的地区在城市的新开发地区出现，城市职能分布和组织、城市活动的特征和组织也随之发生了根本性的变化；在城市化形式上，随着大量的外来人口进入大城市，城市的人口结构、就业结构、文化结构、收入结构等呈现新的格局。这些变化无一不对城市和交通发展的理念、规划、建设、管理、组织以及运营等各个方面产生直接的影响。

交通系统的发展上，随着高速、快速交通方式进入综合交通系统，交通基础设施建设也进入一个全新的发展时期，国家高速铁路、区域快速轨道交通系统成为未来交通发展的重点，城市之间的交流特征和发展腹地也随之变化。另一方面，乡村道路、低等级道路、城乡客运的普及，使更大比例的人口都能享受到交通系统改善带来的实惠。同时，城市交通系统也发生着巨大的变化，城市快速轨道交通、快速道路、公共交通系统等的建设进入高潮，城市扩张有了相应的交通支持。

在城市管理上，以建设和谐社会为核心的政策成为城市规划和交通规划的重要特性。

(1)城市交通与对外交通不再是相对独立的内容。在交通一体化发展的要求下，新型的综合交通枢纽把对外交通和城市交通联系在一起，成为提高区域交通和城市交通联系效率的关键。

(2)交通的地位提高。交通不仅仅是作为支持社会经济发展的配套设施，更是带动城市空间拓展，是引导产业、经济发展的重要手段。同时，交通政策作为政府公共政策的重要内容，对促进欠发达地区开发及体现对弱势人群的关爱等方面，发挥着越来越重要的作用。

(3)交通需求层次不断丰富，交通方式多样化。城市交通必须满足不同阶层、不同特征的交通需求，提供多样化、人性化的选择。同时，随着经济的发展和技术的进步，从电动自行车到磁悬浮列车，各种新型交通工具不断涌现，在满足不同层次、不同要求的交通需求的同时，也给交通规划与管理提出了新的问题。

(4)交通系统从资源宽松向资源约束转变，必须采取节约和集约发展策略。在资源制约下，国家关于经济增长方式转变政策和科学发展观的落实，也要求交通向节约型转变，并把交通发展方式转变作为建设节约型城市的重点。同时，城市交通和区域交通发展必须在能源、环境、人口和土地的硬约束下实现可持续发展，资源约束下的可持续发展规划理念成为目前我国城市规划和交通规划必须遵循的原则。

(5)投资的重点转变。投资重点由公路建设开始转向铁路、城市轨道等建设。铁路的新一轮大规模建设已经展开，规划到2020年，全国铁路运营里程将达到10万公里。主要繁忙干线实现客货分线运行，复线率和电气化率均达到50%。而在大城市的交通发展中，公共交通投资也迅速增长。

(6)机动化进入新的发展时期。交通需求迅速增长，对交通设施的需求急剧增加。需求导向的交通设施建设和发展政策难以为继，交通拥堵成为城市交通运行的常态，不仅要求在交通设施建设上转变思路，更要求改变管理理念。各种特征的交通流所占用的交通设施空间大幅度增长，相互之间的矛盾越来越大，在出行数量和距离上的增长使交通出行对服务的要求更多样化，交通方式之间的竞争管理将成为重点。

(7)恰逢建立交通与土地利用可持续发展模式的最佳时机。在快速城镇化的关键时期，城市与区域都处于空间和职能的快速调整和发展之中，而城市交通和区域交通也处于快速发展和形成之中，因此，通过交通发展引导城镇空间结构调整，协调交通与土地利用是非常必要和完全可行的。对于城镇密集区域的中心城市而言，其交通发展上的这种引导和促进责任更大，同时还必须担负起引导和促进其服务的区域内空间发展和城镇分工发展的重任。

1.2 新时期城市交通发展与运行呈现新特征

目前，城市发展的形式和内涵都在发生变化，城市人口和就业结构变化所引起的城市活动内容和组织方式正在变化之中。城市交通的机动化和多样性发展，使城市交通特征呈现出全新的组织和发展特征。

(1)弹性出行增加。随着城镇居民收入提高,对丰富业余生活的追求日益强烈,通勤之外的其他交通出行成为近年来增长最快的部分,而上班、上学等出行在全部出行中的比例在逐步下降。杭州市居民出行目的和构成统计情况分别见表 1-1 和图 1-1。

杭州市居民出行目的(%) 表 1-1

年份	上班	上学	生活	文娱	业务	回家	其他	合计
1986	33.14	7.43	6.86	1.71	2.86	47.43	0.57	100
1997	29.74	9.56	6.93	2.99	2.87	47.11	0.80	100
2000	23.09	7.19	10.25	3.52	2.90	44.39	8.66	100
2005	21.09	5.45	9.73	8.63	2.47	44.17	8.46	100

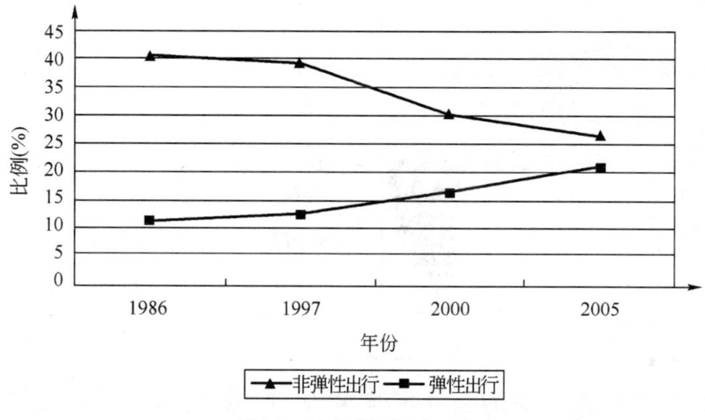

图 1-1 杭州市居民出行构成

(2)城市范围扩大,出行距离增加。如杭州市居民出行平均距离由 1997 年的不到 6km 增长到 2008 年的约 8km。广州市居民出行平均距离从 1984 年的3.5km增加到 2005 年的 5.0km(表 1-2)。

广州市居民不同出行目的的出行距离变化(km) 表 1-2

目的	上班	上学	公务业务	生活购物	文娱体育	探亲访友	回家	回程	其他	平均
2005 年全市	6.32	3.28	11.61	3.30	3.98	8.03	4.86	8.03	5.64	5.03
2005 年原八区	6.42	3.46	11.37	3.36	4.00	8.16	4.98	7.97	5.65	5.14
1984 年	3.74	1.99	4.18	1.93	2.07	3.15	3.17		—	3.17
增长率(%)	71.8	74.0	172.1	74.0	92.9	159.0	60.9		—	62.4

数据来源:广州市交通规划研究所.广州市 2005 年居民出行调查总报告,2007。

(3)城市不同功能区交流增加。城市空间结构调整和不同功能开发地区的分离,使城市在品质提升的同时,不同功能区之间的交流也迅速增加,联系交通成为城市健康发展的纽带。

(4)私人汽车迅速发展,机动交通出行增加,交通结构快速变化。交通机动化程度越来越高,非机动和步行交通在构成中的比例下降,如果按照周转量计算,机动交通的比例将更高。

杭州市居民出行方式变化情况见表 1-3。

杭州市居民出行方式结构变化(%)❶ 表 1-3

交通方式	1997 年	2000 年	2005 年	2008 年
步行	21.51	27.61	28.20	31.60
自行车或助动车	60.78	42.77	35.10	33.30
公交车	8.70	22.20	16.00	19.70
出租车	1.75	1.49	0.70	1.00
单位大客车	3.90	2.19	1.70	1.50
单位小汽车	—	1.81	—	1.90
私人小汽车	—	0.75	10.00	9.30
摩托车	1.04	0.78	7.10	0.80
其他	2.32	0.40	1.20	0.90
合计	100	100	100	100

(5)机动车的迅速发展和城市出行距离的增加,使城市交通拥挤日益严重,在部分特大城市,交通拥堵已经成为交通运行的常态,交通排放对大气污染的贡献率逐步加大。

(6)随着收入差距的扩大,不同收入人群对交通服务标准的差异扩大。城市居民的收入差距也同样反映在对交通服务的要求上,舒适、安全、经济在不同层次居民出行中的权重差距正在加大,居民对交通服务多样性的要求提高,传统的交通方式划分正在逐步向服务层次划分转变。服务正在成为决定交通系统形态和组织方式的重要因素。

(7)城郊分离的交通模式正在谋求一体化发展。城市地区范围的扩张使原来城市的郊区成为新兴的城市地区,成为城市中承担部分职能的新城。这一变化过程之快令人惊奇,从 20 世纪 90 年代中期至今不过短短 10 年时间,城市郊区化迅速在大城市扩展开来,城市的新城、开发区迅速成为新的城市地区,成为城市空间的一部分,同时城市公共设施的服务腹地也逐步覆盖了乡村,城市交通组织正在逐步打破原来的城乡"二元"划分模式,适应城市空间、城乡关系的变化,向交通一体化发展推进。

(8)城市与区域的联系增加。大规模的区域规划是近 5 年的事情。经济全球化和国内经济一体化发展,突出了区域对城市发展的重要性,国际和国家经济组织的职能往往分

❶ 中国城市规划设计研究院.杭州综合交通规划修编现状分析专项报告,2008.

布在区域中不同的城市中，区域对城市发展的作用越来越重要，经济、产业、社会、公共服务等都在区域中进行分工与组织，这导致区域内城市之间的联系越来越密切，交流的数量越来越大，交流的特征也在发生深刻的变化。城市之间的关系正在改变着我国传统的城市关系格局，城市界限在交流、建设中越来越淡化，更多的是起到统计和投资组织界限的功能，区域正在代替传统的城市，特别是在城镇密集地区，区域交通也开始逐步融入城市交通，并成为一个整体。

(9)城市与腹地之间关系正在随着交通环境变化而调整。城市与区域关系的变化，以及全球性经济组织的变化，带动了国家交通网络布局的重新调整，突出了那些在全球和国家经济、产业组织中占有重要地位的地区在交通网络中的地位，国家的经济和产业布局也开始随着交通网络的变化，形成以这些重要地区为核心的产业体系，城市、区域、腹地之间的关系开始重新组织和布局，交通运输的组织也开始随着经济组织的变化，形成以这些重要发展地区为核心的门户和枢纽，面向国际和国内的组织方式。

(10)城市交通系统与城市在国家、国际交通网络的地位决定着城市的产业、经济发展，进而影响到城市的空间和职能，(正如航运在新加坡、香港的地位对其城市在世界城市体系中的定位，对产业经济的发展有着决定性的影响。)在经济全球化和区域经济一体化的驱动下，重大交通基础设施关乎运输成本的高低，进而影响市场经济的运行，其布局也日益成为城市发展方向和国家、城市产业布局的重要影响因素。油气、矿石的全球化，使国内的钢铁、石化等产业向沿海转移，成为沿海依托港口发展的重要产业，也成就了沿海城市港口地区的城市发展，从北部湾到渤海湾的沿海港口地区发展中也是如此。

1.3 城市和交通协调发展是城市可持续发展的关键

“凡事预则立，不预则废”，我国城市在城市发展和交通发展上面临着巨大的挑战，也是巨大的机遇。西方城市发展和交通发展百年的历程在中国浓缩在十几年完成，浓缩使问题更加尖锐，使城市在发展问题的处理上思考的时间缩短，但同时，新的技术和已有的经验教训又为中国城市的发展提供了更多、更好的解决方案。

从 20 世纪 90 年代开始，中国进入城市化的快速发展时期，大量的农村富余劳动力进入城市，城镇化率不断提高，到 2007 年城镇化率已经接近 50%。而目前户籍制度的改革，将会进一步加快城镇化的进程。

在城市人口迅速增加和工业化快速发展的推动下，城市建设用地进一步扩大，几乎所有的大城市在新世纪的城市规划中都提出了城市空间结构调整的要求，向多中心、组团式布局发展。

而城市经济的迅速发展在提高居民收入水平的同时也提高了政府的投资能力。近年来，城市机动化迅速发展，使中国的汽车工业和汽车消费在短短的几年里快速崛起，中国成为世界的第二大汽车市场。轨道交通、快速路建设成为大城市交通近年来的建设重点，交通的发展改变着大城市的交通格局和城镇居民的生活方式，交通的大规模建设使大城市交通投资量一直处于高位，交通也在市场经济的发展中成为城市政府引导城市发展、促进城市可持续发展的重要手段。

此外，城镇密集地区的发展、区域经济一体化运行，以及国家交通网络的完善和更新等也无一不影响着城市及城市交通的发展。

土地、能源、环境等资源限制下，城市的可持续发展成为快速城镇化和交通快速发展中城市规划和交通规划的共同点。国家集约、节约型城市建设目标中交通和城镇协调发展成为实现这一目标的唯一途径。

在资源制约下，城市和交通快速发展在考验中国城市规划、建设、管理能力的同时，也为我国城市发展提供了科学协调城市与交通之间的关系，高起点建设可持续发展的城市的机遇。

1.4 交通规划方法和理念迫切需要更新

近年来，国内外交通与城市规划发展的理论和方法研究异常活跃，而中国城市和交通的快速发展为国内外的学者提供了研究的土壤，许多国际知名学者都在关注中国城市的发展，并以此作为研究对象。

我国的城市规划和交通规划体系建立于改革开放之初，在借鉴国外城市和交通发展理论的基础上，于20世纪80～90年代形成了自己的规划体系，并建立了与之相对应的标准、规范体系，一直指导着中国城市的规划、建设和管理。

在中国城市规划和交通规划体系和标准、规范建立的过程中，以当时的城市发展和特征为基础，形成城市规划和交通规划相对独立、相互协调的规划体系、理论与方法。进入21世纪以来，城市和交通的发展，使既有规划体系、理论和方法所依托城市特征发生改变，规范、标准所对应的城市特征已经发生了巨大变化。交通与城市发展的关系、交通在城市发展中的作用、城市活动构成和组织等正在改变。城市和交通发展的新的发展形势和新特征，使既有的规划、建设和管理的指标体系已经很难适用目前的城市发展。而且，资源的限制以及可持续发展、科学发展等也对城市发展和交通发展提出了新的要求，规划管理模式和城市开发模式正在进行改革，城市开发中的多利益主体参与机制正在建立，规划的实施的方式和重点也因此而改变。

在城市规模小、交通机动化水平低、规划制约少的情况下所形成的规划理念、规划目标和规划指标已经与实际的城市发展情况脱节。计划经济模式下形成的规划体系、编制理论和方法已经不能应对新的城市发展形势，也不能为规划实施提供足够的依据，迫切需要从理念、理论和方法的更新和发展。

2　交通发展的阶段性

2.1　交通发展的阶段性

大城市的城市与城市交通发展有一定的阶段性，交通的机动化进程和城市的扩张到结构调整是国内外城市发展一般都遵循的发展道路，只不过不同的城市所处的发展阶段不同，所经历的时间和程度有所差异，或者发展的起点和终点不同而已。城市和城市交通发展的阶段性规律为处于不同发展阶段的城市交通规划之间的借鉴提供了依据，也确立了城市规划中比较分析的地位。在交通上，城市逐步由非机动走向机动化，在城市发展上，空间逐步扩张形成多中心的城市布局，各个城市在发展中基本上都是沿着这样的轨迹发展。在城市发展的各个阶段，交通和城市发展的方式不同、所遇到的问题不同、规划的目标也不同。一般来讲，特定阶段城市和城市交通发展的特征是共生的，两者之间相辅相成。

(1)非机动交通主导下的城市内聚发展阶段。城市在这一阶段由密集的街坊组成，与非机动交通可及的范围相适应，城市范围比较小，城市人口和城市职能的增加主要依靠增加既有城区的密度来实现。处于这一阶段的城市人口密度往往都比较高。城市基本为单中心的模式，各种城市活动由非机动交通承担，城市建设都围绕城市中心区，聚集在比较小的空间范围内，城市与乡村的界限明显，城市土地利用混合、出行距离短，以个体交通为主导的非机动交通主要通过道路进行组织，交通可达性高，交通矛盾较小，交通系统的功能划分主要以用地开发为主，在交通组织上作用比较小。这一时期城市发展和交通的主要问题是城市开发，交通在规划中是比较次要的问题，这一阶段，交通设施的设计远比规划重要。

(2)机动交通初期城市扩张阶段。机动化的初期城市获得了扩张的能力，城市交通可以提供城市扩张的机动性。城市规模扩展和交通机动化发展相互促进，形成一个互动的循环。在城市扩展中，城市整体开发密度降低，建成区内城市的土地利用置换频繁，旧区改造和城市外围地区新的建设同时大规模展开，混杂的土地利用开始分功能布局，城乡结合部在快速扩张和机动化比较弱的情况下，成为城市发展的盲区。城市交通则开始出现问题，在出行距离和机动化的双重作用下，交通对空间的需求迅速增加，交通供需问题出现，道路与公共交通服务功能划分的作用增强，交通组织的重点转向解决不同交通的冲突，通过提高城市交通系统的能力，来应付不断扩张的城市规模和交通需求。

(3)机动化下的城市结构调整与公共交通发展阶段。在城市大规模扩张持续发展的情况下,城市交通机动性的要求越来越高,私人机动化快速发展,机动化水平迅速提高,交通出行距离增加和汽车化下,交通拥堵全面出现,环境污染增加,交通能耗直线上升,快速道路系统运行速度大幅度下降,快速道路机动性下降,越来越难以支撑城市的扩张,专用路权的快速公共交通方式成为城市发展的新宠,给城市发展提供新型的机动性支持。为维持城市的正常运行,以专用路权、高机动性为骨干的城市公共交通系统大规模发展。城市规模的迅速扩大,交通出行距离大幅度增加,迫使城市必须选择新的空间结构。城市副中心、新城、组团等迅速发展,以保障城市活动的可持续发展,城市交通随着空间结构的转变,组织模式和网络结构也进行调整。

(4)城市交通福利化,以管理为主的交通发展阶段。随着城市逐步走向成熟,城市的结构、规模,交通系统和需求等逐步稳定下来。城市交通投资高涨的时期逐步成为过去,在没有新的技术革命情况下,城市维持在一个比较稳定的状态。但城市经济的发展还在持续,城市投资能力富余越来越大,交通投资开始转向居民福利,公平和引导成为交通价格机制和交通投资的重点,城市交通系统则通过管理逐步微调,保障城市交通服务水平维持在可接受的水平。

2.2 不同交通发展时期的目标与关注点

在不同的交通发展阶段,城市和交通发展的特征各不相同,规划所关注的核心问题也就各异,交通规划以城市和交通发展特征为出发点来确定该阶段规划的目标和关注点(表 2-1)。

不同交通发展阶段的交通发展目标与关注问题 表 2-1

交通发展的阶段	交通发展目标	交通规划关注的主要问题
非机动交通主导下的城市内聚发展阶段	支持城市社会经济发展	慢行交通、货运交通
机动交通初期城市扩张阶段	支持城市社会经济发展,满足交通需求	交通系统扩展、改造,混合交通
机动化下的城市结构调整与公共交通发展阶段	支持城市社会经济正常运行,交通优先和交通引导	交通网络节点调整、公共交通发展、交通优先、交通拥堵
城市交通福利化,以管理为主的交通发展阶段	支持城市社会经济正常运行,交通公平	交通拥堵、交通公平、交通需求管理政策、交通福利

非机动交通主导下的城市内聚发展阶段,城市交通的重点需要解决城市的非机动交通和货运机动交通,由于交通需求小、投资缺乏,交通规划的主要目标是支持城市的社会经济发展需要;在机动交通初期城市扩张阶段,城市交通以扩张为主导,发展的重点是为了满足城市扩张的需要,以及解决混合交通带来的交通问题,交通规划的目标是为了满足

交通需求和支持城市社会经济的发展；当机动化和城市空间持续发展，进入机动化下的城市结构调整与公共交通发展阶段，城市交通发展的重点就成为建立与空间结构调整相一致的交通系统，并在城市机动交通拥堵下，对城市重要的交通需求优先组织，交通规划的目标也就成为支持城市社会经济的正常运行，以及重要出行和公共交通系统的优先发展。而城市交通福利化，以管理为主的交通发展阶段，交通拥堵问题解决、交通公平、需求管理、交通福利是交通规划的重要关注点，交通系统发展的目标也相应地在支持城市社会经济正常运行的基础上，体现交通公平。

2.3 交通规划阶段与规划理论

对于交通发展的四个阶段，即非机动化的内聚式发展阶段，机动化初期的城市扩张阶段，机动化下的城市结构调整与公共交通发展阶段，交通福利化、以交通管理为主的城市成熟发展阶段。城市和城市交通发展所面临的问题完全不同，交通规划的目标和重点关注的内容也不同，必然导致在不同阶段规划理论、方法上的差异。

(1)非机动化的内聚式发展阶段，城市活动出行距离短，交通需求水平低，单个交通出行所占用的城市交通系统资源比较少，城市交通几乎不存在现代交通所面临的各种问题。一般按照城市土地开发形成的道路系统，交通供给能力都比较富裕。这一时期交通规划的目标是形成与城市土地开发配套的道路系统。道路设计是该阶段的交通重点，交通规划不需要复杂的交通理论和交通分析方法。

(2)在机动化初期的城市扩张阶段，城市扩张从机动化获得动力，土地通过置换、开发，逐步由混杂转变为功能划分明确的分区，而空间的扩张和城市功能区划明确，导致交通出行距离增加。需求总量的增加和机动化结合起来，交通供需矛盾出现，而矛盾的焦点是增加供给来满足城市的扩张。

交通规划在这一时期的目标是满足城市空间的扩张和经济发展的需求，交通追随城市土地利用布局的发展而发展；交通规划的重点是交通设施建设和能力扩展，来满足城市空间、人口、经济等的扩张要求；在交通规划理论上以需求导向，规划的内容集中在交通系统的能力发展上，即交通规划的核心是供需平衡，交通供应是对交通需求的响应，通过增加供应能力取得供需平衡，根据交通需求的分布确定交通供应的规模、布局，确定供应的形式。交通规划的指标偏重于交通设施的饱和度。交通规划的流程如下：

土地利用──→交通需求──→模型分析──→供应方案测试──→供应方案修改

(3)机动化下的城市结构调整与公共交通发展阶段，城市在机动化的推动下快速扩张的问题很快就显现出来，空间规模、人口规模的不断增长，城市地区的规模越来越大，而交通机动化增长使单个出行所占用的交通系统资源越来越大，两者的共同作用下，交通拥堵、环境污染、资源消耗(土地、能源)迅速升级，城市交通问题越来越复杂，城市运行的效率急剧下降，使城市蔓延增长的代价越来越大。交通矛盾成为城市发展的首要矛盾之一。

为应对城市增长和交通增长的挑战，世界上的大城市都在这一时期选择改变城市的增长方式，即城市发展上调整城市空间结构，来改变城市经济、社会的活动模式，交通发展上，重点发展公共交通等专用路权交通系统。

交通规划在这一时期的目标是要保障城市的正常运行，合理协调交通与城市空间和土地利用之间的关系；交通规划的重点是适应城市结构的调整而调整城市交通系统的网络结构、交通组织模式，以及发展公共交通等专用路权交通系统。城市交通规划从供应和需求两方面出发进行规划，在资源限制的约束下，交通规划的目标和方法、手段都发生了变化。交通规划理论上，需求导向的交通规划理论在这一阶段不具有指导性，交通规划理论转向资源限制下的交通规划和交通与土地利用的协调发展，如以公共交通为导向的发展模式（TOD，transit oriented development）并且在近年来引入了可持续发展理论。交通规划的内容上重点突出交通组织模式、交通网络结构转变，交通与城市空间、土地利用的关系，交通优先、公共交通和交通需求的管理。交通需求分析也适应这一时期的发展特征，动态的交通分析技术、出行时间和交通优先等成为分析重点。交通系统规划的指标偏重于资源利用、系统运行效率。在规划的流程上，交通规划与城市发展规划纳入统一的框架之中，交通规划成为城市发展规划的核心内容。

1962 年，公共选择理论的主要代表人物之一，美国人 Anthony Downs 提出了著名的 Downs 定律："在政府对城市交通不进行有效管制的情况下，新建的道路设施会诱发新的交通量，而交通需求总是倾向于超过交通供给"。对交通发展依赖资源有限性的认识改变了交通规划的整体技术，资源限制下的交通规划开始流行，并主导交通规划。从 20 世纪 70 年代～90 年代，通过石油危机、城市环境危机，以及对交通需求和供应关系的重新认识，人们开始认识到交通发展中资源限制是制约交通发展模式和路径的重要因素，提出资源限制下的交通规划理论，开始研究对交通需求进行管理，对城市土地利用、空间增长与交通的相互关系进行深入的研究。20 世纪 90 年代末，美国提出了"精明增长"（smart growth）理论，以及公共交通导向的城市开发等。

---

(4)交通福利化，以交通管理为主的城市成熟发展阶段，该阶段城市空间和土地利用发展已经基本定型，城市交通系统以建设为主导的阶段成为过去，城市和交通规划进入了以管理为核心的阶段，公平和可持续成为城市发展和管理的核心。

这一阶段，城市交通规划目标是保障社会公平与可持续发展，促进交通系统的运行改善。交通规划的重点内容是交通公平和利用交通促进城市的可持续发展，以及交通系统的运行改善。在交通规划理论上，转向了交通系统的可持续发展和交通公共政策下的公平规划理论；在交通规划内容上，交通发展的可持续性、交通政策的公平性、交通系统的改善和交通需求管理成为该阶段的核心内容；在交通分析上，交通公平、交通安全、交通政策分析和交通系统运行改善的详细分析成为分析的重点；在交通规划的指标上，偏重于交通政策和发展的公平性指标，在规划流程上，宏观的交通与土地利用规划再次分离，交通规划因关联到人的各种活动，涉及面更广，成为城市许多发展规划中的重要内容。

在城市和交通发展的各个阶段，因面临的发展问题不同，导致各发展阶段城市从规划目标、内容到所采用的规划理论、规划方法、规划指标和规划流程都不相同。不能说什么样的规划理论和规划方法更科学和更高级，而是城市和交通在什么样的阶段，适用什么样的规划理论和方法。在城市和交通发展阶段的递进中，交通规划的理论和方法也是递进的，越过发展阶段谈规划的理论和方法没有意义。

第 2 篇　我国城市与交通发展阶段回顾
（改革开放初期至 20 世纪末期）

3 我国城市与交通的发展过程回顾

3.1 非机动交通时代的城市与交通发展

3.1.1 内聚式城市发展

中国城市由于东西差距比较大，城市交通的进程步调也不一致，非机动交通主导时代在不同的城市中有的一直延续到20世纪90年代初期。在这里主要分析改革开放以后的城市发展情况。

在20世纪80年代～90年代初期，我国城市的平均密度达到2.5万人/km^2。城市整体建设用地规模和人均建设用地增长缓慢，人均用地在20世纪80年代中期约为60m^2，有许多城市人均建设用地在这一时期甚至出现负增长，如图3-1所示。尽管我国的城镇化水平从1982年的20.8%，增长到1990年的26.2%，但多数城市是在不增加整体用地范围的情况下，通过密度的提高，消化了这一时期城镇化水平提高6%带来的城市人口增长。

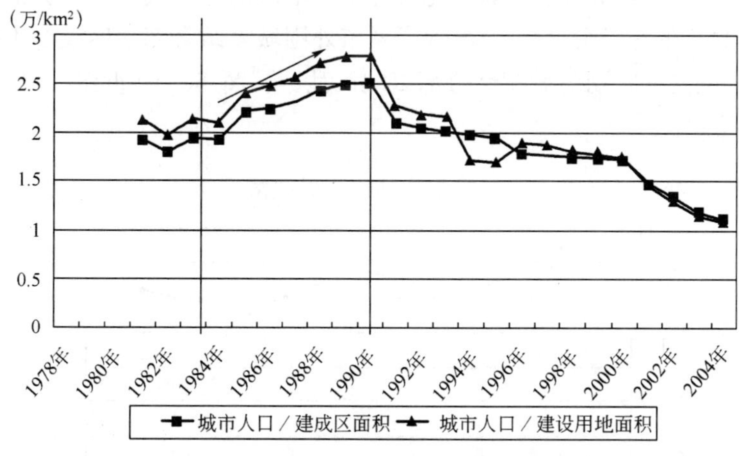

图3-1 我国城市人口与建设用地关系

这一时期城市发展主要在既有的城区进行初步改造和加密，是在城市建筑高度增长有限的情况下通过内聚式加密，提高城市的人口容纳能力。而这种加密主要集中在城市中心和附近地区，中心地区的人口密度不断增加，使我国的大城市核心区成为世界上人口最密集的城市地区，城市的居住环境逐步恶化。如转型期南京城市内部更新可划分为三阶段：第一阶段为1990～1995年，为城市内部更新的起始阶段，土地有偿使用的开展以及城市居住条件的限制，使市场和政府一拍即合，大力推进房地产开发。

内聚式的城市发展模式下，城市的内部环境日益下降，大量的开敞空间在改造中消失，本已紧张的用地上，通过挤进更多的临时或永久的房屋，以容纳更多的人口，出现了许多以容纳人口为主要目的的"大杂院"。"大杂院"的特殊氛围，也造就了这一时期大城市中特殊的文化现象，时至今日，我们还能看到许多反映这一时期大杂院人口变迁和邻里关系为主题的文学作品。

1982年第三次人口普查时，上海核心老城区的人口密度比建国初期又有所增长，南市区吉安街道的人口密度高达16.64万人/km^2，露香园街道人口密度15.80万人/km^2，人口拥挤和生活环境恶化程度都发展到极限水平。

这一时期城市范围都比较小，即使是特大城市也是如此，城市建设用地空间的当量半径一般都小于10km，只有极少数城市达到10km。这与非机动交通的出行距离相符，城市范围基本相当于城市居民的平均出行距离。居民选择居住地与中心区的距离在其出行的平均距离之内，居民活动的空间决定了城市的空间范围也必须小(图3-2)，否则，城市中心区就不能服务到外围的居民，城市化过程中所增加的城市人口和服务需求只能通过城市范围内内聚式的开发来消化，这导致了城市外围城乡结合部地区长期不能享受到城市的相关服务，使这一时期的城乡结合部以"脏、乱、差"闻名。20世纪80年代我国城区面积如表3-1所示。

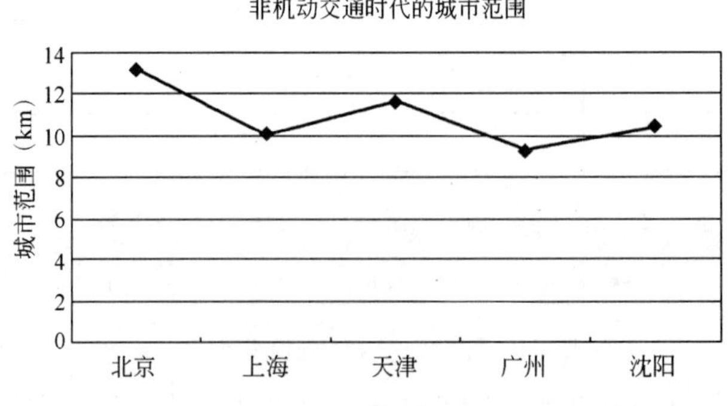

图3-2　非机动交通时代的城市范围

20世纪80年代我国城市的建成区面积 表3-1

城市名称	人口(市区非农人口)(万人)	建成区面积(km^2)	中心布局	人口密度(万人/m^2)
北京	547	387	单	1.41
上海	322	217	单	1.48
天津	431	314	单	1.37
广州	271	241	单	1.12
沈阳	341	164	单	2.08

注:摘自1988年《中国城市统计年鉴》。

城乡结合部处于城、乡两种管理体制和土地制度的交叉点上,这一时期由于城乡结合部处于城市服务的末端,以糟糕的交通、环境和治安而闻名。城乡结合部就像古代高大城墙一样,把城乡截然分开。在建筑上以低矮的农村住房为主,难以享受到城市服务,但生活成本低廉,在没有商品房供应的情况下,这些地区就成为大量外来人口的聚居地,在很多大城市形成了许多以地区、行业为凝聚的城乡结合部,并一直影响到今天的外来人口聚居地。

20世纪90年代,提起大红门,京城人不知者无几。这里是全国著名的"浙江村"所在地,服装之廉价、治安之混乱,皆远近闻名。

关于"浙江村"的确切起源,现在已经无从考证。据当地农民介绍,最早是在1983年前后,几个温州人在南苑乡马村赁房而居,搞服装加工,摆摊销售,生意极其红火。很快,一传十、十传百,越来越多的温州人聚集到马村以及毗邻的东罗园、果园、大红门、时村和石榴庄,做起服装、布料的生意。

外来人口的大量涌入,繁荣了地方经济,还为当地的农民提供了一条生财之路。据南苑乡统计,仅靠房租一项,当年东罗园等村的5 600余户农民就增收3 000万元!

可外地人带来的不仅仅是财富。到1994年10月,大红门地区以温州人为主的外来人口突破11万人,是当地农民的7倍之多!许多意想不到的社会问题接踵而来:卫生脏乱;治安混乱;村民私搭乱建愈演愈烈;交通常年拥堵;下水道等市政基础设施基本瘫痪……❶

自从1974年允许单位在自己的用地内自建住宅以来,不少单位在自己的大院里就地膨胀,拆少量平房建楼房,挖小块空地见缝插楼。而居住于旧城区的居民,人口增长导致的居住条件恶化,也通过见缝插针搭盖违法建筑解决,旧城区的人口密度越来越大,公共空间被逐步挤占。

这一时期的城市基本上为单中心,商业、行政等服务功能集中在有限的区域内,非机动交通时代落后的城市经济,使城市商业等用地需求比较低。城市商业面积、行政、办公

❶ 从"浙江村"到北京时装之都,北京日报.

等只在中心区内布置，除城市中心区外的其他地区也几乎不可能有足够的购买人群来支持新的中心形成。

所以，尽管在这十几年里，随着城市人口增加和经济的发展，全国的社会商品零售从1980年的2 100亿元增加到20世纪90年代初期的超过10 000亿元，但商业需求带来的中心区开发需求还主要通过中心区商业面积的内聚式扩张实现。这一阶段城市的大型商业设施，基本上都集中在中心区，几乎没有增加，商业的扩张主要通过中心区的小型沿街商业拓展来提高服务能力，如上海，20世纪80年代初，南京路是上海市首屈一指的商业中心，各种商店林立，大型商场多。而同为市级商业中心的淮海路、四川北路还没有一家大型百货公司❶。直到20世纪90年代初期才在中心区外围地区出现大型商业设施和副中心，以及比较完善的社区商业设施。

3.1.2 城市用地混杂

这一时期城市发展的另一个特点就是不同用地混杂在一起，改革开放以前，我国城市土地实行行政划拨、无偿使用的制度。由于城市中心区具有优越的区位条件与较好的基础设施条件，工厂、商店、住宅等均向城市中心区集聚，导致我国大城市中心区工厂与住宅混杂，人口密度过高，环境质量很差。❷

1989年，北京规划市区内有工业企业2 800多家，占全市工业企业总数的约45%，职工120多万人，占全市工业职工的64%左右，工业产值297.2亿元，占全市工业产值的66.7%，工业用地为75.2km^2。而在20世纪90年代，北京中心区控规编制中调整疏散不适宜在市区中心地区的工业，通过土地置换腾出30多km^{2}土地。❸

这一时期城市的内聚式发展出现在城市中的不同用地上，居住、工业、商业、办公等用地都是以内聚式的发展为主导。1980年北京市区土地使用平衡表见表3-2。

1980年北京市区土地使用平衡表 表3-2

项目	1980年(按418万人)		
	(km^2)	(%)	(m^2/人)
总计	346.0	100.0	82.8
一、建筑用地	241.3	69.7	57.7
1.工业用地	56.5	16.3	13.5
2.仓库用地	16.0	4.6	3.8
3.工作专用地	81.9	23.7	19.6

❶宁越敏，黄胜利.上海市区商业中心的等级体系及其变迁特征.地域研究与开发，2005(25)，4.

❷刘秉镰，郑立波.中国城市郊区化的特点及动力机制.理论学刊，2004，10.

❸ 北京市城市总体规划修编资料，2004.

续上表

项　目	1980年(按418万人)		
	(km^2)	(%)	(m^2/人)
4.市区级商服、文化、卫生等	7.0	2.0	1.7
5.生活居住用地	79.9	23.1	19.1
二、市政用地	74.7	21.6	17.9
1.道路广场	24.7	7.1	5.9
2.河湖	23.0	6.7	5.5
3.对外交通	19.0	5.5	4.6
4.市政场站	8.0	2.3	1.9

以低速和人力为核心交通出行方式，特别是步行和自行车出行与人的体力直接相关，出行时间达到1小时几乎是极限。而这一时期，由于城市经济较差，城市公共汽车交通性能差、速度慢、车厢拥挤。为了缩短出行距离，尽可能享受到城市的服务，居民居住必须尽量选择距离中心区和就业地点近的地方，而土地开发政策又促成了大量就业居住一体的"大院"形成。各单位为了容纳新增加的人口、改善职工居住条件和扩展生产能力，都在既有划拨的用地上，不断增加其他功能的开发。不同的用地在内聚式的开发下，混杂在一起，密度越来越高，形成了非机动时代典型的紧紧围绕中心区布局的居住和就业混杂的土地利用。广州市1985年城市土地利用见表3-3；杭州市1986年中心区地图如图3-3所示，各分区岗位密度见表3-4；北京CBD地区建设前用地现状如图3-4所示。

广州1985年城市土地利用结构熵值❶　　表3-3

城市分区	建城区	老城区	新城区	工业区	文体区	宾馆区
住宅用地	49.0	67.9	55.1	25.8	77.0	0
工业、交通、仓库用地	26.0	124	20.0	59.9	0	0
商业、服务业用地	9.0	8.9	8.6	7.2	3.0	92.2
文化、体育、娱乐用地	4.0	1.4	0.8	0.5	81.3	3.5
教学、医疗、科研用地	6.0	4.6	10.3	5.2	0	0
办公用地	4.0	4.8	4.2	1.4	8.0	4.3
合计	100	100	100	100	100	100
功能类别数	6	6	6	6	4	3
信息熵(H)	1.343	1.084	1.267	1.086	0.673	0.328
均衡度(J)	0.750	0.605	0.707	0.606	0.485	0.299

❶ 陈彦光，刘明华.城市土地利用结构的熵值定律.人文地理，16(4).

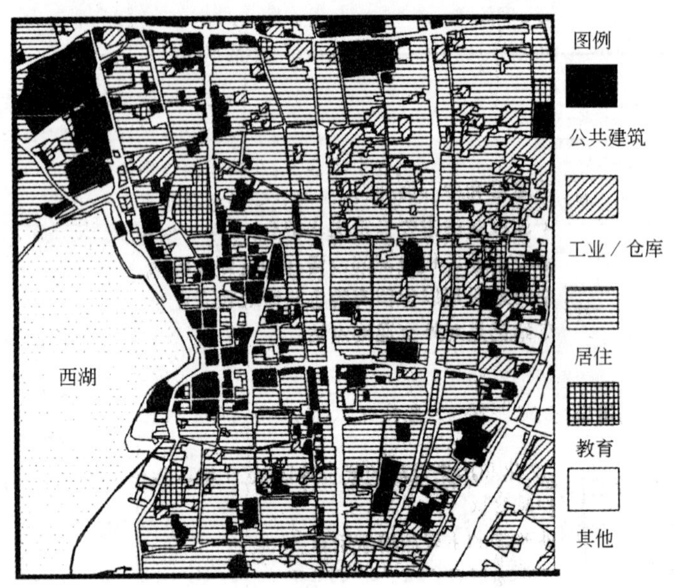

图 3-3　1986 年杭州市中心区用地图

杭州市 1986 年各分区就业岗位密度❶　　表 3-4

土地利用	新塘	滨江	石桥	武林	上塘	上下城	其他
居住	5.00	6.40	6.40	6.00	6.40	7.30	5.00
工业	100.00	145.00	125.00	170.00	190.00	580.00	125.00
公建	194.36	194.36	194.36	194.36	194.36	194.36	194.36

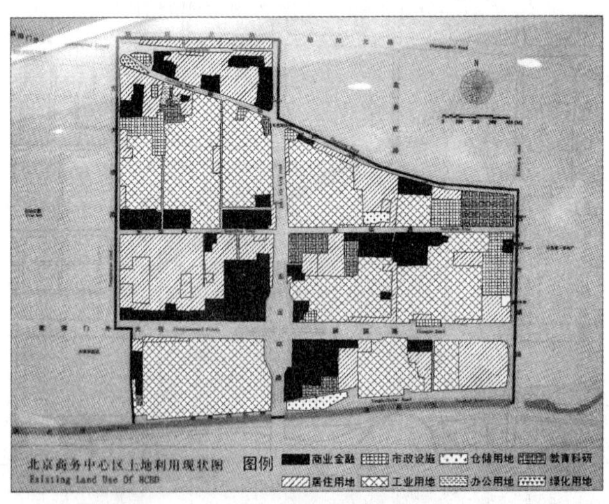

图 3-4　北京 CBD 地区建设前用地现状图

❶ 杭州市战略交通规划研究项目最终报告. 土地利用与交通规划第二册，1992.

3.1.3 非机动交通时代的主要交通特征

非机动时代城市居民出行的交通方式主要是步行、自行车和低速度的公共汽车，这些交通方式在城市交通出行中所占的比例达到或超过90%，其中步行和自行车在绝大多数大城市出行比例都超过60%，在有的城市超过80%。这一时期，交通出行距离短，城市的交通量并不大，大多数大城市的主要交通活动可以通过步行和自行车完成，自行车则用于比较长距离的出行，城市道路自行车交通量很大，主要干道上高峰期间形成壮观的自行车"洪流"，在20世纪80年代的交通调查中，城市主干道自行车日交通量往往在万辆以上，部分地区日交通量甚至可以达到3万辆。

这一时期城市交通组织主要以自行车为核心，自行车洪流中夹杂着少量的公共汽车和其他机动车几乎是该阶段所有大城市的场景。这一时期城市交通的主要内容也是解决自行车和机动车混行的问题。

杭州中心区武林门交叉口1990年交通调查的高峰小时交通构成中，交叉口自行车为16 893量，汽车为838辆，折合标准小汽车1 290辆。[1]

在现阶段，我国城市交通具有三个主要的特点：

1)交通构成混杂

我国城市机动车辆不多，以货车为主。城市机动车拥有率为1.85辆/百人，小汽车拥有率为0.30辆/百人，这样的水平在世界上是非常低的。而非机动车却大量存在，据67个城市的统计，如果把所有车辆折算成标准小汽车，那么非机动车占城市车辆总数的比例达82.1%。在机动车总量中，货车占64.9%，客车占20.7%，摩托车占14.4%。在非机动车中，自行车所占比例高达95%以上，还有为数不少的人力车和畜力车。由于我国城市交通构成混杂，各种车辆混行、速度不一，致使交通混乱，事故增多。这是我国城市交通的特点之一，也是治理交通的难点所在。

2)公共交通结构单一，缺乏大容量的快速客运交通工具

在有公共交通设施的227个城市中，几乎全都依靠地面常规交通工具运送乘客。城市公共汽车、无轨电车的客运量占城市公共交通总客运量的96.8%。当时仅北京建有地铁(天津有5.2km的浅埋地铁，尚在试运行中)，年客运量占公交总运量的1.9%。有出租汽车的城市才96个，按城市人口计算，出租汽车拥有率为0.65辆/万人。

城市公交客运量每年在30亿人次左右的有上海和北京，接近10亿人次的有天津、广州、武汉、沈阳等城市。在这些城市中，已有一批主要公交线路单向高峰小时客流量达到1万人次以上。例如上海市，1981年市区77条公共汽车和无轨电车线路中单向高峰小时客流量超过1万人次的有30条，其中17条超过1.3万人次，3条超过1.8万人次。在国

[1] 杭州市战略交通规划研究项目最终报告.1992,12.

外，还没有一个大城市单靠地面常规公共交通工具来运送如此庞大的客运量。我国城市公共交通结构单一既是特点，又是弱点。

3)自行车作为城市的主要交通工具而大量存在

我国是一个自行车王国，产量和拥有量都居世界首位。1982 年全国生产自行车 2 420 万辆，拥有量 13 314 万辆。在城市中，平均 2.8 人拥有 1 辆自行车，拥有量为 3 500 万辆，约占全国自行车总量的四分之一。自行车不但量大，而且增长速度快。据 24 个城市的统计，1950～1982 年平均每年增长 10.2%，其中特大城市平均年增 9.8%，大城市平均年增 13.6%，中等城市平均年增 13.4%。现在，我国除上海等少数城市外，大多数城市中自行车已占据城市客运交通的主要地位。据天津、徐州两市调查表明，自行车的出行量已大大超过乘公共交通的出行量，两者的比例天津为 81.2∶18.8，徐州为 90.7∶9.3。在大城市中，特别是在上下班高峰时间里，成千上万的自行车拥上大街小巷，形成了潮水般的自行车流，这是我国城市交通的明显特点，也是亟待解决的突出矛盾。[1]

在有限的机动车辆的构成中，货运车辆是主力，占到机动车总量的 60%以上，除公共交通以外的其他客运车辆在城市交通中的作用几乎可以忽略不计。这一时期城市交通调查中，也主要以自行车、步行和公共交通为中心(表 3-5)。机动车的调查重点也集中在货运车辆上。

20 世纪 80～90 年代初我国部分城市居民交通出行结构(%) 表 3-5

城　市	步　行	自 行 车	公　交	其　他
北京(1986 年)	13.76	54.03	24.32	7.89
南京(1986 年)	33.10	44.10	19.20	3.60
上海(1986 年)	36.26	24.22	36.11	3.41
天津(1981 年)	29.51	56.17	11.41	2.91
天津(1990 年)	10.58	74.63	8.32	6.47
石家庄(1986 年)	33.35	58.65	5.00	3.00
广州(1984 年)	45.58	37.24	11.74	5.44
沈阳(1985 年)	29.00	58.65	10.10	2.25
郑州(1987 年)	32.95	63.05	3.23	0.77

20 世纪 80 年代后期～20 世纪 90 年代初期，居民收入的提高使自行车在城市大规模发展，而由于城市范围小，公共交通线路布局也不可能分出层次，同等级线路布局下，服务频率和换乘就成了制约公共交通服务水平提高的障碍，同时公共交通车内拥挤相当严重，

[1] 敏捷. 我国城市交通的主要特点及其对策. 城市规划，1984,4.

上海的市区公交线路中，高峰小时车厢断面达到 9 人/m² 的线路不在少数[1]，公共交通与灵活、方便，可以门到门出行的自行车相比几乎没有优势可言，这一时期，公共交通在城市交通中的出行分担率和总出行量在所有的大城市都出现不同程度的下跌，全国公交客运量也一直徘徊在 270 亿人次/年左右（图 3-5）。北京市历年公共交通车辆数和客运量见表 3-6，20 世纪 90 年代公交客运变化情况如图 3-6 所示。

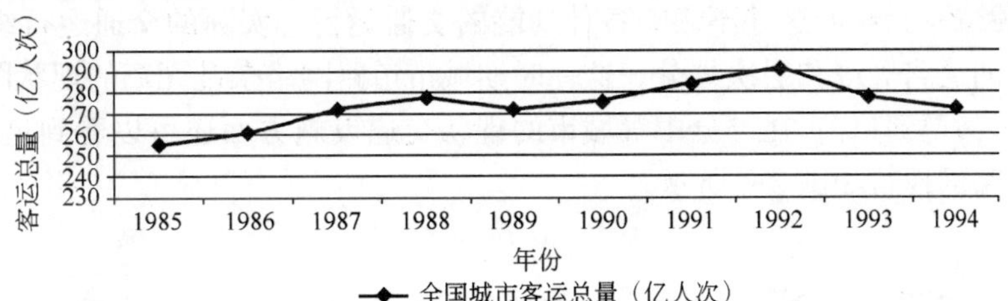

图 3-5　1980 年代后期到 1990 年代初全国城市公共交通客运发展情况

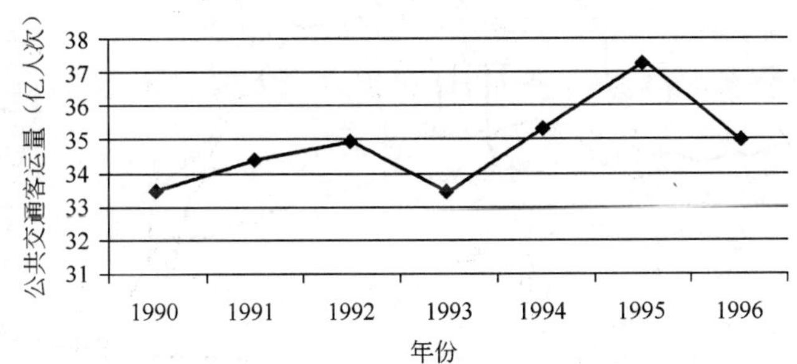

图 3-6　北京市 1990 年代公共交通客运量变化

北京市历年公共交通车辆数和客运量[2]　　表 3-6

年　度	车 辆 数（辆）				年客运量（亿人次）			
	公共电汽车	小公共汽车	地铁	出租车	公共电汽车	小公共汽车	地铁	出租车
1990	4 428	429	303	11 147	29.5	0.2	3.8	0.7
1991	4 455	422	305	14 354	30.5	0.2	3.7	0.8
1992	4 463	437	323	28 962	30.4	0.2	4.3	1.4
1993	4 453	437	323	46 022	28.5	0.1	4.9	4.9
1994	4 543	441	335	56 124	29.9	0.1	5.3	5.6
1995	4 634	350	383	56 686	31.5	0.1	5.6	6.0
1996	5 108	1 319	401	59 493	30.2	0.4	4.4	6.5

❶ 夏丽卿，陆锡明. 交通规划是交通发展的龙头——上海城市交通的回顾与展望，迈向 21 世纪的中国城市交通.
❷ 殷丽，高扬. 在回顾反思中憧憬未来——北京市交通规划建设回顾、反思与展望. 北京建设.

20 世纪 80 年代，上海公交客运量总的发展趋势是逐年上升的，但是从 1988 年开始公交增长率明显降低，1989 年和 1990 年两年，公交客运量更是出现明显的下降趋势。

在城市交通网络的建设上，由于这一时期的城市投资能力低，交通系统的改善缓慢，而低机动化的交通形式也从某种程度上延缓了交通系统改善的需求。城市交通的运行状态基本上是在供应充足模式下运行，交通延误比较低，高等级的城市道路承担了几乎所有等级城市道路的功能，但这并不影响各种功能的交通运行。实际的交通运行组织中并没有遵循规划的道路等级和层次划分。这一时期城市道路网络杂乱无章的现状图就是这种状态的反映，甚至到目前，在部分中等城市的现状交通设施方面还可以看到这种情况，佛山市中心道路网现状如图 3-7 所示。

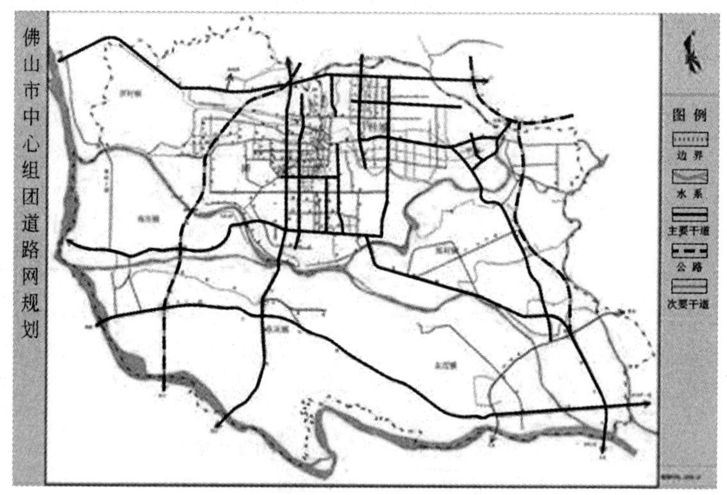

图 3-7　佛山市中心组团道路网现状（1995 年）

3.2　机动化初期的城市与交通发展

3.2.1　城市独立外延式发展

我国沿海和中西部地区进入机动化初期的发展阶段也不同，沿海许多城市在 20 世纪 80 年代末，20 世纪 90 年代初就出现摩托化，进入机动化的初期，而在内陆许多城市这一进程在 20 世纪 90 年代中期以后才出现。本节重点分析机动化出现对城市的影响。

进入 20 世纪 90 年代中后期，城市经济迅速发展，北京、上海等特大城市 GDP 突破千亿，城市经济活力提高，增加了对用地的需求。在城市建设资金和城市经济发展的双重作用下，用地规模开始迅速扩张，许多城市用地扩张的速度比 20 世纪 80 年代末～90 年代初提高了一个数量级。如广州在 1992 年前的 10 年里，城市用地年平均扩张速度大约为每年 3.4km^2，到 20 世纪 90 年代后期增加到 10～15km^2，1990～2002 年长三角 16 市建成区面积年平均扩展大于10%，杭州平均年扩展高达28%，较低的宁波平均年扩展也达11%，20世纪90年代北京城市建成区面积也扩展了100多km^2。

根据全国城市建设用地统计，1990～2004年，我国城镇建设用地由1.3万km^2扩大到近3.4万km^2。按驻地人口计算，城乡人均建设用地水平从1993年的120.0m^2增至2002年的141.5m^2，9年间，我国人均增加建设用地面积21.5m^2，每人每年平均增加建设用地2.4m^2。人均城市建设用地从54.9m^2增加到82.3m^2，增幅达到49.9%。城市人均用地从20世纪90年代初期开始改变了20世纪80年代以来逐年下降的趋势，开始迅速攀升(图3-1)。

这一时期，城市用地扩张迅速，但城市总体的空间结构基本上还是在原来结构的基础上，各个组成部分迅速“长大”。中心区的范围通过用地置换在既有中心的基础上建筑高度增加和范围扩张，而城市建成区范围在既有城区的基础上蔓延式地向外扩张，尤其是在平原地区的城市。

在取消福利分房和中心区人口疏散的政策作用下，郊区化的苗头开始在特大城市出现，城市边缘地区开始出现大型的居住区，以吸纳疏散的人口，如20世纪90年代北京北部出现的望京居住区。

城市经济的迅速发展和居民收入水平的提高，使城市商业需求迅速扩大，在既有中心区改造的同时，北京、上海、广州等特大城市开始建设商业副中心来满足日益增长的需求，如北京在旧城改造中，对王府井、西单两大商业中心和一些次中心进行了改建和扩建，形成1个传统中心区，4个副中心的格局；上海浦西除了南京路、外滩以外，又形成了江湾、花木、徐家汇、真如四个副中心；广州随着城市的东扩，形成“北京路—上下九路”、“环市东路”和“天河”多个副中心。

3.2.2 中心区人口密度下降，旧城区改造加速

城市用地规模的扩张和城市交通的机动性增长作用下，城市人口密度在这一时期开始下降，特别是，从20世纪90年代后期我国进行了住房制度改革，商品化代替了福利性分房，房价成了居民不得不考虑的因素。普通市民为了获得较宽敞的住房，只好作出到郊区买房的选择，这无疑加速了居住郊区化的步伐。在“九五”期间，上海市在内外环的广阔地带建成近5000万m^2的住宅，吸引了市中心区近50万人口前往居住。

旧城改造在20世纪90年代也进入大规模危旧房屋改造阶段。20世纪80年代中期，我国将原有的无偿划拨土地政策变为土地有偿使用，最繁华的城市核心区段的地价往往是近郊和远郊同类用地地价的十倍甚至百倍以上。地价的不同促进土地利用的空间置换，中心区较高的地价使土地产出率较低的工厂和住宅退出中心区，而土地产出率较高、能支付较高地价的商业、贸易、金融、保险业等向中心区集中，从而加速了中心区土地利用的重新调整，而郊区吸引了用地面积较大、收益较低的工业和与之相关的人口。这导致了全国许多大城市在这一时期中心区人口出现负增长，但相反的，中心区的就业岗位在改造中迅速增加，成为城市就业岗位最集中的地区。

以北京为例，1991～2000 年，北京近郊区是人口的主要导入区域，也是北京市人口增长的主要承载地。这一期间，近郊区人口增长显著，人口密度迅速提高，如图 3-8 所示。2000 年近郊区总人口比 1991 年增加了 239.9 万人，年平均增长率为 4.2%，高出全市人口年平均增长率1.8%，人口密度的增长幅度也远高于远郊区。从上述数据可以看出，这一时期北京近郊区人口增长显著，承载了约 80%的人口增长。根据人口普查表抽样数据，这一时期由市外迁移到本市的人口中，63.6%的人迁移到近郊区；在城区迁移到其他区县的人口中，78.4%的人口迁移到近郊区。❶

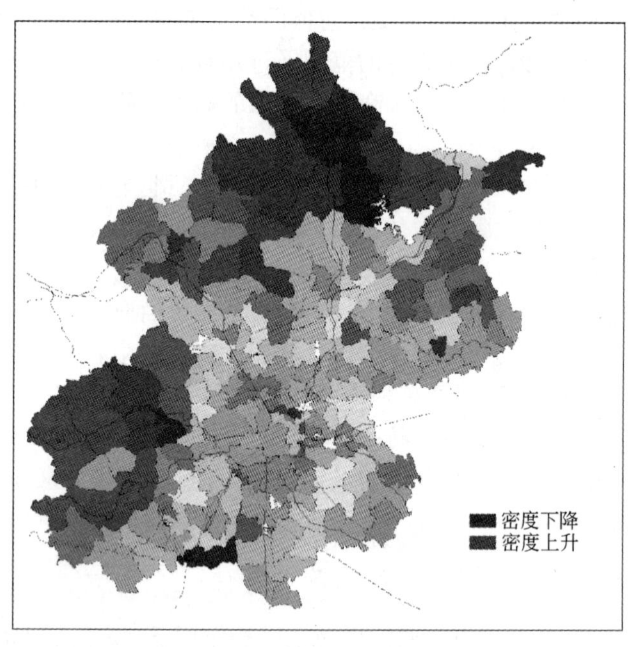

图 3-8　北京市市域人口变化的空间分布

通过对 1990 年和 2000 年两次人口普查资料的详细分析，在人口密度分布方面我们可以看到，10 年来，人口高密度地区急剧扩大，人口密度最高的地区仍然是城四区及城近郊区；人口密度随距离中心区的距离增长而下降，且在各个方向上密度变化的差异不大。在各地区的人口增长方面，我们可以看到，在旧城改造及土地功能置换的作用下，城四区的人口约下降了 10%，但近郊区人口增长普遍达到 50%～100%；除了东北方向一些街道、乡镇的人口增长速度较高或较低，在各个方向上人口增长的比例基本相同，呈明显的同心圆特征。在单中心的作用下，城市用地圈层蔓延与城市人均偶圈层分布相互作用，强化了“摊大饼”的趋势❷。

❶ 中国城市郊区化的特点及动力机制.

❷ 中国城市规划设计研究院. 北京城市空间发展战略研究，2003.9.

同样的情况也发生在国内的其他大城市，20 世纪 80 年代以来，上海核心城区的人口密度开始逐步下降，随之而来的是近郊地带的人口快速增长和城市形态的蔓延。1990 年露香园街道的人口密度由 1982 年的 15.80 万人/km^2 下降到 13.64 万人/km^2，行政区域未变的卢湾、静安两区的人口密度分别由 1982 年的每平方公里 8.05 万人、7.62 万人下降到了 1990 年的 5.92 万人和 6.39 万人，降幅分别达 11.4%和 6.6%。20 世纪 90 年代上海核心城区的人口密度下降幅度更大，卢湾、静安两区的人口密度分别下降到每平方公里 4.09 万人和 4.01 万人，比 1990 年分别下降 30.9%和 37.3%。❶

这一时期，随着住房政策的变化，城镇新建住宅面积在市场的作用下达到历史上的最高峰，城市居住条件迅速改善，也进一步推动了人口的疏散。1998～2002 年，全国城镇住宅竣工面积约 34 亿 m^2，约 5 亿 m^2 的危旧住房得到改造，近 5 000 万个城镇家庭改善了住房条件。年均住宅竣工面积达到 6.8 亿 m^2，是改革开放以来年均住宅竣工面积的 2 倍以上。城镇人均住宅建筑面积由 1997 年的 17.6m^2，提高到 2002 年的 22m^2 左右，户均住宅建筑面积达到 70m^2，满足了居民基本居住需要。❷

在既有中心区改造中通过增加建筑高度和地下空间开发来容纳新增的需求，使 20 世纪 90 年代成为高层建筑发展最快的时期，全国每年建成的高层建筑超过 1 000 万 $m^2$❸，大量的地下商场出现在中心区。

3.2.3 工业向城市外转移，中心区用地混杂得到缓解

进入 20 世纪 90 年代中期，我国工业产业迅速发展，工业用地迅速增加，中心城区内部的工业用地在地价的作用下被置换出来，如北京东部、深圳等大量的工业用地向城市外围迁移，在获得地价补偿的同时，也得到更大的发展空间。

因为城市中心区产生的排斥力(地价上涨、交通拥堵、环境恶化等)和郊区产生的吸引力(低廉地价、有利区位、广阔空间等)，使企业在郊区发展更合算，于是大量的企业从城市中心区迁出。如，济南市的工业以前 80%以上集中分布在市中心区，经过 10 多年的调整，2000 年后中心区企业已减少到原来总数的 10%，大约有 20 多万居民则不得不随外迁企业到郊区安家。❹

同时，这一时期也是我国在各地设立各种类型开发区的高峰。为了扩大对外开放，国家陆续批准兴建了一大批开发区、保税区和高新技术产业园区，以工业发展为主导的经济技术开发区、高新技术开发区、保税区、出口加工区在全国如雨后春笋般发展起来，仅从 1984～2000 年，中国政府陆续批准设立了 43 个国家级经济技术开发区，其土地面积总计

❶ 丁金宏. 城郊互动，优化上海人口布局.

❷ 刘志锋副部长在 2003 年全国住宅与房地产工作会议上的讲话：继往开来、与时俱进、深化改革，促进住宅与房地产业持续健康发展，2003，1.

❸ 熊国平. 20 世纪 90 年代以来我国城市形态演变的特征总结.

❹ 中国城市郊区化的特点及动力机制.

428.51km²。截至2004年初,全国各类开发区总数已达3600多个,这些开发区以其特殊的魅力吸引了大量的外来资本,成为各地区域经济发展的一个亮点。正因为如此,各地政府也投入大量的人力、物力对开发区进行大规模的规划建设,并使之成为城市的一部分。据不完全统计,全国各类开发区的规划面积已达3.6万km²,超过了全国现有城镇建设用地面积的总和❶。

经过近10年的工业外迁和中心区人口疏散,大城市中心区的用地混杂现象得到缓解,中心区的城市职能得到加强。

3.2.4 大量农村富余劳动力进入城市

根据估计,我国有1/3的农村劳动力处于就业不充分状态,这部分劳动力从20世纪80年代开始大量进入城市和乡镇企业,成为工业化和城市化发展的核心力量。20世纪80年代中期,我国沿海地区乡镇企业迅速发展,吸纳了大量农村劳动力,到1996年,乡镇企业的从业人员从1980年代初期的两三千万达到了1.36亿人,进城务工农民工达到9 000万。到20世纪90年代,我国农民外出就业以平均每年500万人左右的规模迅速增加,而到2000年,农村非农劳动力就业已达1.5亿人,农村劳动力大规模跨区域流动,形成了壮观的"民工潮"。

20世纪90年代,农村劳动力进入城市从20世纪80年代的"离土不离乡"开始转变为在城市长期定居,城市农民工、外来工、流动人口逐步成为城市中不可或缺的群体,成为城市的一个重要组成部分。在珠三角部分城市,外来人口数量甚至是本地人口的几倍,许多昔日的中小城市一跃成为特大城市。如东莞市在1985～2000年期间,户籍人口增加了26%;1986～2000年外来人口从15.62万人,增加到了254.72万人,14年增加了16.3倍,年平均增长率达到23.47%。由于农民工就业主要集中在制造业、建筑业、住宿餐饮娱乐等行业,收入水平增长缓慢,大部分属于城市中的低收入群体。据2004年调查,约71%的企业在2004年春节后两个月内计划招用新员工,这些企业提出的"一般情况下本企业新员工的工资待遇"为平均每月660元,新员工工资最高的建筑、施工企业和机器制造业,分别为平均730元和728元;最低的是餐饮服务业,为579元❷。

20世纪80年代中期,乡镇企业在沿海地区发展很快,相当多的农民进入乡镇企业务工,但到20世纪90年代后,乡镇企业发展明显减缓,大量的农村富余劳动力选择外出务工,主动进入城市,形成全国范围的"打工潮"。1992年提出发展劳动力市场,鼓励农村富余劳动力地区间的流动和有序转移,2002年,中央提出对进城的农民要"公平对待,合理引导,完善管理,搞好服务"。2003年,国务院办公厅发了"关于做好农民进城就业务工管

❶ 中国城市郊区化的特点及动力机制.

❷ 肖延方.采取多种措施提高农民工工资.人民网.

理的通知”，通知取消了对农民进城的诸多限制，不应歧视农民工，保护就业，保护劳动收益，改善劳动条件，为进城农民提供公共服务。农村富余劳动力进入城市逐步通过国家政策进行规范和调整，而这些政策的实施，通过保护农村劳动力的合法权益，有进一步促进了农村富余劳动力向城市的转移。

3.2.5 机动化迅速发展，交通混行问题更加严重

随着1994年国家汽车产业政策的颁布实施，城市交通机动化速度升级。首先以摩托车为主的城市交通工具机动化浪潮在东部沿海城市迅速蔓延，摩托车在先富起来的广东部分城市20世纪90年代中期年平均增长率接近100%。如广州市1994年摩托车增长35%，而汕头市摩托车增长达到90%。短短几年时间摩托车就铺满了经济发达城市的大街小巷。

随着城市居民收入的提高和国产化带来的汽车价格下降，汽车开始进入家庭，1990～1998年期间，私人小型客车年平均增长率达到48%，而这主要是在1994年新的汽车产业政策后的变化。到1998年，北京小型客车的保有率已经超过60辆/千人，私人机动车拥有量约70万辆，占到机动车保有量的53%，私人小客车超过36万辆，保有率达到33辆/千人。

在1994年汕头的城市交通规划中写道，城市规模的扩大，居民出行距离的加长，使交通需求增加。经济的高速发展，公共交通的落后，使市区私人机动车辆的发展加快，1993年统计表明，1992～1993年小汽车增长率高达67.6%，摩托车的增长高达90.7%，其发展速度惊人，前所未有。

自行车交通随着人口的增长也同步增长，居民收入水平的提高，使自行车快速普及到城市的每个居民，许多城市的自行车拥有率在成年人中几乎达到人均一辆的水平。如广州在20世纪90年代中期，自行车从20世纪80年代中期的147.6万辆，不到10年增加到了280万辆，翻了一番，而广州当时的城市人口是370万人。

摩托车、汽车和自行车同步的迅速增长，使这一时期城市交通混行的问题达到极致，给不宽裕的交通基础设施带来前所未有的压力，大城市交通运行的速度迅速下降，车辆延误大大增加。广州城市中心区的车辆平均运行速度只有10km/h左右，公共交通的运营车速仅有6～8km/h，在北京道路交通量年增长超过18%，市区干道的车速已降到12km/h，有接近1/5的路口和路段呈现瘫痪状态❶。

交通压力在短短几年里迅速降临到大城市的头上，出行难成为当时城市政府和城市居民关注的头等大事，交通问题的讨论在全社会展开，20世纪90年代全国部分城市交通状况见图3-9。

---

❶ 钱连和，全永鑫，王晓明，金东星. 北京城市交通发展历史回顾//迈向21世纪的中国城市交通.

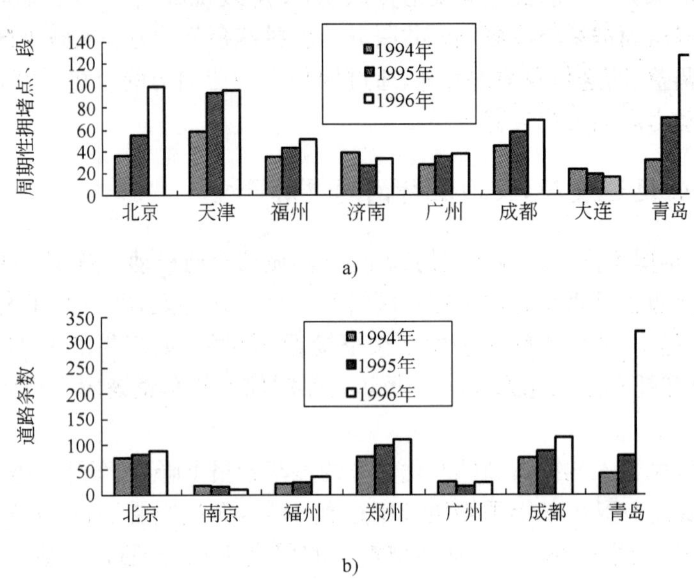

图 3-9　1990 年代部分城市交通状况❶

a)部分城市市区交通周期性拥堵点、段(处)增长情况;b)部分城市高峰小时交通量超过道路通行能力的道路条数

3.2.6　公共交通迅速下滑

公共交通在这段时间的发展中成为最大的受害者,道路交通拥堵没有成为城市公共交通快速发展的机遇,相反交通拥堵使公共交通运营车速下降,有限的公共交通投资不得不填补在交通拥堵对运力的消耗中,一直处于亏空状态。公共交通沦为城市中最尴尬的交通工具,舒适、方便、快捷一样也不沾边,这导致了公共交通客运水平在机动化的冲击下进一步下滑。

在城市交通道路资源的分配上和相关政策上没有真正实现"公交优先",使公交的发展被交通拥堵带来的运输效率下降所淹没。公共汽车的运营速度由 12～14km/h 下降到 5～10km/h,新增的运力被运输效率下降所抵消,而在部分特大城市,早、晚高峰时公共汽车乘客甚至达到 13 人/m^2。公交公司长期依靠政府补贴经营,1994 年亏损面达 70%,政府补贴总额 35.5 亿人民币,仅北京市就达 10 亿元,其中地铁 2.6 亿元。由于公共交通的运营效率和服务质量下降,公共交通承担的客运量不断减退,全国 1994 年比 1992 年降低 6.5%。如,上海市公交与自行车负担客运量的比例由 20 世纪 80 年代的6∶4 降为 20 世纪 90 年代的 4∶6;天津市由 2∶8 降为 1∶9,郑州、石家庄公交出行量不足自行车出行量

❶ 城市交通与汽车产业协调发展的关系及城市交通发展研究. 中国城市规划设计研究院,1997.

的 10%[1]。上海 1991 年地面公交车为 7 000 多辆，而到 1998 年达到 1.5 万辆，线路也由 1991 年的 400 多条发展到 1998 年的 1 000 多条，但这样的发展成绩却没能改变常规公交在城市客运市场的份额从 1991～1998 年连年下滑的局面(图 3-10)。

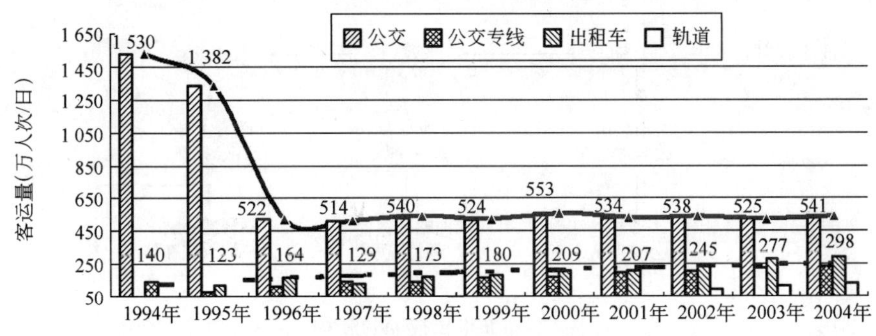

图 3-10 上海市公共交通客运量发展情况

从计划经济时代继承下来的国有公交体制，公交公司作为国有企业，企业缺乏活力，运营成本逐年提高，加之交通拥堵下公共交通运行的不景气，公交企业亏损严重，在与自行车、摩托车和小汽车的竞争中客流大量流失，因此推动了新一轮的公共交通改革。但 20 世纪 90 年代的公共交通改革又走向了另一个极端，把公共交通作为纯粹的商品，以不补贴作为公共交通发展的目标，许多城市把国有公交公司直接拍卖，并大量引进竞争，完全抹杀了公共交通的公益性，结果在高客流的线路上形成激烈的竞争，往往客流多的地区有多家公司的几十条线路经过，线网布局陷入混乱状态，特大城市公交线网布局上形成的层次化雏形很快消失，并一直影响到现在。争抢旅客和交通事故时有发生，恶劣的公共交通发展环境和乘车环境又使公共交通的客流进一步流失，公共交通的发展雪上加霜，20 世纪90 年代，许多大城市的公共交通都陷入了前所未有的低谷(图 3-11)。

在投资比例上，随着道路建设的加速，公共交通投资被挤占，在许多城市都出现了公共交通投资下降的局面，北京市的公共交通投资比例变化情况如图 3-11 所示。

3.2.7 交通投资迅速增长，设施建设成绩显著

20 世纪 90 年代是我国城市交通投资的高峰，也是我国城市交通建设利用国外贷款最集中的时期，城市扩张带来道路、地面公交、轨道交通建设的大规模发展(图 3-12)。到 20 世纪 90 年代末期，国内许多城市的城市交通投资都比 20 世纪 90 年代初期的投资规模扩大了 10 倍左右，提升了一个数量级。上海从 1991 年的接近 9 亿到 1998 年达到接近 100 亿，广州在 1998 年城市交通投资达到 140 亿元。1990 年代我国城市交通的投资比建国以来城市交通投资的总和还要多，而在东部地区经济发展较快的城市更是如此，如杭州

[1] 《城市交通与汽车产业协调发展的关系及城市交通发展研究》，1997.

市 1990～2001 年，城市道路交通、邮电通信、环境整治与保护累计投入基础设施建设资金达 713 亿元，相当于 1978～1989 年城市基础设施投资额的 25.4 倍。

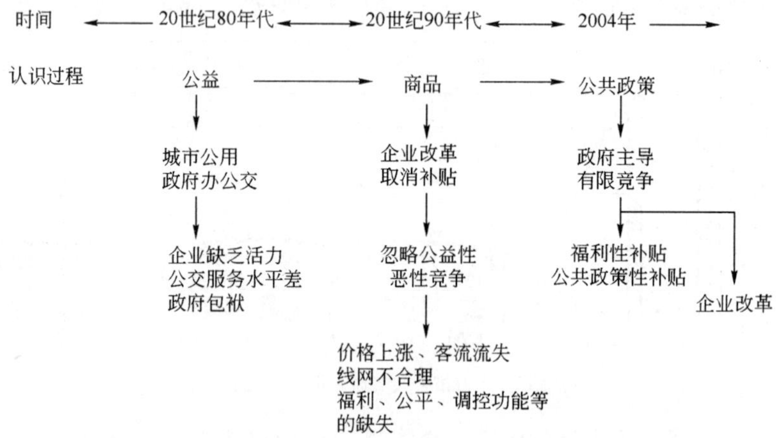

图 3-11　国内对公共交通优先发展的认识过程[1]

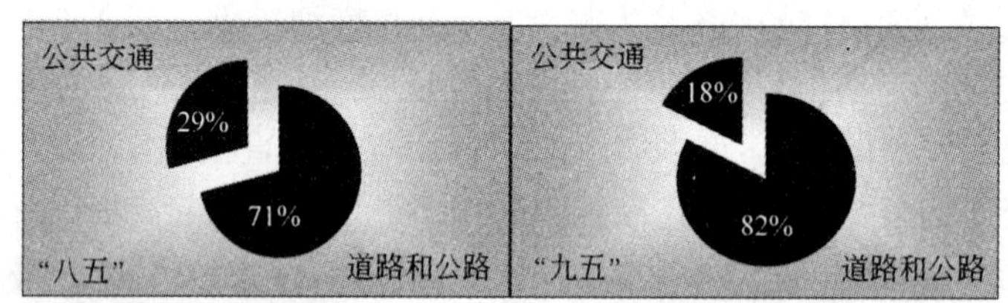

图 3-12　北京市"八五"～"九五"公共交通投资比例变化情况[2]

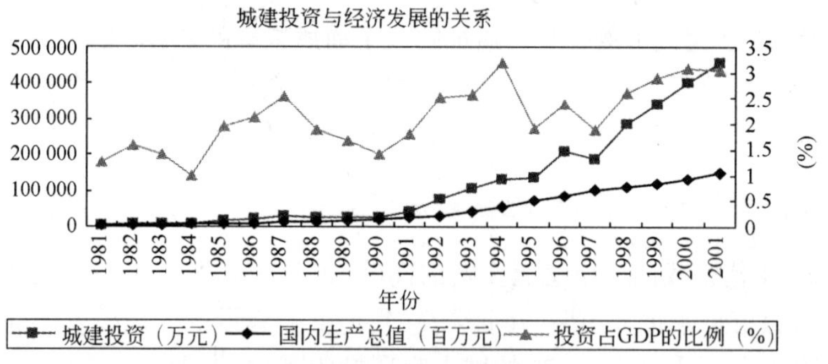

图 3-13　全国城市建设投资与经济发展的关系变化

城市交通投资增长，交通基础设施建设速度大大加快，城市道路、公共交通设施与 20 世纪80 年代相比大幅度提高。20 世纪 90 年代中期与 20 世纪 80 年代初期相比，道路长

❶ 中国城市规划设计研究院. 杭州市发展公交优先政策与机制，2007.

❷ 北京交通发展纲要研究，2006.

度、面积分别增长了3.4倍和4.3倍，人均道路面积提高了2.6倍，公共交通车辆和线路分别提高了2.5倍和2.8倍。为适应机动化的发展，特大城市快速交通网络开始在这一时期迅速发展。如进入20世纪90年代，上海市由于交通投资几乎每年以翻一番的速度增加，道路长度由1991年的4 817km增至1998年的6 678km，增幅达48%，道路占地面积以年均7%的速度递增，1998年全市道路面积达9753万m^2，是1991年的2.6倍❶。

大城市交通在这一时期发生了翻天覆地的变化，交通开始为机动化的发展作准备。许多特大城市在这一时期初步建设了城市的快速道路网络，并且开始轨道交通的建设。许多特大城市在20世纪90年代都有过全市大规模道路和轨道交通建设的经历，全城交通几乎因为交通建设而瘫痪。正是这一时期集中的交通建设为2000年后城市的大规模扩展奠定了基础。

1991～2000年间，广州城市建设完成投资总额741.25亿元，为前10年的24倍，是建国以来城市建设投资规模最大、发展最快的时期。涌现出一大批全市首次建成并在国内处于领先地位的建设项目。如：第一条地下铁道——地铁一号线；第一条城市高速路——环城高速公路；第一条环城快速路——内环路；第一座水下隧道——珠江黄沙隧道；第一座一跨过江的特大桥——珠江鹤洞大桥❷。

❶ 兰荣.中国城市交通系统建设与发展.检讨运输系统工程与信息，2001年，1(2).

❷ http://www.gzcc.gov.cn.

4 20 世纪城市交通规划发展过程回顾

20 世纪 70 年代之前,在严格的户籍管理和生活资料配给制度下,城市人口增长缓慢,城市交通几乎都靠步行、公交和自行车承担,城市交通更多的是建设和维护,城市没有现在意义上交通问题的概念,在城市规划中,交通规划只是简单的道路规划。

城市交通规划在 20 世纪 70 年代末引进我国,至今只有 30 多年的时间,20 世纪末期的近 20 年是中国城市交通规划从启蒙逐步走向成熟的 20 年。从 1978 年北京市进行的对全市主要运输单位 3 236 辆汽车的全天货物流量流向调查、上海组织的机动车 OD 调查,以及 1981 年天津组织的居民出行调查和货物流动调查,开始了中国交通规划的探索。

整个 20 世纪 80 年代,中国逐渐开始全面接触交通规划的理论,并结合中国的情况开始实践,但由于城市对交通规划的需求比较低,交通规划理论方法的探索主要通过科研开展,在国家科研的五年计划和各地的科研计划中,交通研究在规划研究中占据了一定的比例。交通规划在这一时期的重点放在交通调查和对交通模型的学习、研究和消化上。其中城市交通调查发展十分迅速,并形成了一直影响至今的交通调查格式。“到 20 世纪 80 年代末,全国大约 30 余个城市进行了居民出行调查和公共交通出行调查,其中 20 多个大中城市先后完成了全面的居民出行抽样调查,这些调查对了解我国城市交通的基本状况、探索交通流的特征奠定了基础”。❶

在交通需求分析模型的发展上,北京、上海、广州等城市先后开展了多种形式的国际合作,把国外的交通规划理念和分析手段引进中国,开阔了中国交通规划视野,对我国后期交通规划的发展起到决定性的作用。正是这一时期,国内开始接触国外的交通分析软件,并把这些软件通过合作项目引进国内,建立起了国内第一批交通规划的数据平台。

到 20 世纪 80 年代末,全国约有近 40 个城市编制了交通规划,但这些交通规划把重点放在交通模型的建立和分析上。由于对交通规划内容的理解还有偏颇,在这一时期内,人们把交通模型分析看作为交通规划,过分看重了交通分析的结果,而对分析的过程和规划方案的实施研究不够,以至于交通规划在城市交通建设方面的指导性没有充分发挥出来❶。应该说,这一阶段的城市交通规划主要在于学习、消化国外交通规划的技术、手段,特别是交通模型,探索交通规划在我国如何发展。

进入 20 世纪 90 年代,汽车产业政策颁布,交通机动化在全国的各个城市迅速发展,

❶ 马林.城市交通规划事业的回顾与发展.

特别是沿海经济快速发展的城市，摩托车、汽车迅速发展，自行车发展也几乎达到了的顶峰，城市交通问题在许多城市成为城市发展的主要问题，城市交通规划的需求增加，推动交通规划迅速发展，进入了发展的黄金时期，交通规划全面发展。

20世纪90年代是我国城市交通规划从学习走向成熟的时期，在这一时期城市交通规划的成就显著。在20世纪80年代交通规划探索和研究的基础上，形成了交通规划的规划体系，并编制和颁布了交通规划和交通行业发展的多个标准、规范；形成了中国城市交通规划的理念、方法。参照城市规划以空间范围为依据的规划体系，结合交通规划的特点，初步形成了相对独立的、混合空间范围和专业规划的交通规划体系。从综合交通规划到专项规划，从综合交通规划到分区交通规划和地区性交通改造，并在体系建设的基础上，编制完成了《城市道路交通规划设计规范》(GB 50220—95)、《城市道路设计规范》(GJJ 37—90)等指导行业发展的规范和标准。

1995年11月，由原建设部、财政部、中国人民银行、世界银行和亚洲开发银行共同在北京主持召开了"中国城市交通发展战略研讨会"。研讨会汇聚了中央政府城市交通主管部门和各有关部门的政府官员、全国近40个城市的市长和城市交通主管部门的官员、国际国内著名城市交通专家学者、世界银行和亚洲开发银行的官员和专家。研讨会涉及了机动化、交通污染、交通运输管理体制、公共交通改革、大运量快速交通系统建设、交通基础设施私人融资、道路使用—收费、城市土地利用—交通模式、交通规划等诸多领域，为20世纪90年代中国城市交通从理念、理论更新到实践的研究起到巨大的推动作用。这次会议上，由原建设部、世界银行、亚洲开发银行和中国城市规划设计研究院组成的联合工作组共同起草的《北京宣言》提出了交通发展的"五项原则、四项标准和八项行动"，至今仍然是中国城市交通规划的指引。

《北京宣言》提出交通发展的"五项原则、四项标准和八项行动"。

五项原则应当用于指导与中国当前社会经济发展相适应的城市交通的规划、建设和运行：

原则1：交通的目的是实现人和物的移动，而不是车辆的移动；

原则2：交通收费和价格应当反映全部社会成本；

原则3：交通体制改革应该在社会主义市场经济原则指导下进一步深化，以提高效率；

原则4：政府的职能应该是指导交通的发展；

原则5：应当鼓励私营部门参与提供交通运输服务。

交通发展的政策和规划应当符合四项标准：

标准1：经济的可行性；

标准2：财政的可承受性；

标准3：社会的可接受性；

标准4:环境的可持续性;

与上述五项原则和四项标准相适应,建议实施八项行动(不分先后):

行动1:改革城市交通运输行政管理体制;

行动2:提高城市交通管理的地位;

行动3:制订减少机动车空气和噪声污染的对策;

行动4:制订控制交通需求的政策;

行动5:制订发展大运量公共交通的战略;

行动6:改革公共交通管理和经营;

行动7:制订交通产业的财政战略;

行动8:加强城市交通规划和人才培养。

第3篇　新时期城市综合交通发展特征与形势

5 新时期大城市空间与土地利用发展特征

5.1 机动化快速发展时期，大城市用地扩张

进入2000年后，全国城镇化的速度进一步加快。2000年第五次人口普查中首次将暂住人口列入，使城市人口的定义进一步更新，城市人口规模也“一夜之间”大了起来，而此时，城镇工业产业规模迅速增加，国家经济进入了发展最快的时期，虽然已经提出产业升级，但以土地规模增加来扩展经济的惯性还未减下来，两方面因素共同作用，加上国家税制的推波助澜，从城市用地的快速扩张上表现出来。

根据统计，1991～2000年我国设市城市建设用地平均每年增加1 022km²（每个新增城市人口平均用地面积约为120m²），2001年设市城市建设用地增加2 079km²，2002年增加2 640km²。据同一报道中，1991～2000年我国每年征用土地831km²，2001年为1 812km²（其中征用耕地370km²），2002年为2 880km²（其中征用耕地1 863km²）。这两组不同的数字都说明2001年新增城市建设用地和征用土地数是1991～2000年平均水平的2倍以上，2002年新增城市建设用地和征用土地是1991～2000年平均水平的2.5～3.5倍❶。而另一组土地批租收入的数据也从另一个侧面说明这一时期城市用地的扩张速度前所未有，1998年，我国通过土地批租的收入为507亿元，1999年为521亿元，2000年为625亿元，2001年为1 318亿元，2002年为2 452亿元，2003年更是达到了5 705亿元，是1998年的10倍还多❷。如图5-1所示的东莞，从1990年到2002年的12年间，工业化推动非农业用地迅速在整个市域范围内扩张。

国家东、中部的大城市更是如此。如随着《广州城市建设总体战略概念规划纲要》的实施，广州采取了“南拓、北优、东进、西联”的跨越式空间拓展模式，拉开了广州发展的空间框架。利益主体和行政主体的多重性，使得跨越式发展的战略思路在实施的过程中演变成了GDP导向下的境内全域开发，城镇建设用地从2000年的385km²增长到2006年的716km²，在新增长用地中，工业和道路交通用地占了较大的比重❸。

经过20世纪90年代的产业结构调整，人口、就业岗位和服务业从大城市中心向外围

❶ 周一星. 健康城镇化与城市土地增长.

❷ 新增建设用地有偿使用费明年翻倍. 新京报，2006-11-21.

❸ 中国城市规划设计研究院. 广州2020城市总体发展战略规划咨询，2007.6.

置换转移，形成的离心扩散郊区化过程发展迅速：在郊区形成新的居住区；零售业外迁；新兴企业建于郊区来实现城市的功能外延。城市原有的中心区工业，特别是劳动密集型、污染较重的工业迁至郊区和新建设的工业园区，而商业、金融业等第三产业集聚中心区，加强了中心区的城市现代化功能。一方面，大量资金投入旧城改造，土地有偿使用制度的推行，使城区特别是市中心的各项建设获得了生机；另一方面，由于产业的外迁，以及开发区等方面的建设，使我国城郊地区获得了飞快的发展，出现了一些新的产业带。

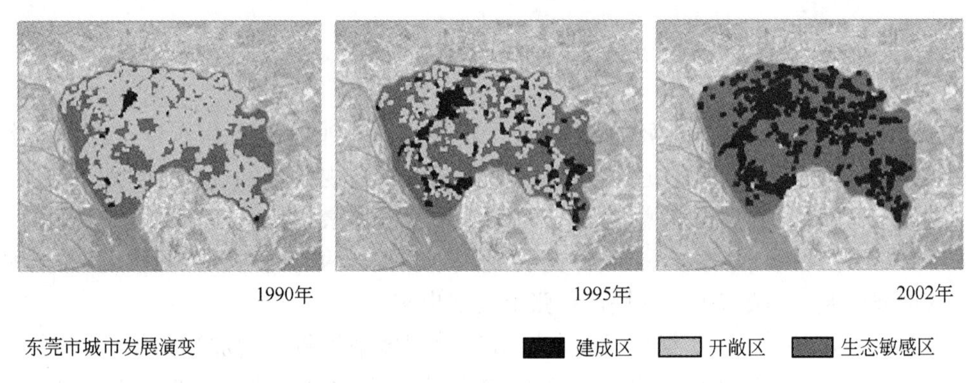

图 5-1　东莞市用地空间变化

(1)进入 2000 年，住宅产业发展日益成熟，随着交通机动化水平的提高，城市边缘地区以低价和环境吸引了大量的房地产开发项目，居住郊区化趋势在大城市日渐明显。统计资料显示，1990 年以来，北京市新建住宅增加在空间分布上以近郊区为主，占新建住宅面积的 65%以上；其次为远郊区，占新建住宅面积的 21. 8%，而核心区的住宅增长速度明显低于近郊区，且其所占比例逐年减少。

(2)城市人口向外围疏散，促进了城市边缘地区购买力的上升，大型零售商业与专业批发市场也在低地价的吸引下，逐步向城市外围地区迁移，在许多大城市的边缘地区形成大规模的批发与零售商业城，如许多大城市边缘迅速聚集的建材、纺织、汽车市场和大型超市等。

(3)工业产业从中心城区向外搬迁和工业投资的增长，使以工业产业发展为主的园区也在这一时期进入高潮，许多工业园区集土地、劳动力和服务等优势于一体，是城市单独的行政主体。园区的迅速发展带动了城市外围地区相关产业和城市服务的发展，许多园区通过工业化，向新型的城区迈进。如北京的亦庄经济技术开发区，在新的北京市城市总体规划中作为重点发展的新城，实现由工业园区向城区的转变；杭州的下沙开发区等也在不断完善城市服务功能，正逐步在居住郊区化的发展中蜕变为具有完善城市功能的地区。

(4)同时，在许多乡镇企业和加工业发达的地区，随着产业的升级和劳动人口的变化，城市服务逐步完善，逐步由工业化向城市化发展，发展过程示意图如图 5-2 所示。如在珠三角的东莞市，在最初的点状、面状工业化的基础上，通过重点镇的服务强化，逐步形成城市服务中心，成为城市化地区。

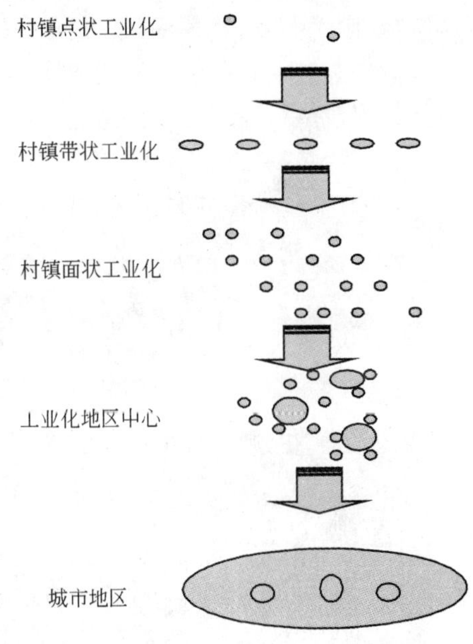

图 5-2 工业化地区向城市地区发展过程示意

5.2 大城市空间结构调整

经过了20世纪90年代城市的快速扩张，从2000年开始，几乎所有的国内大城市在其新一轮城市总体规划中都不约而同地选择了“空间结构调整”作为城市未来扩张之路，并且把到2010年的前10年作为调整的关键时期，重点在空间结构雏形的形成，部分特大城市，在此轮规划后，城市的空间结构就基本定型。

通过空间形态和中心体系的规划，城市空间结构调整确定了城市未来的扩张方式和组织方式，并成为近年来城市发展的主导。城市空间结构调整以机动化、公共交通发展、城市人口增加、郊区化发展和多种模式的土地开发为基础，把交通发展与城市发展第一次有机地融合在一起。一方面，城市化发展和经济发展下的城市扩张动力通过空间结构调整进行规范和引导，使城市发展更加健康和可持续；另一方面，从国家到城市的交通机动化水平提高和以轨道交通为核心的公共交通快速发展，又反过来引导城市发展，为城市空间结构调整提供科学的推力，实现交通发展与城市发展的互助双赢。

城市经济的快速发展和机动化水平的提高，使许多城市有了跨越制约城市发展地理门槛的能力，在空间形态上通过跨江、跳出中心城、结合重大交通设施以及利用以前的工业园区建设新城等调整城市空间布局形态，打破蔓延式的城市空间拓展模式。同时，城市人口迅速向大城市地区集结，在城镇密集地区城市开始从区域发展的角度规划和探寻合理的城市空间结构，如北京由单中心饼状发展调整为涵盖京津唐地区的“两轴、两带、多中心”的城市结构，规划顺义、通州、亦庄三个东部重点新城；上海在浦东开发的基础上，拓展沿江沿海发展空间，形成宝山新城、外高桥港区(保税区)、空港新城、海港新城、上海化学工业区、金山新城等组成的滨水城镇和产业发展带；杭州跨钱塘江发展，形成“一主、三副、六组团”，2007年来，又立足区域发展，着手大杭州都市区的空间调整(图5-3)；广州在“南拓、北优、东进、西联”的空间发展战略下，北部、南部依托空港和海港建设新城，东部形成新的城市中心，并通过广佛、广莞的一体化发展和联合，形成珠三角城镇密集地区的中部都市区；厦门向岛外发展建立新的城区，贵阳通过金阳新城开发跳出中心城开拓新的城市发展空间(图5-4)；《重庆市城乡总体规划》规划重庆都市区城市空间结构为“一城五片、多中心组团式”等。

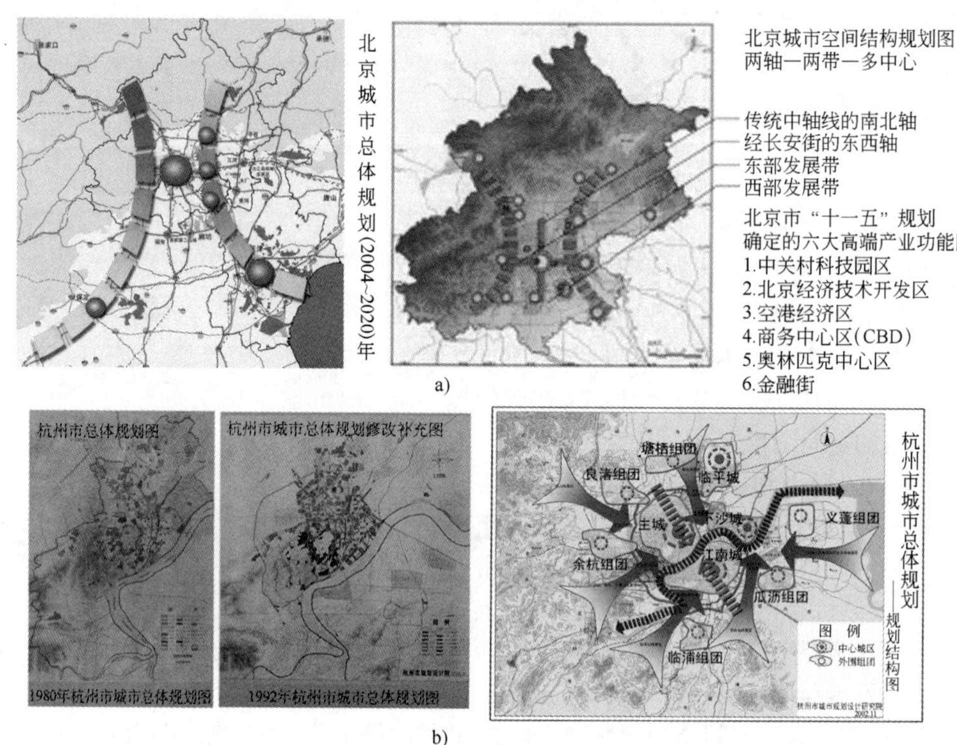

图 5-3　城市空间结构调整示意——北京、杭州

a)北京；b)杭州

城市空间结构调整的另一个特点，就是随着城市的扩大选择多中心发展的发展模式，来代替建城以来的单中心城市活动组织模式。通过多中心的发展提高城市活动的组织效率，容纳日益增加的城市职能，支持超大规模的城市空间下的城市社会经济活动正常运行。

如北京城市规划的“多中心”是指在市区范围内二环内中心、金融街、CBD、奥运村、中关村等多个综合服务的功能区，分别承担不同的城市功能，以提高城市的服务效率和分散交通压力。并在市区范围内的“两带”上建设若干新城，以吸纳城市新的产业和人口，分流中心区的功能；上海中心城通过徐家汇、江湾—五角场、真如和花木四个城市副中心的发展构筑“多心、开敞”的布局结构，并在城市外围地区通过嘉定、松江等新城发展打破中心城

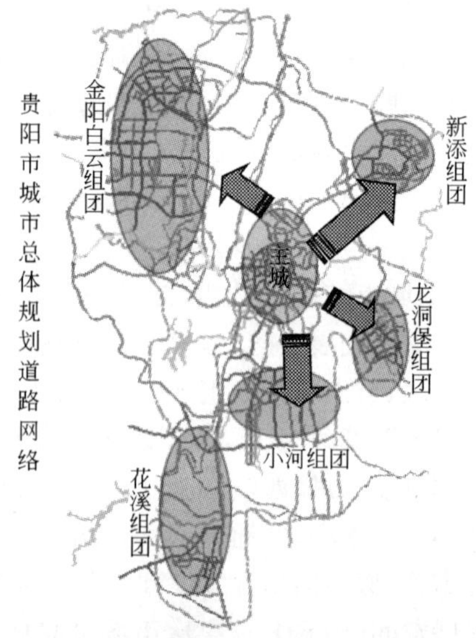

图 5-4　城市空间结构调整示意——贵阳

大饼状的蔓延模式;西安市城市总体规划(2004～2020 年)确定城市向北跨过渭河发展,布局形态为九宫格局、棋盘路网、轴线突出、一城多心,在城市外围形成几个外围副中心,即在西南方向形成以户县为主的副中心,在东北方向形成以新筑、临潼为主的副中心,在北部方向形成以阎良为主的副中心,在渭北方向形成以高陵(跨过渭河)、泾河工业区为主的副中心,在南部方向形成以长安为主的副中心。

5.3 大城市土地利用开发模式变化

城市空间结构的调整中,城市外围地区开发模式的变化是一个主要的因素。从 20 世纪 90 年代开始离开中心城区大规模建设的各种产业园,随着交通机动化的发展和住宅产业化,首先开始向完善的城市地区发展,通过城市服务提升,内部就业与人口的平衡等,逐步由产业园区向新城发展,成为城市结构调整的重要内容。

同时,在进入新世纪后,各地工业产业的迅速发展和大型交通基础设施的发展又催生了更多的产业园区开发,如,江西工业园区建设始于 20 世纪 90 年代。1991～1999 年全省共设立开发区 21 个,其中省级开发区 19 个、国家级开发区 2 个。此后各地掀起了依托园区办工业的高潮,2003 年底全省工业园区迅速发展到 137 个。经过 2004 年对工业园区的治理整顿,至 2006 年底,江西省全省工业园的数量为 98 个,2000～2006 年,全省工业园区实现工业增加值由 42 亿元增加到 453.1 亿元,实现销售收入由 139.4 亿元增加到 1 520.4 亿元,上缴税金由 5 亿元增加到 95 亿元。2006 年全省工业园区实际开发面积达 $293km^2$,相当于 2000 年全省 21 个城市建成区面积的 54%。这些新兴的产业园区在新的城市总体规划中也作为城市结构调整和城市规模扩展的一部分。

而港口、机场等远离城市的大型交通基础设施附近,依靠便捷的交通运输优势,形成了与交通设施运输相关的大型产业园区,成为城市空间结构调整中,交通设施与空间结构结合的重点,如北京天竺工业园作为空港城和顺义新城的重要组成部分;广州南沙开发区成为空间南拓的重点;珠海港开发区成为城市的重要发展组团。

北京天竺空港经济开发区是成立于 1994 年的市级开发区,总体规划面积 $6.6km^2$。开发区规划科学、功能齐全、基础设施完善,全面实现“九通一平”。经过 10 多年的发展,现已成为全国一流的成熟型经济开发区,已有来自 18 个国家和地区的 300 多家中外客商相继入驻开发区。其中,居世界 500 强的企业 20 多家,知名跨国公司 70 家。如 P&G、空中客车、联邦快递、索爱、松下、LG,以及国航、南航、东航等。

根据北京市总体规划,以空港经济开发区为核心将建成一个 20 万人口的空港城,目前已初具规模,如图 5-5 所示。空港经济开发区与周边的商业、居住以及各种配套设施相互呼应,互为补充。开发区南侧是著名的温榆河别墅区,是北京市规模最大、档次最高的别墅区,是外籍人士及国内成功人士集中居住的区域。北侧是以万科城市花园、莫奈花园、白露雅园、水青庭等多个中高档住宅项目组成的大型生活区。西侧有待建的大型超市、商业街、名品折扣广场、五星级酒店及经济型酒店组成的大型商业区。区内有中国银行、工商银行、建设银行、农业银行、农村商业银行等实力雄厚的金融机构。从区内到达机场候机楼仅10余分钟车程；周边有101国道、五环、六环、机场高速、京承高速、机场南线和机场北线组成的高等级公路网；公共交通包括城铁、公交车、机场巴士及出租车。正在建设的机场轻轨将于2008年上半年建成运营，2008年开工建设的M15号地铁……

天津临港工业区与中国北方最大的国际贸易港口天津港隔海河相望，可与170多个国家和地区的300多个港口相连。临港工业港区作为天津港五大港区之一，可利用岸线20余km，将自主建设30km深水航道和33个1～25万吨级码头。目前，临港工业区已形成1万吨级航道，建成2个万吨级以上液体化工码头泊位和1个2万吨级通用码头泊位。

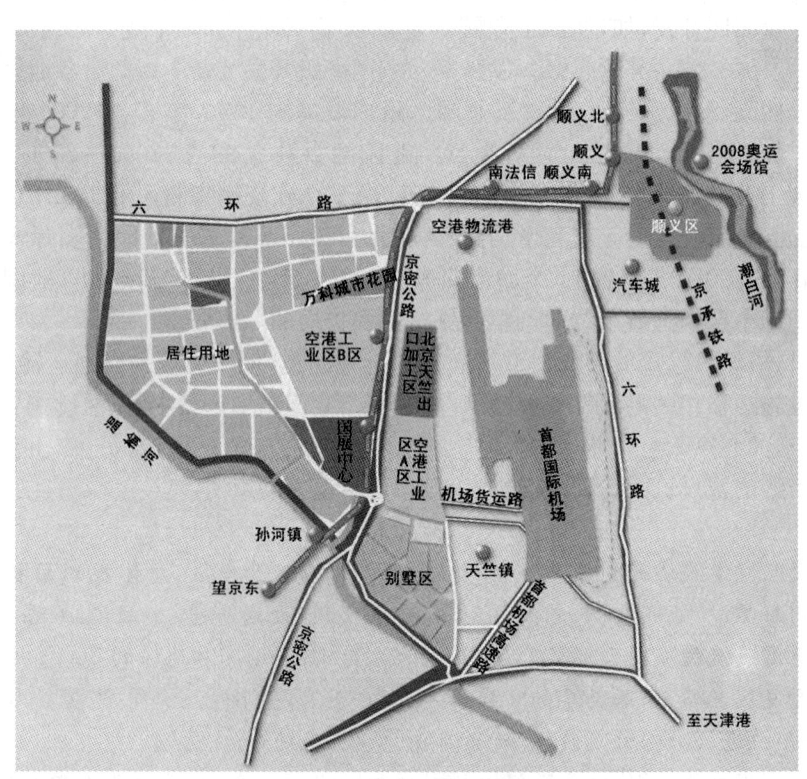

图5-5 北京市空港开发区

除产业园区发展外，由于城市人口疏散和住宅价格因素共同作用，居住郊区化下所产生的城市边缘大型居住区发展也带动了城市结构的调整和规模的扩展。这些处于城市边缘的大型居住区，首先以低价格吸引了大量中低收入的人口，然后逐步完善各种城市服务，逐步形成成熟的城区。

住宅布局的郊区化是城市发展进程中不可避免的阶段，通过对欧美发达国家住宅建设发展历程的分析，可以看出住宅郊区化发展是城市化发展到一定阶段的自然现象，主要体现在中等收入的家庭纷纷撤离喧嚣的都市，从喧闹嘈杂、污染严重的城市中心区迁往充满新鲜空气、阳光、鲜花、绿地的环境优良的郊野地区。但在中国，其城市居住区郊区化除了上述因素外，还有独特的内因。由于随着户籍制度的逐步松动，城市，尤其是大中城市的人口快速膨胀，而城市规模和住宅建设却因土地供应的限制无法相应扩张，导致不少城市中人口密度过大，加之城市的规划布局和功能分区不尽合理，造成市中心的土地和住房价格居高不下，使大部分家庭无法负担居住费用，只能选择价格较低的城市边缘居住区。因此在现阶段，中国城市居住区边缘化的第一诱因是价格而非环境。随着住宅建设的大规模推进，居民收入水平的不断提高和交通系统的完善和发展，市民居住和住宅供应的矛盾将得到有效缓解，居民住宅选择偏好将逐步倾向于环境质量，直至与国际公认的郊区化概念完全接轨❶。

北京回龙观小区规划建设用地面积 11.27km^2，总建筑面积达 850 万 m^2，居住人口约 30 万。从 2000 年的一期开始，现在已开发到七期，从经济适用房项目开始，经过 7 年的建设，目前居住人口已经达到 20 万人，房价也上涨了 4～5 倍。北京市“十五”时期商业发展规划中新发展的边缘集团居住区如回龙观、北苑等地，要按照地区级商业中心进行建设，逐步由居住区向新城区发展。

5.4 大城市人口规模与构成

加快城镇化进程是我国现阶段发展的一个重要任务，从 20 世纪 90 年代初期至今，我国城市化水平每年提高大约 1%，到 2000 年中国城市化水平已经接近 40%，部分地区达到 70%以上。城市化迅速发展使中国大城市扩张和发展的速度十分惊人，1993 年，50 万人口以上的大城市仅有 68 个，而到 2002 年底，骤增至 450 个，而到 2002 年底，100 万人口以上大城市已增至 171 个。按照发展计划，预计到 2010 年全国城市化水平将达到 50%，200 万人以上的特大城市达到 50 个左右。但由于中国农村人口进入城市的潜力巨大，实际的城市化水平很可能会超过预计的水平，并且在中国会出现数千万人口的超大型的都市区域。快速的城市化进程将使每年有约 1 500 万人成为城市人口，是世界上前所未有的人口大迁移。

❶ 中国城市边缘新居住区发展模式.

随着人口政策变化和城市经济的迅速增加，我国城镇的功能普遍增强，大城市对人口的吸纳能力和对周围城镇的辐射带动作用不断加强，中小城市在数量和规模上都迅速扩张，沿海和内地经济发展较快的地区和城镇密集地区迅速发育，都市群的发展初现端倪，城镇化出现了区域性推进的新格局。

2000 年第五次人口普查首次改变城镇人口统计的口径，将在城镇生活半年以上农村人口也统计在内，使中国的城镇化率在 2000～2005 年的 6 年间增长了近 7%（图 5-6），城镇人口逐步恢复了本来的面貌，对城镇化的估计也更加客观。

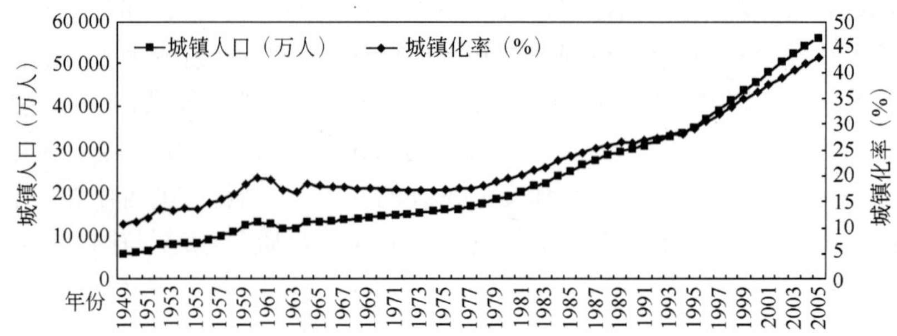

图 5-6　1949～2005 年我国城镇人口和城镇化水平

根据统计，2000～2004 年，我国城镇人口占总人口的比例平均每年提高 1.4%。截至 2004 年底，城镇人口已经达到 5.43 亿，城镇化水平达到 41.8%。目前，全国设市的城市达 661 个，建制镇近 2 万个，东部沿海、交通枢纽附近，形成了一批城市密集地区（图 5-7）。现在，进城务工的农民已超过 1 亿人，所得收入占农民纯收入的 40%左右❶。

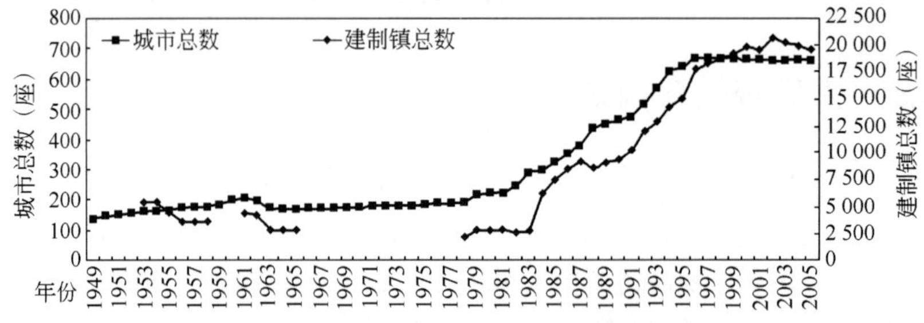

图 5-7　1949～2005 年我国城市总数和建制镇总数

根据对我国各省人口流动的统计，城镇人口主要流向东、中部经济发达地区，与我国人口密度的分布一致。东部沿海工业产业的迅速发展吸引了大量的外地劳动力，而大量的外来人口流入东部省区，使这些地区城镇规模迅速扩大，在东部沿海省份大中型城市的数量迅速增加，出现了一批新型的特大城市，而且城镇密度进一步增加（图 5-8、图 5-9）。

❶ 曾培炎. 在城市总体规划修编工作座谈会上的讲话.

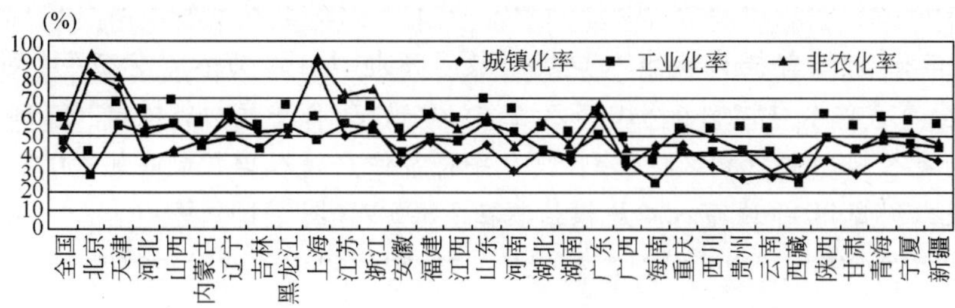

图 5-8 2005 年各省(区、市)域城镇化水平、工业化水平和非农化水平

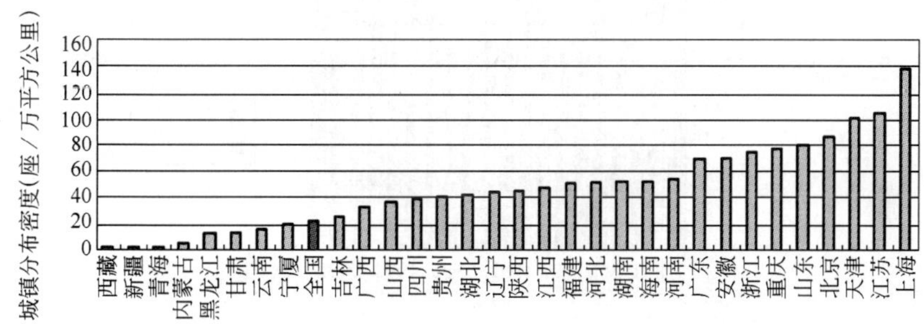

图 5-9 我国不同省(区、市)域城镇分布密度

1994～2002 年间,东部地区 200 万人口以上的城市增加了 3 座,中西部地区各增加了 1 座;同样 100～200 万人口规模的城市东部地区增加了 7 座,中部地区增加了 3 座,而西部地区增加了 1 座;50～100 人口规模的城市东部地区增加了 11 座,中部地区增加了 8 座,而西部地区增加了 3 座;20～50 万人口规模的城市,东部地区增加了 31 座,中部地区增加了 11 座,而西部地区增加了 10 座;小于 20 万人口的小城市东部地区减少了 43 座,东部和西部地区数量不变❶。城镇人口的迅速增长也给城市规划中对人口发展的预测成为“最不可靠”的内容,往往城市规划期限远未到达之时人口规模就已经突破(表 5-1)。

1994 年、2002 年东、中、西不同规模城市数量比较 表 5-1

城市市区	东部地区		中部地区		西部地区		全国	
非农人口	1994 年	2002 年	1994 年	2002 年	1994 年	2002 年	1994 年	2002 年
200 万以上	6	9	2	3	2	3	10	15
100～200 万	9	16	7	10	5	4	21	30
50～100 万	22	33	19	27	1	4	42	64
20～50 万	79	110	68	79	26	36	173	225
小于 20 万	162	119	128	128	79	79	369	326

注:1. 数据来源:1995 年、2003 年《中国城市统计年鉴》。

2. 城市人口规模分类以城市市区非农人口为依据。

3. 东部地区指北京、天津、辽宁、河北、山东、江苏、上海、浙江、福建、广东、广西、海南 12 省、市;中部地区指山西、内蒙古、吉林、黑龙江、河南、安徽、江西、湖南、湖北 9 省、自治区;西部地区指四川、重庆、贵州、云南、西藏、陕西、甘肃、宁夏、新疆 10 省、自治区。

❶ 朱天明. 我国城乡二元结构的新变化.

北京"二五"计划曾提出城市人口规模最多不超过480万人,"六五"计划曾提出在1985年将全市常住人口控制在840万人左右,20世纪80年代初曾提出"任何时候都不要超过1 000万人",90年代初又提出到2010年将常住户籍人口控制在1 250万人左右,而2004年,提出到2020年城市人口规模控制在1 800万(图5-10)。❶

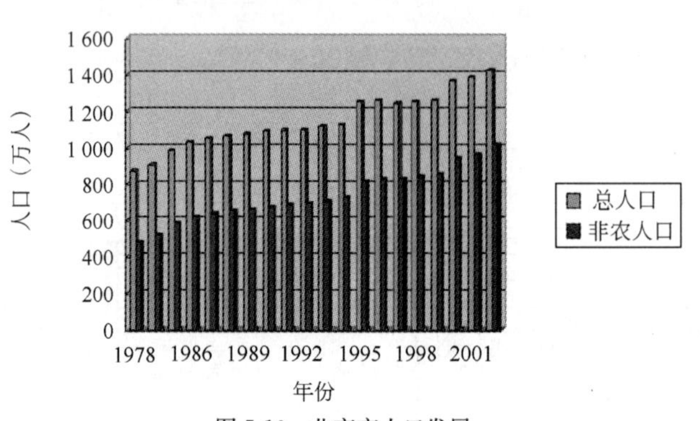

图5-10　北京市人口发展

在东部省区城镇人口增长的主要动力来源于流动人口的快速增长,人口的机械增长率仍然比较低。在产业经济发达珠三角和长三角地区,部分城市的流动人口甚至超过城市常住人口数量的几倍。如在东莞2002年全市总人口655.43万人,成为珠三角人口第三大城市(仅次于广州和深圳)其中户籍人口仅154.51万人,外来人口达到500.92万人(表5-2),北京市流动人口规模见表5-3。

东莞市规划期各阶段市域总人口规模预测❷　　表5-2

		2000年	2005年	2010年	2020年
总人口(万人)		644.57	757	812	1 062
其中	户籍人口	154.44	162	174	192
	暂住人口	500.92	595	638	870
城镇人口		355	492	568	903
城市化水平(%)		55	65	70	85

北京市流动人口规模　　表5-3

年　　份	2000(普查数)	2001年	2002年	2003年
居住一年以上人口(万人)	308.4	328.1	386.6	409.5
居住半年以上人口(万人)	256.8	262.8	286.3	307.6
居住半年以上人口比上年增长	—	2.34%	8.94%	7.44%

❶ 人口变动与城市体系. http://www.china.com.cn.

❷ 中国城市规划设计研究院. 东莞市协调发展规划,2004.

城市化导致的城市人口变化，不仅体现在数量的增长上，更体现在结构的变化上。以流动人口增长为核心的城市人口增长使城市人口的职业、年龄、学历、收入等的构成也产生了很大变化，而人口结构的变化才是城市活动中核心的影响因素。

在城市人口的活动中，职业、年龄、收入是影响最大的几个因素，职业左右人的活动内容，年龄决定了人的活动能力和活动范围，而收入则确定了人的活动方式与成本。

城市产业构成不同决定了它们在城市化的过程中，对不同职业人口的吸引力的不同，这反映在城市就业人口的职业构成上。在人口规模快速扩张的城市，城市人口增长主要来自于工业产业对流动人口的吸引，城市人口职业构成中，产业工人所占比例大，而其他职业的人口则比较低。如广东省城镇人口职业构成中，工人占的比例不断上升，从1982年的17.4%上升到2000年的35.1%，而职业结构的改变过程中外来人口起了重要的作用[1]，见表5-4。而北京城市人口的职业构成则逐步调整为以第三产业为主，见表5-5。

1982～2000年广东从业人口职业结构(%) 表5-4

职业	1982年	1990年			2000年		
负责人	1.34	1.72	1.65	2.50	1.98	2.37	1.27
专业人员	4.70	5.40	5.78	0.98	5.86	7.48	2.88
办事人员	1.36	2.07	2.10	1.78	4.71	4.68	4.79
工人	17.35	22.11	18.15	67.87	35.08	16.97	68.36
农民	70.40	60.18	64.37	11.74	37.55	55.84	3.92
其他	0.05	0.01	0.01	0.01	0.01	0.01	0.10
合计	100.00	100.00	100.00	100.00	100.00	100.00	100.00

注：资料来源：1982、1990和2000年人口普查资料。1982年资料已经将海南资料剔除，2000年为10%的抽样资料，1982年广东省只有少量外来人口，因此当年资料基本上是本地人口的情况。

全国和北京市的阶层结构比较[2] 表5-5

社会阶层	全国(%)	北京(%)	社会阶层	全国(%)	北京(%)
国家与社会管理者	2.1	2.72	个体工商户	7.1	8.13
企业经理人员	1.6	2.54	商业服务业人员	11.2	18.73
私营企业主	1.0	1.68	工人	17.5	27.36
专业技术人员	4.6	16.42	农业劳动者	42.9	7.2
办事人员	7.2	9.71	失业人员	4.8	5.51

[1] 李若建. 广东省在业人口职业结构时空变迁及人口流动过程中的职业流动. 市场与人口分析，2004，10(1).

[2] 赵卫华. 北京市社会阶层结构状况与特点分析. 北京工业大学人文社会科学学院.

同时，在城市人口的构成中，常住人口和流动人口在职业构成上的差距也非常大，外来流动人口主要集中在劳动密集型的行业，而户籍人口则在不同的职业构成上比较平衡，北京市不同户籍人口的职业构成情况如图 5-11 所示。

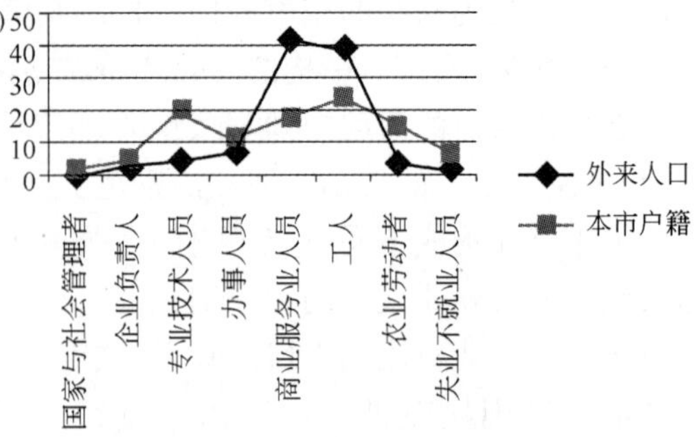

图 5-11　北京不同户籍人口的职业构成差别

在年龄构成上，总体上老龄化趋势明显，根据统计，中国 60 岁以上老年人口已达 1.43 亿，占总人口的 11%，2020 年估计将占 17.2%，2050 年将占 31%，如图 5-12所示。但在不同城市的人口年龄构成中，流动人口是城市人口的年龄构成的主要影响因素，各地差别很大。以工业产业发展为基础城镇化的地区，产业工人基本上为适龄的劳动人口，使这些地区城市人口的年龄构成中，适龄劳动人口的比例比较大，其他年龄的人口比例相对较少，而对于流动人口在城市人口中比例较低的城市，老龄化的趋势则比较明显。如 2005 年广东省乡村、镇区和城市人口老化系数分别为8.99、6.96 和 6.20，与 2000 年相比，乡村和镇区分别上升 1.29% 和 0.97%，而城市则同比下降 0.47%❶

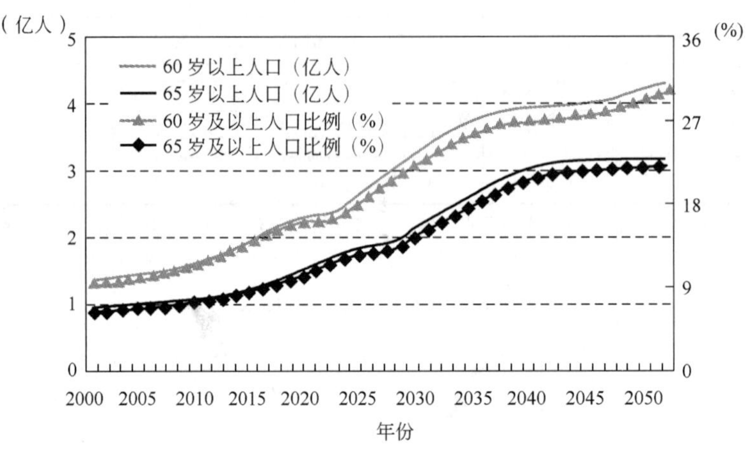

图 5-12　中国老龄人口发展趋势

在人口构成中对交通影响最大的是收入的分化，在 20 多年的经济改革过程中，我国居民收入差距在不断扩大，并在较短的时间内由一个平均主义盛行的国家转变成为居民收入不均等程度相对较高的国家。根据世界银行专家的估计，我国全国的收入分配基尼

❶ “十五”时期广东人口的发展与变化. 广东统计信息网.

系数从1982年的0.30上升到2001年的0.45,20年间上升了50%,如图5-13所示。对于城镇居民,20世纪90年代以前,尽管收入差距也有扩大的趋势,但总体上说,城镇内部的收入不均等程度仍是很低的,而且上升的速度也比较平缓;但20世纪90年代以后,城镇居民收入差距的急剧扩大,城镇内部基尼系数节节攀升。按照国家统计局的估计,1995年城镇的基尼系数为0.28,到2002年的城镇居民收入差距的基尼系数已达到0.33,而1986年以前的城镇内部基尼系数一直都低于0.2❶。

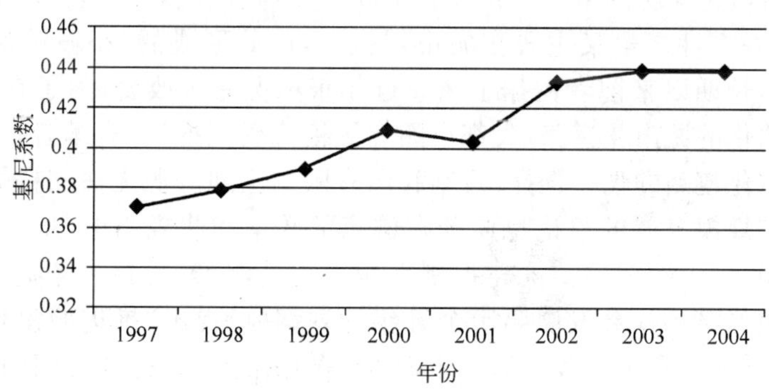

图5-13 中国基尼系数变化

根据广州2005年交通调查统计的广州市不同收入人群在城市人口中所占的比例如图5-14所示,可以看出低于平均收入的人群所占的比例在城市中数量很大,我国城镇人口收入阶层的构成与国外以中等收入为主的特征有很大的差别。在外来人口占多数的城市更是如此。

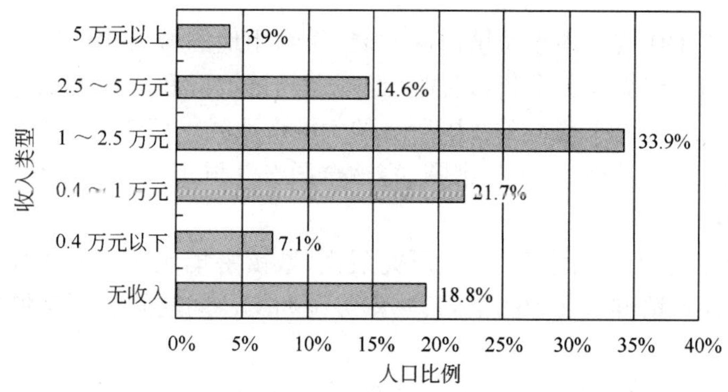

图5-14 广州市年经济收入构成比例(2005年)

❶ 收入差距变化的趋势性特征.

城市收入差距的不断扩大，使平均收入所能够代表的人群不断缩小，这对城市依据收入而定的各种政策产生巨大影响，特别是城市的公共政策。20 世纪 80 年代～90 年代初期以"平均"收入为依据制定政策的时代背景已经不复存在。

5.5 城镇密集地区城镇发展

关于中国城市化问题的争论一直没有中断，重点是围绕着我国城市的发展方针展开的，而城市发展方针之争又主要在城市规模上，由此形成的"小城镇论"或"大城市论"的观点交锋，长期以来前者占据上风。近年来情况有了改变，为了在土地、能源等的制约下走集约化的城市化道路，大都市圈发展模式受到推崇，有学者指出，大都市圈发展是我国城市化道路的唯一选择，否则我国有限的土地资源无法支持城市化的持续发展。关于城市规模发展的争论也体现在国家的政策和法规当中，从上版《中华人民共和国城市规划法》中确定的："严格控制大城市规模，合理发展中等城市和小城市"，到 2001 年《国民经济和社会发展第十个五年计划纲要》提出"推进城镇化要遵循客观规律，与经济发展水平和市场发育程度相适应，循序渐进，走符合我国国情、大中小城市和小城镇协调发展的多样化城镇化道路，逐步形成合理的城镇体系。有重点地发展小城镇，积极发展中小城市，完善区域性中心城市功能，发挥大城市的辐射带动作用，引导城镇密集区有序发展"，再到十一五规划提出的"促进城镇化健康发展。坚持大中小城市和小城镇协调发展，提高城镇综合承载能力，按照循序渐进、节约土地、集约发展、合理布局的原则，积极稳妥地推进城镇化"；"有条件的区域，以特大城市和大城市为龙头，通过统筹规划，形成若干用地少、就业多、要素集聚能力强、人口分布合理的新城市群"。

城镇密集地区逐步作为大中小城镇协调发展、集约用地的城市化地区典范在国家规划中进一步得到强调。根据相关资料，目前已经规划的城镇群和大都市圈达到 14 个，地域上主要集中在东、中部，几乎覆盖了我国所有的大城市地区。而在十一五规划的相关研究中，则提出了到 2030 年发展 20 大都市圈，容纳全国 2/3 城市人口的设想，以解决城市化过程中土地的制约(图 5-15)。

可以看出，无论是国家发展政策，还是研究层面，城镇密集地区的发展都是未来城市发展的主要方向。而城镇群发展中的空间、城镇协调和交通问题解决则是城镇群能够健康发展的基础。

近年来，集约发展的政策促进了城市人口向经济、产业聚集地区集中，城镇密集地区快速发展，从 20 世纪 90 年代珠三角和长三角到 2000 年后期逐步形成以珠三角、长三角、京津冀三大城镇密集地区为主的沿海六大城市密集地区，以及中西部围绕经济发达的大城市形成十多个大城市为核心的都市发展地区。根据 2002 年的统计，仅东部三大城镇密集地区就聚集了全国四分之一的城市人口和 36.3%的 GDP，见表 5-6。

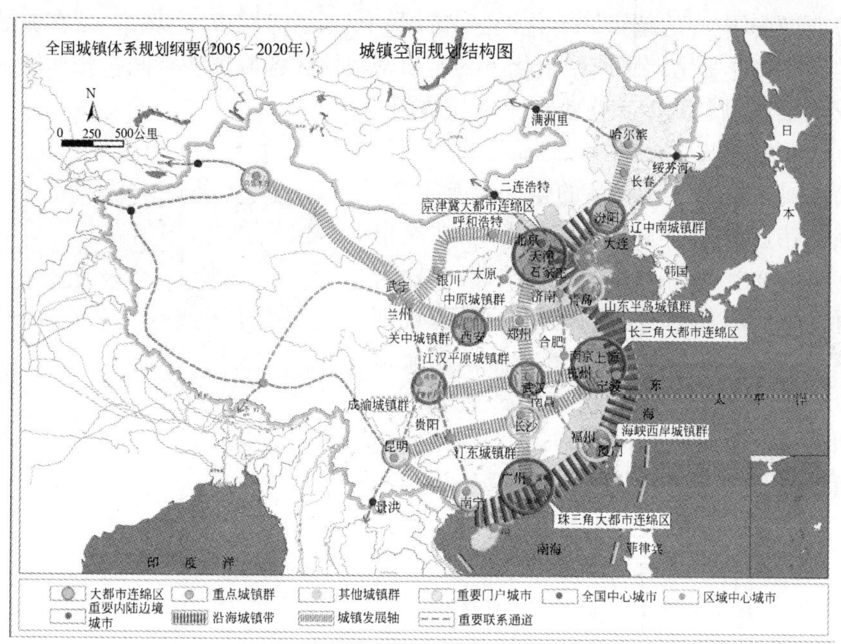

图 5-15 全国城镇体系规划

三大城镇密集地区发展 表 5-6

地 域	城市人口(万人)	土地面积(km^2)	建成区面积 km^2	总人口密度($人/km^2$)	地区生产总值(亿元)	第二产业增加值比例(%)	第三产业增加值比例(%)
珠江三角洲	3 104.4	54 751	1 535	669	11 453.1	49.2	43.2
长江三角洲	7 570.6	100 242	2 190	758	22 801.7	54.4	40.7
京津冀	3 386.2	56 421	1 845	679	8 209.2	44.6	49.4
合计	32 696.8	211 414	5 570	714	42 464.0	51.1	43.0
占全国比例(%)	25.5	2.2	—	—	36.3	35.1	48.5

城镇群或者城镇密集地区包含了各种行政等级地域范围的城市和镇，随着交通的发展和城镇空间的扩张，历史遗留的城镇界线和行政等级除了对行政管理和建设产生作用外，对区域内的经济、产业、社会组织的制约在逐步减弱。城镇密集地区城镇的实际关系已经打破行政等级和界线的束缚，跨行政区的产业集群，区域内经济、产业、社会组织中许多新的功能布局也摆脱了行政与界线的影响，城镇密集地区的运行更像是一个超大城市，内部各城镇的关系也变得像城市中的不同组成部分，而不是各种行政等级的城市的集合，区域内部各地区都承担着不同程度的区域职能，所谓的大城市也开始异化为多个区块，每个区块在区域中的职能与在城市中的职能轻重很难区分，因此，随着城镇密集地区的成熟和发展，在这一区域内讲中小城镇与大城市已经没有意义，发展将城镇的行政等级和界线

逐步抹平，成为多中心的超级城市化地区，市域、中心城、大城市、小城市、镇在城镇密集地区的内涵正在发生变化。快速城镇化下的城镇密集地区各城镇在空间扩张速度上比其他地区的城镇更快，城市化空间迅速向市域展开，部分城市已经全境城市化，并出现了区域内城镇空间连绵发展的现象。各城镇的空间相互重叠，城市职能交错，“我中有你、你中有我”。在城市职能与空间发展上，城镇密集地区“城镇区域化、区域城市化”的发展特征越来越显著，传统规划体系下定义一个城市的性质、职能在城镇密集地区已经没有太多的意义。城镇密集地区城市空间和职能分布正在向网络化发展，珠三角城镇连绵发展图如图 5-16 所示。

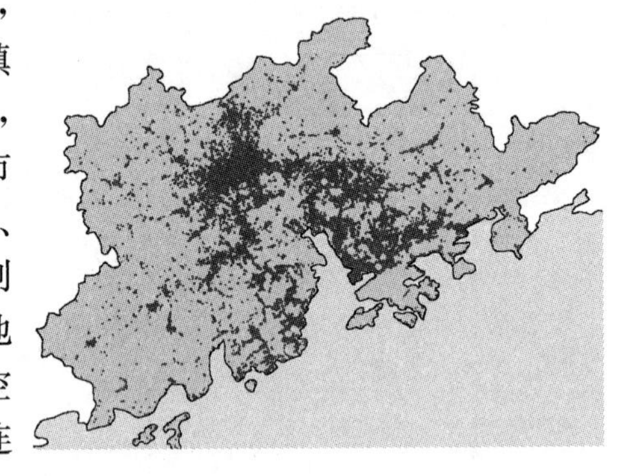

图 5-16　珠三角城镇连绵发展图(2002 年)❶

❶ 珠三角城镇群规划，2004.

6 新时期我国大城市交通发展特征

6.1 交通机动化发展

在城市交通领域影响最大的莫过于汽车产业的快速发展和汽车大规模进入家庭。汽车的发展对中国城市发展的影响深远，而且影响的深度和广度还在不断增加，不仅改变了城市的面貌，也改变着中国人的生活方式。

1994年《汽车工业产业政策》颁布，宣布中国开始汽车产业化发展，汽车、摩托车开始大规模进入家庭；2000年我国正式加入世界贸易组织，我国汽车工业实现了蜕变，汽车产业逐步实现与国际同步发展；2004年实施新的《汽车产业发展政策》，通过投资、环保、服务等方面的规定，促进我国汽车产业走上健康发展的轨道。

从2000年加入世界贸易组织到2005年，中国汽车产业不但没有萎缩，而且还得到了令人鼓舞的长足发展。中国汽车的产量和销量以惊人的速度增长，国内汽车的产量在5年内增长了3倍多，从2001年的不足200万辆激增到2006年的超过700万辆。估计到2010年中国汽车产量将可能超过美国和日本，成为世界最大的汽车生产国。2005年中国汽车工业产值1.2万亿元，直接和间接的税收近2 000亿元，直接就业和相关行业就业人数1700万人。更加值得注意的是，中国自主品牌轿车的市场份额从5年前的不足4%激增到现在超过23%，年均增幅达到40%。在价格上，2005年的平均价格比2001年下降了3.345万元，降幅达到19.61%。

汽车产业的大规模发展得益于民用汽车保有量的持续高速增长，1990年，我国的民间汽车数量只有551万辆(其中私车保有量为82万辆，货车占58万辆)，2006年已经达到了3 586万辆，16年增长了6.5倍，进入新世纪以来翻了一番，而其中私人拥有的各类汽车首次超过2 000万辆，并且仍然保持两位数的增长，如图6-1所示。中国的汽车市场成为世界汽车市场的重要力量，2006年成为仅次于美国的全球第二大新车市场。据预测，从2002年到2010年，全球汽车产量将增加1 100万辆，亚太地区将新增700万辆以上，占到65%，而其中将有一半是来自中国。

此外，还有大量的摩托车在城市中运行。据统计，到2007年9月底，我国私人机动车保有量为1.18亿辆，其中近70%是摩托车。

各城市的机动车保有量也在近年来保持近乎同一数量的增长，并逐步从大城市扩展到小城市。据统计，北京市机动车在2007年突破300万辆，户均拥有0.68辆。从建国初期到

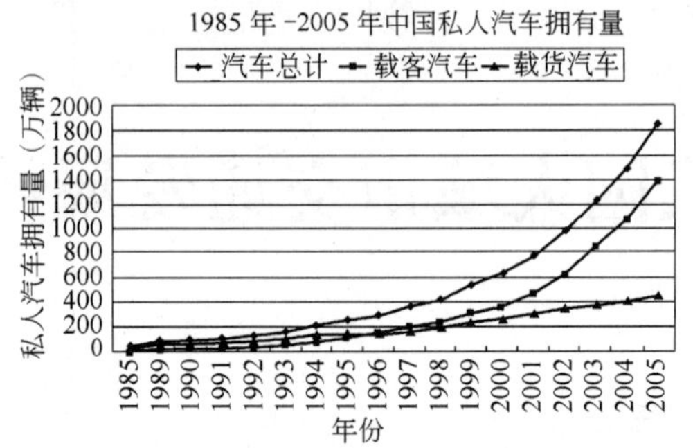

图 6-1　1985～2005 年中国私人汽车保有量

1997 年2 月，北京市的机动车突破了 100 万辆，这一过程整整经历了 48 年，从1997 年2 月～2003 年 8 月，仅 6 年半时间，北京的机动车保有量就完成了第二个 100 万辆的增长，从第二个 100 万辆，到第三个 100 万辆，北京用了 3 年零 9 个月，而目前北京机动车保有量仍然还以每天 1 000 辆的速度增长着，而且在增长的车辆中，70％是私人拥有。同样的增长速度和私人车辆构成特征也一样在其他大城市演绎着，广州市、沈阳市历年机动车保有量情况见图 6-2、图 6-3。

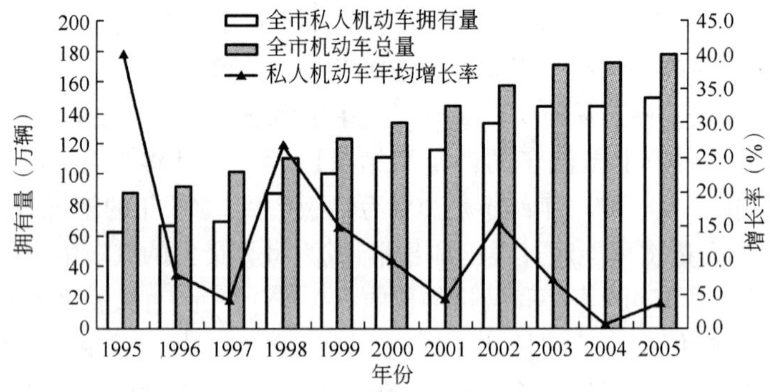

图 6-2　广州市历年机动车保有量变化图[1]

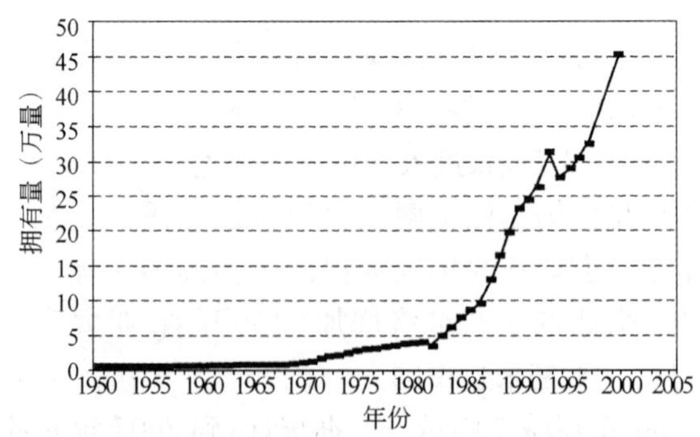

图 6-3　沈阳市市区历年机动车保有量变化图

[1] 广州市交通年报，2005.

6.2　城市交通设施发展特征

6.2.1　城市快速交通系统发展

进入 2000 年以来，城市的扩张对机动性的要求、机动车的迅速发展也促进了以快速道路、快速轨道和快速公交为主，承载快速交通的高等级城市交通基础设施的迅速发展。快速道路的建设和规划迅速由特大城市扩展到大城市，拥有轨道交通的城市迅速扩容，快速公交也在 2005 年年底从规划走向现实，进入快速发展时期。交通提速成为 2000 年后从国家到城市层面的共同发展特征，全国所有的大城市几乎都参与其中。

快速道路建设作为机动化发展的延伸，最先在国内城市展开，各大城市都规划和建设了数量不等的、以快速环路和放射线为主的快速道路网络，北京市五环内快速路网如图 6-4 所示。从北京 380km、广州 880km 的快速道路规划，大规模的快速路网在特大城市中成为机动化和城市用地扩张的一个必备条件，见表 6-1。同时多数大城市也在进入 2000 年后建成了首条城市快速道路，大部分中等城市也在其城市规划中也大部分提出了快速道路建设的规划。

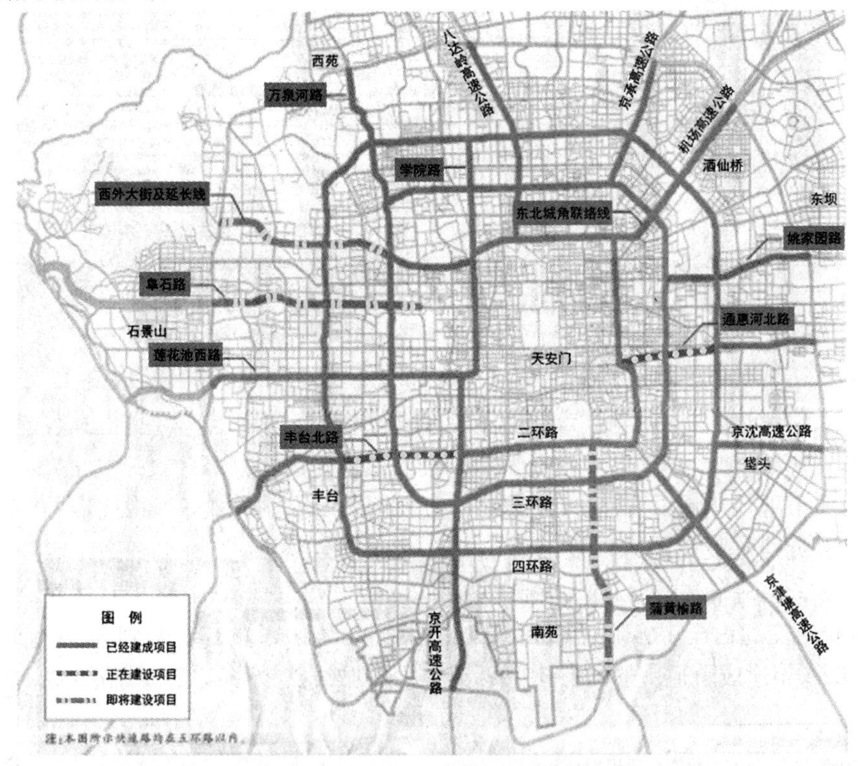

图 6-4　北京市五环路内快速路网

部分城市快速道路规划长度　　表 6-1

城　　市	规划快速路长度(km)	城　　市	规划快速路长度(km)
北京	380	苏州	273
上海	300	南阳	77
天津	200	襄樊	80
广州	880	大连	143
石家庄	153	洛阳	127

城市轨道交通发展目前也进入了快车道。在许多城市的交通投资中，轨道交通所占的比例不断提高，成为解决城市交通问题的主要希望所在。截至 2006 年底，我国内地共有 10 个城市、21 条城市快速轨道交通线路投入运营，总运营里程达到 584km，2006 年新增运营里程108km。2006 年，国务院相继批准哈尔滨、杭州、沈阳、成都和西安 5 城市的城市快速轨道交通建设规划。我国内地，获准建设城市快速轨道交通系统的城市增加到了 14 个❶。基本上所有百万人口以上的城市在新的城市总体规划中都提出了轨道交通规划，在轨道交通近期建设规划进展上，目前国内 40 多座百万人口以上的特大城市中，已经有 30 多座城市开展了城市快速轨道的建设或建设前期工作，约有 14 个大城市上报城市轨道交通网规划方案，拟规划建设 55 条线路，长约 1 500km，总投资 5 000 亿元，如图 6-5所示。

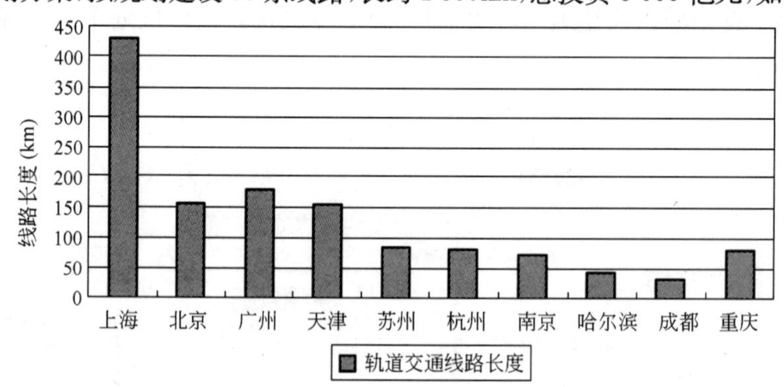

图 6-5　各城市轨道交通近期建设规划线路长度

特大城市公共交通将开始向以轨道交通为骨干的交通组织转变，以北京、上海、广州为代表的人口超过 500 万的城市，都提出了在 2020 年规划期末，实现轨道交通作为城市公共交通主体的目标，并提出了雄心勃勃的轨道交通建设规划。建设速度上，北京、上海、广州 3 个城市近几年也以每年 30～50km 速度建设。根据经国家正式批准的《上海市快速轨道交通近期建设规划》，以及上海市“十一五”规划纲要，上海市到 2010 年将建成有 13 条线、设 237 座车站的轨道交通基本网络，运营里程由现有的 123km 达到 400km，到 2010 年，轨道交通占全市客流总量的比重将由目前的 10%左右上升到 35%～40%。北京预计 2020 年建成轨道交通线路 19 条，其中中心城线路 15 条，市郊线路 4 条，加上一些

❶ 秦国栋. 2006 年城市轨道交通规划盘点.

通往郊区的支线，总长约 660km；2008 年左右建成轨道交通里程数约 300km。广州提出到 2020 年建成 500km 的轨道交通网络，实现中心城区以轨道交通为主体的城市客运交通模式❶，如图 6-6 所示。

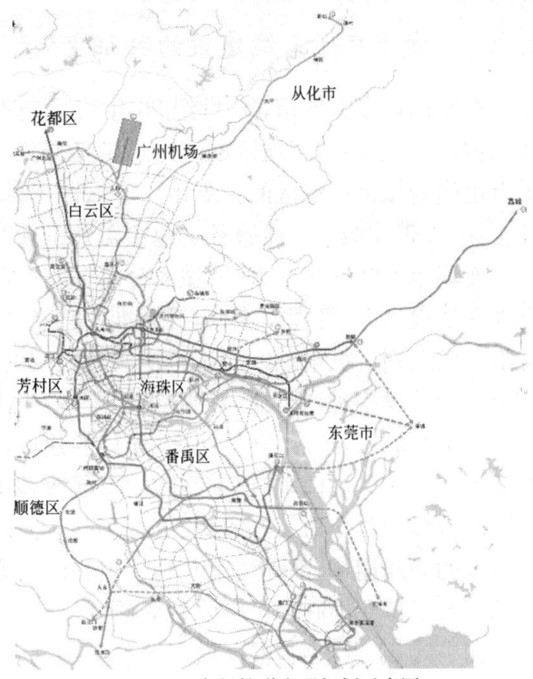

图 6-6　广州轨道交通规划示意图

中心城区轨道交通线由"环格网＋10 条对外联络线"组成。东部地区轨道交通线网结构为"方格网"。南部地区由"A 字形"城际快轨＋3 条南北向城市空间拓展线＋4 条东西向城市联络通道＋2 个星形轨道交通网组成。北部地区由两个"T"形轨道交通线网组成。

由于轨道交通发展投资高、建设速度慢、国家审批严格，几乎所有的大城市近年来都把眼光转向投资低、建设快、运营灵活的快速公交(BRT)的发展上，编制了不同规模的快速公交发展规划，并作为近期城市公共交通发展的重点，以提高在机动化影响下日益降低的公共交通机动性。从 2005 年北京第一条快速公交线路开通以来，杭州、常州的快速公交 1 号线在 2006 年、2008 年相继开通运营，上海、昆明、济南、厦门、深圳、广州、成都、大连等城市的快速公交建设也陆续展开，目前已经有 20 多座城市已经或正在有序地推进快速公交项目，常州、厦门快速公交规划如图 6-7 所示。

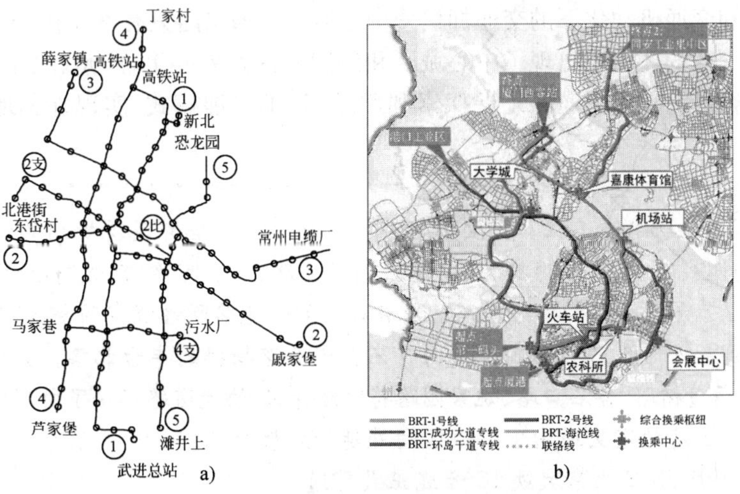

图 6-7　常州、厦门快速公交网络规划示意

a)常州；b)厦门

❶ 广州交通发展战略，2007.

6.2.2 城市交通系统建设的特征变化

在全国许多大城市,20世纪90年代后期都是城市扩展最快的时期。城市空间扩张和结构调整,使城市化地区的范围迅速延伸到以前的郊区,这需要大城市交通设施建设的重点也随着城市化地区的扩展由中心城区向外围地区转移,特别是骨干交通设施迅速向外延伸,以带动城市交通服务迅速覆盖外围新开发的城市地区。

而城市外围地区一直是"城乡分治"的管理体制,城市交通设施与非城市地区的交通设施在建设标准、管理模式、运行标准、交通组织、系统运营、设施经营以及服务定价上都有很大的差别。城市地区的扩张把两者之间的差别演化为发展的矛盾。需要对原来非城市地区交通设施进行大规模的城市化改造,来满足城市交通服务延伸和城市开发的要求。

在中心城区,经过20世纪90年代的建设,快速交通网络基本形成,快速道路在许多大城市已经初具规模,城市中心区的交通改造取得巨大成就,基本告一段落。历史保护、环境改善和公共交通发展成为"十五"期间许多大城市中心区交通发展的主题,为缓解中心城区的交通拥堵,部分城市开始了中心区交通需求管理的研究,如杭州、深圳、上海等城市都进行了拟在中心区实施收费的研究。

在进入21世纪后,根据城市发展和持续建设的需要,城市交通设施建设的重点对象和区域都发生了改变。大城市道路系统建设开始了由中心城向外围地区的转移,以中心城与外围地区连接线和放射线建设为代表,带动城市外围地区的全面开发,中心城区向外延伸的放射性交通网络建设进入高潮。中心城区由道路建设向公共交通建设转移。许多大城市中心城区经过多年的建设,道路网络已经基本按照长远规划建设完成,而带动外围地区的发展和交通机动化下的交通拥堵使中心城的交通出路只有寄托在公共交通的发展上。在公共交通的建设上出现了中心城区和外围地区发展并重,广州、北京、上海等一些特大城市都在借助轨道交通的发展探索利用TOD的发展模式,实现外围地区和中心区共同发展。

---

(1)北京交通联络线工程。截至2005年底,北京已经全部实现规划的快速路放射线有:八达岭高速公路、京开高速公路、京津塘高速公路、万泉河路、京沈高速公路、莲花池西路、机场高速、京承高速公路和学院路。正在建设的快速路联络线有两条:东二环与京通快速路相接的通惠河北路、三环路丽泽桥与京石高速公路衔接的丰台北路。其余4条快速联络线阜石路、蒲黄榆路、杏石口路、姚家园路将陆续开工,快速道路连接了所有的卫星城。

(2)北京、上海轨道交通由中心城区向外延伸发展情况。

2003年1月28日北京城铁13号线正式贯通

2003年底,北京地铁八通线贯通

2005年12月30日北京南中轴首条大容量快速公交正式开通运营。

而目前轨道交通亦庄线、顺义线、昌平线,以及4号线向大兴延伸等轨道交通建设工作也全面开始。

(3)上海南站到江湾镇的明珠线(轨道交通3号线)。西起闵行区,东至浦东新区上川路站的12号线;西起松江新城站,东至桂林路站的9号线;北起宝山区外环路锦秋路口,南至浦东新区芳甸路新国际博览中心的7号线等也是以向外延伸为主,带动主城区与外围地区共同发展的轨道交通。

6.3 新时期交通需求特征

城市范围扩张、郊区化发展和机动化所改变的不仅仅是城市面貌,也使城市居民的出行特征产生很大变化,改变了居民的活动方式和规律。根据近年来各地进行的各种交通调查,城市和交通发展对居民出行总量、出行方式、出行距离和时间分布、出行的舒适度要求等都产生巨大影响,这些方面的转变正在逐步显现出来,并反过来对城市空间、土地利用和交通系统产生影响。

6.3.1 出行总量/交通量

城市交通出行总量的增加是城市规模扩展最直接的后果。随着城市人口、城市范围和交通拥挤的增长,城市交通出行总量无论是单纯的次数,还是用里程、时间衡量的交通量,都大幅度增长。

(1)城市人口规模的扩张,使城市出行总量急剧增长。尽管有部分城市人均出行次数有所降低,但多数大城市的居民出行与10年前相比还是呈现出平均出行次数和人口双双增长下的出行总量增长。如根据上海1995年和2004年的两次大规模交通调查,上海全市居民平均每人出行次数由1995年的1.87增加到2.21人次/日,通勤、上下学等非弹性出行的总量比1995年增加20%,而娱乐、购物等弹性出行则比1995年增加了1倍。

(2)出行距离的增长是城市交通需求增长的又一个重要因素。随着城市规模的扩大和土地利用布局由混杂到功能明确,各城市居民的平均出行距离都有不同程度的增长。如上海的居民平均出行距离从1995年的4.5km,增加到2004年的6.9km,10年内增加53%。石家庄则从2000年的3.34km,增加到2007年的4.4km,7年里增加了32%。广州市上下班交通平均出行距离则从1984年的2.54km,到1998年增加到5.4km,而到2005年则增加到6.42km。出行距离的增加,直接导致城市的交通周转量上升,是目前城市交通量增长中最主要的因素之一。

(3)由于机动交通的大幅度增加,城市交通拥挤日益严重,尽管从20世纪90年代以来,城市交通机动性迅速提高,但交通高峰时期的交通活动中花费在路程上的时间在大城市都出现不同程度的增加,特别是机动车交通和公共交通出行时耗迅速增加。在机动性提高的情况下出行时耗增加,一方面表明出行占用交通设施的时间增加,交通设施将更加拥挤，高峰时间出现逐步延长的现象，另一方面也表明交通系统的可靠性在下降。

6.3.2 出行结构

城市交通的机动化发展则通过改变居民的出行方式，对居民的活动范围、生活方式产生影响，使城市居民能够通过提高高机动性交通方式比例，部分抵消出行距离增加对居民活动的影响。

从20世纪90年代末期开始，大城市交通结构的机动化过程中，首先向摩托车、出租车转移。在20世纪90年代末，在许多沿海的大城市，摩托车和出租车承担的客运交通比例一度达到30%。进入2000年后私人小汽车的发展促进了交通结构中小汽车比例的迅速提高，目前，一些机动化水平较高的特大城市，小汽车承担的出行在全部交通出行中的比例已经超过20%。近年来，随着轨道交通和快速公共交通的迅速发展，高机动性的公共交通，所承担的出行比例也在逐步上升。在这个逐步升级的机动化发展过程中，在20世纪90年代初期占据交通出行半壁江山的自行车不断被蚕食，在部分城市所承担的交通出行甚至跌到不足10%，北京市1990年与2000年交通结构变化情况见表6-2。而外围地区的开发和交通机动化的发展，使居民交通出行的机动性要求迅速提高，这些人群成为交通机动出行的主力。表6-3、图6-8是交通出行调查反映出的南京和北京居民交通出行结构的变化和机动车拥有对出行的影响❶。

北京1990年与2000年交通结构发展情况(%) 表6-2

交通方式	1990年	规划2000年	2000年实际	发展估计的误差
公共电汽车	31.0	38.0	22.1	−15.9
地铁	4.0	7.8	3.3	−4.5
出租车	1.3	1.6	8.1	+6.5
单位大客车	3.0	3.2	3.2	0
小客车	2.9	4.8	23.3	+18.5
自行车	57.8	44.6	40.0	−4.6

1986～2004年南京市居民出行方式结构(%) 表6-3

年份	步行	自行车	公共交通	出租车	摩托车	私家车	其他
1986	33.10	44.10	19.20	0.10	0.30	—	0.70
1997	25.45	57.91	8.19	0.92	2.16	—	0.86
1999	23.57	40.95	20.95	1.71	5.24	—	1.89
2001	26.50	41.00	24.40	1.00	2.70	—	1.30
2002	23.23	43.79	24.74	1.01	2.85	0.42	1.37
2003	24.74	44.10	24.10	0.47	2.86	0.77	0.44
2004	19.85	38.66	29.82	1.08	4.06	2.48	1.07

❶ 城市规划资料集第10分册，城市交通与城市道路.

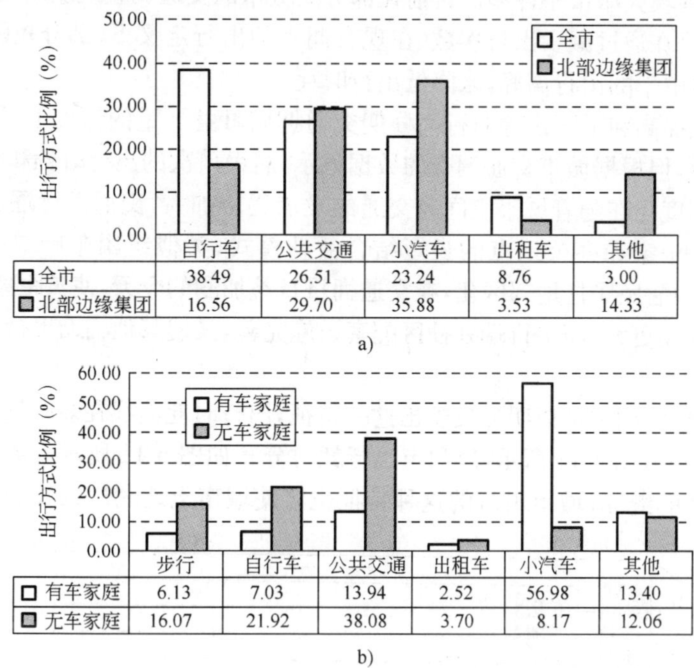

图 6-8 北京市交通出行结构

a)北部边缘集团与全市出行结构比较；b)有车家庭与无车家庭出行结构比较

6.3.3 出行距离与时耗

从 20 世纪 60 年代开始，一些学者就发现城市居民的人均日出行时耗在不同年份表现出一定的稳定性，提出出行时耗预算的概念，即平均一个出行者一天分配给（所有方式）出行的时间。根据研究，城市居民一天的出行时耗大约在 1 个小时左右，从国内城市出行调查的数据看，城市居民一天的出行时耗基本上是稳定的，随时间和城市的变化并不大❶。虽然这个规律还有待进一步研究，但城市居民一日出行时耗的相对稳定性还是从出行次数、出行活动方式改变上显现出来，居民随着城市的扩大和交通拥挤而调整自身的活动来保持每天在出行上花费的时间不会因交通拥挤和城市扩大而有太大的改变。

据目前国内进行的交通调查，特大城市和大城市的交通出行在时间分布、出行次数和平均出行距离（忽略短距离的出行）上有公认的差别，一般认为特大城市的中午高峰要比大城市低得多，特大城市出行时间一般呈现早晚两个明显的高峰，而大城市则呈现 4 个明显的出行高峰，平均出行距离大城市也较特大城市小许多。而出行次数（相对于现行的出

---

❶ 吴子啸，宋维嘉，池利兵，潘俊卿．出行时耗的规律及启示．城市交通，2007-1-(5)．

行定义)特大城市则较大城市小许多。目前在部分大城市的交通调查反映出,随着城市规模的扩张,城市居民在通过减少出行次数(在现有调查的出行定义下,部分短距离的出行被忽略),或者减弱中午的出行高峰,来降低出行时耗。

在出行机动性提高和上下班等出行高峰期交通拥堵日益严重的情况下,居民日出行时耗虽然没有改变,但根据城市交通调查的数据显示,居民单次的出行时耗和距离与平均出行时耗的离散程度正在随着城市空间与交通的发展逐步加大,交通出行逐步形成了围绕通勤出行两端——家和办公地点的长短结合活动模式(类似组团布局城市的活动特征)。城市的扩张和居民居住地郊区化,在交通拥挤日益加剧的今天,使长距离、高时耗的通勤出行时耗比以往更大,而出行端处社区配套设施完善,又使其他辅助出行的出行距离和时耗更小。

从广州 2005 年的调查可以明显反映出这一特征,出行时耗曲线在短时耗和高时耗处都呈现高峰,如图 6-9,图 6-10 所示,厦门市出行耗时分布如图 6-11 所示。随着城市交通拥挤和郊区化发展的继续,城市出行的这种特征也将使城市土地利用的发展呈现出扩散

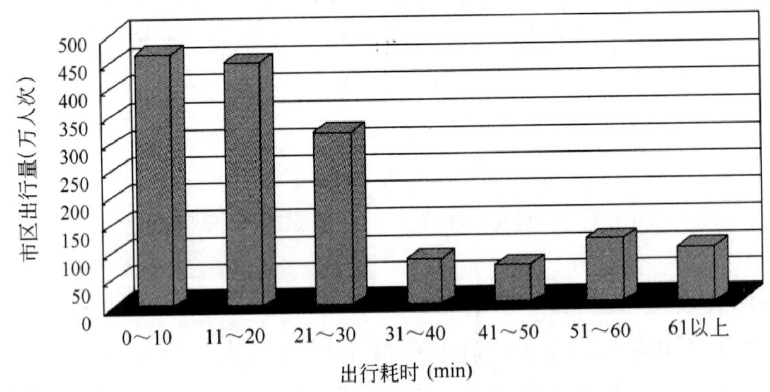

图 6-9 广州市不同平均耗时的出行量分布

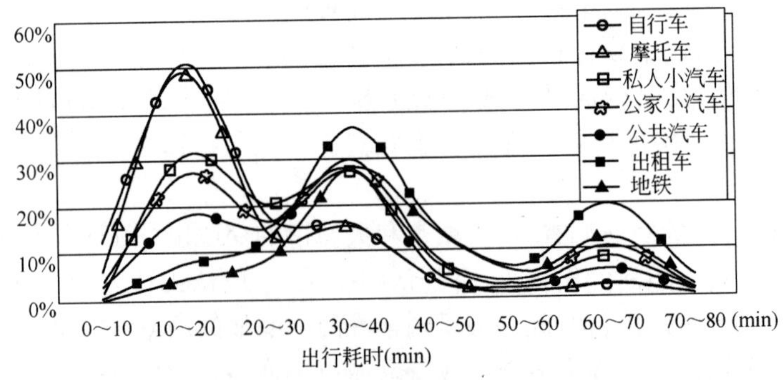

图 6-10 广州市不同交通方式的出行耗时分布

和集中两种并存的发展趋势，为了抵消交通拥挤带来的出行时耗增加，靠近工作地的居住选择会增加，同样为了优越的环境，郊区化的趋势还会继续。

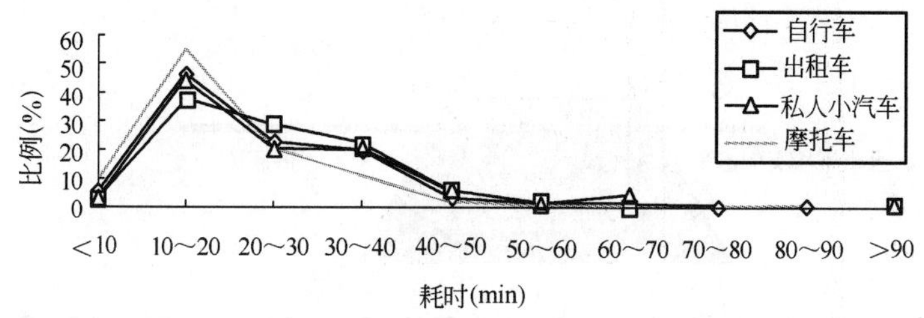

图 6-11　厦门市 1995 年不同交通方式出行时耗分布❶

6.3.4　收入层次与出行层次

快速城市化和收入差距的拉大，也清晰地反映到城市各阶层人口的出行变化中。随着城市的扩张，各阶层人口都有提高交通机动性的需求，或者说，很多中、低收入人群因为只能住在城市边缘，机动性改善的需求更大，但由于收入的差距，采取的策略却各不相同。

根据目前城市交通调查，中高收入人群交通机动性的提高主要是汽车化，这促进了近年来各城市汽车，特别是私人汽车的迅猛发展。而中低收入人群交通机动性的提高主要通过电动自行车和公共交通，这使得许多城市自行车发展的迅速电动化，到 2006 年底，电动自行车市场保有量已达 3 000 多万辆。如上海到 2004 年底电动自行车的数量就达到 90 万辆，而 2004 年一年就增加 40 万辆，郑州到 2005 年电动自行车拥有量也超过 50 万辆，2007 年与 2000 年相比，电动自行车承担的客运比例从 1%左右上升到 20.3%，而苏州早在 1998 年就开始对电动自行车实行了登记上牌管理，2007 年登记上牌的电动自行车已经高达 72 万辆。电动自行车的发展在全国引发了持续多年的“限制”争论。

城市人口分化所带来的交通出行分化正日益在各城市显现出来，各阶层交通出行的工具相对固定。随着住房商业化，收入成为居民居住地选择中的关键因素，交通工具和居住的相关性也在很多城市变得越来越强，20 世纪 90 年代以前那种收入平均、居住国家分配模式下的城市交通组织在进入 2000 年后发生了巨大的变化。城市交通的多样性成为城市阶层的分化的结果，但在具体的交通方式上，各阶层交通出行的选择依然有限，苏州居民收入群体分布与出行特征如图 6-12 所示。

此外，城市扩张带来的城市交通组织模式变化也开始在居民出行中显现出来，轨道交通的快速发展，有效提高了公共交通的服务水平，城市中形成了围绕公共交通组织的多方式联合出行，如北京轨道交通城市外围站点的 P+R、各地铁站点的自行车停车等，而且这种出行的比例在总体出行中逐年上升，已经成为一个不可忽视的数字，而且随着城市交通分层组织的逐步完善，其比例还会进一步增加。

❶ 中国城市规划设计研究院. 厦门岛城市交通规划，1996.

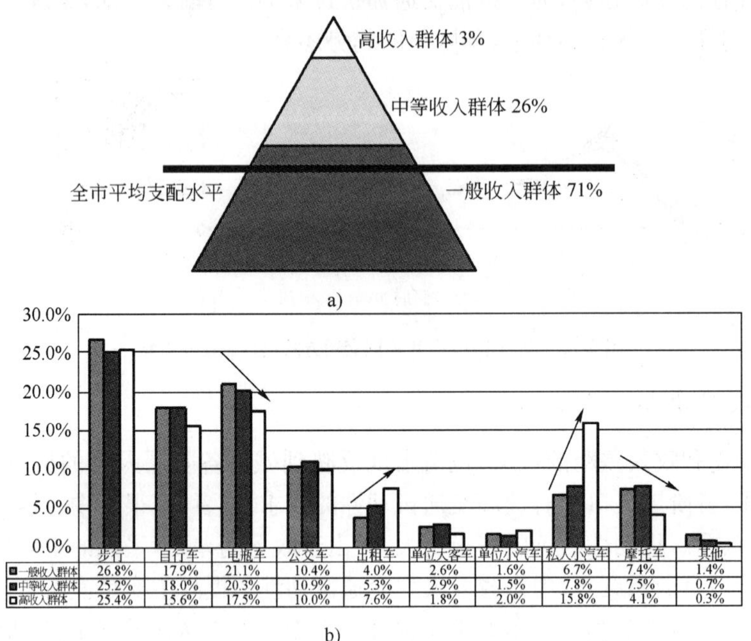

	步行	自行车	电瓶车	公交车	出租车	单位大客车	单位小汽车	私人小汽车	摩托车	其他
一般收入群体	26.8%	17.9%	21.1%	10.4%	4.0%	2.6%	1.6%	6.7%	7.4%	1.4%
中等收入群体	25.2%	18.0%	20.3%	10.9%	5.3%	2.9%	1.5%	7.8%	7.5%	0.7%
高收入群体	25.4%	15.6%	17.5%	10.0%	7.6%	1.8%	2.0%	15.8%	4.1%	0.3%

图 6-12　苏州居民收入群体分布与出行特征❶

a)收入分布；b)出行特征

6.4　大城市交通运行特征

"拥堵"目前已经成为大城市交通运行状况的最好总结，汽车工业的成功，使之成为驱动国家经济发展的动力，并让人们在享受机动化所带来的机动性提高、舒适性提高的同时，也在忍受机动化所带来的无休止的交通拥堵，而且在许多机动化水平比较高的特大城市，交通拥挤正在导致让人们在机动化初期所期望的机动性下降，并波及到城市的汽车拥有者和非拥有者，社会外部成本正在随着机动化的迅速发展逐步升高。

交通拥堵正在随着交通机动化的提高迅速从特大城市扩散到大城市，甚至中等城市，成为全社会关注的问题和代表不同阶层的交通政策角力的领域。

尽管在经济增长的大好形势下，交通投资逐年增长，但许多城市仍然与居民对机动化的速度要求相差甚远，城市道路的交通运行速度在快速道路大幅度增长的情况下逐年下降。北京二环～三环之间的干线道路上高峰时车辆平均速度，已由 1994 年的 45km/h 下降到1995年的33km/h、1996年的20km/h，以及2005年的10km/h以下。交通拥堵已

❶ 中国城市规划设计研究院. 苏州市综合交通规划，2007.

经蔓延到三环路和四环路，以及主要的放射状干线道路。2004 年，在上海 29 条主要道路上，车辆运行速度大部分低于 20km/h，其中 9 条道路为 15km/h。在高峰期，上海市中心区主要道路汽车平均运行速度在 9～18km/h[1]。许多特大城市出现“路修到哪里就堵到哪里”的“怪事”。

根据 2007 年北京的一个简单调查，把交通畅通作为 10 分，被调查的市民中 56%给北京交通打出了 1 分的低分[2]，如图 6-13 所示。

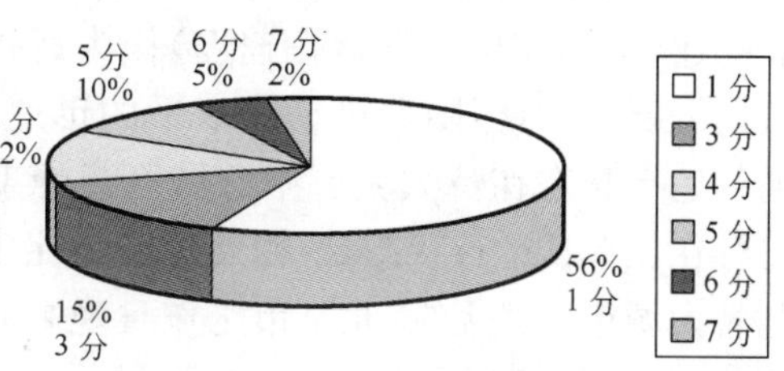

图 6-13 北京市民交通满意度调查结果

自 20 世纪 80 年代以来，我国特大城市市区机动车高峰小时平均时速已由过去的 20km 左右下降到现在的 12km 左右。在一些大城市中心地区，机动车平均时速已下降到每小时 8～10km。全国 31 个百万人口以上的特大城市，大部分交通流量负荷接近饱和，有的城市中心地区交通已接近半瘫痪状态，部分特大城市已经从上下班交通拥堵，扩展到不分时间、场合的交通拥挤。我国每年因城市交通不畅，运输效率下降，造成的经济损失达数百亿元[3]，而根据“2008 福田指数”，北京人上下班的交通拥堵成本达到每月 375 元；其次是广州人上下班交通拥堵成本为每月 273.8 元；上海人排第三，为每月228.2元。交通拥堵成本最低的城市是西安和成都，西安人每月上下班的交通拥堵成本仅为 69.4 元，成都人也未过百元，为每月 92.6 元。

目前我们国家还没有对交通拥堵的确切定义，根据日本城市快速路交通拥堵的定义：车辆运行的平均速度低于 10km/h 来衡量，目前特大城市高峰小时期间快速道路绝大部分都处于拥堵状态，并且这种状态还在逐年恶化，城市道路处于拥堵状态的时间在逐年增加。让包括决策者、出行者在内的所有人都束手无策，如图 6-14、图 6-15 所示。

图 6-14 城市交通拥堵现状

---

❶ 世界银行. 中国：加强机构建设，支持城市交通可持续发展. 2005.

❷ 北京交通拥挤现状简报.

❸ 交通拥挤愈演愈烈，区域经济破解北京交通难题. 中国经济时报，2003-11-7.

从 2000 年开始，原建设部和公安部开始在全国大城市范围内开展“畅通工程”，把秩序（违章率）和畅通（堵塞和机动车运行速度）作为运行状态评价的重要指标，但随着机动化水平的迅速提高，畅通的运行状态在特大城市中心城区高峰期已经不复存在。单从运行状态看，畅通工程评比中的优良与特大城市已经无缘，北京市工作日晚高峰路网运行状态如图 6-16 所示。

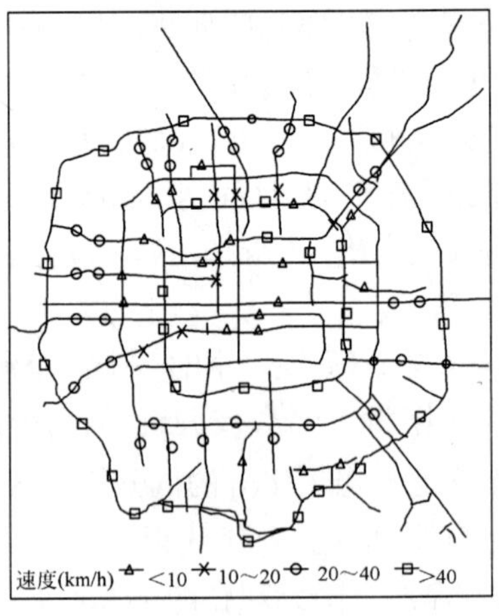

图 6-15　2007 年 11 月北京市五环内主要路网晚高峰速度（17:00～19:00）❶

20 世纪 90 年代汽车年平均增长率约为 15%，而同期城市道路年增长率仅为 3.5%，在经常发生拥堵的大城市的中心城区，经过从 20 世纪 90 年代初期到现在近 20 年的建设，城市道路网络已经基本按照城市的长远规划建设完成，如北京到 2000

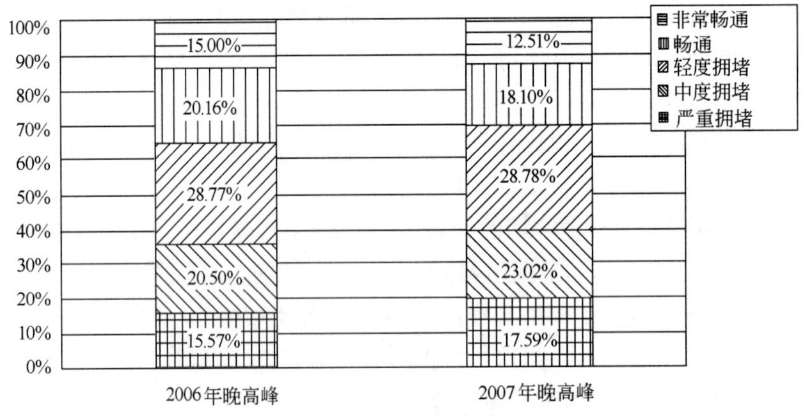

图 6-16　北京 2006 年和 2007 年工作日晚高峰道路网运行状态

年，中心城区规划的道路网络就基本上建成，提出了道路网络建设从中心城区向外围地区转移的策略，而城市的机动车拥有量在道路网络建设基本完成的地区还在以每年两位数的速度增长。持续近 15 年的交通需求大幅度增长，以及特大城市和部分大城市交通设施建设的情况，让部分城市的决策者已经开始意识到，交通供需关系已经发生变化，城市交通供应短缺的时代已经来临，供应短缺已经成为多数大城市交通的现状，交通拥堵在这些城市正在进入“常态化”。以解决交通拥堵为目标的口号和计划正在淡出这些城市的政府文件。城市交通的目标不再是要解决交通拥堵，而是怎么与交通拥堵打交道，让其影响降到最低，保障城市各种活动的正常运行。

同时，交通拥堵也带来了环境污染、交通事故等其他外部效应，甚至在解决拥堵的目

❶ 2007 年度北京市交通经济运行分析，2008.

标下对城市交通政策公共性产生了影响。

交通拥堵、汽车尾气排放污染，在20世纪90年代初仅出现在少数大城市中，而现在已成为几乎所有大城市的普遍现象，使城市生活质量和城市经济活力严重降低。私家车所带来的机动性和自由感荡然无存，许多有车族会经常在高峰时期陷入交通拥挤中。而尽管私人小汽车拥有量和使用量迅速增加，大多数的城市家庭仍然无车。资源集中用于满足私家车发展的政策，使无车家庭的出行需求和路权受到侵害，他们原来方便和安全的交通环境许多被用来换取小汽车交通的通畅，部分城市投入大量的资金来拆除和改造已有的自行车道、人行道，甚至砍伐道路两边的树木，来增加道路的通行能力❶。

交通拥堵现象不仅在中国，在世界范围内也是如此，在20世纪80年代后期，几乎世界上所有的国家都在交通上陷入一个自相矛盾的发展之中，一方面交通需求，特别是机动车的增长，没有任何下降的迹象，另一方面，对无节制的交通增长后果的担心，特别是由此带来的排放和拥挤，成为一个全球问题，处理好这两方面的关系是我们21世纪面临的最大挑战之一❷。

6.5 城镇密集地区联系交通特征

城镇密集地区作为我国经济和人口高度聚集的地区，也是运输需求最密集的地区。无论客运还是货运，目前长三角、珠三角和京津冀都是国内运输密度最高的地区，这些地区的对外、地区之间和地区内部联系交通，在拥有全国最密集的交通网络的同时，也成为国家交通网络中负荷最大的地区。

按照2004年的统计，三大城镇密集地区土地面积占全国的2%，但公路里程占全国的18%，高速公路占全国的28.6%；在运输需求上，长三角承担了全国40%的水运货物运输量，港口集装箱吞吐量占全国近1/3；航空运输占全国的份额更高，三大城镇密集地区的航空旅客吞吐量占全国的比例2004年为52%，2005年为52.4%，货邮吞吐量2004年为72%，2005年为72.4%。在内部城镇的联系交通需求上，三大城镇密集地区也是全国公路、铁路交通最密集的区域，广深、沪宁、沪杭、京津等走廊的高速公路、高等级公路、铁路系统运力已经全面饱和，高速公路在这些走廊上的交通拥挤正在逼近城市交通拥挤。目前都已经在这这些走廊上开始建设多条高速公路、铁路联系通道。

根据交通部门的观测，修建于1994年，全长122.8km、双向六车道的广深高速公路，其设计流量为5.5万辆次/日，自2001年以来，广深高速的车流量连续多年以两位数增长，2004年每天的车流量达到9万辆左右，在黄金周出行高峰期，出口通车流量更达到

❶ 世界银行. 中国：加强机构建设，支持城市交通可持续发展，2005.

❷ Steven Norris. Moniter for Transport in London.

20 万台次和 17 万台次。截至 2006 年底，双向 4 车道的京津塘高速公路全年全线双向交通量加权平均为 26 794 辆/日。以至于在地方的人民代表大会上有委员质疑，既然广深高速公路经常交通拥挤，变成低速，凭什么还按高速公路收费?❶

城镇密集地区城镇化和空间连绵发展使这些区域的城镇空间和职能在“区域城镇化、城镇区域化”发展下，城镇密集地区的区域交通和城市交通特征也在发生巨大的变化，“城市交通区域化、区域交通城市化”成为城镇密集地区交通的显著特征。

城镇职能区域化发展，使城镇密集地区的城镇各部分之间的交流日益增加，经济、产业和社会活动的组织像一个城市一样，城镇之间的联系密切，而城市职能和空间“你中有我、我中有你”的布局，使城镇之间的交通已经完全不是传统规划中城际之间的“对外”交通特征，运行状态、出行目的等与城市交通无异。同样地，各城镇内部的交通也不再是单纯的是服务于自身内部的联系，而是内部与区域交通的混合。城市内部交通中，受相关城镇交通发展的影响日益增大。

根据 2005 年广州的交通调查，广州市与佛山市交界延绵 200 余公里，共有 55 处道路衔接点。根据佛山市规划部门统计，2000 年广州与佛山之间的主要联系通道仅有 8 条，12 小时机动车交通转换量为 164 509 辆；及至 2005 年，广州与佛山之间主要联系通道已增至 13 条，12 小时机动车交通转换量达到 300 127 辆，占广州市域全部对外出入口交通量的 48.8%，5 年间增长了接近 1 倍。每天出入广州的车辆达到 80 万辆，而其中非广州牌照车辆占到约 40%。外地出入广州的车辆接近广州本地小汽车的总量。而在北京、上海等城市道路交通流的构成中，城镇密集地区其他城镇的贡献也是不可小觑。

城镇密集地区城镇之间，由于职能的交错，已经大量出现居住于“其他城市”，在相邻城市工作的人群，如河北的香河、三河、廊坊、涿州等地都有大量的北京居民，佛山和广州都居住了大量在非本地工作的居民。这些人群通勤交通的解决中所涉及的跨界“城市公共交通”通勤交通组织等，都使城镇密集地区内部城镇联系交通逐步走向城市化，也带动这些地区“城际”交通设施的建设和管理逐步城市化。如广深高速采取了城市道路的全程照明，珠三角内部多数公路都按照城市道路的设计标准进行设计、建设。

城镇密集地区内部大型交通基础设施资源尽管密集，但由于城镇密集，这些资源并非分布在所有的城市，大型交通基础设施共享也成为城镇密集地区城镇交通融合的一个方面，如在全国城市经济总量中排名第四的苏州，在航空出行上就依赖周围的上海、杭州、无锡机场进行组织，并且在交通规划中提出了与这些机场的专用联系通道。

目前在城镇密集地区中又提出了建设“城际轨道”，来解决城镇密集地区城镇之间的高密度交流，把城市交通中的“公交优先”理念，直接应用到城镇密集地区，通过轨道交通

❶ 广东省政协委员建议广深高速公路降费. http//www. chinawuliu. com. cn.

的建设，引导出行向大运量的轨道交通转移。而城镇密集地区的城市公共交通则早已开始“越界”在区域中运行，城市交通的运营模式逐步在取代传统的“城际长途”运营模式（图 6-17），如北京至香河、廊坊的城市公交运营线路虽然在初期遭遇到各种阻挠，但城镇密集地区联系的城市化特征最终还是选择了公共交通。

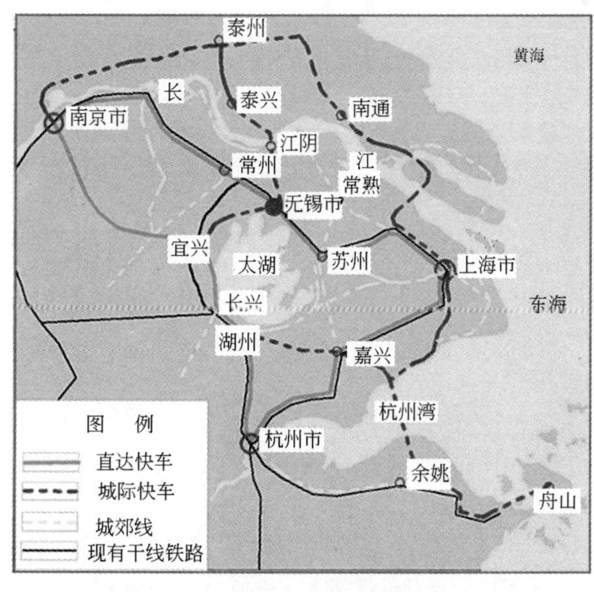

图 6-17　珠三角、长三角城市轨道规划

在目前的城镇密集地区交通规划中，高速、快速和城市化是最典型的特征。高速城际轨道、高速铁路、高速公路进入新的建设时期，密度和能力进一步增加，而在规划和设计上则直接采用城市交通的组织模式，来适应城镇密集地区城镇之间的高密度、城市化的交通；城镇密集地区的各城市则通过快速道路、快速轨道、市域轨道快线等进一步提高城市各部分联系的交通机动性。区域和城镇高、快速交通设施的建设将大幅度提高城镇密集地区城镇之间、内部交流的机动性，压缩本已很紧密的城镇密集地区时空距离，使城镇密集地区城镇之间空间和职能进一步融合。

7 新时期大城市公共交通发展

7.1 新时期公共交通发展成就

从1995～2004年的10年，是我国公共交通运力发展最快的时期，许多大城市的公共汽车数量增长了2～3倍，车辆的迅速增加有效地缓解了城市居民长期以来乘车难问题。在数量增长的同时，车况也明显改善，车辆的性能和舒适性大幅度提高。截至2004年底，全国661个城市中93%的城市有了公共汽车网络；城市共有公共汽电车28万标台，城市汽电车运营线路网长度15.9万km，客运总量413.9亿人次，与1999年相比，分别增长了33.3%、82.8%、29.4%，如图7-1所示。而在2006年一季度，北京公交客车发展在公交优先政策的推动下，同比增长47%，增长速度达到历史最高。

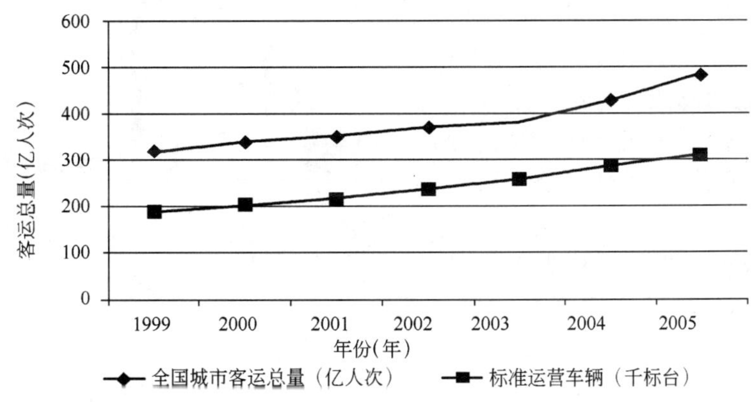

图7-1 全国公共汽车交通发展情况

城市轨道交通建设逐步加快。近年来，随着我国城市经济社会的快速发展，城市地铁等轨道交通有了较大发展(图7-2)。截至2006年底，全国已有北京、上海、天津、广州、长春、大连、重庆、武汉、深圳、南京10城市23条线投入运营，线路总长581km。目前已开工建设线路达到1 000km以上，北京、上海和广州等地逐步进入了网络化运营的新阶段。根据我国15个城市近期建设规划，15个城市共规划61条线路，总长1 700km，总投资超过6 000亿元。

出租汽车已成为城市公共交通不可分割的重要组成部分。近20年来，各地坚持“全

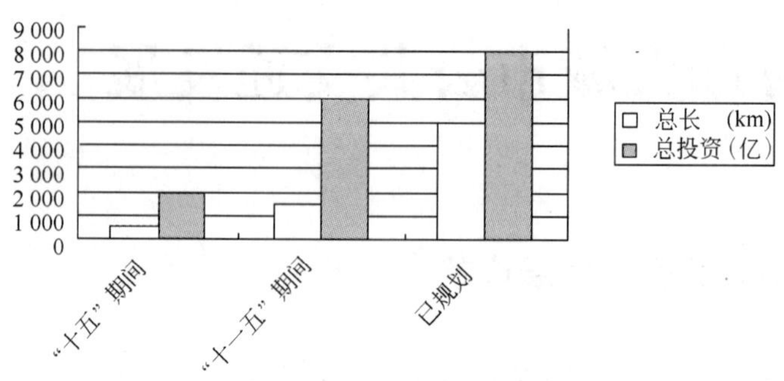

图 7-2 中国不同时期城市轨道交通发展情况❶

面规划、多家经营、统一管理、协调发展"的原则，鼓励社会多种经济成分投资发展出租汽车，使城市出租汽车行业迅猛发展。截至 2004 年底，全国城市出租汽车总量 90.3 万辆，与 1999 年相比，增长了 14.2%；从业人数 151 万人，年客运量占城市公共交通运客总量的 20%左右。

近 10 年来，城市公共交通基础设施得到加强(图 7-3)。到 2004 年，共有 230 个城市陆续开设了 1 300 多条公交专用道；投资 155 亿元，新增、更新公交车辆 7 万多辆。一些城市对公交营运线路、站点的布局进行了调整，优化了公交线网，提高了运营效率。有的城市还设置了港湾式公交站台和公交信号优先系统，提高了公交车营运车速和服务质量。如北京市共有地面公交线路 589 条，通车的线路长度达到 15 760km，同期全市的公交电、汽车总数也达到了 16 939 辆，在主城区进一步完善公共交通网络和提高服务水平的同时，公交服务的范围也在不断向外围地区延伸。目前 14 个卫星城镇均有公交线路服务，其中以黄村和昌平的线路最多，都达到 20 条以上。

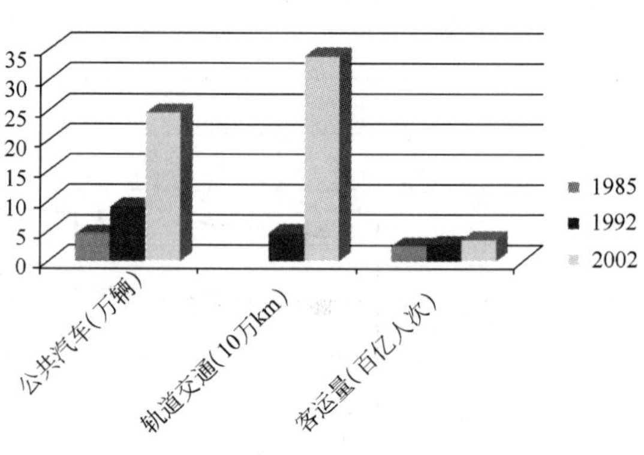

图 7-3 全国公共交通发展情况

在优先发展公共交通政策和公共交通快速发展下，大城市公共交通客运比例止跌回升，2002 年北京城市公共交通客运总量达到 49.2 亿人次，其中常规公共交通客运总量达到 44.4 亿人次，如图 7-14 所示。

❶ 2008 年中国城市轨道交通行业及设备制造企业研究.

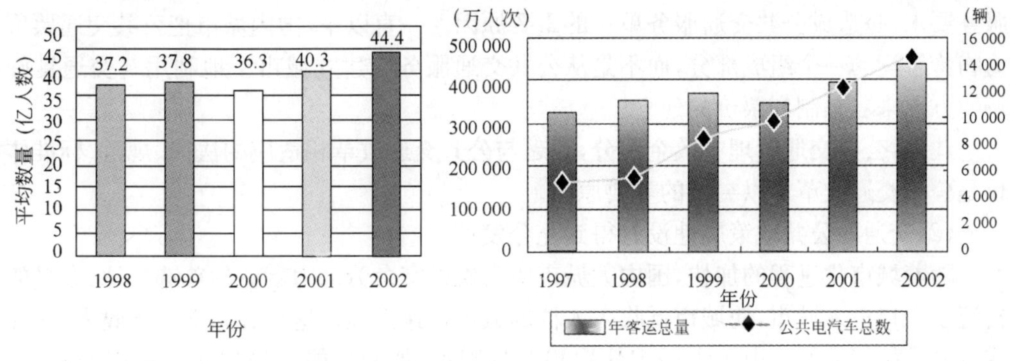

图 7-4 北京公交总公司客运量和运营车辆发展情况

7.2 新时期公共交通发展的问题

虽然近年来我国城市公共交通建设取得了比较大的进展，但城市公共交通滞后于经济社会发展的局面没有得到根本改变，已经对经济社会的发展带来严重的负面影响。迫切需要通过对公共交通的大力扶持，通过公交优先发展，跨越性提高公共交通的服务水平，才能使公共交通承担其应负的责任。

(1)缺乏良性机制，改革步履蹒跚

由于对公共交通服务的属性没有清晰的认识，从 20 世纪 80 年代中期国家提出公共交通改革以适应公共交通快速发展以来，20 年时间，公共交通改革仍然处于混乱状态，虽然在引入竞争和市场机制建立方面进行了大量的尝试和实践，但时至今日大城市公共交通市场管理的体制仍然没有建立起来，这成为公共交通错失近 20 年发展良机的关键因素。

目前国内对公共交通系统的改革一直在完全让公共交通企业化运营和政府负担之间摇摆，至今没有建立公共交通系统的补贴核算和服务评价标准，有的城市把长途运输的管理体制直接引入公共交通，采取政府零补贴，结果导致公共交通票价迅速提高，覆盖率迅速降低，公交乘客大幅度下滑。有的则采取“一揽子”补贴形式，没有将公交企业的服务与补贴挂钩。

在市场的管理上，缺乏对市场竞争的有效管理，导致进入公共交通运输市场的公司在市场资源分配上缺乏标准，运营和竞争不规范，如北京在 20 世纪 90 年代后期由于小公共汽车在市区运营中与大公共交通线路争抢客，导致事故频出，车厢环境脏乱差，最后政府不得不取消小公共汽车在城区的运营权，而对公共交通场站资源分配上仍然沿用计划经济的模式，则直接影响公共交通的准入制度建立。

公共交通票制和票价体系建立中，由于管理分散和政府缺乏有效的管理手段，使公共交通系统统一的票制票价体系一直建立不起来，也使公共交通难以适应不同层次人群的服务要求，是造成公共交通服务单一的重要原因。一直以来，国内城市把公共交通票价作为物价管理的一个组成部分，而不是从公共交通服务和建立城市土地利用与交通良好协调的方面来看票制和票价的建立。

此外，公共交通管理中政企不分，缺乏与公共交通改革相适应的法律、规范、标准体系也是公共交通改革难以突破的重要原因。

(2)交通的公共政策属性没有得到充分发挥

随着城市化进程的加快，国内大城市成为农村富余劳动力就业的首选之地，大量的农村流动人口进入城市，使城市低收入人群的数量迅速扩大。这部分人群由于收入低，交通成本的承担能力低。由于大城市住房租金的因素，他们只能选择居住在城市的边缘，但是，对于以服务为主的流动人口，其就业主要在城市中心区，公共交通工具是他们出行的唯一选择，但由于相对他们的收入而言只有少部分的低票价线路可以选择，这导致城市中低票价线路车厢内的拥挤状况近年来在公共交通车辆大幅度增长的情况下，不但没有获得改善，反而更加恶化，北京市情况如图 7-5 所示。

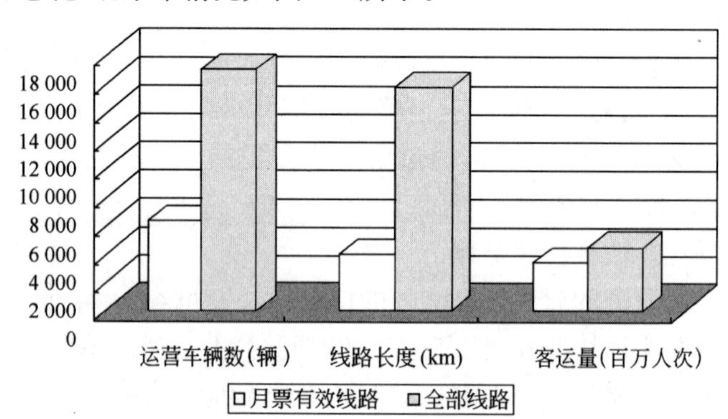

图 7-5　北京不同线路的数量和客运量对比

随着我国城镇化进程的发展，城市经济活力不断增强，城乡差别越来越大。从全国大多数地方来看，城市的公共交通难以延伸至农村，在促进城乡交流、解决农村交通问题方面做得还很不够。

在利用公共交通引导城市新一轮的空间拓展和功能重组方面，大多数城市也做得远远不够。城市规划和城市轨道/公共交通规划严重脱节。

(3)公交出行比例持续下降，服务水平总体下降

从 20 世纪 80 年代中期以来，随着城市空间布局的扩展、城市出行距离的增加，公共交通理应在客运市场中占到更加大的比例，但实际上，大城市公共交通的出行比例提高缓慢，大部分城市出现公共交通出行比例下降的现象。公共汽电车受到来自自行车(含电动自行车)、私人小汽车(含摩托车)的严峻挑战，处于“逆水行舟，不进则退”的境地中，许多大城市都出现“一边是公交分担率下降，一边是小汽车、自行车出行比例增长”的现象。

目前我国城市整体公交出行的平均分担率不足10%，特大城市也仅有20%左右(而且分布不均匀，外围地区联系交通公共交通比例更低)，只是欧洲、日本、南美等地大城市40%～60%的出行比例的1/3～1/2。我国特大城市近几年公交出行比例平均下降约6%。随着城市机动化进程的加快，公交出行比例将可能出现持续下滑的局面，这在某种程度上意味着能源浪费的急剧上升和空气污染的急剧增加。

根据国内多个大城市交通出行调查，公共交通系统的服务水平较低是乘客放弃公共交通的主要原因，其中，快速性、方便性、舒适性和经济性的不足是公共交通服务水平低的核心要素。

交通拥挤下没有路权保障，公共交通的劣势加剧。随着城市的发展，城市交通结构出现了向个体小汽车(摩托车)为主转化的趋势，由于公共交通优先发展的政策没有得到落实，与公共交通网络相关的服务水平(换乘、步行等环境、发车间隔)等没有大的改观，而交通拥堵更导致公交运行速度下降。公交车速越来越低，现在平均车速只有10km/h，已低于自行车12km/h和小汽车20km/h。与10年前相比，公交出行时间平均延长10分钟，居民对城市公共交通服务的不满意率高达70%。等车时间长、站点不足、准点率差等因素又刺激了个体交通，特别是小汽车的增长。有限的道路资源被无效的或者低效的个体交通占用，导致交通拥堵急剧蔓延，同时也恶化了公共交通出行的质量，形成了一个恶性循环，北京长安街各种交通方式速度情况如图7-6所示。

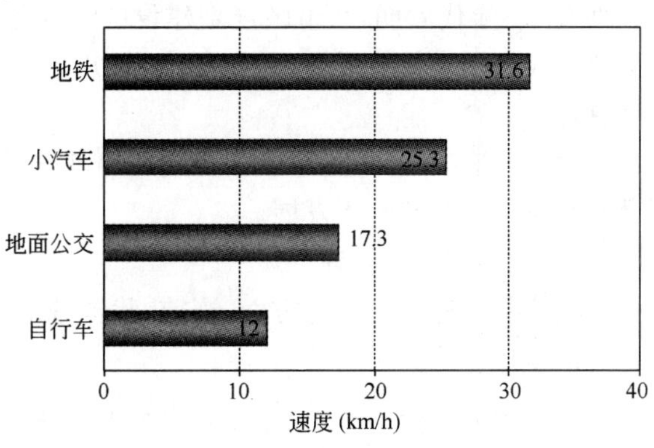

图7-6　北京长安街各种交通方式的速度对比

公共交通一体化难以实施，各自为政，也是公共交通服务水平降低的一个重要原因。由于在管理上轨道交通和公共汽车分别进行管理，两者在规划、建设和经营上只从自身出发，并没有考虑到公共交通系统的换乘，使车站、运营时间、票价等都各自制定，而不从整体和居民出行服务的角度出发，结果导致公共交通系统整体服务水平的降低，同样公共交通与自行车及其他交通工具的换乘也是如此。随着城市扩大、换乘的增加，各自为政的管理和建设模式已经成为影响公共交通发展的重要因素，北京公交客运量发展情况如图7-7所示。

(4)投入不足

缺乏稳定的融资渠道和良性的投资机制。公交场站回报低，甚至无回报或亏损，不能很好地吸收其他的社会资金，除政府投资和公交企业自身投资外，几乎没有别的投资渠道。由于历史的沿革和政府部门职能分工、投资渠道等原因，城市中的公共客运交通列入“社会服务业”，而不列入“交通运输业”，与城市中的给排水、道路桥梁、燃气供热等行业共同列入市政公用设施范围,其投资渠道基本上与运输业无关,中央政府对城市公共交通建设和运营已没有财政拨款和补贴,全部依靠地方财政。

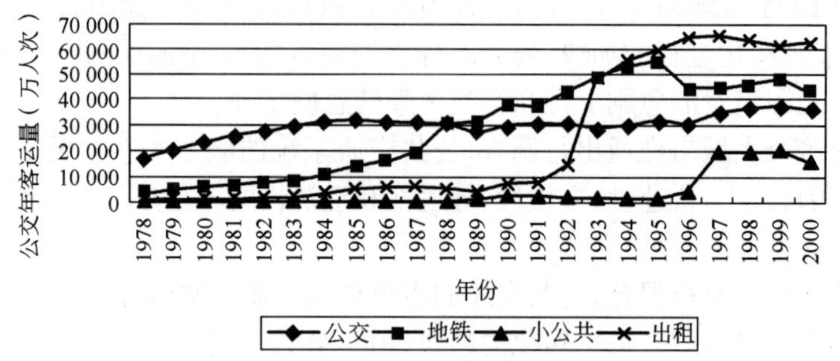

图 7-7 北京市公共交通客运量发展情况❶

交通投资比例失当,特别是公共交通的投资和其发展需求不相适应。一方面,公交在城市基础建设投资中所占比例较小,远远小于城市道路的巨额投资;另一方面,关于公共交通的投资本身也存在分配不合理,过于偏重地铁等快速轨道交通,而在一定程度上忽视了地面公交的发展。

由于对城市公共交通专项规划不重视,规划编制之后,规划实施不力。某特大城市在 20 世纪 80 年代后期,在市区规划建设的十几处公交转乘站、停车保养场用地,现在全部被政府收回用于其他开发项目,90 年代初规划建设的 20 多个小型枢纽站也大部分被蚕食、挤占。

由于政府投入严重不足,公交场站等基础设施严重短缺,严重影响和制约了城市公共交通的正常运营和健康发展。

(5)网络结构不合理

在公共交通网络结构方面,当前,我国城市公共交通结构单一,服务设施单一,不能满足群众多样化的交通需求。

大运量公交系统建设缓慢,城市轨道交通建设推进速度不快。目前,全国 600 多个城市轨道交通运营线路总计不到 600km,仅相当于英国伦敦一个城市的城市轨道交通规模。

常规公交线网不合理:

①公交线网覆盖不均衡。在中心区域密集、在边缘地带分布稀疏。站距、服务水平相近、功能一致的多条线路往往集中在同一交通走廊、同一地区,重复系数高。而城市边缘的居民小区、街道却没有一条公交线路,居民出行很不方便,北京公交客流集散点分布情况见表 7-1。

❶ 中国城市规划设计研究院. 北京轨道线网规划,2002.

北京市公共交通客流集散点分布　表 7-1

日上车量(人次/日)	车站数目(个)	承担集散量比例	日上车量(人次/日)	车站数目(个)	承担集散量比例
>30 000	30	25%	<10 000	1 452	42%
20 000～30 000	25	11%		1 594	100%
10 000～20 000	87	22%			

②枢纽、场站发展滞后,交通换乘分散。公交枢纽站的重要地位尚未确立。

③公交线网不能适应多元化的服务要求,功能定位不够清晰,没有形成以枢纽为中心、干线线网和支线线网相匹配的健全公交网络系统,而且随着城市空间的不断扩大,层次不清的弊病将更加明显。由于线路设置缺乏分级服务的概念,线路运行时间过长,降低了对长距离出行乘客的吸引力。

④公共交通线网在既有的线路营运政策下,主要是在既有线网基础上延伸,线路越来越长,在交通拥挤下运行的可靠性越来越差,2000 年北京市公交线路结构见表 7-2。

2000 年北京市公共交通线路结构　表 7-2

线路长度(km)	线路数		线路长度	
	条数(条)	比例(%)	长度(km)	比例(%)
0～13	123	25	1 182	10
13～30	235	48	4 728	38
>30	130	27	6 514	52
合计	488	100	12 424	100

⑤出租汽车盲目发展。出租汽车作为公共交通的补充,应该与公交系统均衡发展。由于公共交通的投资不足,出租汽车急剧发展,反过来导致了道路空间分配的不合理,使城市交通拥挤加剧,也危及到出租行业本身。受利益驱动,一些城市盲目拍卖出让出租汽车经营权,导致出租汽车运量严重供过于求,空驶率高达 60%以上,严重影响出租汽车行业的稳定。

(6)城市公共交通扩展过程中矛盾重重

城市范围扩展和城镇密集地区城镇职能的区域化,要求城市公共交通必须跨出中心城。随着城市功能和城市特征交通的延伸,扩展城市交通服务范围,支持城市职能的区域化和城市空间结构、城市职能布局的调整。但公共交通的延伸动摇了城乡分治下的客运市场利益体系,在全国许多城市,特别是城镇密集地区城市,城市公共交通延伸往往由于利益冲突演变成为恶性的社会事件。

---

20 世纪 90 年代以来,杭州中巴客运与公交客运的冲突屡发不断,引发的堵车、围攻、集体上访时有发生,矛盾愈演愈烈。如 1993 年余杭瓶窑和富阳的中巴车集体拦阻公交;1995 年 5 月,余杭中巴经营者集体拦阻公交车长达 5 天,中央电视台《焦点访谈》还对此

进行了报道;1998年7月,萧山的79辆中巴车集体罢运;1999年3月,萧山有79辆中巴车和富阳市部分中巴车集体罢运;1999年6月,临安的中巴车主得知拟开杭州至临安的公交车后,集体到临安市政府上访;1999年10月,余杭中巴群体拦阻506路公交车;2002年8月,发生了临平中巴车群体激烈拦阻开往余杭星桥的公交车事件;2002年10月,市公交公司对522路公交线路新增了5辆营运车,在同线路营运的10辆中巴车主在义桥围攻522路公交车,交通一度中断。[1]

拥有20余所大学的河北廊坊东方大学城内,有大量北京籍学生。因低廉的学生票价政策,938路公交车支5线,成为学生们往返北京和廊坊的首选车辆,然而,相对低廉的票价却让廊坊当地跑该线路的其他长途车陷入经营困境。2008年4月4日起,938路支5线的公交车被阻止进入大学城。

2005年3月20日上午,广州一辆满载乘客的288线路公交车在行驶到洛溪大桥收费站时,被执勤交警截停。番禺交警大队四中队警察以公交车超载为由对驾驶员开罚单,除扣除2分外,另罚款200元。对此,公交驾驶员表示不满,根据广州市的现状,公交车不超载根本不可能。而交通警察则解释说,按照交通法,公交车属机动车,超载就属违章行为,处罚是按章办事。广东省政协委员王则楚在接受记者采访时指出,公共汽车是维护城市交通运作的重要工具,也是运行最慢的交通工具,超载是普遍现象,交警部门不应该按长途大巴超载的标准来处罚公交车。

城市化进程中不同经营主体——长途客运与公交客运的利益冲突,逐步升级为社会问题,城市公交公司为了随着城市化而扩大其经营空间,需要把公交网络向邻近区、县(市)延伸,而长途客运则想方设法阻止公交进入其固有的市场。在目前的体制下,长途与公交实行不同的税费政策和票价政策,如北京—廊坊的公共交通票价还不到长途客车的1/5。两者运营成本的差距,造成了等额营业收入条件下获利能力的较大差别,在这种情况下,票价低廉的公交车进入,无疑打破了原先客运市场的格局。

7.3 公共交通优先发展政策

面对交通机动化的迅速发展和近年来公共交通客运比例在大城市的下滑现象,为推动城市交通的可持续发展和建设集约、节约型城市,国务院2005年转发了《关于优先发展城市公共交通的意见》,提出:“按照因地制宜、统筹规划、分步实施、协调发展的要求,坚持政府主导、有序竞争、政策扶持、优先发展的原则,加大投入力度,采取有效措施,争取用五年左右的时间,基本确立公共交通在城市交通中的主体地位。”

而且,在具体指标上作了明确的规定:“公共汽电车平均运营速度达到20km/h以上,

[1] 中国城市规划设计研究院.杭州市域综合交通规划研究,2007.

准点率达到90%以上。站点覆盖率按300m半径计算，建成区大于50%，中心城区大于70%。特大城市基本形成以大运量快速交通为骨干，常规公共汽电车为主体，出租汽车等其他公共交通方式为补充的城市公共交通体系，建成区任意两点间公共交通可达时间不超过50min，城市公共交通在城市交通总出行中的比重达到30%以上。大中城市基本形成以公共汽电车为主体，出租汽车为补充的城市公共交通系统，建成区任意两点间公共交通可达时间不超过30min，城市公共交通在城市交通总出行中的比重在20%以上”。

在五年的时间内实现这一目标是一项十分艰巨的任务。但从城市交通的发展速度来看，如果近期内不下大力气发展公共交通，为公众提高多元化、高水平的公共交通服务，我国城市交通的状况就会更加恶化，难以遏止交通结构持续向以小汽车为主导的个体交通方式转化，城市交通的供需矛盾更加尖锐。而大幅度提高我国城市道路基础设施的水平，不仅增加城市建设的巨额成本，也不符合我国城市土地资源短缺的客观实际。因此，各级政府需要统一思想、统一认识，切实把优先发展城市公共交通作为城市可持续发展的重要战略加以实施。

在公安部、原建设部联合发布的《关于2007年实施畅通工程工作的通知》(公交管[2007]34号)中，明确要求各城市公交分担率增加3%～5%；公交运行速度增加15%。对特大城市公共交通的考核指标，也增加至26项，涉及公共交通规划、公交优先政策、服务水平等。

同时，国内各省市也在国家优先发展公共交通意见的基础上针对自身的情况提出了本省市优先发展公共交通发展的指导意见。

《国务院关于做好建设节约型社会近期重点工作的通知》(国发[2005]21号)也提出要“研究提出优先发展公共交通系统的具体措施”。《国务院办公厅关于印发今明两年能源工作要点的通知》(国办发[2005]35号)进一步指出，“鼓励优先发展公共交通系统”。国家“十一五”规划明确，优先发展城市公共交通，完善城市路网和公共交通场站，有条件的大城市和城市群地区要把轨道交通作为优先领域，超前规划，适时建设。与此同时，作为城市公共交通的补充，要积极稳妥发展出租汽车行业。党中央、国务院已把优先发展城市公共交通上升到国家战略层面，作为实现国家可持续发展、建设资源节约型、环境友好型社会、构建和谐社会等重大战略的重要组成部分。

为落实“公交优先”战略，化解油价上涨对城市公共交通行业的影响，国家发改委、财政部、原建设部制定了完善石油价格形成机制综合配套改革方案，明确对城市公交用油增加的支出，由中央财政通过专项转移支付的方式增加地方财力给予补贴。同时，国家发改委明确了城市公共交通运营价格调整的指导意见；原建设部、发改委、财政部、劳动和社会保障部联合签发《关于优先发展城市公共交通若干经济政策的意见》，进一步明确了对公交优先发展的具体经济扶持政策的要求和规定；国土资源部加大了对城市公共交通设施建设用地的支持力度，明确提出，凡符合《划拨用地目录》的城市公共交通设施用地，可以以划拨方式提供土地使用权；科技部2007年新增设了优先发展城市公共交通的科研项目,并给以必要的资金扶持;劳动保障部明确了维护城市公交职工权益的相关政策措施;公安部在交通管理方面加大了对城市公共交通的支持,把支持城市公共交通发展列入“畅通工程”的考核要求,明确提出对各地公交优先政策的制定和实施进行考核。在“畅通工程”推动下,各地在公交规划建设和管理方面开展了许多工作,有效地推动了公交发展。

在优先发展公共交通的政策下,各地都给予公共交通发展以最大的关注,轨道交通建设和运营、公共汽车车辆的更新、换代和拥有量大幅度提高,公共交通补贴、公共交通投融资政策倾斜等迅速融合进大城市的交通发展战略和计划,公共交通投资迅速增长,在20世纪90年代一度形成的道路投资挤占公共交通投资局面得到改善。如北京计划把目前公共交通占交通基础设施投资35%的比例提高到50%。道路投资为主导开始向以公共交通投资为主转变。

7.4 公共交通网络结构调整

交通拥挤和城市空间扩张、出行距离的增加,公共交通进入国家和城市决策者视野的中央,跨入2000年后,大城市公共交通发展出现了前所未有的局面,其中专用路权的高机动性公共交通发展成为公共交通发展的亮点。

轨道交通、快速公交(BRT)和公共交通专用道的发展,在提高公共交通服务水平迅速提高的同时,也促进了公共交通网络结构的调整,在城市规模比较小的时期形成的单一等级的公共交通线网开始向多层级公共交通系统转化,公共交通机动性和可达性大幅度提高。交通拥挤下公共交通运营速度大幅度下降,运行速度慢、不准时等大城市公共交通的通病随着专用路权高机动性公共交通方式的出现,也逐步得到好转。

高机动性公共交通服务的出现,形成两类不同的公共交通服务产品,为长距离的出行者量身定做的产品为快线,实现缩短出行时间,在短时间内实现长距离出行为目标,快线将以服务跨区域的出行为对象,站距将加大,行驶的道路将选择创造较高速度的行驶环境,服务的点要有取舍,以区域汇集点为主,主要由轨道交通、快速公交(BRT)、专用路权的公共交通专用道等承担;在发展大运量、高机动性公共交通的同时调整普通的公共交通网络的服务范围,为短距离集散提供的公共交通服务,以及提供分区内部的客流集散点之间、客流集散点与集散中心之间、客流集散点与大型的地铁站点之间的客流服务。

随着公共交通系统的分层次运营,公共交通枢纽建设成为调整公共交通网络结构的要点,一直制约公共交通发展的换乘问题通过枢纽建设和专用公共交通路权线路站点换乘条件的改善得到缓解。如北京将在动物园、六里桥公共交通枢纽的基础上,“十一五”期间,建设木樨园、宋家庄、四惠、北太平庄、西站南广场、一亩园、东直门、西直门、望京西等大型公交枢纽;西安市公共交通骨架网络如图7-8所示。

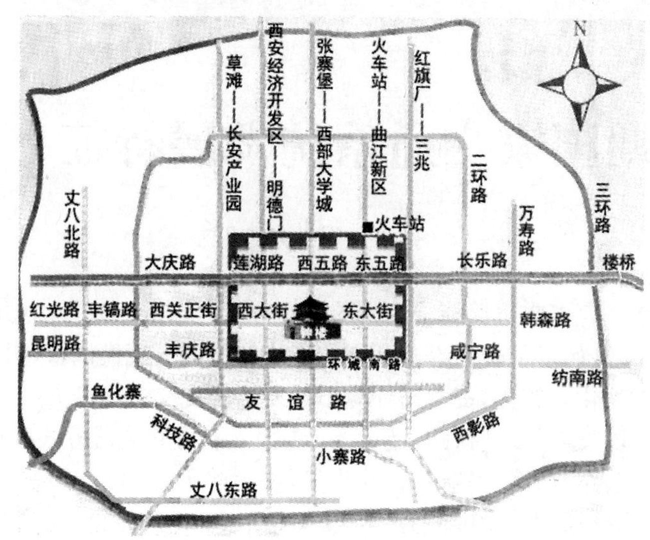

图 7-8 西安市公共交通骨架网络示意

公共交通分层次运营，有效提高了公共交通在长距离交通上的竞争力，公共交通的运营环境得到改善，服务水平提高，公共交通分担率开始回升。

而在特大城市中心城区，高机动性公共交通网络建设已经初具规模，城市交通正逐步形成以公共交通为中心的中心区交通组织新模式，以解决中心区交通资源紧缺的矛盾。通过在轨道交通、BRT 站点建设各类 P&R[驻车(自行车、机动车)换乘]设施，实现其他方式交通与公共交通的方便转换(图 7-9)。

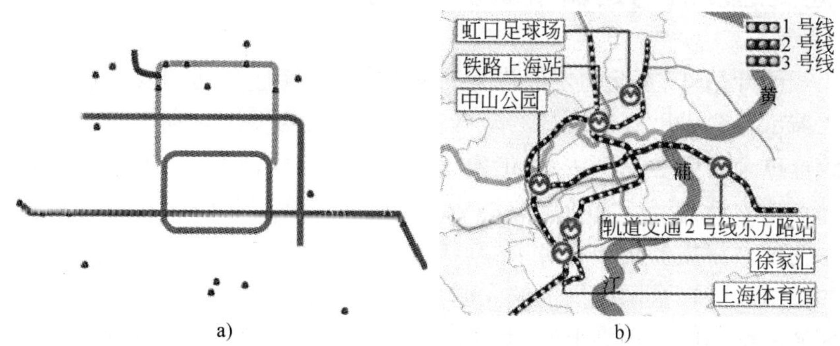

图 7-9 北京、上海与轨道交通网络结合的机动车驻车换乘设施规划示意

a)北京；b)上海

8　新时期国家交通系统发展特征

国家交通网络一直以来也保持着较高的增长速度，从“十一五”计划开始，交通网络在保持高增长态势下，开始了从交通方式到交通网络结构的大规模调整，国家交通运输网络将实现脱胎换骨的变化。首先，资源与环境条件要求转变交通增长方式，加快节约型交通方式，如铁路、航运的发展，提高铁路、航运等低成本、集约型交通方式在交通运输中的比例，充分发挥铁路、公路、水路、民航各自的优势，努力降低交通物流成本；其次，促进区域协调发展，成为国家交通网络发展的另一个重点，国家交通网络以沿海城镇密集地区为核心，构建相互之间，以及辐射中西部的国家运输大通道，通过东中西联系交通网络和城镇密集地区内部交通网络建设，利用交通网络促进国家沿海和内陆地区互动，实现全国共同发展，以及资源的合理配置；第三，随着高速铁路、高速公路网络的大规模建设，国家交通网络打破普通速度交通网络下形成的交通网络结构，开始系统重构，而高速交通网络的建设，也就意味着国家网络交通组织将发生变化，形成以枢纽为核心衔接高速与普通速度网络的新的组织模式。

8.1　高速交通发展与运输组织模式转变

从“十一五”开始，国家交通发展进入高速时代，在高速交通的发展过程中，处于优势位置的特大城市将会借助高速交通的发展进入一个新的发展时期。像20世纪初跨洋航空飞行导致全球金融中心重新洗牌，伦敦、纽约、东京等脱颖而出一样，我国高速交通的发展也必将导致国内特大城市重新定位。交通速度的革命必将带来城市体系的革命，而这种城市体系的革命将主要集中在高端的城市职能上。这将带来金融、研发、市场总部布局等一系列的城市职能在全国范围内的大调整（图8-1）。

在跨区域的交通网络规划上，国家中长期发展规划突出了国家各区域之间的联系，并且主要以高速铁路系统进行联系。高速铁路网络、高速城际轨道交通系统、高速公路系统的进一步扩大和联网，把国家带入了一个高速交通时代。各大区域之间的时空距离大幅度降低，国家交通网络通过高速交通系统实现重构，并将带动国家城镇体系的城镇关系改变。

根据国家的中长期铁路发展规划和十一五规划，从2006～2010年，中国将建设新线19 800km，完成既有线电气化改造15 000km，实现普通客车运行速度达到200km/h，最高

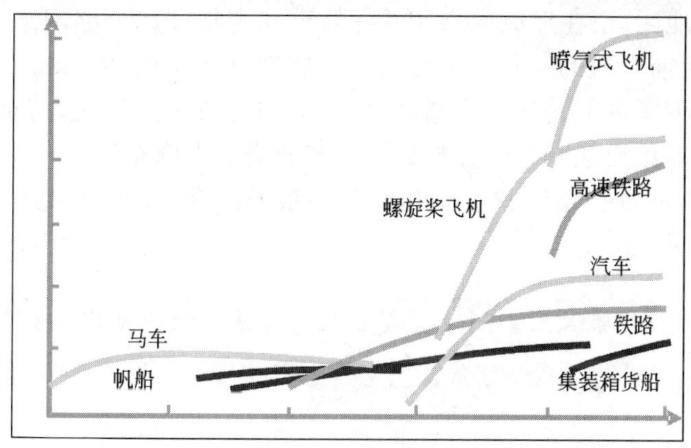

图 8-1　交通工具发展速度示意

速度达到 300km/h。到 2020 年，全国铁路营业里程达到 10 万 km，形成“四纵四横”、长度超过 1.2 万 km 的高速客运专线和三大城镇密集地区的高速城际铁路网络。铁路交通在经过 6 次提速以后，将进入高速铁路时代。而高速公路到 2010 年，将实现各省区高速公路网络全面联网运行(图 8-2)。航空运输也进入快速发展时期，近年来国家的航空运输中，客货运都一直保持两位数的增长，中国的航空市场被认为是国际上最大的航空市场之一。

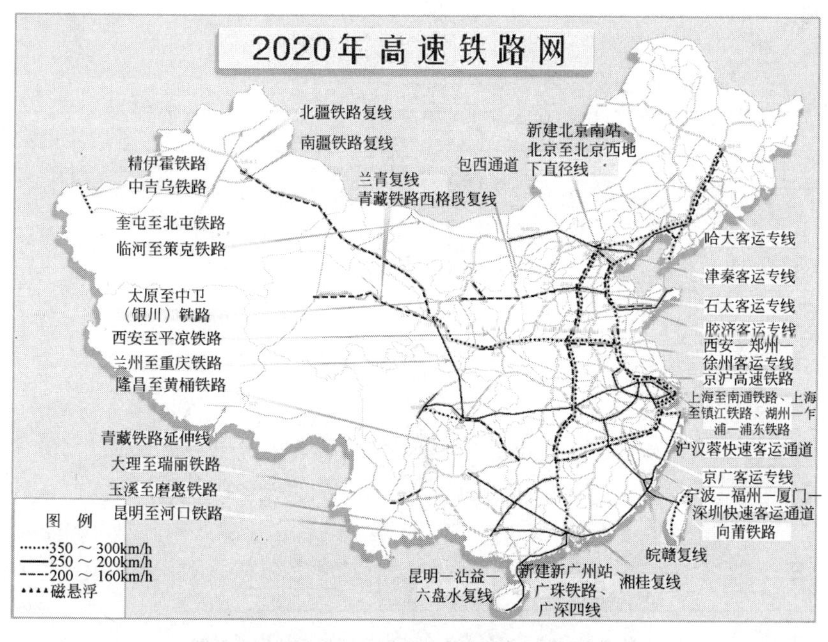

图 8-2　国家中长期铁路网络发展规划示意图

在城镇密集地区，正在形成以高速城际轨道和密集高速公路网络为骨干的区域综合交通网络，如目前开通的城际轨道交通运行速度已经突破 300km。这些交通网络的形成，一方面，改变了区域传统的交通网络格局，如在长三角地区，跨杭州湾、长江口和安徽至浙江的高等级交通网络建设打破了传统的交通走廊布局。另一方面改变了区域经济组织的模式，进而引起区域空间和城镇关系的改变，实现区域经济的一体化发展（图 8-3）。

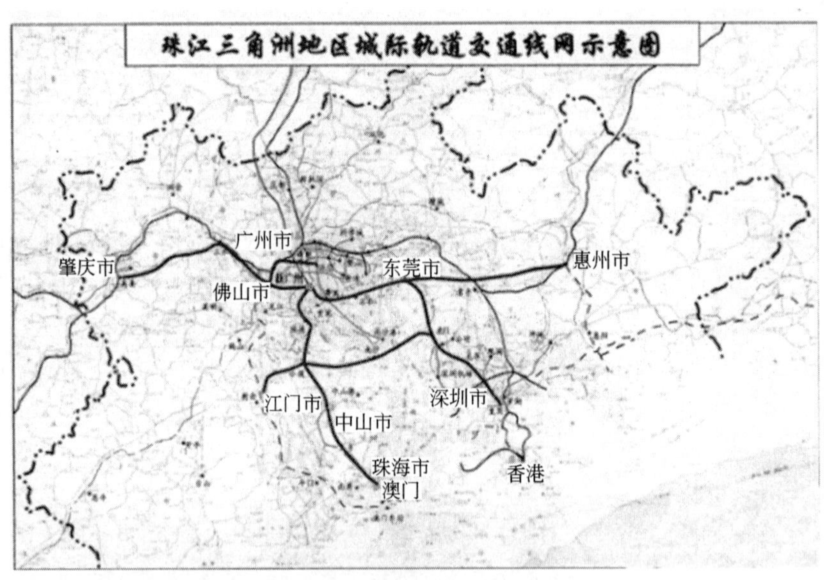

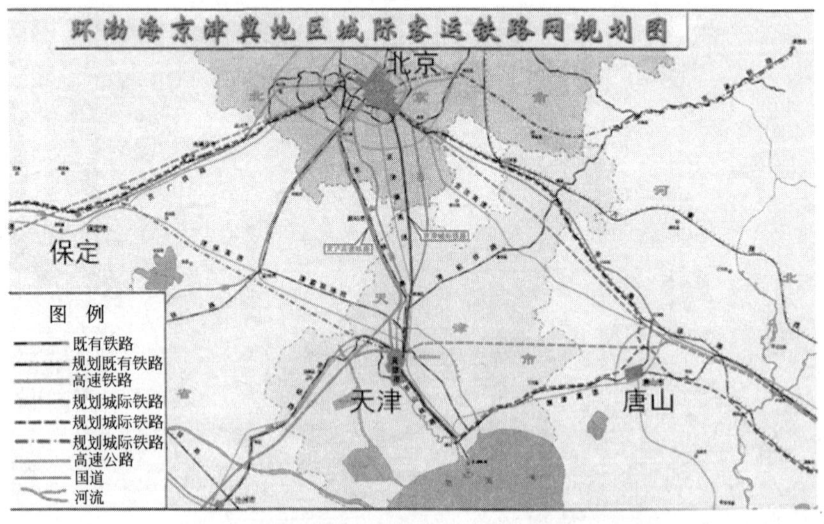

图 8-3 珠三角和京津冀地区城际轨道线网示意图

以高速交通为骨干的交通网络形成，将实现国家综合交通网络的重构。国家交通运输组织模式也随之而变，与高速交通网络运输组织结合的交通枢纽和地区性交通网络完善、改造也随之加速。民航运输的轴辐式运输组织被引入国家交通系统。通过港口群和航运中心、铁路集装箱中心站和铁路枢纽、公路主枢纽以及国家综合运输枢纽等，形成综合交通网络以枢纽为核心进行客货运组织的新模式。

铁路中长期规划提出，加快主要枢纽及集装箱中心站建设，对北京、上海、广州、武汉、成都、西安枢纽进行改造，建设上海、昆明、哈尔滨、广州、兰州、乌鲁木齐、天津、青岛、北京、沈阳、成都、重庆、西安、郑州、武汉、大连、宁波、深圳等 18 个集装箱中心站。和约 40 个靠近省会城市、大型港口和主要内陆口岸的集装箱办理站。

《综合交通网中长期发展规划》按照综合交通枢纽所处的区位、功能和作用，衔接的交通运输线路的数量，吸引和辐射的服务范围大小，以及承担的客货运量和增长潜力，分为全国性综合交通枢纽、区域性综合交通枢纽和地区性综合交通枢纽。规划提出了 42 个全国性综合交通枢纽。

以高速和枢纽为核心的交通组织模式下，物流组织也将发生变化，换装、关口和枢纽成为物流组织和发展的重点地区，如图 8-4 所示。

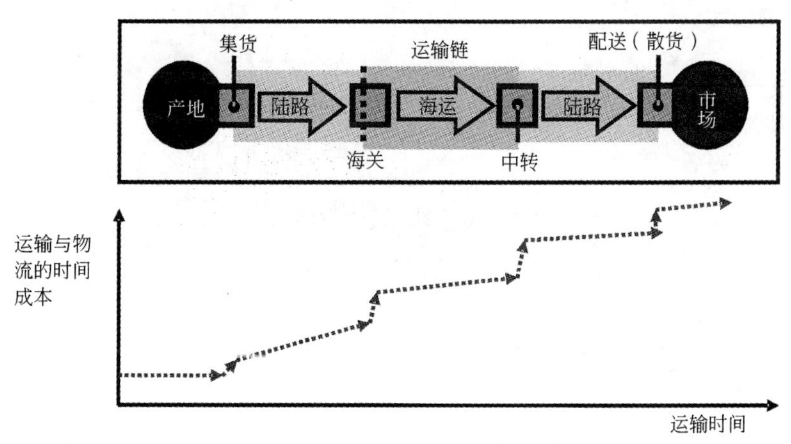

图 8-4 运输链与物流

8.2 综合交通网络布局结构转变

进入新世纪以来，国家在发展政策上的一个重大调整就是推动沿海、中部、西部等共同发展，实现跨区域的经济互动。通过中部崛起和西部开发战略，促进中西部地区的快速发展，在综合交通上，配合国家中西部发展与沿海发展互动的策略，加强了沿海地区，特别是沿海的三大门户地区向中西部地区辐射的高速交通网络，扩大沿海经济发达地区的经济腹地范围，实现内陆地区与沿海共同发展。

在交通网络发展上，一方面，强化了国家干线交通和交通枢纽对珠三角、长三角、京津冀三大门户的支持。形成了以三大门户地区为核心的港口群、机场枢纽和高速铁路、铁路集装箱中心布局，使三大门户地区成为多种交通方式聚集的综合运输网络的核心，促进了这些地区国际、国内物流业的快速发展，也成就了这些地区成为国内外市场衔接的重要节点，进而发展成为洲际门户，作为我国门户战略的重要支持。另一方面，加强了沿海和中西部地区跨区域联系，以及沿海、中部地区联系的综合交通网络建设，如铁路、公路干线网络布局(图 8-5)。

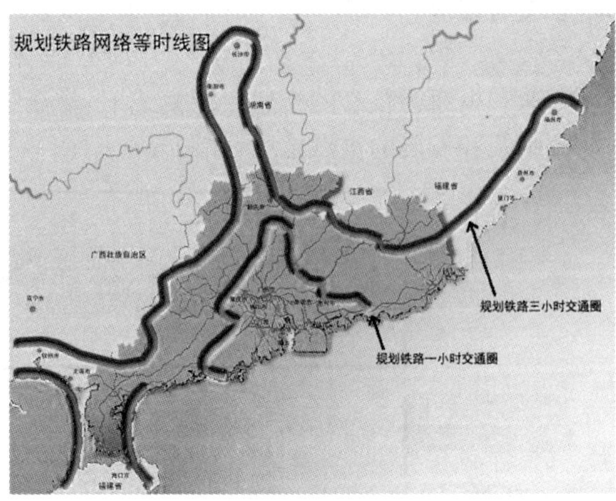

图 8-5　全国海港布局和珠三角规划铁路网络三小时交通圈

世界的主要门户地区主要分布在东亚、北美和西欧三大地区。东亚门户主要在韩、日、中国和新加坡，依托的港口是釜山港、神户和横滨港、上海港、香港/深圳港、新加坡港；北美主要依托洛杉矶—长滩港、纽约港；西欧主要依托的是鹿特丹港。各门户地区均有世界级城市和金融中心的支持，如东京、香港、新加坡、伦敦和巴黎、纽约(图 8-6)。

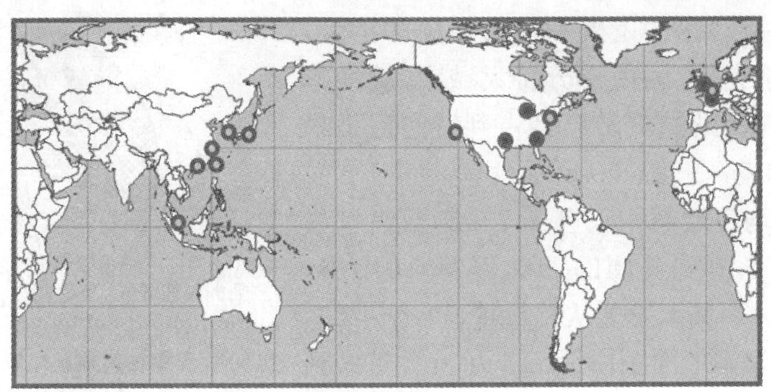

图 8-6 世界主要门户地区分布

8.3 交通运输结构调整

8.3.1 国家发展的资源形势

随着我国人口和经济的快速发展,资源对经济发展的制约作用日益突出。而这对于集中了我国近一半人口的东南沿海地区更是如此,这些地区在未来的城镇化发展中还将承担更大的责任,土地、能源、环境等资源限制将越来越明显。

(1)2006 年中国石油消费达 3.28 亿吨,已跻身于世界石油消费大国行列。中国成为继美国之后世界上第二大石油消费国和继美国、日本之后的世界第三大石油进口国。今后 5～10 年间,中国原油消费量年均增长率将达到 4%左右,2010 年中国的石油总需求量将达到 3.5～3.8 亿吨,而到 2020 年中国成品油需求量将为 2000 年的 2.3 倍(约 5 亿吨),如图 8-7 所示。由此,"十一五"时期中国石油供应格局将由以国内为主逐步转变为以国外为主,进口量将会增加(图 8-8)。

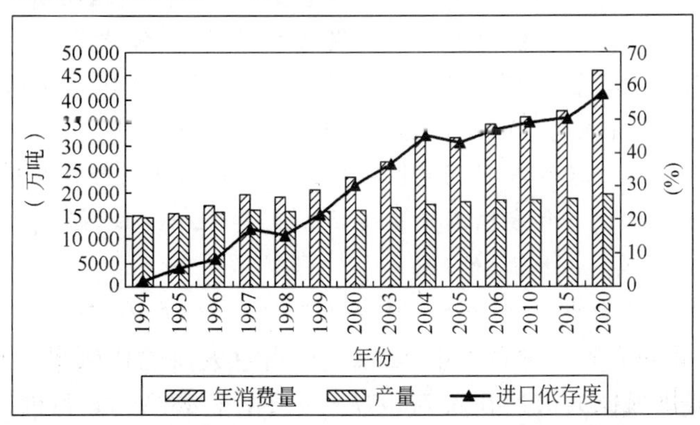

注:据商务部市场运行司监测,2006 年我国石油对外依存度已达 47.0%,较 2005 年提高 4.1%,按照中国目前的发展速度,到 2020 年,对外依存度将提高到一半以上,近 58%。

图 8-7 中国石油生产、消费和进口依存度的统计与预测

(2)而随着机动化的发展和城市规模的扩大，环境问题也日益突出，国内部分特大城市，机动车排放污染对大气污染的贡献已经占到特定污染物的80%左右，如表8-1、图8-9所示。

(3)我国人均耕地面积只有1.59亩，仅占世界人均耕地的43%，不到美国的1/6，俄罗斯的1/8，加拿大的1/15。而城镇发展从总量看，1990～2004年，全国城镇建设用地面积由近1.3万km^2扩大到近3.4万km^2，同期全国41个特大城市主城区用地规模平均增长超过50%——土地已不能承受经济粗放发展之重。❶

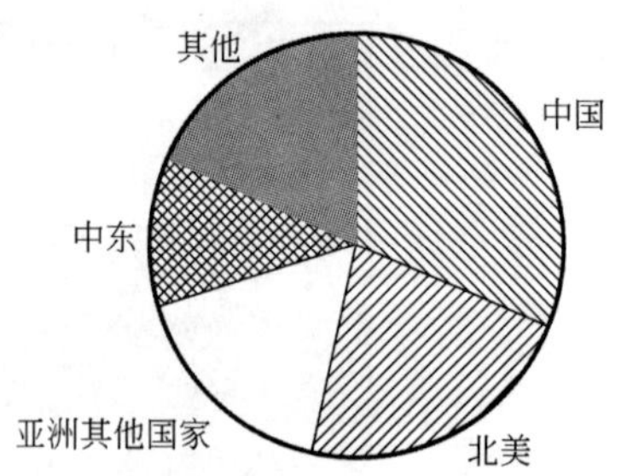

注：2004年中国内地新增原油用油量为86万桶/天，约占全球新增原油需求的32%，是2004年石油消费成长最快，消费量增加最大的国家，中国内地引领过去两年全球原油需求的增长。

图8-8　2004年全球原油新增需求来源比重

而中国的城镇化和机动化却继续在以前所未有的速度和规模发展，正在成为人类历史上规模最大的人口迁移和机动化过程。

部分城市机动车排放污染物分担率(%)❷　表8-1

污染物	北京	上海	济南	深圳	兰州
CO	80.3	61.8	96	37.1	59.7
HC	79.1	56.7	92	—	81.9
NO_x	54.8	20.9	22	20.3	26.9

欧洲环境局最近关于泛欧地区的报告——《欧洲环境：第二次评价》指出交通运输在气候变化、酸化、夏季烟雾和城市环境问题中起着重要作用。而这所有的一切与能源的使用和效率更是密不可分。因为能源的利用是促成气候变化、酸化及重金属和颗粒物污染等若干环境问题的基本力量。据报道，目前欧洲道路交通所消耗的能源比工业消耗的能源还要多，占整个能源消耗的80%，而且这一数字还在不断上升。

国际能源机构的统计数据表明，2001年全球57%的石油消费在交通领域。据国务院发展研究中心估计，到2010年我国石油消耗的61%要依赖进口，而汽车的石油消耗将占国内石油总需求的43%。

(4)城镇化发展的形势。过去4年，城镇人口占总人口的比例平均每年提高1.4%。截至2006年底，我国城镇人口达到5.77亿人，城镇化率43.9%。目前，全国设市的城市

❶ 新华网.2005,8.

❷ 啙琨，涂先库，黄永青，杨仁法.城市交通与机动车排放控制.城市环境与城市生态，2005,3(18).

达661个，建制镇近2万个，东部沿海、交通枢纽附近，形成了一批城市密集地区。现在，进城务工的农民已超过1亿人，所得收入占农民纯收入的40%左右[1]。而在规划中我国城镇化率还将以每年1%的速度增加。在珠三角地区更是如此。

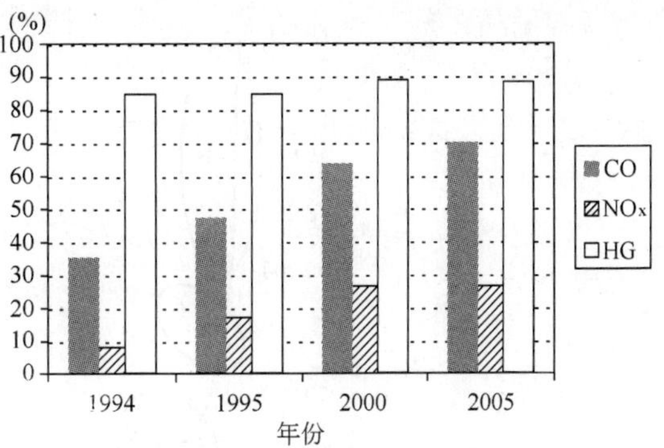

图8-9 机动车污染物贡献

(5)机动化发展的形势。截至2007年3月，全国机动车保有量为1.48亿辆，比2006年底增长2.17%。我国机动车保有量平稳增长，汽车和摩托车是机动车构成的主要部分，占90.51%。全国私人机动车增长快，私人机动车保有量近1.13亿辆，占机动车总量的75.97%。在汽车生产上，已经成为世界第三大生产大国和第二大消费国。而广州作为我国经济快速发展的城市，交通机动化发展更是走在全国城市的前列。

8.3.2 资源限制下的交通可持续城市发展政策

随着科学发展观的落实，我国交通系统发展，特别是城市和城镇密集地区交通可持续发展成为关键，这些地区土地稀缺、人口密集、产业集中、经济发达，交通需求增长迅速，资源与城市空间、城市社会、经济发展的矛盾随着城镇群的壮大越来越突出，使传统的以公路为主导的交通发展思路受到挑战，如何发挥综合交通系统的优势，利用交通系统引导这些地区发展模式的转变，是这些地区城市、产业、经济可持续的重点。

要在资源短缺和紧张的情况下发展中国特色的城镇化和机动化，节约和集约发展成为唯一选择，特别是在东南部沿海城镇。这要求从城市交通到城际交通运输模式必须采取节约型模式，采取集约化发展的道路。要求城市开发向节约土地的集约化模式发展，交通方式向轨道交通(包括铁路)和地面公共交通发展，充分发挥内河航运的作用。图8-10所示为世界14个城市的城市密度与人均油耗。

国务院关于做好建设节约型社会近期重点工作通知(国发[2005]21号)——推进交通运输和农业机械节能。加快淘汰老旧汽车、船舶和落后农业机械。加快发展电气化铁路，实现以电代油。研究提出优先发展公共交通系统的具体措施。开发和推广清洁燃料汽车、节能农业机械。推动《乘用车燃料消耗量限值》国家标准的实施，从源头控制高耗油汽车的发展。按照国务院批准实施的试点工作方案，稳步推进车用乙醇汽油推广工作。

---

[1] 曾培炎在城市总体规划修编工作座谈会上的讲话。

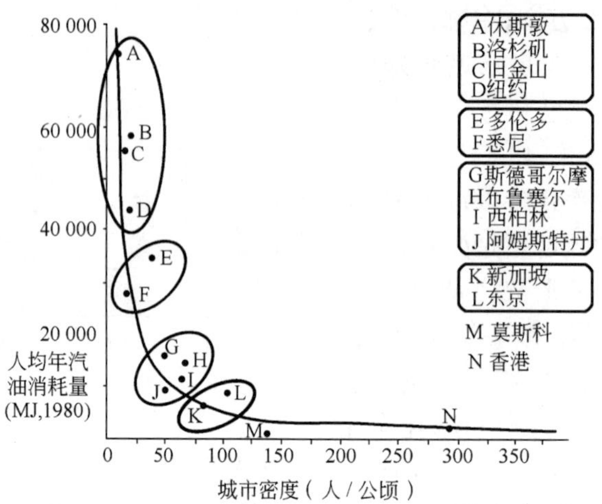

图 8-10 世界 14 个城市的城市密度与人均油耗

8.3.3 交通运输结构转型

从 20 世纪 80 年代末高速公路在我国出现以来，灵活的投融资方式推动了高速公路的迅速发展，到 1999 年，10 年间高速公路里程突破 1 万 km，居世界第四，而到 2000 年底，高速公路达到 1.6 万 km，位居世界第三，2002 年年底，我国高速公路通车里程一举突破 2.5 万 km，位居世界第二位，2004 年年底超过 3 万 km。目前，全国高速公路已经超过 6 万 km，基本实现联网运行。而同期铁路发展则缓慢进行，导致一些国家干线不堪负重，长期超负荷运行。连接着京津唐和长三角两大经济区的京沪铁路，长期以来比起其他铁路线都更加繁忙，统计资料显示，京沪线占全国铁路营运线的长度比例仅为 2%，却承担了 10.2%的全国铁路客运量和 7.2%的货物周转量，运输密度是全国铁路平均运输密度的 4 倍(图 8-11)。

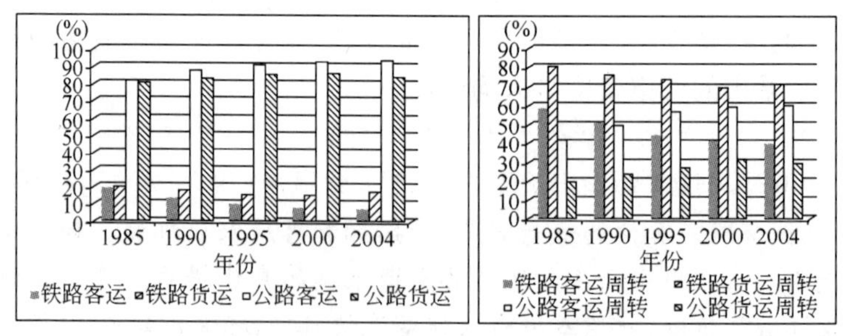

图 8-11 全国公路、铁路客货运交通结构变化

高速公路的迅速发展促进了综合交通运输中公路份额的快速增长，特别在中短途运输中，公路运输的份额在整个交通结构中占到 90%以上，铁路与航运逐步萎缩，交通结构的不合理，导致公路运输距离越来越长。特别在公路系统发展较快的城镇密集地区，近年

来以公路为主导的交通运输结构不断加强。如在长三角，江苏省客运 2005 年的 95.3%，浙江 94.6%。安徽 94%是由公路承担，江苏有铁路承担的货运交通周转量由 1996 年的 26.9%持续下滑到 2005 年的 15.7%，苏州市客运总量与交通结构如图 8-12 所示。

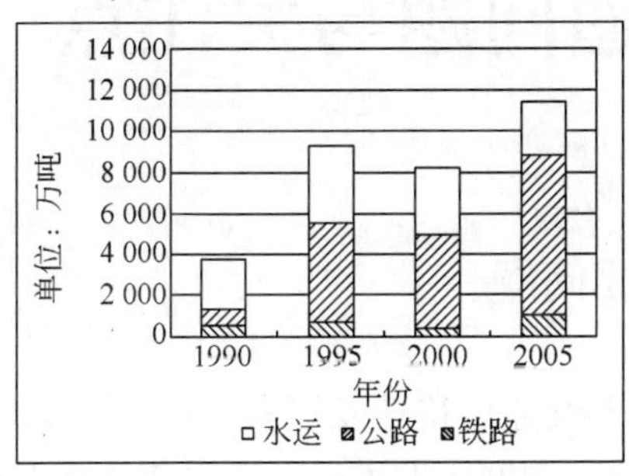

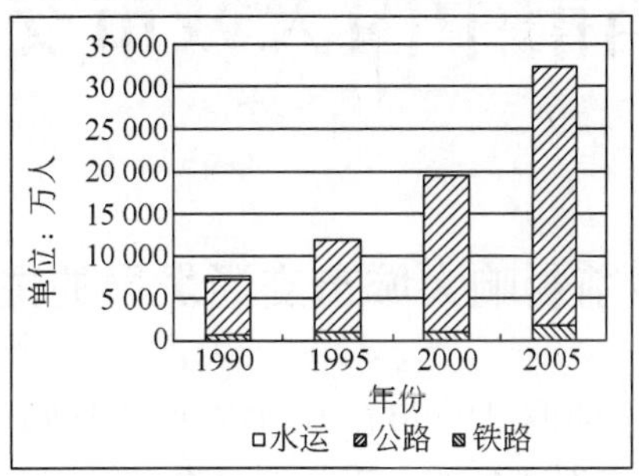

图 8-12　苏州市 2005 年客货运总量与交通结构❶

在资源限制的形式下，国家运输网络加快了铁路和航运等的建设。根据 2005 年中国政府发布的《中长期铁路网规划》，在 2020 年前，中国将投资超过 2 万亿元人民币，建设总里程 1.2 万 km、时速 200km 以上的"四纵四横"高速铁路客运专线网络，从而在中国主要铁路干线上实现客货运输的分离，迅速提高铁路网络的运输能力，在 2007 年，又将铁路中长期发展规划提出铁路总里程建设目标从 10 万 km 提高到 12 万 km。所有城镇密集地区规划都提出了城际轨道交通的发展规划。通过高标准的城际轨道交通建设，提高轨道交通的竞争力，实现客运交通由公路向轨道转移。而在近年来，铁路系统通过内部挖潜，经过 6 次铁路提速，中国铁路时速 200km 及以上提速延展里程一次达到 6 227km，其中时速 250km 线路延展里程达到 1 019km，中国铁路大步跨入高速时代，大大提高了铁路在中长距离客运上的竞争能力。

在长三角、珠三角等地区都提出航运复兴计划，与门户港口的发展结合起来，提高航道的等级，加大河网地区的内河航运能力，充分发挥航运的优势，提高航运在交通运输中的比例，为地区经济发展服务。

❶ 中国城市规划设计研究院. 苏州市综合交通规划，2007.

9 当前中国大城市交通问题与关注点

9.1 当前影响大城市交通发展的主要问题

目前是我国大城市在城市空间、土地利用和交通的快速发展和结构性转变时期，也是交通和城市发展各种矛盾集中爆发的时期。交通和城市发展的矛盾主要体现在交通组织和交通与城市发展的协调上，既要考虑城市长远发展的结构性转变与可持续发展，又必须合理解决当前存在的各种问题。

(1)在所有的交通问题当中，首先是交通拥堵。交通拥堵是城市居民感受最直接的交通问题，也是关注度最大的交通问题。居民收入水平提高带来城市机动车井喷式的增长，以及城市范围的扩大，带来机动交通需求迅速增长，改变了城市道路系统的供需平衡，道路交通的供应短缺时代来临，交通拥挤成为常态，出行时间延长、交通污染加剧、出行者和交通系统运行成本增加。而对于常态化的交通拥堵挤，城市政府惯常使用的扩大交通供给的策略，其效果仅是能让交通喘一口气。

(2)交通与城市空间、土地利用协调问题。交通与城市空间、土地利用协调既是关乎城市长远发展的问题，又是交通与城市发展中现实的问题。交通引导城市发展是长期的过程，但交通对城市空间、土地利用的负面影响却很快就能显现出来。目前交通规划体系与城市规划体系割裂，交通发展以改善交通运行为目标的各种交通建设行为，城市规划和城市发展对交通作用的忽视，使城市空间发展和土地利用发展的许多努力化为泡影。目前城市交通网络结构的发展惯性依然，而城市则在提调整城市结构，改变城市发展模式，在交通作为城市发展公共投资和公共政策核心的今天，交通引导需要作为城市规划和交通规划的核心内容，否则改变城市结构只能是一句空话。在交通与土地利用关系上也是如此，近年来，针对城市建成区土地利用调整的交通改造中，往往以交通畅通作为出发点和目标，脱离城市活动的改造目标，造成许多交通拓宽下的大拆大建，毁坏城市历史遗迹，城市原有的商业品牌消失等悲剧时有发生。目前无论是城市规划还是交通规划，在体系建设、规划融合、研究内容等方面还有许多路要走。

(3)公共交通发展滞后。公共交通发展是我国大城市长期累积的问题，公共交通发展上长期以来目标与发展策略、发展行动、改革措施上的背道而驰，让大城市公共交通发展与机遇一次次擦肩而过，公共交通发展政策和策略一直滞后于城市发展和交通发展，自行车大规模发展前没有能够及时改革、理顺价格机制，机动化初期没有能够理顺路权、票制等，推进正确的改革方向，目前轨道交通的发展与城市发展脱节、公共交通体制与城市扩展和区域化发展脱节。公共交通优先发展长期以来只是“噱头”与口号，道路主导、机动车主导才是本质，直到最近才真正认识到公共交通发展的必要性和迫切性，但长期以来公共交通发展中积累的问题，解决时间需要与城市发展赛跑。

(4)对外交通与城市发展协调问题。随着中长期国家交通系统规划的出台，国家交通网络重构已经开始，而且实施的速度惊人，同时，随着经济运行组织在国家和区域范围内进行，对外交通已经不是传统意义上城市对外联系的概念，其已经成为城市经济、产业、社会组织的一部分，是城市职能和城镇关系的主要体现，随着城市扩大、结构调整和职能的丰富，对外交通与城市职能的结合越来越紧密，此外，交通一体化和综合运行的要求越来越高。城市作为协调综合交通运输的核心，但长期以来对外交通与城市发展是两套交集很少的体系，对外交通各子系统之间行政体制也相互分割，这造成传统对外交通规划、建设、管理体系下，在城市规划中两者的发展目标都难以对接。在城市中，对外交通各系统的规划方法强调运行而非城市发展，造成目前对外交通发展与城市发展完全脱节，对外交通在城市中布局凌乱，各自为政，城市规划和交通规划只能被迫应对，城市为对外交通而被迫改变空间结构和发展方向的事例比比皆是。

(5)交通组织方式不能反映城市发展的要求。经过改革开放后30年的发展，城市规模、结构、人口构成等都已经不能与20世纪80年代同日而语，城市人口的阶层分化已经形成，“以不变应万变”的交通组织模式在城市发展中已经效率低下，但在平均主义思想下制定的单一层次交通服务模式却一直延续到今天。既不注重机动性、又不注重可达性的“中庸”交通服务发展策略，已经对城市规模扩张、空间结构调整、城市运行效率、居民出行便利性等各方面都造成损害，快速道路交通拥挤下城市运行机动性均一化，完全背离了规划者对功能等级的考虑，公共交通服务按照平均收入等设计，背离了高、低收入人群的服务要求。

(6)城乡交通“二元化”问题。改革开放30年来，城市化水平不断提高，城市发展是国家发展的最大成就。城市人口不断增加，全国已经接近一半人口居住在城市，城市规模不断扩大，城镇密集地区迅速发展。尽管城市发展已经将大量的乡村纳入城市发展地区，有的地区甚至全市域都城市化，但在城乡、城际的规划、建设、管理体制上却很少有突破，成为制约城市健康发展的枷锁。城乡“二元化”在交通系统规划、建设、管理、技术标准、价格机制等方面实行的“双轨制”，成为许多城市扩展的最大问题，并引发许多群体性的事件。

(7)“属地化”的规划体系在城镇密集地区已经成为城市和区域发展的障碍。属地化和权力下放使中国城市在规划、建设、投资、经济发展等诸多方面拥有更多的权利和利益。近年来城镇密集地区的兴起，使高度自主的城市发展与区域协调的矛盾越来越大。在这种城市发展机制下产生的城市规划和交通规划机制也完全以城市边界为壑。在城镇密集地区得空间、交通、城市职能和经济发展规划，甚至完全是区域性服务的枢纽港口、机场等，都是按照属地化进行规划和建设，无视城市的社会、经济活动区域一体化组织，城市职能实际上早已是区域职能的现实。国家交通系统重构所形成交通组织模式也无法在这些地区实现。

(8)规范、标准修编滞后。在20世纪80～90年代形成的交通与城市规划的标准、规范，在新的城市发展和交通发展下，城市发展模式、人口特征、交通特征、活动构成等都发生了巨大变化，许多规范标准所确定的指标、方法、定义、规划前提，甚至规划目标都已经不能适应目前城市发展和交通发展的特征。在依法行政和规划环境下，没有新的规范和标准可以替代，明知不可用却不得不用的矛盾困扰着许多规划工作者和管理人员。

9.2 新时期大城市综合交通规划的关注点

城市发展模式和交通特征转变使城市交通规划中关注的问题也不同于以往。交通规划寻求的是既解决城市现实存在的交通问题，又符合城市长远发展的“双赢”，而不是得过且过，或只描绘图画而不问实施的规划方案。重点应是以下几个方面：

(1)交通规划与城市发展结合。目前处在城市和交通发展最快的时期，也是奠定未来城市结构和生活方式的关键时期，而交通恰是其中最重要的环节，同时这也关系到现实和长远城市发展问题的解决。如果错过目前城市发展和交通发展的时期，不仅会损害现状城市发展，也会给未来的城市发展埋下隐患。这要求在规划体系、规划方法和规划内容上合理处理交通与资源环境、城市空间布局、土地利用、城市职能、多样的城市开发模式和转化等问题，处理好城市交通组织、交通网络结构的转变。

(2)交通拥挤成为常态在许多大城市已经开始被决策者和居民所接受，关键是交通拥挤下如何保障城市的正常运行，包括经济和社会活动的组织，如何保障不同的城市活动能够根据其效用合理的组织和安排。路权、优先和交通需求管理作为解决交通拥挤下交通组织的主要手段，在新时期的城市交通规划中需要重点给予关注。

(3)在汽车化下道路交通的拥挤使公共交通脱颖而出，从国际上看，现阶段也是公共交通发展的最佳机遇，目前大城市正处于公共交通系统从结构到运行组织，从价格机制到服务标准重新建设的时期。建立合理的公共交通系统，并利用公共交通的发展引导城市开发(TOD)，引导城市活动的方式转变，以及把公共交通作为城市公共政策实施的重点领域，是当前城市交通规划的重点和难点。

(4)城市的发展改变了城市与对外交通的关系、城乡关系与城镇关系，关系的改变实质是活动方式的改变,一体化活动组织和服务成为新时期城市交通规划保障城市正常发展的重点。重新审视城市交通、对外交通的内涵和外延,根据城市发展和活动的特征,打破城市的界限来思考和协调交通的组织,在“以人(活动)为本”的基础上协调综合交通系统中不同交通方式、不同管理主体和不同利益团体。

(5)创新。目前处于交通和城市发展快速变化的时期,既有的规范标准、管理体制、价格机制、投资机制等与目前城市发展和交通发展之间的矛盾也越来越凸显出来,交通规划需要在既有的法律框架下,创新地处理这些矛盾,为城市和交通良性发展奠定基础。

第4篇　新时期交通规划理论与方法

10 我国城市交通规划反思

10.1 城市交通规划体系反思

城市交通规划体系一般划分为三类：

(1)按地域空间范围划分的纵向分层次逐层递进规划(图 10-1)。此规划体系按照空间范围的规模逐层深入,大范围的规划主要解决宏观性问题,小范围规划重点在微观性问题,规划层次分明,上下位规划之间衔接紧密,层次清晰。规划条件和制约在各层次规划中一般通过上下位规划之间的衔接起作用。

目前多数空间规划是按照此规划体系进行,如城市规划(图 10-2)、国土规划体系等。上海市城市规划体系如图 10-3 所示。

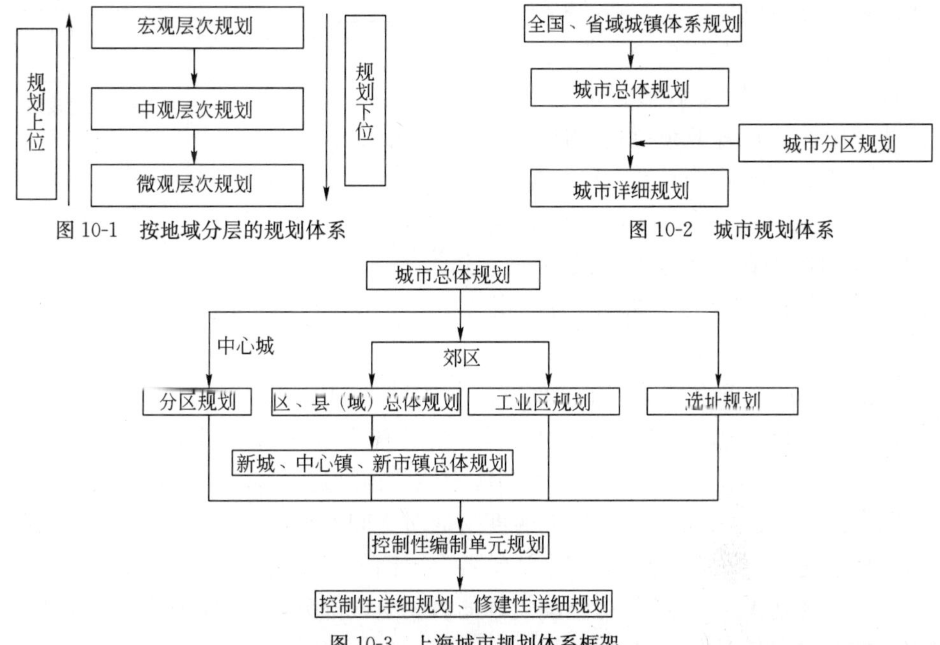

图 10-1 按地域分层的规划体系

图 10-2 城市规划体系

图 10-3 上海城市规划体系框架

(2)按专业划分的横向分专业规划。综合规划中的各专业规划一般按照此规划体系进行,各专业规划自成体系,研究、解决问题的层面一致,规划之间没有主次之分,规划体系的各规划之间主要通过协调来达到衔接。

目前多系统合成的规划基本按照此规划体系执行，如各交通系统规划(图 10-4)。

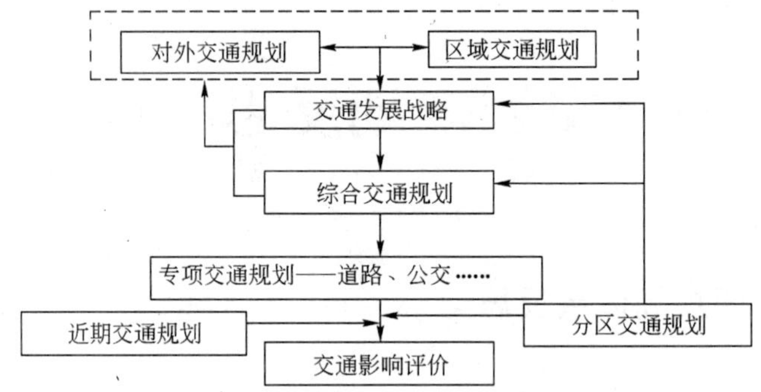

图 10-4　交通系统规划体系框架

(3)按时间划分的远近期规划。按照时间划分的规划体系是行动类规划，也必然是综合性规划，一般与上述两类规划体系重叠，只是规划不同时间段的发展进程和行动。

目前各个规划体系下执行的规划都存在按照时间划分的远近期规划体系。

交通规划作为空间规划的一个重要组成部分，同时又是一个多专业、多系统合成的规划系统，在规划体系上一直采用按地域空间划分的分层次规划体系和按专业划分的横向分专业规划混合的规划体系。在执行上也是两种规划体系并行(图 10-5)。也正是由于这种规划体系上的原因，使得交通规划在规划体系中长期游离于城市规划体系之外，试图形成独立的规划体系。尽管空间规划只是交通规划的一个方面，但交通规划在国内长期作为典型的空间规划类型，一直是空间规划的重要组成部分，与法定空间规划不可分割。

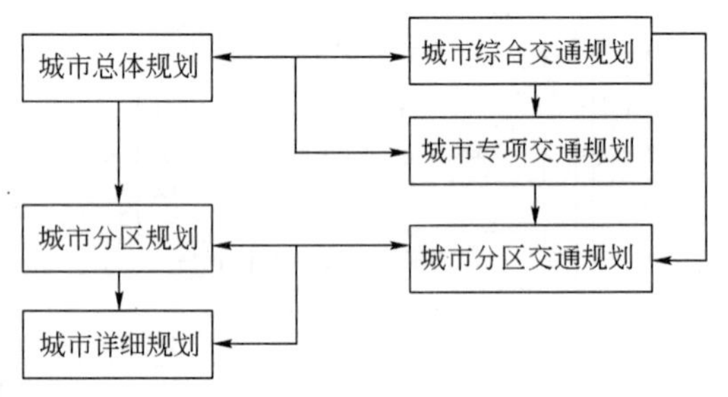

图 10-5　城市规划与交通规划

城市扩张和国土开发使国家把空间管理作为城市和国土发展的核心政策，各类空间规划的法定性增强，如城市规划、国土规划等，而随着 2008 年 1 月 1 日新的《中华人民共和国城乡规划法》实施，城市规划的体系和法定地位得到进一步增强。这对交通规划体系产生了巨大影响，由于在城市快速发展时期交通对空间发展的引导和支持作用增强，以及随着交通机动化等的发展，交通对城市活动各个层面的影响也逐步增加，交通规划需要逐步开始向空间规划体系靠拢，作为空间规划的重要组成部分，并在规划体系上采用空间规划惯用的按照空间分层次的规划体系。

同时，由于交通多系统构成和系统的复杂性，中国交通规划体系将仍然执行双轨制的规划体系，纳入空间规划分层次规划体系作为法定的规划发挥作用，而按照专业和空间混合的规划体系仍然作为交通研究必备的一个规划体系，为法定规划作准备。

10.2 城市交通规划理论与方法反思

我国城市交通规划的标准、指标体系和规划方法是在20世纪80～90年代的城市和交通发展环境下形成的。从交通规划方法引入城市规划开始，到国家关于城市交通规划科学研究、规划编制体系确立、规范制定，以至于管理体制的设立，所依据的都是城市和交通未开始转型时期的城市和交通发展特征。在目前城市和交通发展特征转变的过程中，这些以原来城市发展作为规划基础的规划体系在体系的各个组成部分都受到巨大的冲击。主要表现为以下几点：

(1)在城市独立发展时期，城市交通系统是封闭的，交通系统按照界限划分为对外与城市交通，并且形成了两套不同的管理体制和规划、建设、运营规范，规划方法和理念交集很少，这符合当时的城市和交通发展环境，但在城市密集地区迅速发展、城市间关系迅速转变的时期，决定城市关系的空间、职能、经济组织都成为一个开放的体系，对外与城市交通之间的关系也就随之发生变化，两者之间已经难以进行清晰的划分，相互之间的功能重叠已经不可忽视。目前交通"一体化"发展在各地已经成为共识，而在一体化下，交通系统就必须转变为按照设施功能组织，由此，现行的管理、规划、建设、投资、适用标准、运营组织和实际城市发展之间的冲突就越来越大，在一些地方一度演变成为社会冲突。

(2)在非机动时代，城市规模比较小，城市活动、交通组织都与小的城市规模相关，如不同交通系统之间关联少，交通机动性需求低、层次少，交通转换需求低，交通系统依赖低机动性交通组织，城市的整体交通需求量少，交通供应完全可能满足交通需求的发展等等，这些因素都化成一种隐性的假设反映在交通规划的理论、方法、指标体系中，并形成规范和标准。在城市规模扩大、空间结构转变的时期，这些假设不再成立，城市交通从规模到组织都发生了翻天覆地的变化，建立在这些假设基础上的规划理论、方法、指标体系也就当然的需要更新。

(3)在非机动时代，城市开发主要是小范围的混合开发，在此基础上根据调查形成了目前许多正在使用的规划指标，如道路等级、道路断面等，而在城市开发模式多样化、功能布局也多样化的今天，这些指标基本上在中心区还可以勉强使用，在特定的开发模式下，这些指标指导下的规划已经不能适应城市开发所体现的城市活动要求。

(4)目前城市规划中的交通规划，以及土地利用与交通之间的关系是建立在低交通机动性的前提下的，随着城市交通机动性的提高和交通需求的迅速增加，传统的城市规划中对交通的考虑和处理越来越背离交通组织和城市活动组织的规划目标，造成交通与土地利用脱节的"双输"。

10.3 规划目标反思

我国传统交通规划的目标，基本可以概括为：保证交通畅通、满足交通需求、支撑城市发展和经济发展三大方面。

按照目前仍在采用的《城市道路交通规划设计规范》(GB 50220—95)，城市道路交通规划的目标或原则为：城市道路交通规划必须以城市总体规划为基础，满足土地使用对交通运输的需求，发挥城市道路交通对土地开发强度的促进和制约作用(1.0.4条)。城市道路系统规划应满足客、货车流和人流的安全与畅通(7.1.1条)。而在各城市编制的城市交通规划和道路规划中，诸如："建立等级明确、布局合理、快速通畅的城市道路网"、"满足全社会不断增长的交通需求"等文字比比皆是。

正是在畅通、满足需求等目标下，规划很容易滑向需求导向。城市交通规划和城市总体规划、详细规划等土地利用和空间发展规划中，自然地把交通供应能力扩展放在首要地位，把设施建设作为规划的重点。《城市规划编制办法》中对交通规划的要求主要体现为落实交通设施布局，并将设施作为规划的强制性内容。而新实施的《中华人民共和国城乡规划法》对规划强制性内容地位的增强，则更加强化了交通设施规划在规划中的地位。但是，目前城市发展中，随着交通特征的转变、机动交通需求的迅速增长和城市交通发展可用资源的制约日益加强，保证交通畅通和满足交通需求这种以需求为导向的交通规划目标随着城市发展在不同规模的城市都开始受到不同程度的挑战和制约。特别在大城市，人们开始认识到，如果把交通规划的目标设定在保证交通畅通和满足交通需求，即使土地、能源等资源允许的情况下，其发展成本也必然超过城市的财政能力。

同时，由于城市活动预测的局限性，只以交通设施为核心不考虑城市活动的规划，往往也造成城市活动与规划之间的脱节，设施建设成为现实后，城市活动往往早已是"物是人非"，北京市交通发展规划与实际发展的差距见表10-1。

北京交通发展规划与实际发展的差距❶ 表10-1

交通工具	2000年规划		2000年实际发展		发展差距	
	车辆(万辆)	出行比例(%)	车辆(万辆)	出行比例(%)	车辆(万辆)	出行比例(%)
公共电汽车	0.57	38	—	22.1	—	−15.9
小公共汽车	0.1		—		—	
地铁	—	7.8	—	3.3	—	−4.5
出租	2～3	1.6	6～7	8.1	4	+6.5

❶ 中国城市规划设计研究院.北京综合交通规划纲要，2004

续上表

交 通 工 具	2000年规划		2000年实际发展		发 展 差 距	
	车辆（万辆）	出行比例（%）	车辆（万辆）	出行比例（%）	车辆（万辆）	出行比例（%）
单位大客车	1.25	3.2	2.4	3.2	1.15	0
小客车	15	4.8	79.73	23.3	64.73	18.5
自行车	600	44.6	—	40	—	−4.6
合计	—	100	—	100	—	—

目前我国城市处于空间、职能快速发展时期，经济处于转型时期，而城市交通系统也正处于交通政策到交通设施快速发展时期，城市的各种活动也正处于从活动特征到活动方式都快速变动时期，居民构成、阶层随着经济和城市的发展也在逐步变化。这些不是仅靠交通需求量可以描述的，以需求为基础，以供求平衡为思路，以畅通和满足交通需求为目标形成的交通规划，很难对城市发展、交通发展和城市活动组织做出合理的反应。

此外，随着城市经济的发展，政府交通投资逐年推高，需求导向与政府投资能力增强结合起来，将大大提高政府在交通系统实现方面的能力，许多高投资但有悖于城市形态、交通和城市活动可持续发展的设施会在很多城市很快成为现实。

10.4 规划理念反思

在城市交通需求总量小、低交通机动化和城市快速发展过程中形成的交通规划理念至今还在惯性地持续着，主导了我国20世纪的交通规划，并延续到新的世纪。尽管城市发展、经济和社会活动特征都产生了巨大的变化，但交通规划理念的转变还只是缓慢进行着，过去形成的交通规划理念仍然是目前交通规划的主导。

(1)在城市快速扩张中形成的交通供应短缺现象使需求导向的规划大行其道。我国大城市长期以来交通基础设施的缓慢增长和城市财政的拮据，造成我国城市交通基础设施在20世纪90年代后期前普遍短缺，城市交通基础设施建设普遍落后于城市发展和社会、经济发展，扩展交通设施以适应城市和经济发展几乎作为各级政府的首要任务，这导致需求导向的规划思想一直主导着我国的城市交通规划。同时也正是交通设施的落后，使交通规划永远追在城市发展的后面解决城市发展中眼前已经存在的问题，交通引导无论在政策、还是在规划层面都很难进入决策者和规划者的视野之中。

在目前许多城市交通规划中，机动化迅速发展、交通供应发展缓慢、供需不平衡，结论就是加快建设扩大能力，这已经成为交通规划中分析的一个定式，我们可以在绝大多数的交通规划报告、论文中找到。并且这种思维也进入国家政策。如在与城市空间、职能连发最密切的轨道交通建设规划中，国务院办公厅“关于加强城市快速轨道交通建设管理的通知”(2003年)就提出合理控制建设规模和发展速度，确保与城市经济发展水平相适应，防止盲目发展或过分超前。现阶段，申报发展地铁的城市应达到下述基本条件：地方财政一般预算收入在100亿元以上，国内生产总值达到1000亿元以上，城区人口在300万人以上，规划线路的客流规模达到单向高峰小时3万人以上；申报建设轻轨的城市应达到下述基本条件：地方财政一般预算收入在60亿元以上，国内生产总值达到600亿元以上，城区人口在150万人以上，规划线路客流规模达到单向高峰小时1万人以上。对经济条件较好，交通拥挤问题比较严重的特大城市，其城轨交通项目予以优先支持。

(2)交通机动化快速增长造成持续的机动交通压力和城市扩展，城市规模扩大所导致的交通需求迅速增长，一下子交通拥堵遍及全国几乎所有的大城市，习惯了交通畅通的决策者和市民开始把交通拥堵作为城市发展中首要解决的问题。而交通拥堵的原因又都归结为车多或者路少，车多没有办法限制，就把主要精力放在对付路少上，全国城市道路发展情况见表10-2。车本位和道路建设为先的规划和建设理念成为各个层面规划和决策的主导。机动车通行能力成为交通发展中的最重要的指标，规划、交通管理以道路通行能力扩展作为首要目标，行人过街天桥、地下通道出现在许多道路上，道路越来越宽，以至于建规[2004]29号专门出台清理和控制城市建设中脱离实际的宽马路、大广场建设的通知等。近年来，专业人员开始把公共交通作为解决交通拥堵的良药，许多城市都提出了大力发展公共交通的规划，但公共交通路权保障问题却成为公共交通发展的难题。

全国城市道路发展情况 表10-2

年　　份	1985	1990	1995	2000	2005
道路长度(km)	38 282	94 820	130 308	159 617	247 015
道路面积(万 m^2)	35 872	101 721	164 886	237 849	392 166
人均道路面积(m^2)	1.72	3.13	4.36	6.13	10.92

注：摘自城建统计年鉴。

(3)城市交通设施功能等级的概念在规划中早已确立，但由于大规模交通机动化和城市快速扩张之前，城市总体的交通需求比较小，交通设施功能等级只是作为建设的形象，并没有被赋予真正的交通含义，交通运行管理也就不可能按照交通设施的功能等级去组织。导致交通与土地开发之间的脱节，交通运行的规律被忽视。

在低机动化时代，道路被赋予了许多交通和非交通的功能，如绿化、广场功能等，交通组织也并非按照道路的功能进行，“大路大开发，小路小开发”成为城市道路与城市土地利用关系的真实写照。

而在目前许多城市以中心区繁荣为目标进行的中心区交通改造中，更是把交通列为核心，把城市活动放在次要位置，随意调整道路功能，以至于道路改造完成之时就成为该地区城市活动衰落之时。

(4)计划经济下的“平均主义”规划思想对交通规划领域的影响根深蒂固，是交通规划中核心规划思想，把平等用平均代替，需求作为无层次区别的个数统计，分区定价、按服务定价在城市交通中实施起来还有一定的难度。而实际上我国经过 30 年的改革开放，改革开放前和初期的平均分配模式已经彻底打破，城市中已经形成许多新的社会阶层，各阶层对交通出行的诉求大相径庭，对各阶层实施不同的交通政策、出行组织、交通服务、设施规划，并把公平和公共服务提供纳入交通规划已经成为交通规划在新形势下的重要规划思想之一。

如某特大城市的公交车票定价采取以平均成本为基础，参考社会技术经济的变化因素的定价模式。其数学表达式为：

$$\text{平均票价}=\text{预测平均车公里成本}\times(\text{修正值})\times\frac{\text{预测营运里程}\times(\text{修正值})}{\text{预测乘客人次}\times(\text{修正值})}$$

(5)交通城、郊“内外分治”的管理体制也对城市交通规划的理念产生巨大影响，长期以来内外交通系统一直是分系统进行规划，通过协调处理相互之间的关系。城市交通规划之“城市交通”限定在中心城区范围内，是以城市范围来定义的交通，对城市扩展后，尽管有些城市已经实现全境城市化，中心城区外围也已经全部都是“城市交通”，但中心城区范围外的区域交通和城市交通特征的联系交通还是始终不能纳入城市化的管理。

如已经全境城市化，并且编制了全境城市总体规划的东莞市，在描述其交通网络时仍然使用“全市现有公路通车里程 2 641km，公路密度为每百平方公里国土拥有公路107.14 km，公路密度全国第一。其中等级公路密度 103.12km，拥有高速公路 99km，一级公路 845km，二级公路 682km，三级公路 311km，四级公路 555km”，而这些描述中的公路早已经有绝大部分变身为城市道路功能，组织着城市交通。

(6)传统交通规划中实现机动车快速运行的主要手段是减少交通冲突，立体交叉等盛行，成为解决城市交通问题的重要手段之一，这在交通供应显著高于需求的情况下屡试不爽，因此在许多城市快速道路系统往往被建设成为一个自由行驶的系统。但在交通拥堵“常态化”下，采用减少交通冲突点的方式提升交通系统运行效率就难以行得通了，只是把拥堵的位置挪个地方或者把拥堵从地面搬到空中。

在交通拥堵“常态化”下，交通延误的增加并非来自于冲突，减少冲突并不能提高交通运行的速度。许多特大城市冲突最少的快速道路在高峰期成为“停车场”，其主要原因不是冲突，而是对快速道路的交通流不可控。

而根据鲍里斯(Boris Kerner)提出的交通流三段论，交通拥挤分为同步流和混乱堵塞(synchronised flow and wide moving jams)，对于拥挤下的交通流如果不加控制会突然失控。这已经在目前国内快速道路交通流中得到验证(图 10-6)。

(7)在传统观念中，城市道路交通与公路交通在管理上的最大区别是不收费，收费的考量主要是公平和经济因素。因此许多城市，外围城市化地区公路变身为城市道路的标志就是拆除了部分原来公路的收费设施，并加密出入口。认为城市道路的服务就是同一性，就应该让市民平等使用，尽管这个平等只是对于车辆拥有者，因此出现了许多特大城市将原来公路或者私人投资者建设的收费道路、桥梁的收费权回购，改造为不收费的城市道路。结果是要交通拥挤就大家一起交通拥挤，城市活动本身的重要性差别在城市道路交通组织中并没有体现出来，花费高额成本的道路改造换来的是系统的效率降低和可靠性降低。

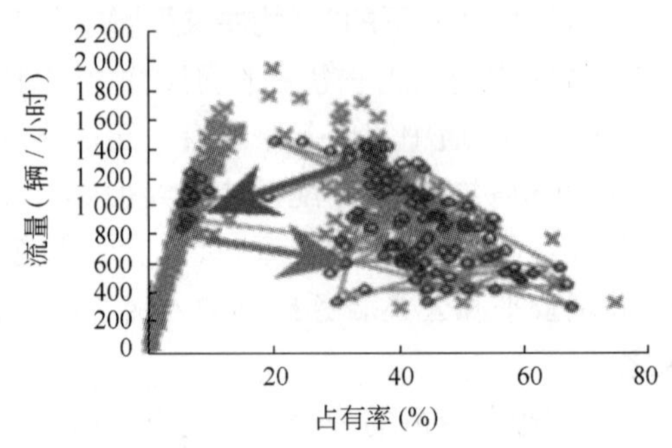

图 10-6　快速道路拥挤交通流运行状况

城市道路不收费的理念也被纳入到国家政策，如国务院减负有关负责人就指出，整顿道路收费站点政策中，七类公路、城市道路取消收费的目录中就有不属于利用国内外贷款或集资建设或已经还贷完成的公路、城市道路、桥梁、隧道上的收费站。在部分城市，甚至把收费站作为制约城市发展的因素。

10.5　规划方法反思

10.5.1　交通与土地利用规划方法反思

土地利用与交通规划之间一直理解为主与次的关系，在《城市道路交通规划设计规范》(GB 50220—95)中要求综合交通规划必须以城市总体规划为基础，在编制程序上，交通规划作为总体规划前或后验证总体规划交通网络的一个程序，最好的结果是与总体规划一起进行的两个项目，各做各的。交通在城市规划中是作为一种陪衬，许多城市总体规划中的交通规划是在没有分析的基础上，想当然地进行规划，漏洞百出，有的内容根本无法与实施联系起来。但在规划实施中，交通却是规划实施内容的一个核心，政府完全可以按照计划逐步推进交通规划中设施规划的实施，结果是没有经过认真规划的内容在付诸实施。这种规划编制程序与方法，既在程序和方法上把交通与土地利用割裂开来，又违背了规划的实施原则。

同样，在交通规划中，也在遵循着“必须以土地利用规划为基础”的原则，把土地利用规划与交通规划作为递进的两个层次，阻塞了沟通的渠道。土地利用规划者根本不知道他们规划的交通有什么问题，对城市发展有什么影响，而交通规划则从僵化的土地利用开始，也失去了规划的归属，让交通规划者也心安理得的认为，自身的工作就是解决交通问题，而不知道为什么解决交通问题。

在城市综合交通规划中，也沿袭了以设施为核心的规划方法。目前国内典型的综合交通规划主要分为三步(图 10-7)，其中专项交通设施规划才是规划的核心，也是规划实施的核心。但不幸的是，专项交通规划并没有一个相互整合的平台，其上只是宏观的战

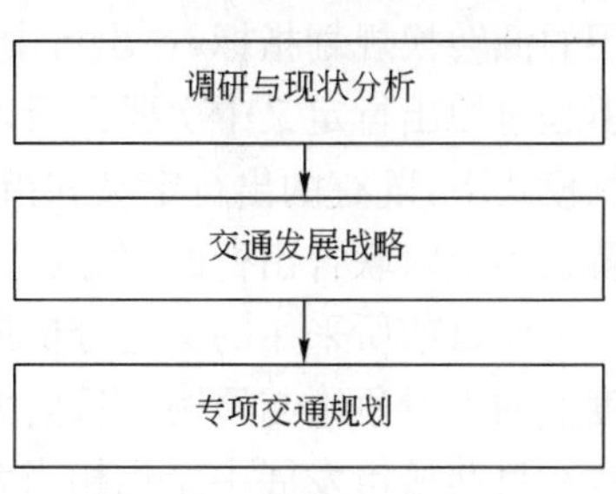

图 10-7　目前国内的综合交通规划步骤

略，交通设施似乎从交通方式划分那一刻开始就分道扬镳了，更谈不上设施之间如何配合。轨道、常规公交、道路系统，这些本应视为一个相互补充的整体，被分割成若干块，做各自的交通需求分析，强调系统的重要性。而在交通规划中把交通分为城市交通与对外交通两部分的规划方法，对许多城市已经不合时宜，特别是在城镇密集地区。对区域交通和城市空间改变后的市域交通或者都市区交通在目前的规划方法中还没有处理办法。虽然提出了一体化规划的概念，但缺乏包括需求分析、规划技术在内的一体化规划方法来支持。

10.5.2　交通分析方法的反思

在交通规划中，交通的分析和预测是以出行为基础进行的，所采用的是四阶段交通分析模型。对出行总量和分布的估计是以出行目的为基础，但出行目的的信息并没有带入后续的分析中，或者说我们在使用交通分配的结果时，并不知道交通活动信息，只知道交通量的大小。因此在交通供应规划中只是交通数量的权衡，而非带有活动特征信息的分析，也即按照这样的分析方法，只能提供平均的、没有层次的交通服务。

交通调查也只是活动路径的记录，因为在交通需求分析中并不着重考虑不同层次人群的交通需求，调查并不对活动的需要进行调查，对人口层次所需要的交通服务特征也被理所当然地忽略。如果把规划认为是对交通服务的规划，那么，规划对面对的需求并不清楚，这对于低机动化、交通供应充足的情况并没有问题，而对于目前高机动化、交通拥堵"常态化"的情况，就会使规划失去方向。

交通模型预测所采用的方法是静态的，并以需求数量为基准，在交通畅通的目标和运行状态下，预测能够基本反映实际的交通状况，但在交通拥堵状态下，预测的结果与实际运行相去甚远。根据国外的相关研究，静态分配和以饱和度为指标的交通预测方法根本不能反映交通拥堵状况下的交通运行状态，实际的运行状态要比模拟的结果糟很多。此外，在交通阻抗的分析中，也乐观地把拥挤造成的交通系统可靠性下降因素排除在外。

在城市发展新的时期，交通组织方式和运行状态的变化使原有的交通规划指标已经难以正确反映交通出行和交通运行的特征。而交通规划指标的偏差直接影响的就是对规划的判断。

首先，交通运行状态的转变要求规划中交通状态指标能够反映实际的交通运行状况。传统的交通规划指标主要针对不饱和交通流，而交通拥堵"常态化"，一方面，需要对既有的交通规划指标进行修正，以反映饱和交通运行状态，另一方面需要增加衡量饱和交通运行状态的指标。

在交通方式的划分上，目前仍在沿用以前在城市规模小、交通方式关联少的情况下采用的低转换规划指标，在出行中以主导出行方式来定义出行，在新的出行特征下，一则会引起对原出行定义中次要出行的低估和忽略，另外在目前多层次、多方式联合出行的新组织模式下，既有的出行定义和指标不能对联合出行和衔接需求进行科学的预测和分析，也就谈不上对联合出行的服务进行规划。

而目前所采用的交通分析模型对于我国城市的发展也显得力不从心，导致在预测精度上的大量争论与质疑。目前大量采用的"四阶段"交通分析模型中所标定的交通参数多数在目前城市发展中变化相当大，如出行距离、效用函数、阻抗函数等，这些参数在现状与未来大相径庭，花费巨大精力和财力的现状调查并不能说明未来城市发展的实际情况，有的交通分析甚至沦为数字游戏，因此，迫切需要找到城市发展中变动较小的参数来建立相关交通分析的模型。

在既有的交通系统能力衡量指标中，由于交通运行中延误比较小，交通出行时间短，交通系统可靠性比较高，时间指标在原有的规划指标中对系统能力和容量的影响不显著，因此，对交通系统容量和能力的衡量指标主要为按照需求数量为标准的指标，如道路通行能力、网络容量、饱和度等。这在非饱和交通下可以比较准确帝反映交通的运行状况，但在交通拥挤"常态化"的运行状态下，对交通系统的占有时间就成为确定交通系统能力的一个核心指标，由于交通系统空间的唯一性，同样的交通量，不同的系统占有时间，交通系统的状态完全不同，直接影响到系统的能力，而既有的能力指标不能准确反映交通系统的时间占有特征，也就无法准确反映饱和交通状态下的交通系统能力和容量。

11 新时期大城市交通规划方法转变与规划体系

11.1 新时期的规划目标与方法

如前所述，根据新时期城市发展和交通发展的特征与趋势，大城市交通规划要重点解决好以下四个方面的问题：

(1)协调城市空间结构调整与交通系统发展的关系。通过运输组织转变，适应由于空间结构变化带来的交通需求特征变化，通过交通网络结构调整和综合交通枢纽的布局规划，实现交通引导城市开发，达到城市结构调整的目标。

(2)在交通供应短缺的情况下，保障城市活动的正常运行和效率。针对在城市交通机动化和出行距离、时间增加情况下，交通供应短缺所引起的交通拥堵"常态化"，通过交通优先规划，保障城市交通的正常运行，通过需求管理调控交通系统的供需平衡。

(3)在资源限制的制约下进行可持续的交通系统规划。以建设集约和节约型城市为发展目标，利用交通公共政策和规划引导城市生活方式向可持续发展的方向转变，通过公共交通优先发展，引导居民出行方式的转变，通过 TOD 模式的开发，实现资源限制下交通与城市发展的双赢，通过合理的价格政策与投资，引导清洁、环保的交通系统发展。

(4)根据人口层次和交通组织的要求，实现分层次的交通组织。以城市发展中人口构成的变化为依据，打破按平均主义提供交通服务的规划模式，按照不同层次人口和活动要求提供相应的交通服务，同时，实现交通设施的分层次规划，提供城市扩张后相应的机动性需求。

交通规划在这四方面的调整，涉及到交通规划的目标、理论、内容、规划体系、方法、分析手段、指标等各个方面的转变，如图 11-1 所示。

在规划目标上，以城市正常运行和可持续发展为核心；规划理论强调交通系统与城市发展融合，规划的内容要适应交通运输组织方式、系统结构转变、重大交通设施布局，突出交通优先、需求管理、资源限制下的可持续发展；在规划体系上，交通系统规划与城市发展规划体系融合，并作为城市活动规划的两个方面；在规划方法上，从对出行的响应转变为服务的规划，突出以走廊与枢纽为核心的系统综合与一体化、交通系统与城市空间一体规划、交通分层次和分区组织、交通拥挤下的交通系统可靠性和公共政策；在分析手段上，根

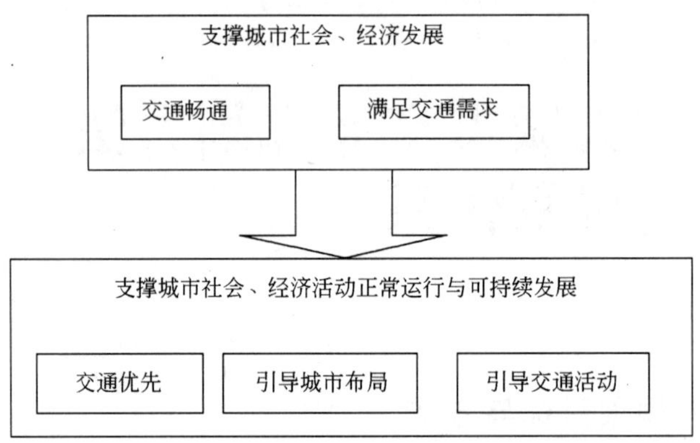

图 11-1　城市交通规划目标的变化

据交通特征的变化，加强对时间、拥挤、可靠性、分层次等因素的分析；在规划指标上，根据交通与城市发展模式的变化，对交通网络构成、联合方式出行、资源消耗等指标进行调整和完善，在分析手段上，采取动态交通分析方法，如图11-2 所示。

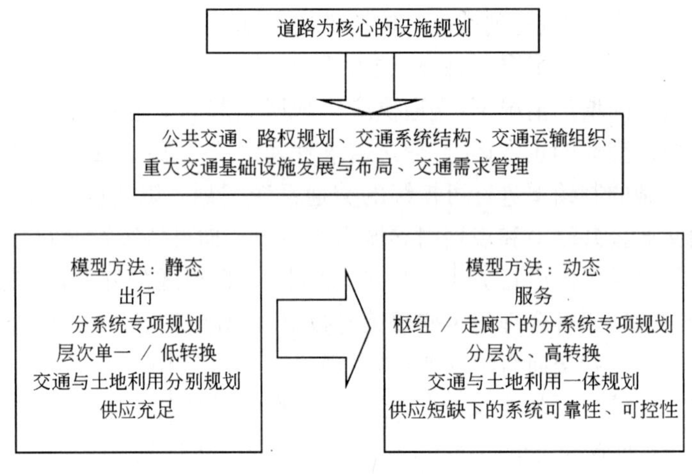

图 11-2　新时期交通规划内容与方法转变

城市发展新时期的重要特征是，由于城镇化、城市空间扩大、交通机动化等引起的城市和交通结构调整、发展模式转变。交通规划的作用、交通规划的范围、交通出行特征、交通运行特征、交通方式、交通组织以及交通运输服务等均因此而变化。

交通作为城市的重要组成部分和城市活动的载体，在城市与交通系统快速发展和发展特征转变时期，交通与城市发展结合作为交通规划的重要任务。交通系统一旦确定，就很难改变，城市的活动、经济发展、城市空间格局就会在城市交通系统的引导下形成，并将长期保持下去，成为城市特征的一部分，可以说现阶段的交通规划将会影响城市未来，“近二三十年的规划和建设将决定城市二三百年的发展”。

交通系统和交通特征的变化需要新型的交通组织、交通系统布局和管理，这些变化决定城市交通的运行效率和交通服务的模式，并由此引导交通运输市场、交通建设、运营的发展，进而引导形成新的城市活动、经济产业组织、土地利用布局模式。

交通规划作为公共政策的重要内容，规划关注的角度的变化，将引起思路与理念上的变化，并随着城市的发展赋予交通与城市发展第四阶段的特征。交通规划的目标将逐步地投向公共服务、公共福利、公平等市场难以发生作用的领域。

应对城市和交通的发展趋势和特征，城市交通发展需要由原来以畅通为核心的单目标体系，转变成为以现阶段和未来城市交通特征、城市与交通的关系为核心，有制约条件的多目标体系。

在国家资源环境发展目标下，根据城市和区域发展，调整交通系统结构，引导城市空间、土地利用发展和城市活动，优先保证可持续发展的综合交通系统发展和高优先级的城市活动。

(1)符合国家资源环境发展的总体目标。国家在土地、能源、环境等方面的资源发展目标是城市交通发展的制约条件与前提，这决定了城市扩张的土地、能源消耗、环境指标等。在目前国土规划和城乡规划分治的管理模式下，土地供应已经成为城市发展的硬约束，城市空间、密度和经济、产业发展必须在土地供应的框架内进行，而能源、环境等的目标也确定了城镇化的发展必须在国家资源环境目标下实现。这就意味着城市交通运输方式、服务、组织和布局必须以集约、节约和环保为发展方向，以交通与城市可持续发展为目标。

(2)根据城市和区域发展，调整交通系统结构，引导城市和都市化地区空间、土地利用发展和城市活动。

(3)优先保证可持续发展的综合交通系统发展和高优先级的城市活动。在城市交通拥挤为“常态”下，交通保障的优先级确定和组织是交通系统运行和城市活动组织的重要原则，通过优先鼓励可持续发展的交通系统健康发展和公平，通过对高优先级城市活动的优先组织，保障城市的高效运行和交通系统的可靠性，同时也通过优先级的划分和组织，对城市交通实施需求管理。

城市发展和区域空间发展，是城市交通系统结构调整的基础和前提，在继承既有交通系统的基础上，按照一体化发展的原则，逐步调整交通系统的布局和组织结构，引导城市的空间结构调整顺利进行，通过交通功能的合理划分引导城市土地利用与交通融合，并通过城市空间、土地利用和交通系统引导城市活动的方式、范围等要素符合城市的发展目标。

11.2 交通与城市规划编制体系调整

在我国以往的规划体系中，交通规划独立于城市规划，城市规划体系中的交通规划作为一个专项规划出现，重点放在设施和用地的规划安排上。这在计划经济下无可厚非，但在市场主导下的城市发展中，忽略政策、服务在资源配置上的作用，把设施和用地的规划建立在粗略估计的基础上，实际上并不能起到优化交通资源配置的作用，也不能实现把交通系统作为城市活动支撑和引导工具的意图，交通在现实中的作用与规划方法之间的鸿沟，随着交通需求快速增长和城市规模的扩大越来越深。

如前所述，目前我国处于交通与城市空间、城市职能快速发展和形成的时期，是利用交通引导城市发展和城市活动的最佳时机，而资源限制下的可持续发展和市场在交通与城市发展中的作用，又提醒我们，对城市和交通系统发展不能采取放任的态度，引导的目的是要塑造可持续发展的城市，这要求交通系统和城市空间、土地利用必须精确配合。

在城市空间扩张中，快速道路系统、轨道交通系统、综合交通枢纽建设和本地性的集散交通网络建设，以及新型交通政策和服务，使交通系统成为了维系城市空间，并主导城市活动的重要因素。

随着“以人为本”的思想深入，城市规划也开始由计划经济时代的资源配置方式向“基于活动”的城市空间与土地利用规划转变。这使得交通与城市空间、用地规划有了共同的规划基础——城市活动，城市空间和土地利用规划中对城市活动的规划需要相应的交通系统来组织，交通与城市空间、土地利用规划之间在规划方法上的分歧消除。

因此，交通与城市空间、土地利用规划结合需要的是在编制的机制上有所突破，以及对两者的共同基础——城市活动的把握。

2008年实施的《中华人民共和国城乡规划法》为两者之间的结合提供了法律保障，将目前城市交通规划体系纳入城市规划的体系，把城市骨干交通系统规划——轨道交通、骨干道路网络、综合交通枢纽规划，作为城市空间规划中城市宏观活动组织的核心内容，地区性交通规划(local transport)作为城市地区性活动组织的核心内容。

城市交通和城市规划也同样产生影响的另一部法律——《物权法》，则对个人物权和公共政策对物权的影响作出了规定。交通设施对土地利用的影响体现在了物权价值的升降上，近年来，交通设施，特别是轨道交通对土地价格和房产价格的影响已经有目共睹，这使交通与土地利用融合有了法律的约束。

新的法律环境要求交通与土地利用规划体系必须转变，实现在城市发展目标下交通与城市空间、土地利用的一体规划，把交通规划、城市空间和土地利用规划体系合一，在规划体系上，按照法律规定采取按空间层次划分的规划编制体系，即调整目前交通规划编制上按照专业划分和空间范围划分混合的编制体系为统一按照空间范围划分的编制体系，纳入城市规划体系。混合的交通规划体系只作为交通规划研究的体系。

规划体系的合并，要求综合交通规划内容在既有混合体系下按照空间层次进行合并。城市全局性的交通系统规划作为城市总体规划的核心内容，宏观层面综合交通规划在深度上包括了以往部分重要专项规划的内容，包括交通发展战略、骨干道路系统规划、交通枢纽规划、轨道交通线网规划等内容，特别是与城市空间、土地利用联系紧密的骨干道路、轨道交通专项规划要纳入到宏观层面的交通规划体系，地区性层面的交通规划纳入城市详细规划，在城市全局性规划的指导下进行，如图 11-3 所示。

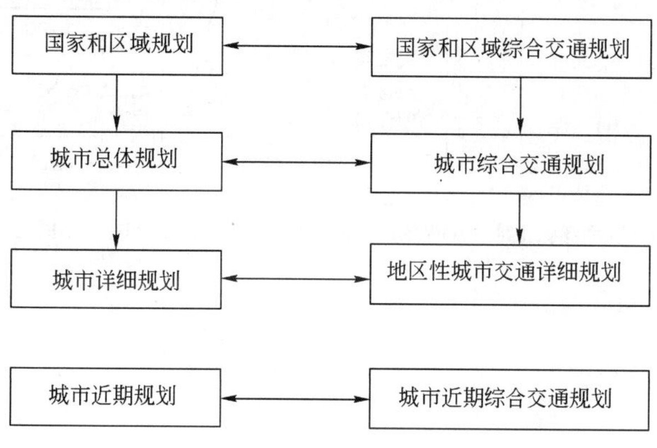

图 11-3　新的交通规划体系与城市规划的关系

11.3　基于活动的城市发展与交通规划融合

城市空间、土地利用规划和交通规划的规划对象都是城市中各种经济和社会活动，只是表达方式不同，城市的空间、土地利用规划重点在合理组织各种活动的前提下，规划活动在空间上布局，而城市交通规划则重点规划城市活动的组织，如果没有合理布局也就没有合理的组织，同样，如果没有合理的组织，布局也必然是空谈。因此，可以说，城市空间、土地利用规划和城市交通规划所规划的是一个相同的对象的两个侧面。

但长期以来，城市规划与交通规划在规划体系、规划方法上的分离与割裂实际上肢解了城市活动的完整性，如盲人摸象一般，割裂的规划造成对城市活动理解上的分歧，也自然就失去了对城市活动合理规划的能力。目前城市规划和交通规划的困境正源于此。不知道活动组织的规划和不知道活动组织目的的规划同样都会将城市发展引向歧途。

城市活动是按照交通系统机动性和可达性的分布来组织的，而这种组织所反映的正是空间和土地利用布局，也即城市空间、土地利用布局的依据也是交通机动性和可达性的分布。而如前所述，交通系统的任何改善都会影响到交通机动性和可达性的分布，这都要通过对城市活动的影响传递到城市空间和土地利用布局上，因此，交通系统机动性和可达性的规划就成为交通系统规划和城市空间、土地利用规划的共同基础(图 11-4)。

城市经济和社会活动是城市运行的根本，其有自身的运行规律，同时也需要引导，这是城市空间、土地利用布局和交通系统功能确定的前提。

在规划中，宏观规划更多的关注经济活动和城市整体的运行需求，而中、微观的规划更多关注出行者个体的日常活动和地区性(local)的运行需求，这与国家、省、城市的规划关注空间结构、城市(区域)职能、重大设施布局,而地区性的规划关注生活设施、生活活动规划完全一致,城市规划和交通规划都是如此(图 11-5)。

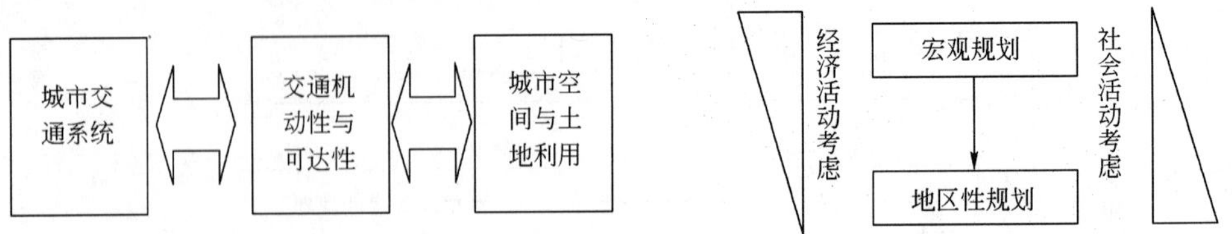

图 11-4　交通系统规划和城市空间、土地利用规划的共同基础

图 11-5　不同层面规划的关注度

12 交通与城市发展的相关概念

12.1 城市交通机动性与可达性

12.1.1 交通机动性的概念

交通机动性(mobility)指交通的物理移动方式,包括步行、自行车、公共交通、出租、私人汽车以及其他交通方式,交通机动性主要基于距离和速度进行评价,可以反映在城市运行效率上,表示人们实现从甲地向乙地移动的效率和可能性,总体上,机动性的提高也提高交通的可达性。

目前国际上关于交通机动性的定义很多,与交通可达性两者之间难以准确的分辨出来。有的定义把交通机动性定义为实现交通移动能力,有的定义为实现移动的可能性。笔者认为交通机动性定义为实现交通移动的可能性更为准确,而实现交通移动能力可以包含在交通可达性的定义之中。

如法国里昂关于城市交通机动性规划包含的内容中可以看出,如果利用交通移动能力来定义交通机动性,与交通可达性的指标几乎没有两样。

城市机动性总体规划[urban mobility master-plan(UMMPs)]包含了一系列的目标,包括:降低道路机动车交通量、促进公共交通、自行车、步行、降低交通事故、降低环境污染和交通干扰、促进社会公平,以及重新布局城市空间等。

城市机动性总体规划的评价包括以下指标:城市吸引力、机动交通减少、公共交通发展、轨道交通发展、交通方式间衔接、步行交通和自行车交通、停车、城市货物运输、大气污染和能源消耗、噪声、道路安全、社会公平、可达性、公共空间质量、交流和反馈、投资等❶。

城市居民都寻求在城市中自由的移动,来使他们的生活更加丰富,以享受城市中的各种设施。具有良好交通机动性的城市交通可以让居民在工作和居住地的选择上更加自由,可以让居民自由选择购物和娱乐的地点等,来安排他们的活动。

交通机动性提高可以通过采用先进而机动性高的交通工具和充分提高现有交通系统

❶ Lyon urban mobility master-plan.

的运行效率来获得。

人类对高机动性交通工具的追求一直未停止，从 20 世纪初至今 100 多年的时间里，城市交通工具从步行到马车，再到机动交通工具的出现，以及汽车的普及、高速轨道交通的发展和航空发展进等，使城市居民无论在出行速度，还是在舒适、安全、自由等机动性的各个方面都获得了巨大提高。特别是汽车进入家庭和城市快速轨道交通的迅速发展，使城市居民所获得的交通机动性提高是以前任何交通工具都无法比拟的。对于大城市来讲，交通运行机动性的提高决定了城市居民可能的出行范围，是城市扩张和功能分区的重要保障。现代城市发展也正是得益于此，造就了城市的迅速发展和扩张，造就了超级都市的出现。

对于城市交通而言，现有交通系统的运行效率的提高，在于着重降低交通拥挤与充分发挥不同交通工具的优势，使现有交通工具的机动能力充分发挥出来。

12.1.2 交通可达性的概念

交通可达性(accessibility)是城市交通系统的另一个重要的概念，表示客货可以达到或者进入某地方的方便程度和能力，是城市规划的一个重要指标。在生产和生活中，决定了产品生产和服务的分布。无论是交易或是生活，在选择生产和居住地的时候，都希望尽量节约交通的成本，或者让客户容易到达，以及离生活、工作服务设施近些，这些因素是决定我们目前城市形态并且正在影响我国城市成长的重要因素。

可达性定义为衡量到达某一地点或者不同地点的能力，因此交通基础设施的布局、服务组织和运行状态是影响可达性的关键因素，城市中各地的交通可达性不会是平等的，主要由地点与距离两个因素与交通系统的关系确定。首先是城市中的哪些地点与支持城市活动的交通设施相关；其次是与空间连通性相关的距离，即用长度或者时间表示的距离阻抗(也可以采用成本或者能源消耗来表示)，阻抗越小表示可达性越高。

有两个独立的空间分类可以应用到可达性问题当中：其一是拓扑可达性(topological accessibility)，用系统中的节点和路径来计算可达性，假设可达性是可度量的属性，并只用来表示交通系统中的空间节点的可达性，如机场、港口、车站等。其二就是邻接可达性(contiguous accessibility)，用平面邻接关系表示，因为空间可以用邻接关系表示，所以邻接可达性可以用来表示任意空间位置的可达性。

可达性最基本的测度包括网络连通性(network connectivity)，其中，用每一个节点与它相邻的节点的连通性构成连通矩阵(connectivity matrix)(C_1)，表达一个网络。矩阵的行数和列数等于网络中的节点数目，当一对节点相连时，取值“1”，当一对节点不连在一起时，取值“0”。矩阵的和提供了非常基本的可达性度量，也称为节点的联通度(the degree of a node)。

$$C_1 = \sum_{j}^{n} c_{ij}$$

式中：C_1——节点的联通度；

c_{ij}——节点 i 和 j 之间的联通度（1 或 0）；

n——节点数。

联通矩阵并没有考虑节点之间全部的间接路径的可能。在这种情况下,两个节点可能具有相同的度,但是可能具有不同的可达性。为了考虑这一特征,引入总可达性矩阵(total accessibility matrix)(T),用来计算网络中总的路径数,包括直接的和间接的路径。该计算包括下列过程:

$$T=\sum_{k=1}^{D}Ck$$

$$C_1=\sum_{j}^{n}c_{ij}$$

$$Ck=\sum_{i}^{n}\sum_{j}^{n}c_{ij}^{1}\times c_{ji}^{k-1}(\forall k\neq 1)$$

式中:D——网络的直径。

因此,总可达性是一个比网络连通性更综合的可达性测度。

(1)shimbel 指标和赋值图

测量可达性的主要焦点并不必涉及地点之间总的路径数的度量,而是两点之间的最短路径。即便两点之间存在几条路径,很可能选择最短路径。因此,shimbel 指标计算连接一个节点到网络中其他全部节点所需的路径的最小数目。shimbel 可达性矩阵,也称作 D 矩阵,包含了每一节点对间的最短路径。

shimbel 指标和它的 D 矩阵不能考虑两个节点之间的拓扑联系可能包括的不同距离,因此需要把它扩展为包括距离的概念,网络中的每一个连线被赋了一个值。赋值图,或 L 矩阵表现了这一尝试。它与 shimbel 可达性矩阵非常相似,唯一的不同是,在矩阵的每一个单元里,表示的是网络节点间的最小距离,而不是最小路径。

(2)地理与潜在可达性(potential accessibility)

根据到目前为止研究出来的可达性度量方法,可以推导出两种简单的且非常实用的测度,定义为地理和潜在可达性。地理可达性考虑一个地点的可达性是其他地点间所有距离的和(考虑地点的数量)。其值越小,可达性越大。

$$A(G)=\sum_{i}^{n}(\sum_{j}^{n}d_{ij})/n$$

式中:$d_{ij}=L$;

$A(G)$——地理可达性矩阵;

d_{ij}——地点 i 和 j 之间的最短路径的距离;

n——地点数目;

L——赋值图矩阵。

这一测度[$A(G)$]是 shimbel 指标和赋值图的改良,其中最可达的地点具有最低的距离和。虽然地理可达性可以通过电子制表软件(或手工解决简单的问题)计算,地理信息系统已经被证明是一个非常有用的和灵活的计算可达性工具,特别是通过一个面而不是一个矩阵(光栅表示)。通过为每一地点生成一个距离网格,然后把所有网格加起来,形成总和距离(shimbel)网格。具有最小值的单元就是最可达的地点。

潜在可达性比地理可达性更复杂,同时包括了根据地点属性加权的距离概念。所有的地点并不平等,因此一些地点比另一些重要。潜在可达性可以以下列方式计算:

$$A(P)=\sum_{i}^{n}P_i+\sum_{j}^{n}P_j/d_{ij}$$

式中:$A(P)$——潜在可达性矩阵;

d_{ij}——地点 i 和 j 之间的距离(从赋值图矩阵中得出);

P_j——地点 j 的属性,诸如人口、零售面积、停车空间等;

n——地点数目。

由于地点并不具有相同的属性,由此,潜在可达性矩阵是不能转置的,它带来了对出发和吸引的内在理解。

出发是离开一个地点的能力,在矩阵 $A(P)$ 中按行求和。

吸引是到达一个地点的能力,在矩阵 $A(P)$ 中按列求和。

同样地,地理信息系统可以用来度量潜在可达性,特别是在一个表面上进行。

城市交通的交通可达性决定于交通设施和所提供的交通方式,即交通的可达性决定于地理上的接近程度(距离)和交通机动性。作为衡量一个城市生活方便程度的主要指标,其中中心区交通可达性是可达性规划的重要内容。

把城市作为一个整体衡量,城市交通可达性是一个整体的概念,包含了城市中承担不同职能的区域与其要服务的范围联系接近性。在城市中居住或生产要和不同的城市区域发生联系,如居民生活涉及到人们居住、就业、购物、娱乐、教育、社会活动等,这些活动的交通可达性要求决定了城市土地利用布局与交通设施之间的关系,同样城市布局与土地利用要受到交通方式的制约,即要在不同交通方式下提供居民满意的交通可达性。

1991 年美国南加州交通研究中的交通可达性模型主要依据交通机动化的特征,提出多项罗基特 D 点选择模型(multinomial logit destination choice models)。

$$I_i^m=\ln\sum_{V_j=C_i}\exp(V_{ij}^m)$$

式中:I_i^m——I 小区 M 交通目的的交通可达性;

V_{ij}^m——出行者从 I 小区到 J 小区,出行目的为 M 的交通效用;

C_i——小区 I 的出行目的集合。

香港在研究上学出行的交通可达性所采用的可达性指标表示为:

$${}_1A_2=\frac{S_2}{T_{1-2}^x}$$

式中:${}_1A_2$——从 1 小区到 2 小区的活动的交通可达性;

S_2——2 小区的规模,如人口、就业等;

T_{1-2}——两个小区之间的出行时间或距离;

x——描述两个小区之间出行时间影响程度的参数。

12.1.3 交通可达性与机动性的影响因素

城市布局、交通设施改善和交通技术进步是影响交通可达性的主要因素。城市布局通过调整城市土地利用(人口、就业)来达到调整城市活动距离目的,通过影响交通出行的距离来影响交通可达性。交通设施的提供通过改善容量、合理布局,提供方便的出入交通组织,减少交通拥挤,提高交通机动性和改善用地进入交通,来达到改善可达性的目的,而交通技术的进步则通过提高出行的速度来影响交通可达性。

除交通技术的进步随着社会的发展不断推进外,城市布局和交通设施的运行是决定交通可达性分布中相互关联的两个重要因素。

提高交通运输机动性的目标可以有两种形式,包括各种高速度的轨道交通和畅通的高等级道路系统都可以提供高的交通机动性。但两者对交通可达性分布的影响则各不相同。

在非机动时代,居民主要以非机动交通方式作为出行工具时,中心区的交通可达性最高,沿城市的半径,向城市边缘迅速下降;而在机动交通时代,对于以私人机动交通为核心的交通系统,交通可达性决定于城市道路设施的布局,由于有遍及城市的高等级道路网络和本地集散网络支持,私人机动交通在交通网络上速度比较平均,对出行距离的敏感度降低,交通可达性随道路网络可以比较均匀地分布到城市的各个部分;而对于以公共交通为主导的机动交通,城市交通可达性的分布受公共交通的制约就比较大,因为与公共交通衔接的交通方式往往是对距离敏感的步行、自行车等交通工具,而且公共交通系统的可达性又随站点跳跃式分布,形成围绕公共交通站点周围的可达性高,而在站点周围的可达性分布则与非机动交通时代的可达性分布一样,随之距离站点的距离增加迅速下降。

对于不同的交通方式,有的运量大,有的运量小,有的以速度见长,有的以集散服务见长,各自有不同的优势使用范围,在城市交通系统中担当不同的角色,综合交通体系的合理构成情况如图 12-1 所示。

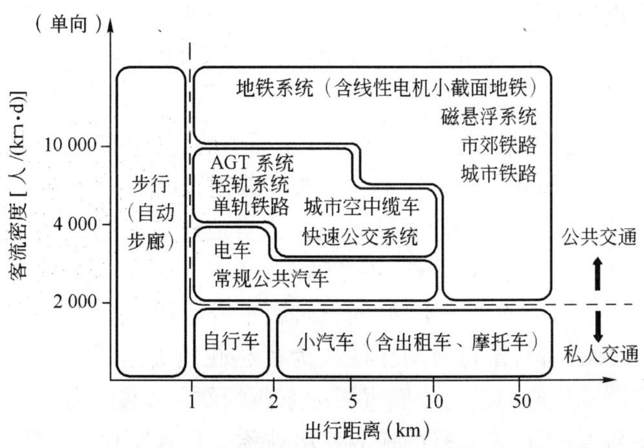

图 12-1 综合交通体系的合理构成

城市交通是由不同目的出行汇聚在一起形成的，出行距离各有短长，地域分布疏密各异，出行者对交通成本的承受能力也不相同，因此就需要有符合需求特征、合理使用各种交通方式的交通系统（表 12-1）。

不同城市交通方式的优势服务范围　　表 12-1

交通方式	步行	自行车	小汽车				城际高速
			普通公交	普通轨道	轨道快线	城际快线	
速度(km/h)	5	10	20	40	80	160	320
最大服务范围(km)	1	5	10	20	40	80	160

由于私人交通工具（机动和非机动）可以提供门到门的服务，在交通畅通的情况下，其交通方式的机动性基本上可以反映出行的机动性。而公共交通工具机动性则不同，其只是交通出行中的一部分，要表达全部出行的交通机动性，还须加上出行端的步行、换乘等，才是其交通机动性的全部。因此，城市公共交通尽管通过专用路权等措施可以大大提高公共交通的运行速度，但如果不通过土地利用的配合和合理的组织，与公共交通相关的出行机动性的提高仍然有限。

可达性是获得货物、服务、活动或目的地等机会的能力。如一个梯子可以提供到您家厨房柜子顶部的可达性，商店提供货物的可达性，图书馆、电话和互联网提供不同类型信息的可达性，而道路或公交改善可以提高服务或就业机会的可达性。

对交通运输来讲，到达是终极目标，除了一少部分仅仅为了出行而进行的出行以外（如巡游、慢跑等），基本上所有的出行，甚至娱乐出行也常常具有一个目的地，诸如度假区或野营地。

四个因素影响物理可达性：

(1)机动性。即物理移动。可以通过步行、自行车、公共交通、共乘、出租车、汽车、卡车和其他方式提供机动性。

(2)机动性的替代品。诸如电信和递送服务。它们可以提供对一些类型的货物和活动的访问，特别是信息。

(3)交通系统的联通性。道路、公交网络或路径中的直接和间接联系的密度。

(4)土地使用。即活动和目的地的地理分布。普通目的地的分散提高了对获得货物、服务和活动所需的机动性要求，降低了可达性。当房地产专家们谈论“位置、位置、位置”的时候，他们就是在说“可达性、可达性、可达性”。

可达性反映了到达活动的总成本（时间、金钱、不舒适和危险）。当出行的边际财务成本相当低时（如汽车拥有者），出行时间往往成为可达性的决定因素。个人往往以方便程度的形式评估可达性，即，他们抵达他们想要的东西的便利程度。如一个对消费者相对可达的商店被称为便利店，邻近公共目的地的住房被称作具有便利的位置。

如果有足够的时间和金钱，那么地球上几乎所有的地方都是可达的，但是可达性的代价却变化非常大，依赖于位置、时间和不同的人。可达性的相对关系影响了你去什么地方、做什么事、认识哪些人、居家的花费，以及获得教育、就业和娱乐的机会。因此，可达性可以影响一个地区的商务的类型、财产的价值以及经济发展。

可以从不同的角度看待可达性，诸如从一个特定的地点、一个特定的群体或者一个特定的活动。因此，当描述和评估可达性的时候，对可达性分类是重要的。例如，一栋具有楼梯、没有电梯的建筑物对健全人是很方便的，但是对身体有残疾的人士就不可达。一个特定的地点可能对小汽车是非常可达的，但是步行或公交却不可达，因此对不开车的人来讲就无法到达。一栋建筑物可能具有足够的小汽车可达性，但是很差的大卡车可达性，所以它只适于某些类型的商业活动，另外一些类型则不合适。

12.2 地租理论

12.2.1 地租理论简介

城市土地利用由不同土地使用者对城市不同区域地租的支付能力来决定，如商业服务、工业、居住等，其在城市中的最佳选址都是要尽量靠近城市的服务中心，但城市土地租金的分布决定了城市的不同社会经济活动在其可以承受的地租下尽量靠近城市中心布局。

从不同经济活动的城市地租曲线反映出，在不同方向城市交通可达性、地理、历史等一致的情况下，城市不同土地利用围绕城市的服务中心（中心区）呈同心圆布局，如图12-2 所示。

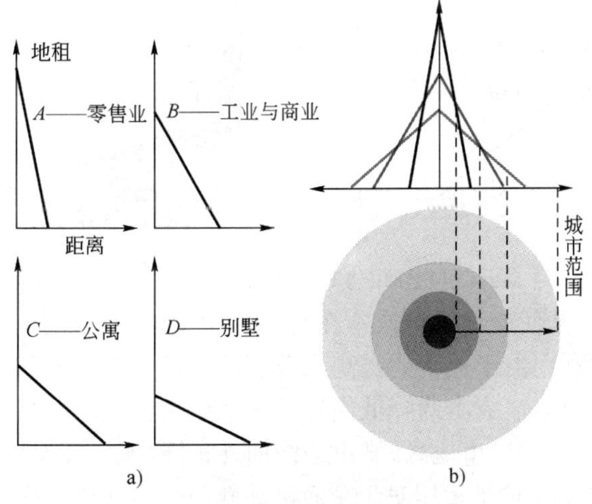

图 12-2 城市地租曲线

a)地租曲线；b)曲线透视

地租曲线就是交通可达性的反映。当城市扩张时，新建的交通设施让城市边缘的农业用地交通可达性提高，带来地租提高，土地产出提高，建筑和人口的密度也提高，转化为城市用地，来适应地租的变化，城市中心的土地价格也因交易增加而提高，难以承受土地价格提高的土地利用迁移至城市外围。

12.2.2 交通机动性改善与城市空间扩张

交通工具在速度方面的提高扩大了城市居民可能的出行距离，并降低了居民长距离出行的成本，反映在城市空间上就是可以选择距离服务中心或者就业地点更远的地方居住，工厂、居住和其他服务设施的选址也可以在更大的空间范围内选择。

居民活动范围的扩大，或者说某类用地服务范围的扩大使城市地租在空间上的分布产生明显的变化，原来的城市外围地区变成中心可以服务到的地区，地租升高，城市边缘随着交通机动性的改善，不断向外推进。

根据地租理论，企业的选址与市场之间的距离由交通成本与生产成本决定。

$$\Pi = Q(P-C) - Qrd$$

式中：Q——产品数量；

r——运输成本；

d——运输距离。

当交通工具改善时，运输成本降低，每个企业选址就可以在同样的成本下选择距离城市服务中心更远的地方，按照竞争的理论，交通改善后，城市的地租升高，反映在地租曲线上就是地租曲线的斜率降低，如图 12-3 所示。

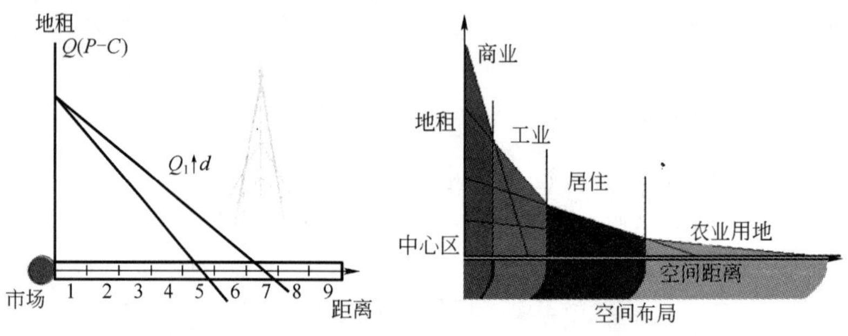

图 12-3 地租理论及地租对不同土地利用分布的影响

交通机动性的提高使交通运输成本在时间和距离两个方面的下降，城市地区土地价格就上升，部分土地利用由于地价的提高和外围地区可达性的改善，迁移到距离城市中心区更远的地区，而交通运输成本的降低使迁移土地利用还可以保持原来的收益，原来的城市边缘由于地价提高成为城市地区，城市边缘向外扩展，城市规模扩大(图 12-4)。

每一次交通工具的革命性发展对于交通机动性的改善和交通成本的降低，都会通过大幅度改变城市地租的分布而引起城市空间格局的变化，更会对某一地区城市体系的相互关系产生影响，这种变化与交通机动性改善的幅度成正比。同样交通机动性的提高也使城市布局可以灵活多变，在交通机动性允许的范围内采取灵活的布局形式。如机动交通的出现，特别是汽车交通，使城市范围迅速扩张，也使城市布局的多样性得以体现出来；而高速交通工具的出现（如高速铁路等）并应用于城市和都市区交通，促进了大都市地区的迅速发展和城市群地区的空间和城市功能整合。

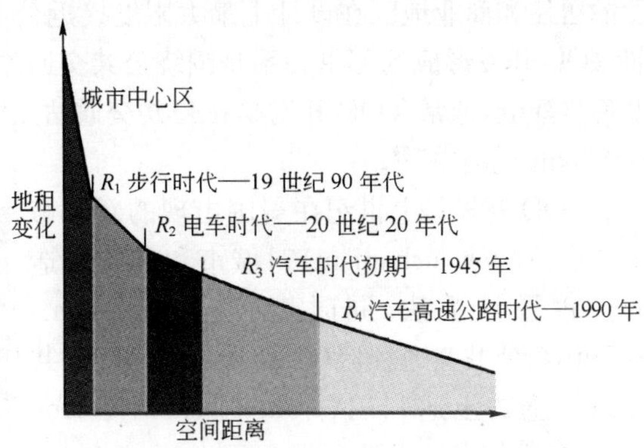

图 12-4　不同交通发展时代的地租变化

城市中不同类型的土地利用在城市中的布局反映了城市地租在城市中的分布。按照地租理论，一定类型的土地利用在城市内的选址，只会在符合其可以承受的地租的空间范围内。当城市交通机动性提高时，城市地租空间分布变化，城市内的土地利用开始调整，以适应新的地租分布，直到交通机动性对地租的影响完全发挥出来，再次形成稳定的城市土地利用空间布局，北美和欧洲不同交通时代的城市扩展如图 12-5 所示。

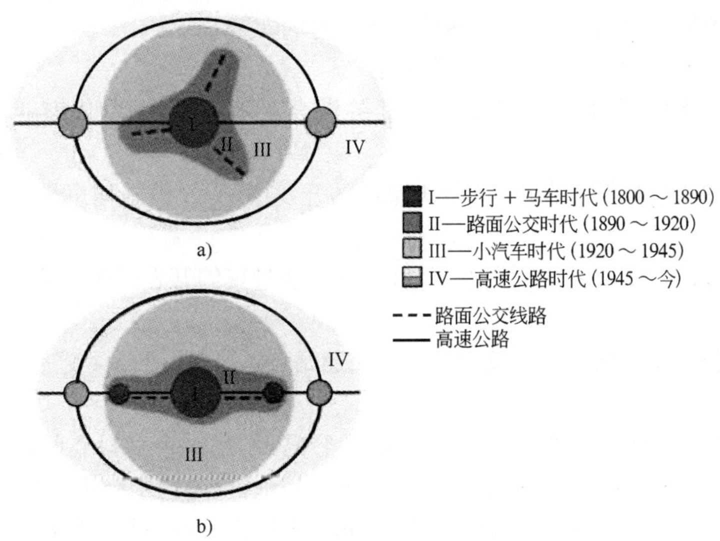

图 12-5　北美和欧洲不同交通时代的城市扩展

a)北美；b)欧洲

12.3　公共交通导向的土地开发（TOD）

12.3.1　TOD 的概念

公共交通导向的土地开发（Transit Oriented Development，TOD）早已存在，在 20 世纪 80 年代末～90 年代初由美国的 Peter Calthorpe 在文献中正式提出，解释为：“混合开发的居住和商业地区在设计上最大限度接近公共交通，来鼓励公共交通出行。传统的按照 TOD 开发形成的邻里关系是围绕公共交通站形成相对高密度的开发。从中心向外密度逐步降低，通常 TOD 开发是在公共交通站点周围最适合步行到达公共交通站点的 0.4～0.8km 范围内”❶。

TOD 开发是上世纪在美国出现的新城市主义运动（new urbanism）对城市和郊区改造的一种设计手法，同时，精明增长（smart growth）、公共交通社区（transit village）、公共交通敏感的土地利用（transit sensitive land use）、接近公交的土地开发（transit proximate development），也都是以 TOD 作为基础进行的，TOD 实例见图 12-6。

图 12-6　TOD 的实例照片

TOD 在 20 世纪初期随着轨道交通的发展就已经开始实施，在近年来，随着“新城市主义运动”和“精明增长”理论应用于城市规划，TOD 又被赋予了新的内容，在世界各地开展了新的实践。

一般地，TOD 发展具有以下 4 个特征：

（1）混合的土地利用。以 TOD 为依托的混合土地利用，通常以商业、办公、居住等为主。

（2）优良的步行环境。在以 TOD 为基础的开发中，交通设施均以步行可达作为规划和设计的核心。

（3）集约开发。通常土地利用的密度比较高，通过集约开发缩短生活、工作、购物等的空间距离。

（4）靠近公共交通站点。开发围绕公共交通站点进行，距离公共交通站点基本上在步行距离以内。

而与 TOD 密切相关的“精明增长”核心内容是：用足城市存量空间，减少盲目扩张；加强对现有社区的重建，重新开发废弃、污染工业用地，以节约基础设施和公共服务成本；城市建设相对集中，组团密集，生活和就业单元尽量拉近距离，减少基础设施、房屋建设和使用成本。而建设一个“精明增长”的城市的主要原则是：

（1）土地的混合利用。在城市中，通过自行车或步行能够便捷地到达任何商业、居住、娱乐、教育场所等。

（2）建筑设计遵循紧凑原理。

（3）各社区应适合于步行。

---

❶ 百科全书（Wikipedia-the free encyclopedia，http://en.wikipedia.org）。

(4)提供多样化的交通选择,保证步行、自行车和公共交通间的联通性,把这些方式融合在一起,形成一种新的交通方式。

(5)保护公共空间、农业用地、自然景观等。

(6)引导和增强现有社区的发展与效用,提高已开发土地和基础设施的利用率,能降低城市边缘地区的发展压力。❶

12.3.2 公共交通可达性

目前在国际上使用的公共交通可达性分析方法比起道路交通的可达性分析来要少得多。公共交通的可达性由于要考虑步行、换乘、等候、线路走向、服务频率、服务模式等因素,比道路可达性的分析要复杂。下面介绍伦敦交通局开发的公共交通可达性水平的概念。

公共交通可达性水平(public transport accessibility level,简称 PTAL),是在英国伦敦交通规划中用来评估某一区域公共交通可达性水平常用的方法。❷

PTAL 综合考虑了任一地点与公共交通服务的接近程度和公共交通的服务频率,目前所用的方法是在 1992 年开发的,比较简单且容易计算。其取决于任意地点与最近的公共交通站点的距离和站点上公共交通服务频率。计算的结果分为 1~6,共 6 个等级(还可以包含更细分的等级,如 1a,1b,或 6a,6b 等),其中 6 表示可达性最高,而 1 表示可达性低。

PTAL 的计算包含以下步骤:

(1)确定要计算公交可达性的地点[point of interest,简称 POI]。

(2)计算从 POI 步行达到一定范围内(步行 8~12min,对公共交通站点为步行 8min,或 640m,对轨道交通站点为步行 12min,或 960m)所有公共交通服务点(service access points,SAPs 是一组公共交通站点,如道路两边的对向公共交通站点)的时间。

(3)确定每个公共交通站点上可用的公共交通线路与平均等候时间(一般选择早高峰时间计算,对于每条公共交通线路只计算一次,并且计算一条线路双向站点中服务频率高的)。

(4)针对每个公共交通服务点计算可用线路的最小总到达时间,其中在平均等候时间计算中要考虑线路的可靠性,一般轨道交通的可靠性要比地面公共交通高。

总达到时间 =步行时间 +平均等候时间

(5)把每个站点的总到达时间转换成为等效门边服务频率(equivalent doorstop frequencies,EDF),用来比较线路在不同距离提供的服务。

EDF=30/总到达时间 (分钟)

等效门边服务频率转换是把每个站点的到达时间转换成为理论的平均等候时间,即就像公共交通站点在门口一样,把步行时间等都转换成等效的等候时间。

---

❶ 美国“精明增长”的城市发展理念。

❷ Public Transport Accessibility Level,From Wikipeia.

(6)给不同线路以权重,并总加所有公共交通服务点的等效门边服务频率,作为选定地点的公共交通可达性指数。

综合考虑线路的终点、服务范围与频率,以及换乘等因素,对于不同交通方式,除最大等效门边服务频率的线路外,其他线路按一半计算。

$$Al_{mode}=EDF_{max}+(0.5\times\text{其他所有的 EDF})$$

$$Al_{poi}=\sum(Al_{mode1}+Al_{mode1}+Al_{mode2}+Al_{mode3}\cdots+Al_{mode\,n})$$

式中:Al_{mode}——选定地点,单一交通方式的公共交通可达性;

Al_{poi}——地点的总体公共交通可达性。

(7)用 6 个等级表示地点的公共交通可达性水平,见表 12-2。

公共交通可达性水平分级表 表 12-2

公共交通可达性水平	指数值的范围	公共交通可达性水平	指数值的范围
1(低)	−5.00~0.00	4	−20.00~15.01
2	−10.00~5.01	5	−25.00~20.01
3	−15.00~10.01	6(高)	0.00~25.01

近年来,伦敦地区对公共交通可达性水平(PTAL)计算,根据情况又作了相应的完善,如可以计算除早高峰外的任意时间,计算的步行范围根据出行目的进行调整,考虑公共汽车、地铁、市郊铁路等的服务权重等。

12.3.3 公共交通社区(transit villages)

1. 公共交通社区概念

二战以后,北美洲国家开始加速建设高速公路以适应私人小汽车发展。此举导致城市人口向郊区迁移,城市土地利用的密度迅速降低,城市布局趋向分散化,并由此引致了城市中心地区的衰落,社区纽带断裂,以及能源和环境等方面的一系列问题。人们逐渐认识到过度使用小汽车不利于社会和经济的可持续发展,任何城市都很难解决任由小汽车发展所带来的污染、拥挤、内城衰落等问题。

为了重新吸引人们使用公共交通,有关城市政府实行相应的财政补贴政策,结果也只能使公共交通在没有足够票款收入的情况下维持起码的服务水平,而无法使它再度成为小汽车的竞争对手。造成这种局面的主要原因是城市郊区低密度的蔓延不利于公共交通组织起有效率的服务。鉴于此,美国规划学者重提土地利用与交通方式的配合问题,认为恢复公共交通竞争力的关键在于使土地利用形成便于公共交通服务组织的形态。

21 世纪初,美国城市中依托公共交通线路开发的,位于城市边缘或郊区的集中式居民点曾经非常适合于公共交通服务。这种居民点被现代美国学者称为“公共交通社区(transit villages)”。典型的公共交通社区是半径为步行距离的多用途混合用地,以公交车站为门户,公共广场及商业和服务设施围绕车站布置,形成社区中心,周围布置居住或其他建筑，整个社区的建筑密度由中心向外围逐渐降低。方便舒适的步行系统以中心为起点通往区内各处。临近中心设停车场，方便驾车人士使用中心的设施，或换乘公交。

对于美国城市而言，重新开发公共交通社区的意义不仅在于能够使公共交通重生，还在于它能够提供符合人性尺度的建筑环境，因此有利于促进邻里复兴，解决由来已久的公共安全和社会隔离问题。同时，与公共交通系统结合的房地产开发更容易获得商业上的成功，不同功能的用地混合布置，有利于提高一个地区的经济活力。因此，开发公共交通社区也成为城市更新改造的有效途径。

由于公共交通社区的布局形式有助于吸引居民使用公共交通，在城市中建设一系列公共交通社区就能形成利于公共交通服务组织的土地利用形态。这种用地形态反过来刺激人流集中的建设用地进一步向公交车站周围集中，从而培育新的公共交通社区。如此不断反复的交互强化作用最终可以保证公共交通在城市中占据支配地位。从以下的实例可以看到，凡是拥有高效率的公共交通服务的城市，几乎都有适于公共交通服务组织的土地利用形态与之配合。

2.国内外城市公共交通社区发展经验

1)香港

人口接近600万的香港是世界上人口最稠密的城市之一，在1 078km^2的土地中，位于海拔50m以下的部分仅占17.8%，其余大多是陡峭的丘陵。香港在如此之高的密度下仍然能够保持城市交通的顺畅，有效地控制交通污染，与其居民极高的公共交通使用率分不开。从20世纪80年代开始，公共交通一直负担着全港80%以上的客流量，仅有大约6%的居民出行使用私人交通工具。香港的成绩很大程度上归功于公共交通社区式的土地利用形态。根据1992年的分区人口统计结果分析，全香港约有45%的人口居住在距离地铁站仅500m的范围内。如果仅以居住在九龙、新九龙以及香港岛的居民计算，这一比例更可高达65%。除少数人口散布在半山和山顶的高级别墅外，绝大多数位于非轨道沿线的住宅也围绕公共汽车站形成高密度组团。这种布局有助于公共汽车线路拉长站距，提高旅行速度，同时也缩短了居民到达公共交通站点的步行距离。由于客源充足，公共汽车公司能够保持良好的经营效益，维持高质量的服务，形成良性循环。

香港的就业用地布局也采用类似模式。在新界，约有78%的就业岗位集中在8个位于轨道站附近的就业中心内，其用地面积之和仅占新界总面积的2.5%。商务中心更是高度集中在各类公共交通工具的大型枢纽处。其中，中环—金钟—铜锣湾地铁沿线的平均就业密度超过每公顷2000人。特别值得一提的是，金钟与中环地铁站之间中心距离虽然仅有800m，但其间的办公建筑依然没有均匀布置，而是分别向两站靠拢，从多数建筑到地铁站的步行距离仅200m左右。两组建筑之间是香港公园、植物园、渣打花园等城市开放空间。港岛商务中心内以公共交通枢纽为起点的步行系统四通八达。凡与步行系统相连的建筑，本身就是步行系统的组成部分。其通道层及邻接的楼层通常辟作零售商业和娱乐用途，给行人提供了极大的方便。

2)东京

东京是一个国际性大都市,距城市中心 20km 半径的范围内聚居着 820 万人口。高密度发展的城市形态使城市内部交通量高度集中。1990 年,东京的汽车拥有率仅为巴黎的 70%、纽约的 50%,而单位土地面积上的汽车交通强度却分别是它们的 2 倍和 14 倍。由于土地缺乏以及石油全部依赖进口,日本在历史上一直采取鼓励公共交通的政策。东京的铁路(包括地面和地下铁路)是这个城市最主要的公共交通方式,也几乎是世界上唯一能够赢利的城市铁路系统。

与其他国际性大城市不同,包围着东京中心高密度发展地区的著名城市环路不是大容量快速汽车道路,而是一条环形铁路——山手环线。如同其他城市环路一样,山手环线起着减轻城市中心地区交通压力的作用,同时也将大量的职工和购物者带到城市中心。东京的新老 CBD 几乎全部集中在山手环线和中央线的车站附近。以 20 世纪 70 年代开发的新宿副中心为例,商业娱乐中心及其周围的办公建筑集中在距铁路车站不足 1 000m 的范围内,有空中、地下步行通道保护行人免遭汽车和恶劣气候的侵扰。由于大量活动直接在车站附近完成,乘用火车是人们出入该区最方便与最常用的交通方式。

由山手环线向外放射的郊区铁路沿线更存在一系列典型的公共交通社区。大型社区中心围绕车站布置,有景观良好的步行系统从中心通往附近的居住区,居民步行和乘公共汽车到铁路车站都很方便。根据 1988 年对东急财团经营的"田园城市"铁路沿线的调查统计,居民到铁路车站(社区中心)的出行总量中,67. 8%步行,24. 7%乘用公共汽车,仅有 6. 1%使用私人小汽车。显然,这种用地布局在吸引远距离出行使用铁路的同时,还有效降低了社区内部的机动车交通量。

12. 4 轴辐交通组织理论

轴辐式网络(hub-and-spoke network)的概念最早是在 1973 年提出,Gordon 和 Neufville 在研究中指出,在连接相同数目的场站时,轴辐式网络可大幅减少直接相连的路线数,比直通网络(direct service network)更为经济。

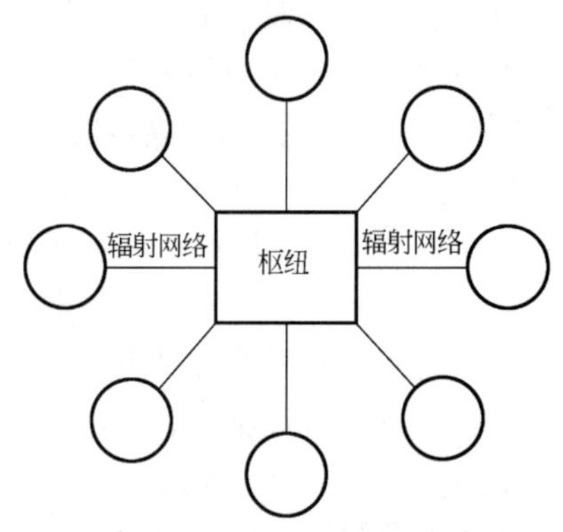

图 12-7 轴辐式网络布局原理图❶

在交通运输的组织中,需要利用网络技术将散布在不同区域的服务网点连接起来,改变有点无网、有网无流的状况,在这一过程中,逐步形成了轴辐式运输组织网络,它是以某一个大型枢纽为轴,众多由此辐射出去的线路为辐,如同车轮的构架,以中枢的主要枢纽作为中转站,提供旅客或货物转运的服务,如图 12-7 所示。

❶ 刘沛. 轴辐式快速货运网络规划研究[D]. 山东大学,2007.

起初轴辐式网络主要应用于航空运输领域，由于其有效提高客座率，降低运输成本，提高服务水平，后逐渐应用到陆路货物运输及公路快速货运行业。轴辐式运营网络具有集中货量的功能，可发挥运输规模经济的特性，十分适合货物时效性和来源不确定性较高的公路快速货运业，这种货运网络由货运站点和中转站或分拨中心组成货运站点覆盖了由相关集货和递送点所组成的区域，同时，这些站点又至少与一个中转站相连，从而构成了轴辐式网络系统结构。实践证明，轴辐式物流网络是整合物流资源、提高物流资源利用效率、减低物流成本的有效运输组织结构，已成为现代物流网络结构发展的主流趋势。

轴辐式运营网络始于对航空运输网络的改进而逐渐产生。1955 年三角洲航空公司(delta air lines)首先在在亚特兰大采用了轴辐式来与东方航空公司(eastern air lines)竞争。在 20 世纪 70 年代中期联邦快递公司(FedEx) 也在次日达快递业务中采用了轴辐式的网络。随着 1978 年美国航空管制的撤销，航空运输需求快速增长，三角洲航空公司的轴辐式航空网络运营模式迅速推广到其他许多航空公司的航线组织上。

轴辐式网络与点对点的直通网络对比，轴辐式物流网络的优点是产生物流枢纽站之间运输的规模效益，直通网络单线需求量一般较少，运输车辆满载率往往不高，并且如果两点之间的物流需求是单向需求的话将产生空车返回的局面，物流成本损失较大。同时直通网络由于运输线路多、网络复杂，资源调配难以协调。轴辐网络的另一优点是减少运输线路数，提高线路上的运输需求，便于采取高服务水平的运输方式，如服务频率增加等，实现规模效益，整合物流资源。

轴辐式网络组织的问题主要在于，由于轴辐式网络中很多货物必须经过中转站后再分发配送，因此产生了绕行成本，同时也产生了时间的延误。其次，增加了装卸(换装)次数，轴辐式网络较直通网络存在更多的装卸搬运次数，如果在中转枢纽内部的组织效率低，反而会增加成本，降低服务质量。

轴辐式组织模式被广泛的应用到了定点、定线，定服务频率等航空、海运(水运)、货运、递送和通信等领域，也被应用到具有类似组织方式的工业产业组织上，甚至军事后勤等。在城市交通中，公共交通运营的模式与轴辐式组织的运营条件非常吻合，在大城市的公共交通的组织中，已经在采用轴辐式的运输组织模式，通过本地交通与公共交通枢纽结合，为公共交通干线提供客流，来提高运营效益，提高服务水平，乘客可以在交通枢纽换乘高机动性的公共交通工具，快速到达目的地。在大城市的道路网络布局上也借鉴了轴辐式的理论的组织模式，形成高机动性与本地网络相互结合的层级式组织系统，提高交通组织的效率，轴辐式的公共交通组织示意如图 12-8 所示，货运组织如图 12-9 所示。

轴辐式的组织模式也被广泛应用到经济地理的理论中，来对特殊形式的工业去进行分类，经济地理学家安·马库森(Ann Markusen)，在工业区理论中提出，一定数量的核心工厂或公司总部在整个工厂和公司的运营中的作用相当于枢纽(Hub)，其他相关的业务和供应围绕这些主要的工厂和公司总部，相当于车轮的辐条。在这个系统中起决定作用的是一个或几个大的公司，具有这样特征的工业城市如西雅图(波音总部)、拥有丰田公司总部的丰田市(Toyota City)。

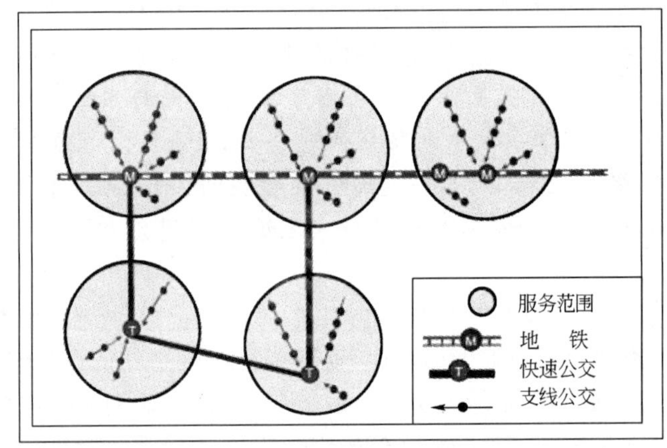

图 12-8　轴辐式的公共交通组织示意

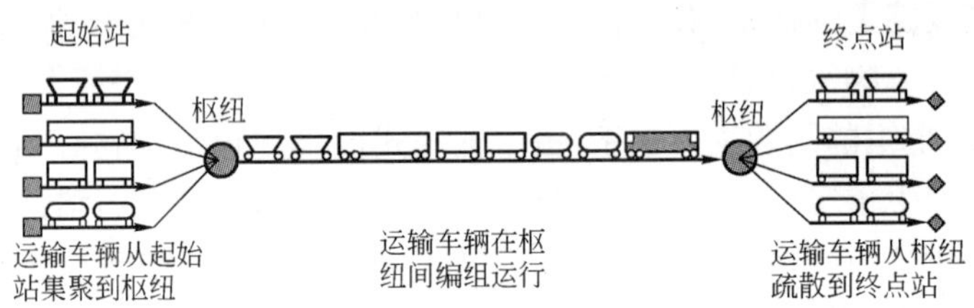

图 12-9　轴辐式的货运组织示意

13 交通引导城市空间、土地利用发展

13.1 交通机动性发展对城市空间与土地利用发展的影响

13.1.1 非机动时代

在城市交通机动性比较低的非机动交通时代，城市地租曲线的斜率很大，中心区能够服务到的空间范围比较小，但交通可达性高，中心区在交通机动可及范围内的土地的交通可达性相差不多，一旦超出交通工具的合理使用范围，交通可达性急剧下降。这使各种土地利用可选择的范围只能在中心区周围比较小的地区之内，为了能够分享中心区的服务，城市内各种土地利用必须高密度地混杂在一起。即使在城市的中心区也是如此，城市的商业、服务、居住，甚至工业，完全混杂在一起。

如北京在城市交通机动性低的发展阶段，形成城市职能和居住人口在中心区的集中，如图 13-1 所示。

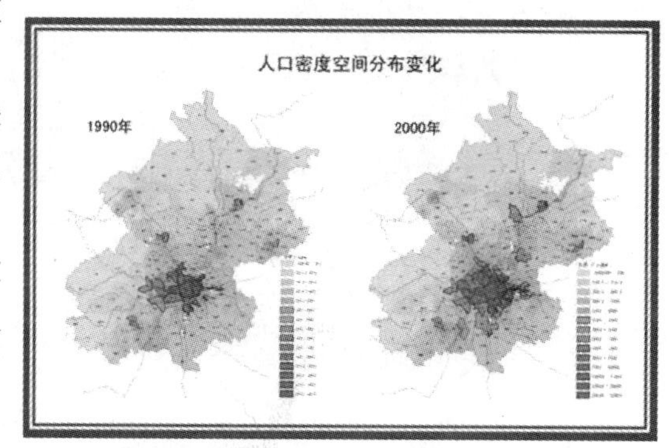

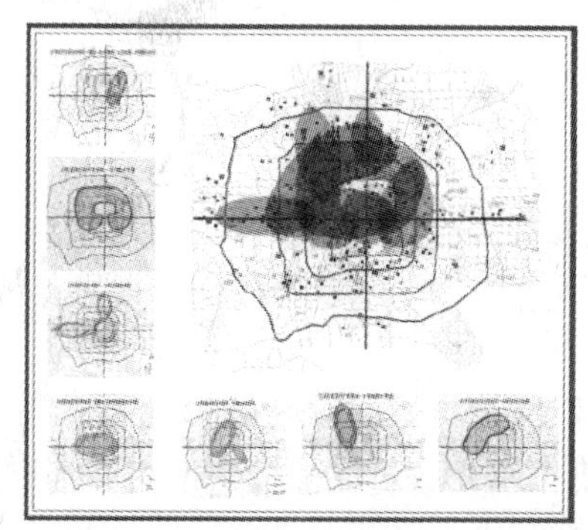

图 13-1 北京市城市人口分布与城市职能分布

非机动时代的大城市空间规模一般都在居民非机动交通工具的出行范围之内，居住与工业、服务设施混杂的土地利用大大缩短了居民出行的距离，在交通出行的方式上基本上以自行车和步行为主，绝大部分出行不需要进行换乘就可以直接到达出行的目的地，而且出行对交通设施的要求也相对比较低，步行和自行车可以自由到达城市的每个地方，这决定了非机动时代城市范围内土地利用基本相当。城市空间范围内的地租曲线基本上没有扭曲。

城市空间布局和土地利用基本上是按照地租曲线表示的理想的城市空间布

局,中心服务设施集中在城市的中心,居住、工业以及其他用地圈层布局。

非机动时期的城市中心区,由于交通机动性的限制,中心区用地中居住的比重最大,居民为了生活方便尽可能居住在靠近中心区的范围内,致使中心区聚集了大量的人口,是城市人口最密集的区域。而城市一旦远离城市中心,城市的服务就急剧下降,居住人口密度也迅速降低。如20世纪80年代的我国城市的商业、行政等基本上全部集中在城市中心,并且在中心区内部和周围形成密集的居住区和工业区。城乡结合部由于没有相应的城市服务,成为20世纪80~90年代城市中混乱景象的代名词,杭州市1980年和1992年城市总体规划如图13-2所示。

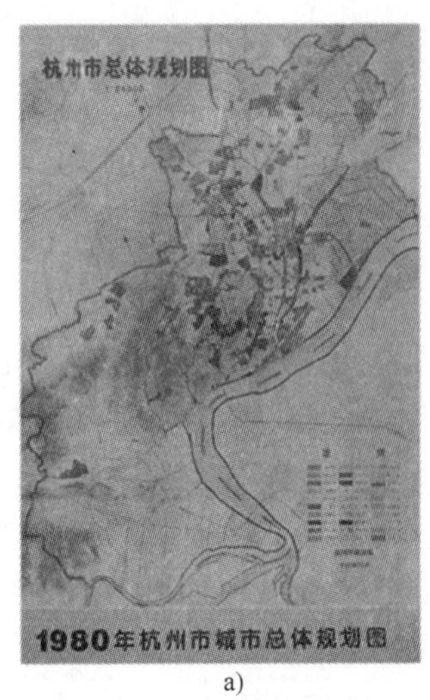

a)

b)

图13-2　杭州市城市总体规划——1980年和1992年

a)1980年杭州市城市总体规划图;b)1992年杭州市城市总体规划图

13.1.2　机动交通时代

随着城市交通机动性的提高,城市中心区和边缘地区的地租提高,城市有了扩张的能力和动力,城市地租曲线斜率变缓,居住、工业等开始迁移出中心区,到合适地租的地区,而随着城市扩大带来服务需求的增加,中心区居住、工业迁移的空缺被新服务设施所填补,来适应中心区的地租提高。

而机动交通时代随着城市快速交通网络形成,交通运行速度的提高,但快速交通的可达性服务能力较低,城市交通多样性开始体现出来,形成城市中心区和城市外围地区不同的发展模式。中心区交通可达性与非机动时代相差无几,但机动性提高,而外围地区高交通机动性的交通方式对城市的土地开发起主导作用,而这些快速交通工具在可达性上的限制,使土地开发形成围绕快速交通走廊的轴向开发模式,而由于在这些快速走廊上的交通可达性与中心区相差不多,城市中心区的部分职能外移至城市外围。

交通机动化的提高改变了整个城市的地租分布,同时在城市人口增加和经济发展双重作用下，城市商业、办公用地面积需求迅速增加，中心区的土地价格迅速上升，开始中心区的改造和土地置换，居住、工业等离开市中心向郊外迁移，城市范围迅速扩大，而机动交通对出行距离的增加正好顺应了这种城市范围的扩大。但机动交通出行距离长也带来了交通量的大幅度增加，交通拥挤、污染等问题随之产生，城市道路、停车所占的城市空间面积越来越大。城市中心区由于交通容量的限制，难以增加更多的就业岗位，这成为城市在机动化时代扩展的第一个门槛。

当进入高速机动时代时，城市中心区被商业服务设施所占据，只能有很少的高级居住保留在城市中心区。而城市规模进一步扩张，城市中心区用地的需求进一步增加，中心区的范围和用地数量也需要进一步扩大，以满足城市的服务要求。

当城市范围扩人到中心区的服务可达性降低，而经济增长和人口的增长又要求中心服务增强，城市开始谋求从单中心向多中心结构转变，中心区的部分职能向新的城市中心转移。多中心的城市扩大了中心区的服务范围，通过缩短出行距离，又大大降低了城市交通需求的密度，并且易于生长的多中心结构也为超大型城市出现提供了空间可持续发展的扩张条件。

同时，大规模机动化下的交通问题也促使许多城市在调整城市空间结构的同时，把发展目光更多的转向公共交通，利用公共交通的发展来支持城市中心区的持续发展，形成强大的城市中心。

机动化时代城市新中心区的形成和城市的扩张，与交通模式密切相关，由于不同机动交通方式交通可达性和机动性空间分布差异巨大，机动交通方式的选择就需与城市空间结构与形态配合起来，而城市机动化方式和空间形态上的抉择，也就确定了城市未来的生活方式。

以小汽车为特征的北美模式和以轨道交通、地面公共交通和小汽车结合的欧洲、亚洲大城市发展模式，以及多数地区城市以公共交通、私人交通并重模式，分别对应了低密度、分散中心和高密度、强中心的城市布局。

小汽车为主要交通工具的大城市，空间蔓延与快速道路的扩张的速度一样，但由于人口密度低，外围地区新形成的分散中心区往往需要服务更大的空间范围，需要与汽车的快速交通网络衔接良好，并有大量停车设施来支持私人汽车作为主要交通工具，而城市原有中心区因为无法容纳过多的小汽车进入，公共交通由于低密度的发展难以进行有效的组织，服务水平在中心区外就迅速下降，导致中心区因为没有相应的服务人口而衰落，这已经成为目前北美许多以小汽车为主的大城市共同面临的问题，如美国底特律等城市。这些城市在20世纪80年代末开始实施城市中心区的复兴计划，其中的重要组成部分是加强城市中心区的公共交通可达性，改善公共交通系统等，但由于城市依赖机动车交通的生活方式已经形成，都收效甚微。

而具有强大中心的特大城市则建设了大量的轨道交通与快速道路为主的交通系统，保证了原来中心区作为城市的核心继续发挥更大的作用，又促进了城市外围地区形成新城和副中心。如香港、纽约、东京、巴黎等城市，作为国际化的大都市，城市的交通结构上公共交通占主导地位，城市的生活方式也依赖公共交通，因此，中心区对机动车交通的限制并没有使中心区的交通可达性下降，反而随着公共交通技术的提高而有所提高，使中心区的土地使用和交通更加协调。

而采用公共交通与私人交通并重发展的大城市主要集中在土地资源相对较宽松地区或经济发展还不能支持建设大规模的轨道交通系统，这些城市也在城市中形成多中心的格局，但城市交通发展上却始终在私人交通和公共交通之间摇摆，也是交通拥挤比较严重的城市。

虽然中国城市从非机动化进入机动化快速增长的阶段，城市所经过的发展时间只有十几年，但城市中心区扩散过程和城市空间扩张也完全符合城市空间扩张的规律，北京城市中心区的发展如图 13-3 所示。

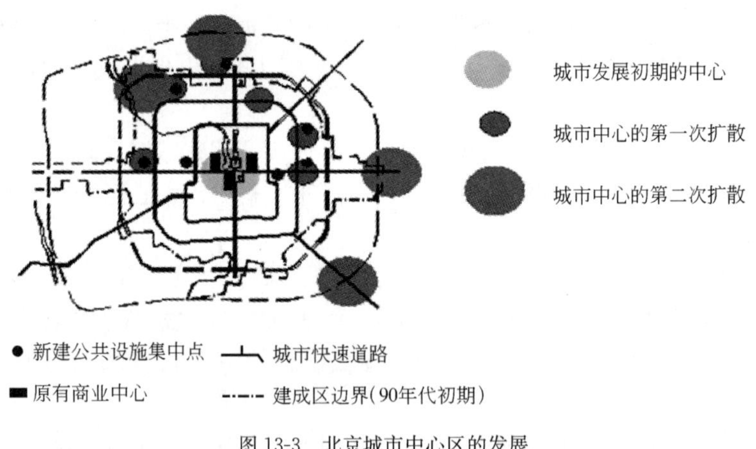

图 13-3 北京城市中心区的发展

发达国家的城市，随着城市机动化发展已经使城市迅速扩张，城市规模已经基本稳定，多中心的城市结构已经形成。而对于像中国这样城市化水平迅速提高的城市来讲，由于城市人口的迅速发展，城市用地迅速扩大，对中心区用地需求迅速增加，但随着城市范围的扩张，城市居民的出行距离增加，使交通效率和中心区的服务效率迅速下降，迫切需要调整城市中心体系结构，并加强公共交通，使城市服务的效率重新回升，这就是我国大城市在目前城市规模迅速扩张的形势下，在新一轮城市规划中大量采用多中心布局的主要原因。

13.2 交通可达性与城市中心布局结构

城市中心布局是城市空间形态的核心，其布局形态的重点要考虑的是交通模式与交通可达性的影响。

城市规模的扩展和经济的发展使城市对中心服务职能的要求增加，如商业、办公、金融、文化交流、科研教育、产业服务等的需求增加，这些职能的加强都需要通过空间资源的增加表现出来。城市中心区的规模就需要随着城市发展逐步扩大。但中心区扩大和城市范围扩大并存的情况下，意味着中心区与外围其服务腹地的交流增加。当中心区服务用地逐步置换原来的居住和工业用地时，以就业岗位为主的中心区每天吸引大量的上班和公务客流进出中心区，中心区的交通问题就开始成为制约中心区发展的重要问题。交通拥挤通过降低中心区域外围地区联系交通机动性，制约中心区交通可达性的提高，进而影响中心区地租曲线，如图 13-4 所示。高机动性交通设施的能力由于交通拥挤难以显现出来，地租曲线由于交通拥挤造成的成本上升而变形，斜率增加，中心区的辐射范围在交通拥挤下缩小。

为了克服交通拥挤所引起的交通成本下降和中心区可达性降低，中心区的发展主要采取两种途径：

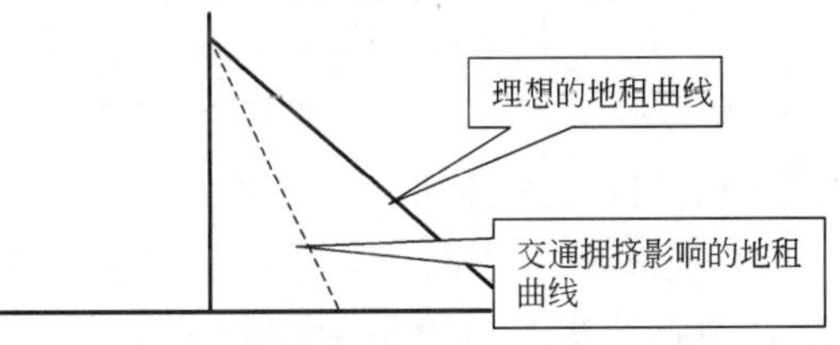

图 13-4 交通拥挤对地租曲线的影响

(1)建设以中心区为核心，辐射城市其他地区的轨道交通网络，利用专用路权的轨道交通，提高中心区的公共交通可达性，保障中心区与腹地联系交通的机动性不受交通拥挤的影响，可以为整个城市服务，保持快速公共交通系统的机动性对土地地租的影响，形成强中心的城市布局。

(2)在城市中心区的外围形成副中心或者次中心，形成紧凑的多中心或分散的多中心，转移部分中心职能，缓解中心区的交通拥挤，降低交通拥挤对交通成本的影响，同时多个中心也拉近了中心与服务地区的距离，提高了中心区活动的可达性，保持城市地租与交通机动性相协调，使城市的扩张中中心区服务的交通可达性不降低。

对于城市而言，交通可达性的重点是不同城市活动与中心区之间的可达性。要保持与中心区之间的交通可达性，通常有两个途径：一是缩短与中心区之间的距离；二是提供与中心区之间高机动性的交通方式。在非机动交通时代，缩短与中心区距离是唯一保持城市交通可达性的方式，随着交通机动化水平的提高，选择合适交通机动性的交通模式不再成为制约城市扩张的主要问题，不同经济能力的居民都可以选择自己认为可行的方式来改善居住、工作的交通可达性。

多中心的城市结构使中心区的覆盖范围扩大，也解决了城市扩张中活动组织困扰城市持续生长的难题。在同样时间内到达中心区的城市覆盖范围，随着多中心布局的实施，如果再考虑交通方式机动性的改善，则多中心比单中心要大几倍，不同城市空间结构与交通可达性的分布情况如图 13-5 所示。

随着城市中心区的分散，距离城市核心地区较远的城市地区的交通可达性也在副中心或次中心的带动下逐步提高，城市边缘新开发地区的交通服务得以改善。同样，图13-5也表明，随着中心区的扩散，在同样的交通效率和服务下，城市范围可以更大。

在中心区联系交通中，要保证所有交通方式都有良好的可达性，在机动化时代几乎是

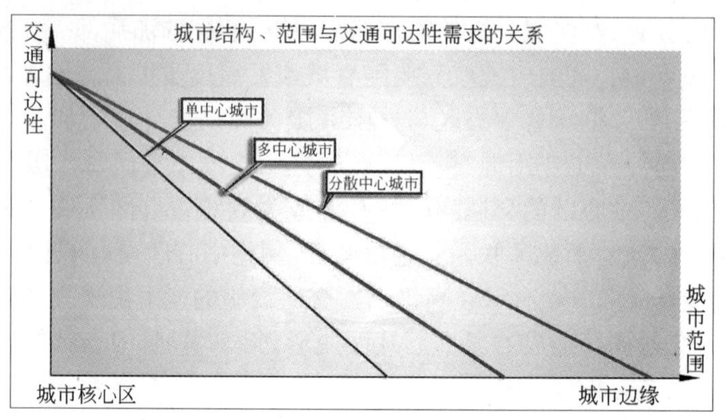

图 13-5　不同空间结构交通可达性分布图示

行不通的，这要求必须在发展中选择合适的城市交通模式和中心结构，城市才能健康发展。

维持中心结构的核心是中心间城市高机动性的联系交通，因此，中心区结构就需要明确选择哪种交通模式作为高机动性的联系交通。图 13-6 显示了中心区结构对汽车的依赖程度，要维持一个大规模的中心区或紧凑的多中心布局，高机动性中心区联系交通就必须降低对汽车的依赖，提高公共交通的机动性，而对于布局是分散的小型中心区也支付不起大运量、高机动性的轨道交通服务必然要依赖汽车交通来提供中心之间的快速联系。

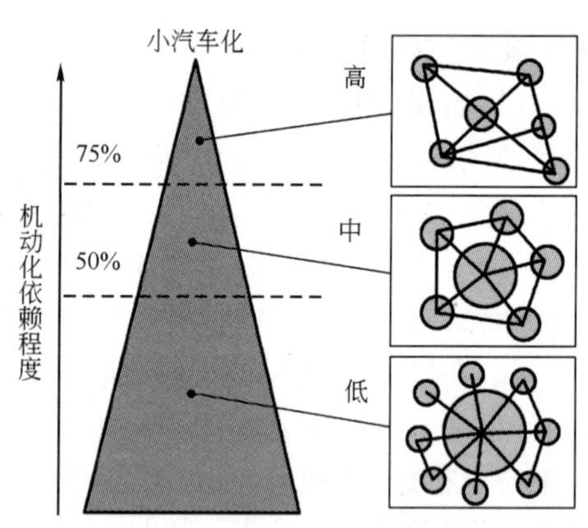

图 13-6　汽车化与城市空间结构的关系

因此，一个大城市中心区布局的规划实际上也就同时选择了相应的城市交通模式，也就是城市未来活动的方式和城市居民的生活方式，两者之间是相互对应的。

13.3　城市空间结构调整与城市交通系统结构调整

13.3.1　大城市空间结构

大城市的空间结构基本可以总结为以下五种：

(1)单中心结构。城市中心位于城市的核心，城市扩展以中心为核心圈层或者轴向发展，主要适用于城市规模不大的城市。在机动交通时代初期和目前城市规模依然相对较小、独立扩张的城市基本上采取此类结构。

(2)强中心城区加外围组团结构。城市的主要职能位于城市主中心，以及邻近的次中心，随着城市的扩张在主要扩张的轴向上形成与中心城密切联系，依托中心城发展，承担少部分职能的小型城市组团。在机动交通时代，规模比较大的城市，或者依托一个大城市独立发展的都市区采取这类城市结构。

(3)多中心加新城结构。城市形成两个或者几个规模较大的中心，各中心之间联系紧密，但分工比较明确，各自有发展的动力，这种结构的城市主要出现在规模比较大的特大城市或者城镇密集的大都市地区。目前特大城市和城镇密集地区的大都市地区基本上采用的都是多中心的城市结构。

(4)组团式结构。由于地理环境而形成的规模不大，但相差不多的城市组团，各组团承担一定的城市职能，各组团之间联系紧密。在地理环境对城市用地发展限制较多的地区，每块城市用地的规模有限，这些地区大城市的发展主要采取组团布局。

(5)带状结构。由于地理环境，城市只能沿相对的两个方向扩展，形成带型发展格局，单个或多个城市中心布局在城市带不同区位上。在沿山谷、河流、海岸等狭长地带发展的大城市主要采取带状扩张。

城市空间结构示意图如图 13-7 所示。

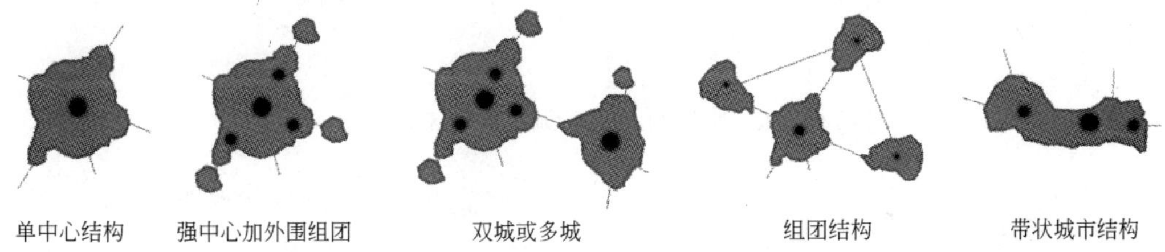

图 13-7 城市空间结构示意图

目前我国大城市空间结构的发展基本上采用了这五种结构，而分散多中心主要在北美等高度汽车化的地区出现。平原地区的城市，或者城市发展在各方向上扩展限制都比较小的城市基本上采用前三种发展模式，而山区和城市发展地形限制比较多的大城市扩展基本采用后两种模式。在城市发展中前三种模式中弹中心和多中心之间还存在递进发展的关系。

北京的城市发展显示出典型的在环放结构网络的基础上圈层扩展和沿主要放射干线网络的轴向扩展；1991 年版北京城市总体规划所确定的城市空间发展模式就是强中心加边缘集团和新城的结构。目前在中部地区的许多大城市，如郑州、石家庄、武汉等采取的也是强中心加新城或者边缘组团的城市结构；而许多城镇密集地区的特大城市和大都市区发展则采取了多中心的空间结构，城市各个中心发展的独立性比较强，如目前北京的东部重点新城与北京主城区，杭州都市区，上海浦东、浦西和西部地区发展，苏州，广州等在新一轮的城市规划中基本上都采取了第三种城市结构，来适应都市化地区的大规模扩张，把城市空间与城镇密集地区的空间发展结合起来；像珠海、贵阳、厦门、温州、重庆等则采用组团发展的模式来适应地理环境对城市用地扩展的制约；深圳、洛阳、济南、漳州等城市则在地理环境的制约下，采取带状发展的城市空间结构。

前三种城市空间结构是城镇密集地区逐步过渡的三个城市空间发展阶段，由独立扩张逐步走向多中心的城市空间。如北京的城市空间结构从20世纪80年代至今就是前三种城市空间结构过渡的典型案例，如图13-8所示，带状和组团状城市发展如图13-9所示。

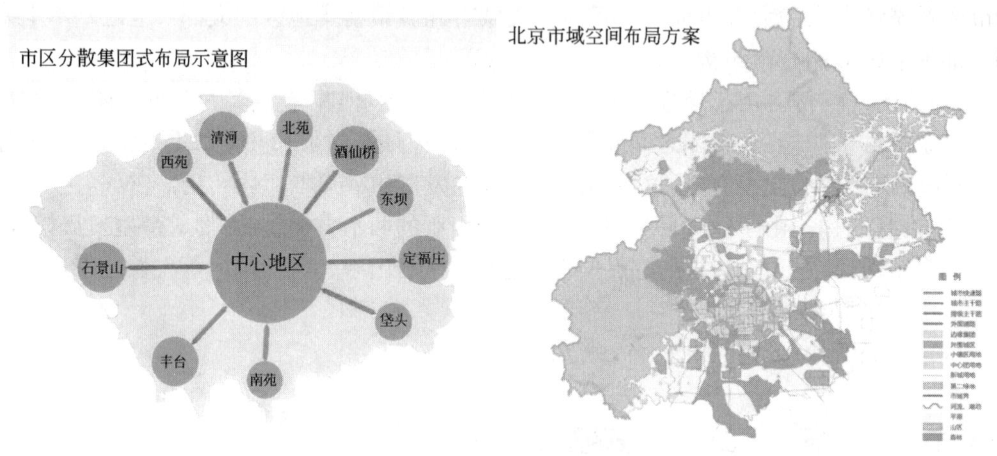

图13-8 北京城市中心＋卫星城和中心城区＋新城结构

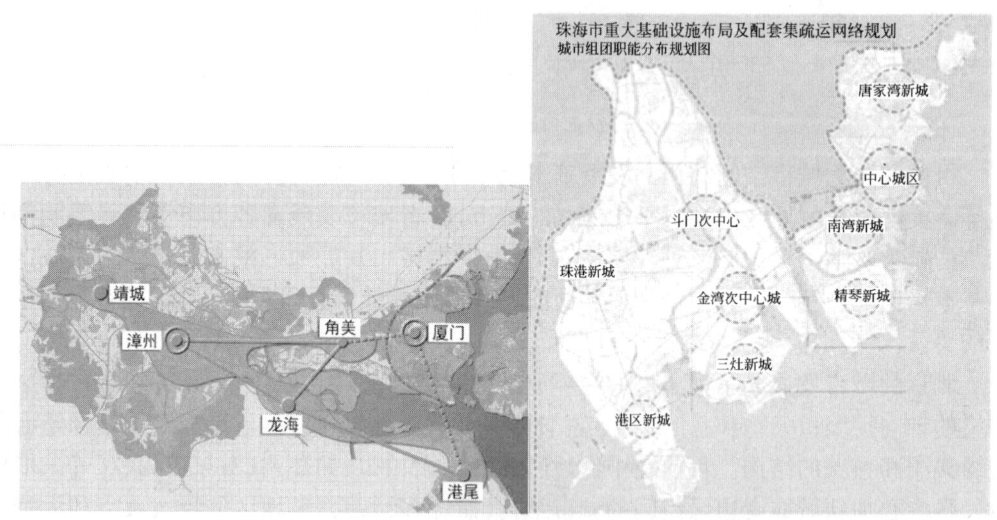

图13-9 带状和组团状城市发展

13.3.2 交通网络结构调整的途径

20世纪90年代前，我国城市基本上是都是独立发展的单中心结构，城市用地扩张主要以蔓延式的扩张为主，而进入 21 世纪后，随着城市规模的不断扩大，蔓延扩张所带来的交通和城市经济、社会组织问题越来越多，难以为继。大规模的城镇化和经济发展推动下，大城市空间结构开始思变，思考利用城市空间结构调整解决城市发展中经济和社会活动的组织问题、城市生态环境问题和区域协调问题。这就是自 2000 年以来，多数大城市的总体规划和城市发展战略研究中都纷纷提出规模扩大的同时要建立新的城市空间结构的主要原因。

目前大城市空间发展的主要特征就是城市结构转变，几乎所有的大城市都选择了多中心的城市结构，空间上形成既有中心城区与次中心或外围组团（新城）共同发展的格局，而这必须有赖于交通网络空间布局的变化。

城市空间可以提出不同的发展概念，而且在规划中几乎没有过渡，但交通网络则必须一步一步在既有的网络布局形态上进行转变，即对于大城市的交通网络而言都面临着继承和转变问题。不考虑继承既有交通网络的发展就没有实施的基础，而不考虑转变，空间结构调整就成了一句空话。

由一个已经发展比较完善，空间规模在城市中最大的单中心向多中心发展，阻碍的惯性之大可想而知，不能指望既有交通网络延伸能达到城市空间调整的目的，而事实上，许多早已提出空间调整的特大城市在实际的发展中，正是由于交通网络结构延伸的惯性冲掉了城市空间调整的梦想，惯性延伸的交通系统带来城市惯性的蔓延，导致早期选择进行空间调整的特大城市，空间调整目标在上轮规划的实施中并没有实现。

交通系统布局结构调整包含了几个方面的含义：首先是交通系统空间网络结构布局的全面调整；其次是交通系统中不同的交通网络，如道路、公交等的某些分系统布局调整；第三是交通网络功能构成的调整。在实际的规划中，三个方面通常是合并使用，既要进行整体网络或网络中不同系统的布局结构调整，又要进行功能的调整。交通系统空间结构调整主要用于前三种城市空间结构的发展中，而组团和带状布局的城市交通网络调整主要是功能的调整。

交通系统空间结构调整意味着需要在目前单中心放射的网络结构基础上，形成中心间密切联系、各中心辐射其服务范围的交通网络，新的网络结构是需要在既有网络基础上改造，功能调整就成为结构调整的重要手段。

城市空间结构由单中心向多中心发展，交通网络的布局也要根据中心的布局结构来规划城市的骨干交通系统，通过交通网络布局和既有系统功能调整，打破以道路为主，环加放射的既有交通网络格局，利用交通网络结构的主动调整带动和引导城市空间结构的调整。双城或多呈结构则是多中心体系的叠加。

目前大城市刚刚进入地面公共交通和轨道交通快速发展时期，也是城市根据交通特征和城市发展逐步调整公共交通网络结构的时期。大城市交通规划需要把公共交通网络结构调整作为城市空间结构调整核心，加强城市规划与公共交通规划的融合，在 TOD 的模式下营造交通规划与城市空间结构调整的“双赢”。

13.3.3 大城市交通网络结构调整

城市交通网络结构调整要考虑既有城市交通网络的继承和未来城市的空间结构形态，城市都是由单中心模式逐步扩展而形成不同的城市空间结构。除组团和带状发展的城市是地形的限制外，一般城市发展都遵循着单中心蔓延扩张、沿放射扩张、外围副中心或者新城发展几个阶段。在发展中通过放射线交通走廊的不断加强，实现城市功能的外移，而通过环线和放射线加强，城市中心近距离扩散实现城市扩张的城市往往延续了蔓延发展。

不同形式的交通网络和不同功能交通系统的布局，交通可达性的空间分布都各不相同，这就是交通网络结构调整的意义所在。大城市交通网络调整的核心是根据新型的城市空间结构，通过交通网络结构形式和功能的调整，提高拟发展地区城市交通可达性。图13-10可以看出，在方格网交通网络上，假设所有的线段等级一致，出行时间都是1h，在增加放射线并提高放射线和环线的机动性后(假设出行时间为0.5h)，网络出行时间的变化，外围地区的交通可达性显著提高。

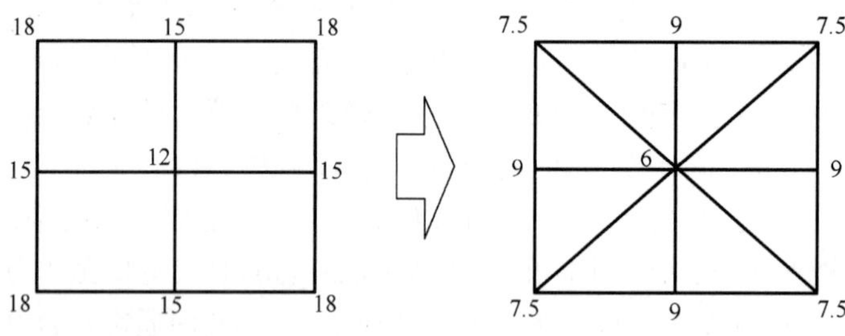

图13-10 交通功能和结构改变对交通出行时间的影响

当城市空间采取蔓延扩张时，城市随着范围的扩大，城市边缘地区的可达性在低机动性下快速下降，而当城市采取环放结构交通网络，并且环放网络都作为高机动性交通走廊，城市外围地区的交通可达性趋于平均，放射线之间的交通可达性迅速改善，城市扩展会铺满放射线中间的空当，这与北京交通网络变化与城市扩张的形态基本一致。表明在蔓延式的城市扩张中，环放网络在支持扩张上效率最高。但环放网络随着城市规模的扩张，外围地区到达中心区的交通可达性逐步降低，而越接近中心，交通需求越来越大，交通拥挤会导致外围地区的交通可达性降低更快。而且放射性的高机动交通网络随着城市的扩大，外围地区交通可达性受放射线影响的范围的比例也逐步降低，如图13-11所示。

交通网络按照机动性的特征划分层级后，高机动性的网络通过大幅度改善城市的交通可达性分布成为支撑城市扩张的最有效手段。目前国内大城市普遍采用的多层高机动性环线交通系统，使城市的交通可达性趋于平均，促进了城市同心圆式的蔓延发展。次中心、副中心在范围扩张的过程中在环放网络交叉点上逐步形成，城市形成蔓延发展的多中心城市，但中心体系在环放网络中往往会出现中心之间联系交通由于缺乏通道而组织困难。这些城市在交通网络的发展中，交通网络结构调整往往通过部分地区环放结构网络的改造和建立，适应多中心体系的公共交通系统实现。公共交通网络作为弥补环放网络对多中心体系发展支持的不足，对已经形成的环放道路网络结构大规模调整难度很大。而高机动性公共交通网络的加强则会更加强化城市中心的地位，形成强中心城的城市结构。而对于外围组团和新城的形成则要求首先发展高机动性的放射性交通系统，并且随着外围地区新的中心加强，形成围绕外围地区中心的新的城区，如图 13-12 所示。

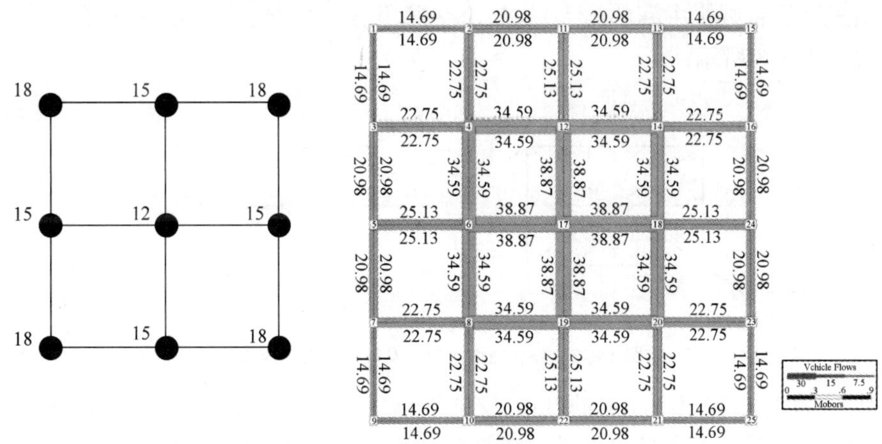

图 13-11 交通网络扩大后的出行时间和交通需求变化

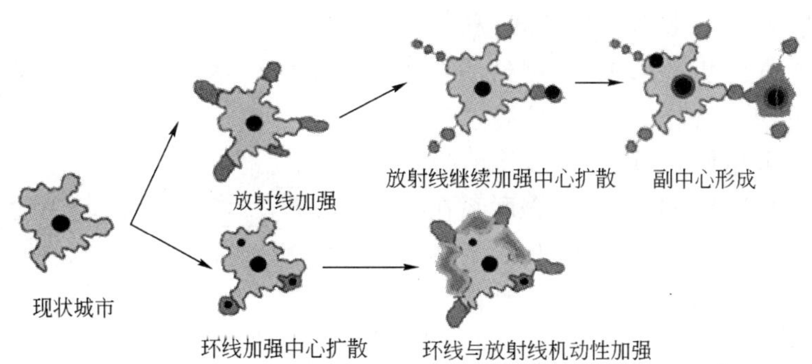

图 13-12 不同的交通网络发展对城市空间结构的影响

目前许多大城市，都提出跳出主城区，发展外围组团和新城城市结构调整策略，这就需要对目前已经形成的交通网络进行调整。交通网络结构的调整主要是对于目前环形蔓延发展的城市，这些城市一般都已经形成多层的环放交通网络，多中心、新城等结构的发展必须对环放的网络进行调整，以符合新型城市空间结构下的交通联系特征。而对于组团发展城市和带状发展的城市而言，则是在网络的结构形式基本不变的情况下，通过交通骨干网络功能，即交通的机动性调整，来适应城市中心体系结构的变化。

单中心蔓延向多中心过渡中，一般都会维持既有的强中心形成多中心格局，道路网络结构改造是在单中心网络基础上，通过对次中心地区辐射网络功能加强，来提升次中心与其腹地之间的交通可达性，而中心之间网络加强则主要通过轨道交通等高机动性的公共交通网络实现。

对于环放网络的调整，一方面停止环放网络的继续蔓延，在外围地区形成以新城或中心为核心的新的交通网络格局，另一方面，大幅度提高中心区与外围组团和新城联系的放射线走廊的公共交通和道路系统的机动性提升中心之间交通走廊的交通服务水平，并采取“一站式”(尽量减少中间的出入)的高速交通服务，提高新城和外围组团中心的交通可达性，如图 13-13 所示。

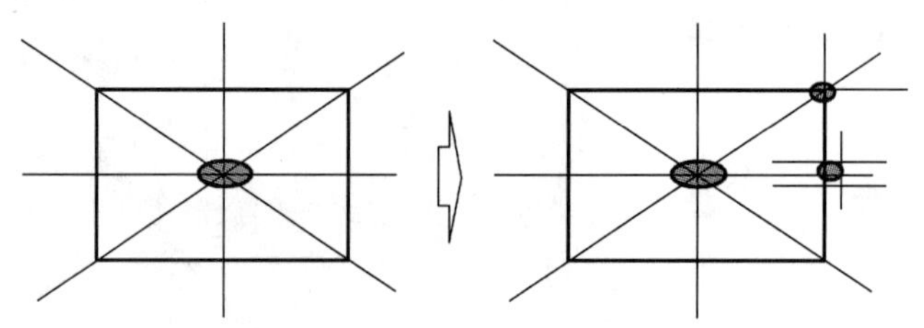

图 13-13 环放网络多中心发展的网络结构调整

对于带状城市和组团布局的城市，交通网络的形态很难改变，交通网络结构调整重点是走廊的功能调整，即通过加强联系交通网络的服务等级，实现城市各中心地区和外围发展地区交通可达性的提升，如图 13-14所示。

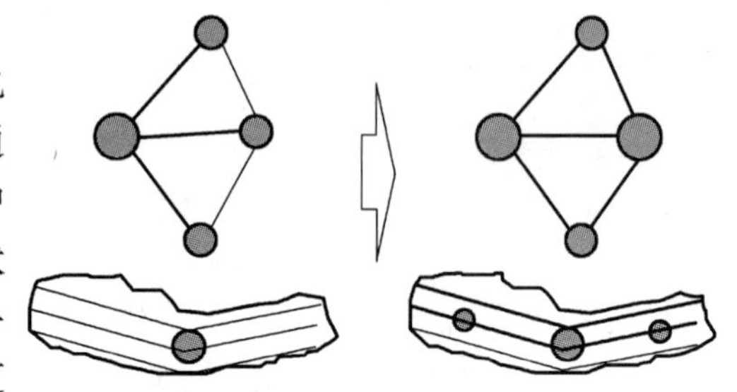

图 13-14 带状和组团状城市多中心发展的交通网络功能改造

如深圳随着城市多中心的发展，利用轨道交通和快速道路提高沿城市发展带的交通系统服务等级，改善城市沿带状扩展过程中边缘地区交通可达性不足的状况，将沿带状布局的城市中心和各发展组团紧密联系在一起，为加强多个中心之间的联系，规划了轨道快线来增强中心间的联系交通网络功能。深圳组团快线布局如图 13-15 所示，其功能为：联系城市核心区与外围组团，或联络多个外围组团，以长距离出行客流为主；车站分布内稀外密，站距约 2～3km；以 1h 运营目标定旅行速度，并考虑与小汽车交通的竞争，速度目标值一般在 100～120km/h[1]。

珠海则通过提升中心城区组团和外围各组团的道路和公共交通网络等级，提升外围组团间的联系交通可达性，促进外围组团的发展，如图 13-16 所示。

[1] 深圳市轨道交通规划简要报告.

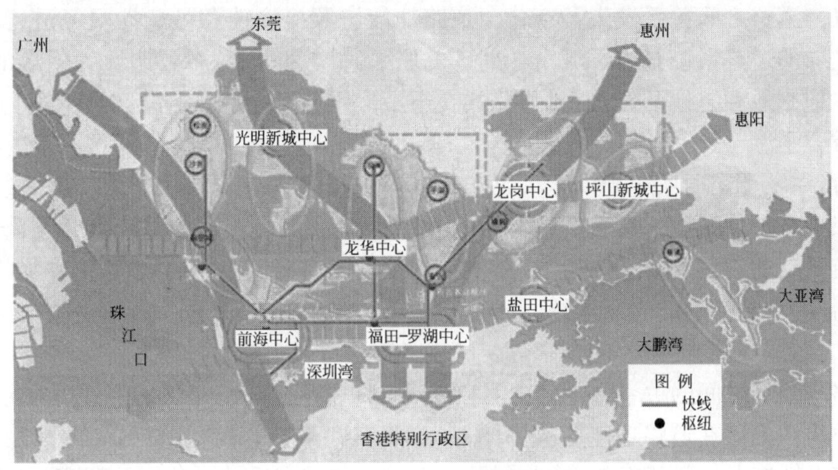

图 13-15 深圳轨道交通快线与带状走廊结合

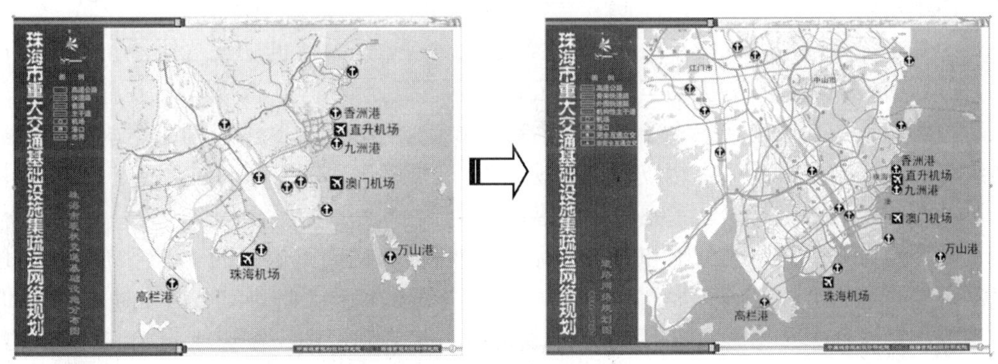

图 13-16 珠海市综合交通网络规划

13.3.4 城市道路与地面公共交通系统规划结合

在低机动化水平下的交通规划中，针对的是交通供应充足、城市规模不大的情况，网络是一个适应性极强的网络，主要考虑的是有无联系，规划的设施可以满足不同方式的交通服务，规划的重点放在道路网络上，方格网为主、各功能层级的道路划分并不十分精确的道路网络，就可以适应城市各种可能的发展。

在住房市场化以前，城市功能的混杂也为以道路规划为核心的规划提供了支持，“平均主义”的城市发展和交通组织良好地结合在一起，道路的功能等级分别与城市开发、公共交通走廊的规模重合，公共交通规划也自然而然地依照道路的功能层级进行布局与运营。

在住房市场化以后，城市发展中功能分区有了市场的力量介入，住房根据价值与居民的收入联系在一起，交通组织中居民的“阶层”成为必须考虑的因素，不再是“平均主义”。随着交通的机动化和城市交通需求的迅速增长，全市性交通组织和开发形成的本地活动之间的冲突越来越大，城市开发不再完全按照道路等级进行，道路等级回归到交通组织，城市开发与道路之间关系发生了变化。道路功能按照机动性和可达性服务进行划分，机动性为主导的道路系统服务于城市功能区的联系和空间扩展，而可达性为主导的道路则服务于本地交通和土地开发，道路与公共交通虽然服务对象还是一样，但在空间上已经不再完全重合了。

同时，在城市交通系统规模庞大，交通供应短缺、必须靠不同功能的交通系统相互配合才能保证城市交通正常运营的情况下，交通系统对城市活动的自适应能力下降，交通系统对城市活动的制约和塑造能力增加，城市活动由于交通供应的短缺，不能在城市中完全自如的活动，承载活动的交通系统同时也是活动的制约因素，不同交通服务对交通系统功能、路权、相互之间的关系等的要求需要精确的配合才能实现。

道路与公交之间的关系也就需要从两个方面重新考虑，一是道路系统内的机动车与公共交通组织如何在道路功能层次中体现，并落实到路权的规划上，另一方面是，公共交通与道路系统布局之间相互配合，共同服务于同一的城市活动对象，即道路系统与公共交通一体规划。

当基于道路网络的机动车组织、公共客运组织与道路系统的功能等级不重合的情况下，在道路系统规划中，对机动车组织和公共客运组织分别进行规划就成为道路规划的一项新内容。根据交通规划中服务于关联活动的设施相邻的原则，把机动车组织和公共客运组织的关联交通设施纳入相应的道路规划中，这样就出现了两种不同类型的道路，既用于机动车组织的道路与客运走廊组织的道路。

两类道路在断面路权分配和服务指标上截然不同，机动车组织的道路系统以传统的机动车通行能力为核心进行规划和设计，而客运走廊的道路系统则以公共交通与行人、自行车等相关交通系统结合，以公交优先为核心进行规划和设计。在管理上，以机动车组织为核心的道路延续目前通行能力为核心的交通管理思想，而以客运组织为核心的道路，以大运量和高占有率客运交通优先为核心进行管理。相应地，两类道路也对应于不同的土地开发。道路系统与土地利用之间不再完全按照道路的功能层级决定土地利用，而是按照道路的类型和层级两个方面确定土地利用。

在规划布局中，要考虑道路网络作为城市机动交通联系通道和公共交通发展的载体，因此在道路网络功能等级划分中要突出两种不同的道路功能，协调道路网络与土地利用。

将城市道路分为两类：一类为以小汽车交通为主的道路系统，另一类为以客运交通为主的道路系统。两类不同的系统共同构成城市的道路网络，以小汽车为主的道路系统以道路的通行能力作为道路管理的主要指标，而以客运交通为主的道路系统要充分考虑客流的通过能力，重点考虑公共交通的布局❶。

❶ 中国城市规划设计研究院. 北京综合交通规划纲要，2006.

道路系统与公共交通一体规划

随着公共交通系统的大规模建设,供应短缺下的公共交通优先和轨道交通发展成为大城市交通发展的重要策略,公共交通在城市活动的组织中不再是从属的地位,成为城市活动组织的核心之一,与道路系统规划成为保障城市交通联系和支持城市发展的两个方面。因而公共交通与道路也就不再是两个分别组织的专项,而是城市交通一体化组织中的两个组成部分,同时也通过一体化规划支持交通系统网络结构调整,交通组织形式的变化如图 13-17 所示。

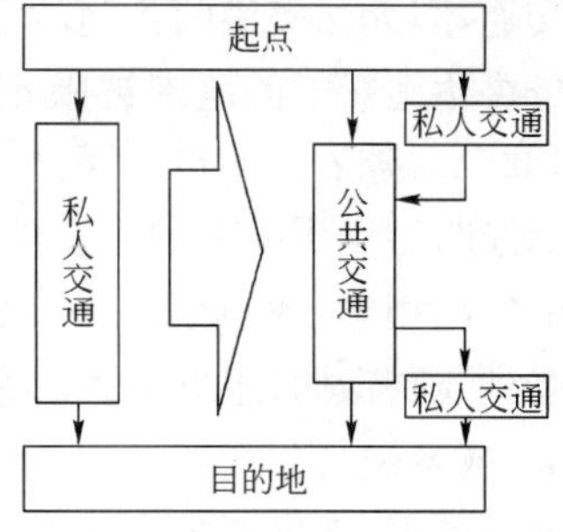

图 13-17　交通组织形式的变化

在城市发展的新阶段,供应短缺让道路网络不再是大城市交通的主宰,道路为核心的规划模式正在退出大城市交通规划,代之以道路与公共交通一体的规划模式,这使大城市交通问题的解决在道路规划之外有了另一条可行的途径,这同时也成为提高交通系统可靠性的一种手段。如在与土地利用的结合上,一方面利用公共交通网络弥补道路网络的缺陷和不足,另一方面围绕不同的交通系统形成不同的土地利用开发,或通过公共交通与道路系统结合形成复合型的交通走廊,以改善和提升交通走廊的功能等级。如在北京综合交通规划中的旧城区交通系统规划中,根据旧城历史保护的特点,弱化了道路网络的组织,加强轨道交通为主的公共交通组织,公共交通规划与道路网络规划互补,如图 13-18 所示。

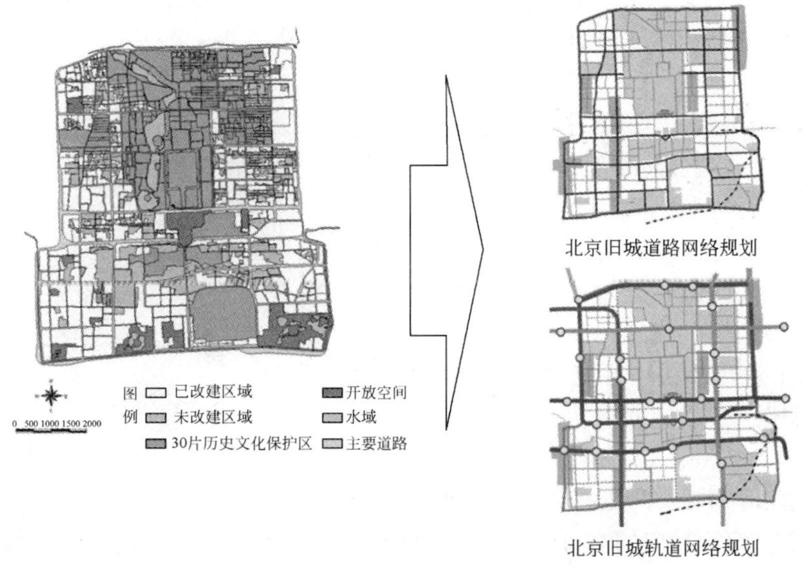

图 13-18　北京旧城的道路网络和轨道网络规划

13.4 交通引导城市发展

13.4.1 TOD城市开发

交通对地租的影响主要通过可达性来实现，公共交通的可达性分布不同于私人机动交通，因无法提供门到门的服务，而两端通常又以低机动性的交通集散为主，公共交通服务可达性影响的范围被限定在站点周围一定的空间范围，如步行可及的范围，约500～1 000m，随着离站点的距离增加，公共交通的影响迅速下降。根据对国内城市对轨道交通线路站点周围土地开发价格的研究，轨道交通站点对周围土地开发的影响范围与国外的情况相当，约为距离轨道交通站点800～1 000m的空间范围。而且公共交通可达性还受到线路走向、服务频率和服务可靠性的制约。将四者叠加在一起，有吸引力的公共交通，或者说公共交通可达性比较高地区在城市中就集中在公共交通主要走廊周围比较小的范围内，在走廊内由于线路比较多，服务频率和线路走向对公共交通可达性的影响可以忽略，而且公共交通走廊内公共交通一般可以提供专用的路权来保障公共交通的机动性，公共交通服务的可靠性能够得到保障，公共交通可达性基本上可以用站点与集散交通配合的可达性来表示。

如图13-19所示，上海地铁1号线莲花路站的建设对周边房价的实际影响范围在车站周边1 600m以内（2006年数据），房价按距离由近至远一直呈现下降的趋势；在大约1 600m处，房价曲线由下降改为水平，并有少量的上升❶。

公共交通导向的开发是政府和开发商、业主三者的结合，是公共政策、公共投资和典型的商业开发行为和私人投资的结合，目前国内外TOD模式的主要制约也在于此，既要有导向的交通政策和土地开发政策，即政府提供有保障的公共交通可达性，但开发本身能否成功还主要取决于开发地区的实际收益是否能够吸引开发商介入，从国际上成功的TOD开发案例（图13-20）和失败的教训都可以看到政府和开发商之间合作因素的影响。

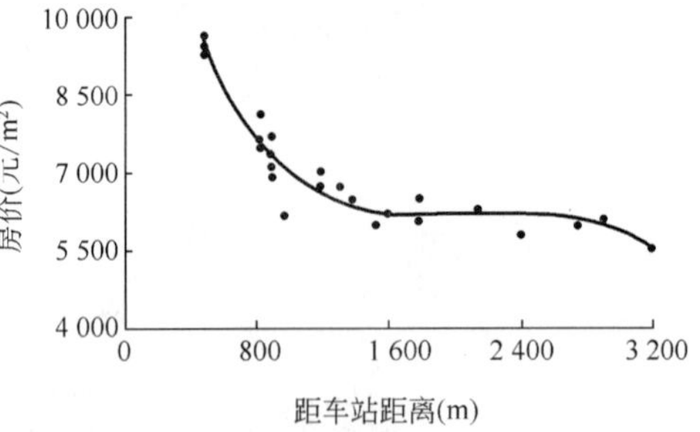

图13-19　轨道交通建设对零售商业活动空间的影响

因此，公共交通导向的城市开发并非在所有的公共交通线路和站点上都可以实现，而

❶ 苏莎莎．轨道交通对城市商业空间和房地产价值的影响．

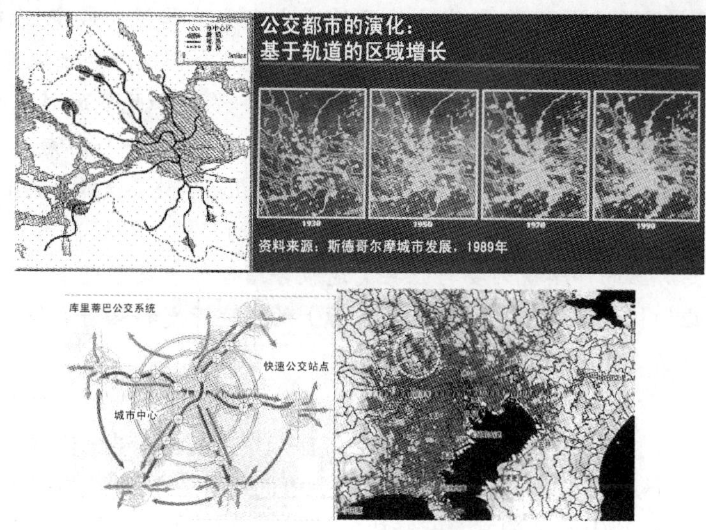

图 13-20　国际上 TOD 开发成功的案例

只是在有吸引力的公共交通走廊周围才能推行，吸引开发商的介入。

美国在《公共交通敏感土地利用规划指南》中提出，要实现公交导向土地利用需要管理和政策、系统规划、公交走廊的相关设计指导三个方面进行协调。公共交通导向的城市开发的核心是开发，规划到实施层面良好的衔接才能实现开发。因此，公共交通导向的城市开发需要在三个层次上协同实施：

首先，选择或者规划城市中与空间发展策略一致的公共交通走廊，通过加强其公共交通服务，创造出有吸引力的城市开发地区。这是规划层面的工作，需要城市规划和公共交通规划充分地融合，使两者的目标完全一致，特别要体现在城市轨道交通等公共交通主要走廊的规划中。

其次，对这些开发地区给以特殊的土地政策，鼓励开发商的进入，开发与公共交通发展相一致的土地利用。从国际上成功的 TOD 开发中，开发商都可以看到这点的重要性，是 TOD 操作和管理的核心，是决定 TOD 能够从图纸走向现实的关键，是公共交通导向土地开发中的“导向”的根本意义所在。从南美洲巴西库里蒂巴市的快速公交导向的城市开发到欧洲的斯德哥尔摩与轨道交通结合的指状城市空间形成，都是经历了几十年的长期历程，而促进形成沿城市公共交通走廊开发的核心就是与公共交通配合的土地开发政策，开发利益的保障吸引开发商能够介入到与城市空间发展策略一致的城市开发中来。这也是目前国内几乎所有关于 TOD 发展规划中往往容易忽略的一点。

巴西库里蒂巴市较为成功的土地利用与交通相结合的典型政策之一是，不仅鼓励混合土地利用开发的方式，而且总体规划以城市公交线路所在道路为中心，对所有的土地利用和开发密度进行了分区。5 条轴向道路中的 4 条所在地块的容积率为 6%，而其他公交

线路服务区的容积率为4%，离公交线路越远的地方容积率越低。城市仅仅鼓励公交线路附近2个街区的高密度开发，并严格抑制距公交线路2个街区外的土地开发❶。

美国在对公共交通敏感的土地利用的设计原则——管理和政策原则中也提出：

(1)改善国家和当地的政策，以使公共交通作为土地开发的一个因素；

(2)在分区(zoning)规划中鼓励通过公交走廊设计(TCDs)实施公交敏感的土地利用开发；

(3)规定要对开发项目进行公交敏感的评估；

(4)在公交走廊上的停车规划要与公共交通服务结合起来考虑；

(5)建立相应的机构监督检查公共交通走廊上的土地开发和交通服务；

(6)建立在公交走廊上的开发权转移机制。

第三，才是在公共交通站点周围开发步行与自行车友好的公共交通社区或公共交通主导的城市发展地区。在公共交通社区的开发上目前已经有许多成功的案例，在规划的尺度、环境塑造、土地利用设计等方面已经比较完善。充分利用公共交通可达性的分布特点，在站点周围半径约400～500m范围内进行开发设计。如美国1991年"郊区公共交通敏感的土地利用设计导则"。

公交敏感的土地利用规划导则

20世纪90年代初期，美国提出的对公交敏感的土地利用概念。

公交敏感的土地利用(transit sensitive land use)就是引导土地开发在公交走廊上和在与公共交通有良好衔接设施附近，也称作公交友好的土地利用设计(图13-21)。

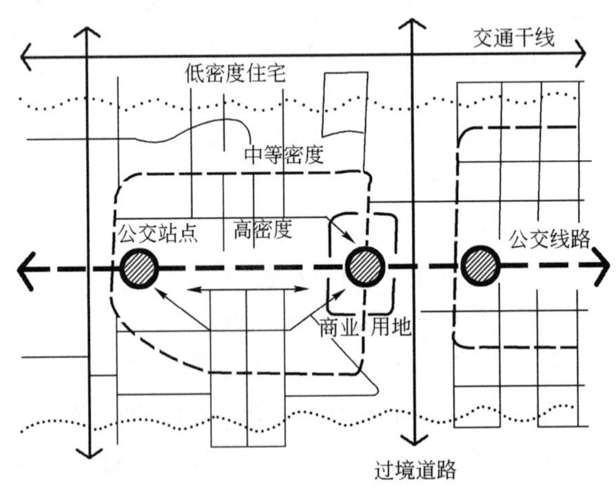

图13-21　公共交通导向土地利用开发示意

❶ 黄肇义，杨东援.生态城市典范——库里蒂巴.

系统规划指南：

土地利用设计

(1)对城市未来的公共交通走廊要预先标出；

(2)把公交导向和小汽车导向的土地开发分开；

(3)沿现状的干线建立公共交通服务区；

(4)在与交通站点衔接的土地开发上提供公私合建的机会；

(5)规划合理的人口规模和密度，以支持公共交通的运营；

(6)公共交通走廊要分阶段实施。

通道设计

(1)控制通过的小汽车交通；

(2)在通道上实施步行、自行车和公共交通优先；

(3)避免短程穿梭运输服务。

公共交通服务

(1)注重道路与公共交通的关系；

(2)提供高质量的公共交通服务；

(3)公交车辆应减少噪声和大气污染；

(4)道路信号和交通管理要与公共交通运营配合。

在公共交通导向的城市开发实施的三个层次中，前两者是城市政府利用公共政策和公共投资“导”的核心，缺一不可。

由于 TOD 开发的概念在 20 世纪 80 年代末～90 年代提出，许多西方国家更多的将 TOD 应用于城市外围地区的公共交通社区等的开发上，而对于公共交通引导的城市中心改造和中心区发展上则相对较少，而这则是我国目前城市发展的重点之一。

目前国内许多城市轨道交通和快速公共交通的规划目标都把大量的精力集中在中心区的发展上，利用高服务水平的公共交通对地租的影响，加密公共交通服务在中心区的密度，整体提高城市中心区的地租，通过提高地租来推动中心区的改造是我国目前许多大城市中心区改造中，市场化和公共政策结合的路径之一。

在开发的密度上，由于公共交通衔接和集散交通主要是低机动性的交通方式，以及在公共交通发达的地区政府鼓励居民乘坐公共交通的公共政策作用，使公共交通站点与开发的关系与非机动时代的地租曲线相似，形成围绕站点的高密度的开发，才能使尽可能多的人享受公共交通的服务，同时，高密度开发所产生的客流也反过来促进了高水平公共交通服务的可持续发展。

图 13-22 反映了美国、欧洲和亚洲城市不同密度的发展与公共交通分担率之间的良好相关关系。

此外，在城市空间的塑造上，公共交通导向的城市开发也是一个高效而精确的城市空

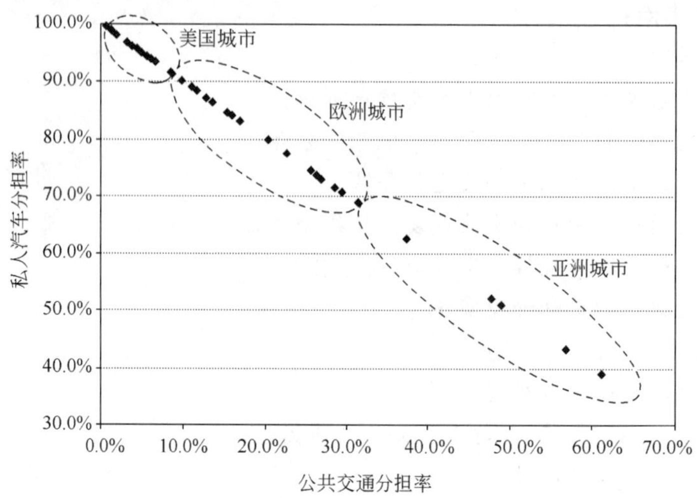

图 13-22 不同密度的城市公共交通分担率

间塑造工具。特别是高机动性、大容量的公共交通方式,通过公共交通在服务上的特点和站点布局,可以按照规划的意图有效塑造城市的空间,而且比起以道路为核心的私人交通来,要精确得多(图 13-23)。

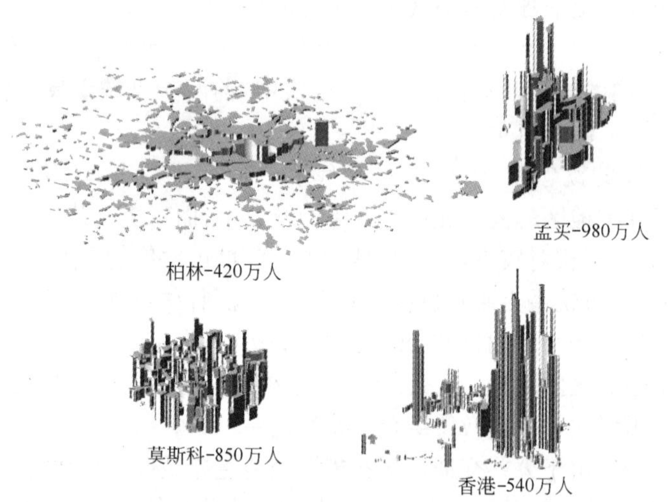

图 13-23 城市开发密度与公共交通乘坐率的关系

公共交通可达性只限定在站点周围一定范围内的特征,成为城市空间引导的重要理论依据。公共交通走廊往往可以通过站点的密度和机动性控制形成沿公共交通走廊不同的开发形态。在站点密度高的地区,站点的影响范围相互重叠和接壤,城市开发形成连绵的走廊,而在站点密度稀疏的地区,站点的距离超过影响区,城市开发集中于站点影响范围内,沿公共交通走廊形成组团或串珠状的城市开发,而组团的规模则可以通过公共交通线路密度进行控制(图 13-24)。

新的时期大城市活动形式改变,也是影响公共交通引导城市土地开发的一个重要因素。城市活动形成以工作、居住、购物、娱乐等为活动锚定点,以及围绕这些点辅助活动的形成,正好符合公共交通可达性的特征,与公共交通引导的土地开发模式吻合。因此,利用公共交通走廊与城市活动的契合,把公共交通枢纽、主要站点与城市活动锚定点的开发结合起来,围绕公共交通站点和枢纽布局,以步行等支持辅助活动土地利用,一方面促进城市活动能够方便地使用公共交通,引导城市活动向公共交通转移,另一方面,促进公共交通与土地利用开发的结合,形成符合城市活动特征的土地利用开发。

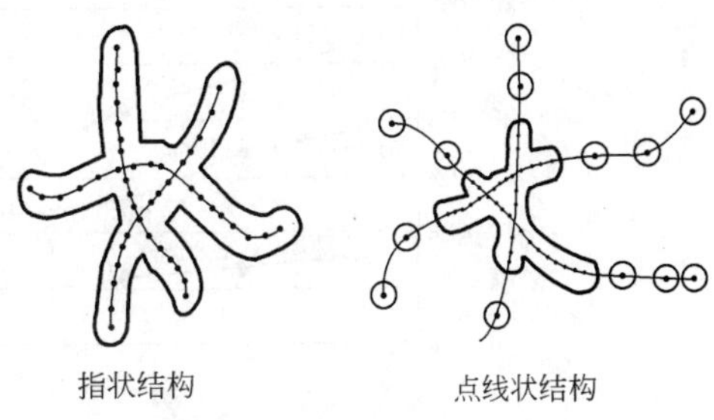

图 13-24　沿公共交通走廊的城市开发示意图

13.4.2　重大交通设施布局与城市空间结构结合

从"十一五"开始,国家铁路、航空网络、港口和高速公路发展进入一个新的时期。以高速铁路、城际轨道为核心的客运铁路交通系统全面升级,既有铁路系统功能转变,航空在快速发展中机场的功能正在重新定位。而高速公路发展、等级公路改造以及港口的快速发展都对城市空间布局产生影响,部分城市更是成为空间结构调整的主要拉动力。

1. 港城关系

在经济全球化和生产组织区域化的趋势下,在原材料等成本难以控制的情况下,物流成本控制成为产业发展成本中的重要决定因素,而这其中最关键的就是运输成本。在目前中国企业物流成本中,运输成本占到 1/3～1/2,而且随着能源价格持续上涨,因短期内我国产业发展物流成本的控制重点在于运输成本。

我国的物流成本在世界上居于高位,改善的空间巨大,根据德国 Deutsche 银行的统计,从全行业物流成本所占价值比例来看,日本平均物流成本为 6.0%,欧洲为 9.1%,加拿大为 9.5%,美国为 8.6%,而中国为 16.7%,如图 13-25 所示。降低物流成本成为企业发展的利润源泉,是企业提高市场竞争力的重要手段之一。❶

因此,围绕高速铁路、机场和港口发展相关产业和城市开发越来越成为城市经济发展的重要驱动力,产业围绕重大交通基础设施聚集,甚至会改变一个城市或一个地区产业结构,并因此改变区域物流和经济活动的分布和走向,也因此改变城市或者区域的整体空间和经济活动组织。如广州南沙,上海的大小洋山港,唐山、天津、宁波、珠海港口发展以及

❶ 日本物流成本现状及管理框架,AMT 宋华.

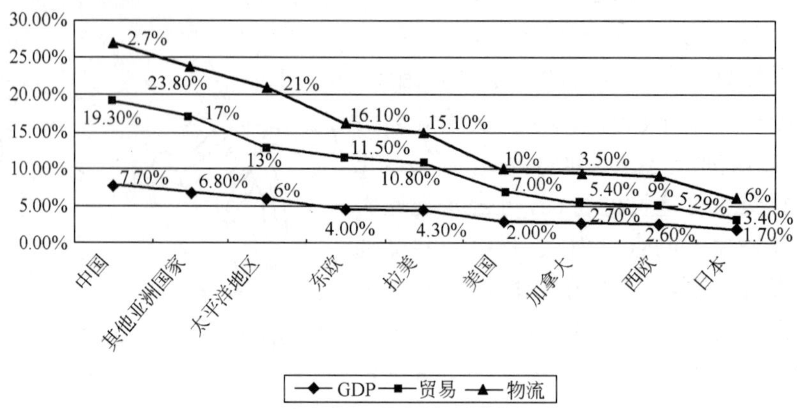

图 13-25　世界各地物流行业成本所占价值比例

港口地区的土地利用开发都是如此。同样，机场的发展也在吸引相关的产业在机场周围聚集，如北京、上海、广州、深圳等的机场物流园区和工业区发展。

广州南沙的港口开发与土地利用布局

南沙地区位于广州市的东南部，地处珠江出海口，是通向海洋的唯一通道。广州市为实现从沿江城市向滨海城市的转变，将番禺纳入自己的市域版图，省政府每年投入 100 亿元、市财政 8 亿元，大力开发南沙的港口资源，引入钢铁、石化等临港产业，希冀通过 15 年左右的建设，达到目前浦东的实力和水平。

从位置上看，南沙地区位于整个珠江三角洲的地理几何中心，方圆 60km 内，有 10 余个大城市；100km 范围内，珠江三角洲城市群几乎网络其中，人口 4 000 多万，其中 2 000 多万人口属具有较高消费潜力的人群，战略地位突出。可以说，南沙是整个珠江三角洲未来极为重要的商贸和旅游宜居之地。

前实施的南沙规划利用南沙地区优越的区位条件、岸线及水运资源，以实现广州城市空间南拓、加速南部地区开发、促进广州的经济增长，优化广州的生产力空间布局和产业结构的完善，增强广州的聚集核扩散功能。虽然开发南沙港口需付出较大代价，包括疏浚航道和水深，但这是实现广州市从沿江城市向滨海城市转变的重要举措，是未来广州经济发展的重要增长极，是优化广州市生产力布局和完善产业结构的必要选择❶。

苏比克湾(Subic Bay) 距离菲律宾首都马尼拉120km，原是美国在亚洲最大的(克拉克)海空军事基地。1991年波斯湾战争结束，菲律宾政府停止了与美国的军事条约，从1992年开始，苏比克设立了地方政府，并设立了“苏比克自由港”作为自由贸易区。1995年，菲律宾政府将这里变为航权开放的地方，于是，美国联邦快递公司(FedEx)来到这个地方建立亚太中心枢纽及其亚洲配送中心，FedEx亚洲一日达(FedEx Asia One)网络在亚洲形成了一个范围广泛的综合配送体系。随着亚太运转中心于1995年9月在菲律宾苏比克湾的建立，以及“轮轴及轮辐”(hub-and-spoke)创新运输概念的运用，FedEx在亚洲重建了一个完整的转运衔接系统，开始经营其在亚洲各地的隔日递送业务。

受到有利的航空可达性和低廉的人工和土地成本吸引，台湾企业开始进驻，主要的有台湾Acer公司的子公司，在这里装配笔记本电脑及电脑外围设备。还有日本的富士通(Fujitsu)。1998年开始，这里受到亚洲金融风暴的影响，一些投机者离开；加上2000年台湾与菲律宾关系恶化，生意下跌明显。但是，短短的几年时间，不断有新的投资进入，主要是看中了FedEx枢纽带来的时间效益(2～3小时到达18个亚洲主要城市)，将高科技产品的消费者以最讲求时效的方式连接起来。韩国的Anam集团在这里的晶片产量达到了韩国总产量的50%。

到2004年底，这里的就业人数达到56 000人，超过当年作为美军基地时的人数。出口额连续4年超过10亿美元。换言之，人均出口额达到2百万美元，远远高过菲律宾和中国的任何加工区。这里的外资及合资企业按统计有260多家，其中40家从事加工和组装，131家是厂商服务型企业，24家运输企业，还有一些旅游公司

重大交通基础设施及其相关产业的发展作为土地开发的第一步，随着之后的城市功能不断加强，逐渐成为城市空间重要组成部分，如南沙、珠海、上海、宁波等都在港口和产业发展的基础上逐步发展港口新城，唐山更是由港口和产业区新城的发展使城市演变成为“双城”结构。在这些城市的规划中，港口通过对经济活动的影响进而影响城市空间结构，在目前城市以工业产业发展为核心的时期，港口的发展成为城市空间的重要发展阶段。

国内外许多港口城市的港口都是从小的内河港口开始发展，随着城市的扩大和港口地区城市功能的健全，港口和城市发展的冲突越来越大，最后港口迁移，原来的港口岸线作为城市生活岸线，同时，为降低航运成本，货船的大型化趋势，要求港口发展必须有一定水深作为条件，港口就由内河港口逐步向河口和海港迁移。同时港口的发展中也形成不同功能的港口，有的与产业密切联系，有的则成为中转为主的港口，如图13-26所示。与

❶ 广州南沙总体规划.

产业联系密切的港口向深水的转移，运输能力的增加，运输成本的降低，使港口对地区产业的影响越来越大，对于以产业发展为依托的港口产业也随着港口的转移而一并转移，港口的转移过程带动城市空间逐步跟着港口的转移延伸。

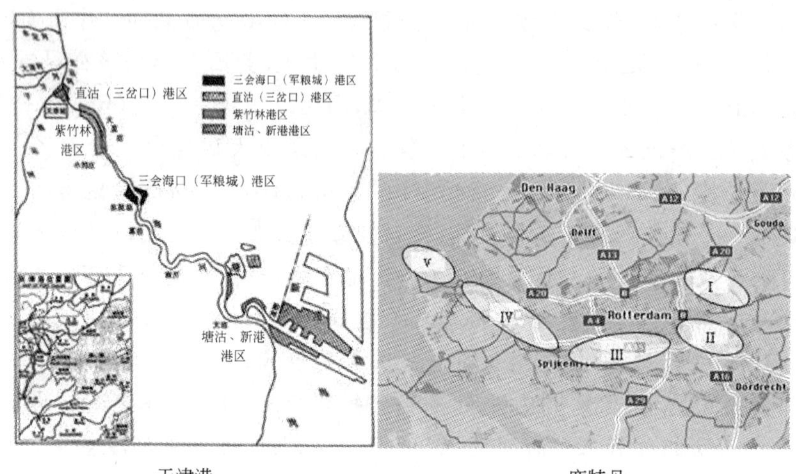

天津港　　　　鹿特丹

图 13-26　鹿特丹港与天津港变迁示意❶

2. 对外客运枢纽发展对城市空间的影响

对于以客运专线为骨干的城市对外客运交通枢纽，由于其大大延展了对外联系的可及范围，铁路的优势运输距离延长，以及高速铁路在机动性、服务频率和费用上与普通铁路系统的区别导致所承担的客流的构成也发生相应的变化。各种交通方式的客运市场结构被重新划分，大量的航空与公路客流转向高速铁路。这种趋势从近几年的铁路提速中已经显现出来，见表 13-1。

全国铁路客运发展情况　　　　表 13-1

年　度			1990 年	1995 年	2000 年	2001 年
客运量	全国	（万人）	95 712	102 745	105 073	101 847
客运周转量	全国	（亿人公里）	2 613	3 546	4 533	4 637
平均运距	全国	（公里）	272	344	431	459

据 1986 年的一项调查表明，铁路旅客出行目的依次为：出差 24.9％、探亲 18.3％、外出打工 13.1％、旅游 11.8％、开会 8.3％、购销 7.7％、经商 7％、治病 2.2％、调动工作 1％、其他 5.7％。而随着铁路运行速度的提高，旅客构成的变化明显，根据哈尔滨铁路站的调查，乘坐动车组出行的旅客中，因公出差的比例比平均的车站旅客高出 21.6％，47％

❶ 历史上的天津港口.

的动车组旅客为商务和公务出行，高出车站旅客平均近20%，在乘客中，高收入组的旅客比例明显高于车站的平均比例，哈尔滨车站旅客情况调查如图13-27所示。

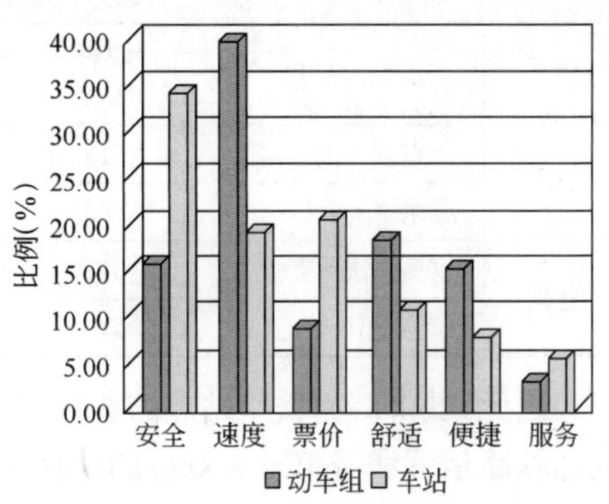

图13-27 哈尔滨车站调查动车组旅客与车站旅客乘火车的原因调查[2]

在京沪线上这种趋势更加明显，目前在京沪线出行的旅客中，出差的客流最多，占46.25%；其次是旅游、探亲、做生意的客流，分别为12.64%、11.38%、8.92%。就旅客职业而言，企业管理人员最多，占22.60%；其次是科技人员、经商人员，分别占17.62%、14.28%，在出差(46.25%)的客流中，企业管理人员和科技人员最多(分别占16.06%、12.04%)；而在旅游的客流中，主要是工人、企业管理人员、科技人员以及学生[1]。

铁路运行速度提高，使对运行速度敏感的城市之间的商务客流转向时间、安全、舒适、总体出行时间短的高速铁路，特别是目前在城镇密集地区规划的高速"城际轨道"。高速铁路站的选址和铁路站周围开发模式与传统的铁路站选址和站点周围开发，以及城市交通的衔接将根据客流构成的变化而有所不同，尽量减少高速铁路机动性在城市交通上损失成为核心因素。

有什么样的客流就有什么样的车站枢纽周围服务用地和产业，过去普通铁路所承担的客流使车站周围的服务就是廉价的旅店和餐馆，高速铁路旅客特征的变化，将促使车站周围服务用地也必然随之发生变化。因此，与传统铁路客流对速度不敏感不同，高速铁路客流构成的变化源于对速度的追求，这使近站点与商务活动结合的用地开发更加有吸引力。高速铁路站对城市开发的作用提升，成为城市服务业和中心区发展的重要支持，变成带动和引导城市开发、城市空间结构调整的重要因素，日本等国高速铁路情况见表13-2、表13-3。

日本新干线的列车旅行距离与时间 表13-2

区　段	长度(km)	设计速度(km/h)	停站数量(个)	旅行时间(h)	旅行速度(km/h)
东京—博多	1175	270/300	8	5.0	231.9
东京—八户	632	275	4	3.0	206.1
东京—长野	222	270/260	6	1.5	133.4

❶ 甄静. 京沪线铁路客流规律分析. 中国铁道科学.

❷ 杜春江. 哈尔滨铁路局旅客运输市场调查分析. 中国铁路，2007(11).

国外高速铁路与航空市场占有率　　表 13-3

国家	运行区段	距离(km)	高速列车运行时间(h)	铁路占有率(%)	航空占有率(%)
日本	东京—大阪	515	2.50	84	16
	东京—秋田	663	3.82	56	44
德国	汉堡—法兰克福	517	3.58	59	41
	法兰克福—慕尼黑	426	3.57	62	38

因此,城市高速铁路站点的选址于既有或者规划的中心区内部、或者紧邻中心区成为高速铁路运营和城市发展双赢的选择,特别在承担较大区域职能的特大城市规划中更是如此。城市借助高速铁路枢纽来支持大城市中心区的区域服务,高速铁路通过靠近服务人群,强化机动性的优势,提升客流水平,并借助中心区的交通集散优势形成与城市交通一体化的运营组织。

2007 年 8 月 22 日,铁道部和深圳市政府签署了《广深港客运专线深圳市区内设站事宜备忘录》,正式确定在深圳兴建国内第一座大型地下火车站——福田火车站。这座火车站位于深圳中心区,它的定位是重要的城际铁路枢纽,除了负责转运承接深圳龙华新客站的火车长途客流外,还将使深圳、香港的城市轨道交通连成一片。深圳地铁 1、2、3、4 号线以及香港铁路都将在这里交汇,如图 13-28 所示。

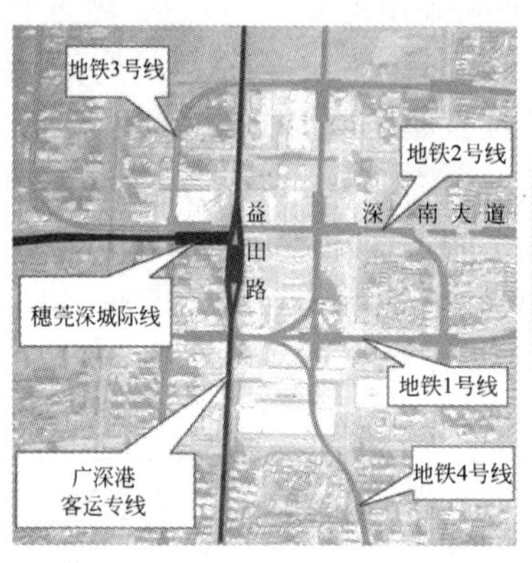

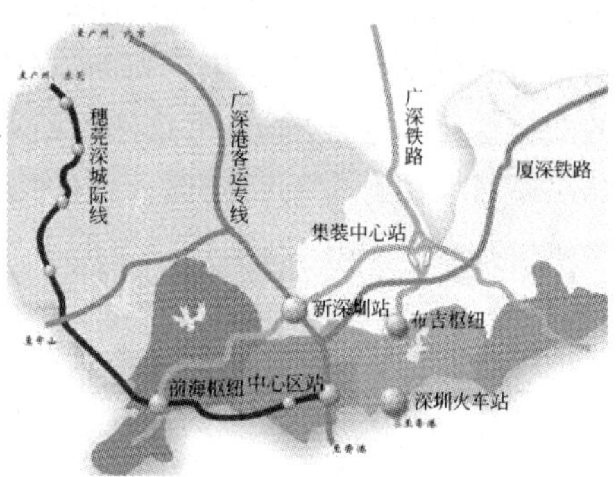

图 13-28　深圳新城际客运站布局

国内多数大城市在新的城市规划中,把高速铁路站点作为城市多中心发展和城市结构调整的一个契机,对高速铁路站点地区进行了专门规划,如上海、天津、杭州、长沙、武汉、无锡等,都把高速铁路作为新的城市中心发展地区进行规划,长沙高铁站用地布局规划如图13-29所示。

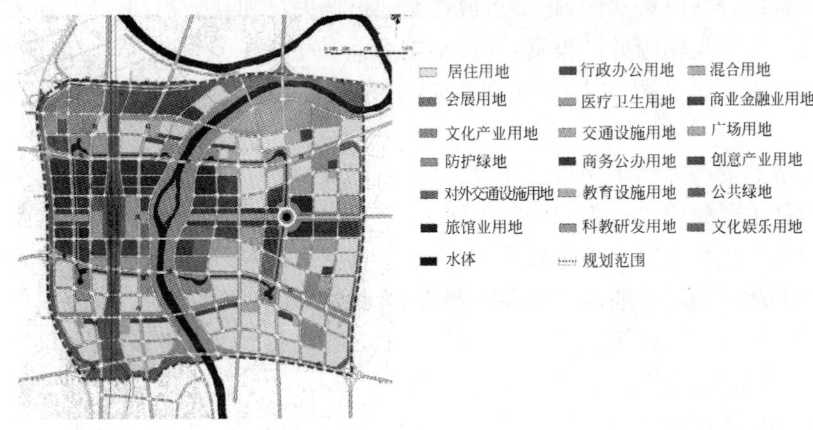

图 13-29　长沙高铁站周围用地布局规划

13.5　交通投资的公共政策引导

随着城市开发的市场化，交通投资成为政府投资中份额最大投资，部分快速建设中的城市占到城市地方财政收入的 1/3～1/2，在有些城市已经接近或超过了城市的一般预算内财政收入，武汉市城市交通投资情况如图 13-30 所示。

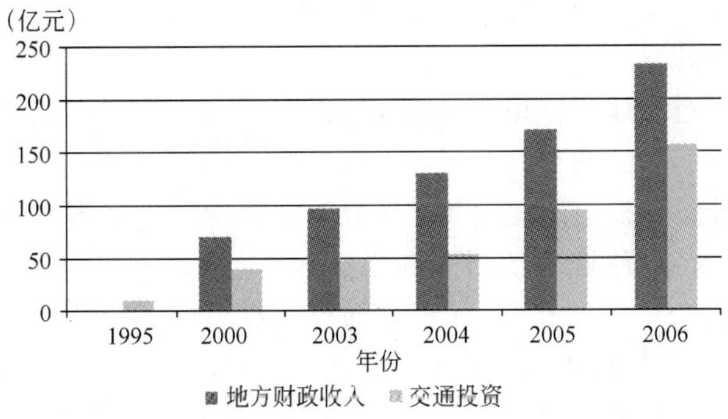

图 13-30　武汉市近年来城市交通投资与地方财政收入对比

同时，交通投资也是国家投资的主要组成部分，占国家财政收的比例一直比较高。根据国家相关规划，从 2005～2010 年，5 年内能源交通投资逾 12 万亿，其中国家交通行业 5 年将获得 6.5 万亿元以上的投资，年均增长 18.6%，而我国在 2004 年的财政收入为 2.6 万亿元，2005 年达到 3.1 万亿，其中中央财政收入 1.7 万亿元。

随着社会主义市场经济的发展，交通领域开始体制和机制改革，政府开始对交通发展政策进行调整。对交通发展和城市发展的引导中，经济手段逐步替代行政手段，政府开始专注于市场的管理、交通投资的导向和公益性交通政策实施等公共服务的提供，强化了交通政策和投资的公共政策功能，把重点放在交通市场失灵和社会福利领域，加大了交通基础设施和公共交通运输服务的投资，通过影响企业和个人的空间选址、城市规模与形态、劳动力市场的效率以及劳动力供给的成本，引导城市的发展和可持续交通运输结构的形成。[1]

城市经济的发展提高了城市交通投资能力，随着城市开发市场逐步完善，政府调控、引导城市发展主要集中于政策和公共投资上，交通投资和交通政策制定正在逐步成为国家和城市政府调控城市发展的重要手段之一，也是城市政府最重要的公共政策内容。

交通公共政策利用交通的广泛参与和影响，其外延也在不断地扩展，不仅仅停留在交通领域，也渗透到社会、经济发展的各个层面，使交通政策涉及投资和建设，已经成为政府引导发展、改善福利、保障公平的一个重要手段。

交通基础设施建设、交通引导、公平交通出行权保障成为当前政府交通公共政策实施的三大主要领域。

(1)交通基础设施建设是政府目前城市快速发展时期交通投资的主要内容。支撑城市空间结构调整的城市外围地区道路系统建设，中心城市的快速道路系统建设和道路系统的改造，以及交通管理设施建设，城市轨道交通和地面公共交通系统的建设和改造，成为大城市交通设施建设投资的核心。

(2)交通引导包括城市发展引导和城市活动引导。通过影响交通出行的综合成本，鼓励环保车辆等引导居民出行行为和交通发展符合可持续发展的要求。如鼓励居民乘坐公共交通、合乘，扩大城市交通服务范围，补贴既有的交通收费等，通过降低交通成本，鼓励城市外围地区的城市开发。

(3)公平交通出行权保障。通过交通补贴，保障低收入人群的交通出行权，为低收入人群提供可以支付得起的交通出行方式，交通设施建设中更多考虑均衡，支持和补贴经济欠发达地区的交通建设。在交通建设和交通政策制定中保障受影响各方的利益，对受害的群体给予补偿，以及城市路权的公平分配等。

随着交通投资能力的快速提高，城市交通投资也出现了向福利化转移的趋势，在这个阶段对投资的公平性考量将大大增加。当前我国城市空间和规模处于快速扩展时期，但经过几十年的快速发展，大城市建成区范围已经具有相当大的规模，部分城市建成区交通设施建设已经基本实现了长远规划。城市交通投资能力和投资需求之间的关系，正在发生根本性的变化，投资需求逐步减小，而投资能力逐步上升，交通投资开始关注社会福利性投入，向交通的社会福利转移，并在公共政策中的份额逐步加强。如目前北京等城市对公共交通的高额补贴和对交通出行公平权利的关注增加，意味着我国沿海地区经济发展比较快的城市正在出现城市交通发展阶段中第四个阶段的交通发展特征。

---

[1] 原建设部交通工程技术中心.可持续发展的交通运输.北京：中国建筑工业出版社.

北京市交通委员会表示,北京优化公共交通的发展,就是要改善公共交通的服务,为对小汽车使用进行必要的管理做准备。"特别希望在通勤时段,市民能更多地选择公共交通,而减少小汽车的出行。"

这个前提是要有一个快捷舒适方便的公共交通系统。所以,北京2007年116.5亿的财政投入中,有31.37亿元用于支持地面公共交通发展,包括对公交集团经营的月票有效线路给予运营亏损补贴、IC卡折扣补贴和燃油涨价价差补贴等,而其余的80亿元用来支持城市轨道交通建设,缓解地面交通压力,方便居民出行。

从2007年开始北京地铁实施2元票价一票制,市区公共汽车0.4元,意味着北京市财政一年将多支出10亿元,北京市地方财税收入足以承担这笔开支。

13.6 中心区交通发展与活动引导

13.6.1 中心区交通改造与土地利用协调发展

在中心区城市功能不断增加所形成的交通压力下,中心区的交通改造从改革开放初期一直持续到现在。在近三十年的中心区改造和建设中,从最初的中心区环境改造,到中心区人口疏散,再到目前的中心区职能改造,整个中心区的发展过程中,交通改造一直是改造的核心内容之一。

在中心区的改造中,土地利用与交通之间的关系一直是规划人员和管理者最难以处理的关键要素。一方面,中心区的改造中交通强度不断提高,人口密度降低,人口疏散后的空间很快就被就业的增加填的更满,改造后中心区的交通压力非但没有减轻,交通需求反而增加更多;另一方面,中心区改造主要考虑交通的畅通,以交通目标作为改造的目标,交通改造打破或者完全改变了已经形成的商业、文化、经济、社会活动联系的路径、形式和氛围,使交通改造后城市职能提升的目标受到损害。因此,中心区的发展需要良好的交通系统和环境,而且必须是与中心区土地利用相适应的交通系统。

位于北京西单的灵境胡同危改小区:改造前总建筑面积1.3万m^2,居民490户,改造后为办公性质的公寓3.5万m^2,高档住宅4.6万m^2,居住211户。高峰小时机动车出行强度:改造前188辆/h,改造后519辆/h。[1]

因此,中心区交通的改造和管理必须小心谨慎,以保证中心区的活力与功能为前提,

[1] 中国城市规划设计研究院.北京西单灵境胡同危改小区交通影响评价.2005.

以中心区人的活动特征为根本实施交通改造，实现土地利用、城市活动与交通系统之间的协调发展，不能为了交通的改善而造成中心区功能丧失或削弱。

中心区的交通系统与城市其他地区相比被赋予了更多的文化、传统等内涵，不仅仅是交通的载体，城市中心的街区，经过长期的发展，街区文化应运而生，提到某一街区，往往与街区的历史和文化联系在一起，当改造它的时候，文化的保护和提升、中心区的功能提升应该放在第一位。保护和提升城市功能所对应的城市活动空间和环境，把中心区内部人的活动空间改善和交通到达作为改造的出发点。按照中心区城市本地活动的特征改造中心区本地活动的交通空间和环境，公共交通、行人交通放在改善的首要位置，而非为机动交通的穿越交通创造条件。

国内在中心区改造有成功的案例，更多的是失败的教训。以交通畅通为目标进行的交通改造几乎无一例外破坏了中心区的活动脉络，往往在宽阔的道路和宏大的车流冲击下，街道两侧业已形成的商业和其他城市活动联系被割断，而导致活动的衰落，如北京的隆福寺、雅宝路改建后商脉不继，风光不再，簋街改造后也一度元气大伤。而以城市活动为核心的改造则几乎都获得成功，交通改造保留或增强了既有活动模式的活动空间，刺激城市活动的进一步增强，即城市功能的增强，而这正是中心区改造的目的，如北京王府井、上海南京路步行街改造获得巨大成功。上海南京路商业街改建步行街，餐饮业营业面积由1.6万 m^2 增加到3万 m^2，休闲娱乐业营业面积由0.5万 m^2 增加到1.4万 m^2，分别增加80%与180%。

13.6.2 中心区交通需求管理

城市规模的扩张和区域的发展，使大城市中心区的服务范围不断扩展，新兴的职能还在继续增加，尽管多中心的布局已经开始实施，但从规划可以看到，多中心按照中心职能进行分工后，各中心服务的专业化提高，服务总量和服务能力还在提高。而多数既有中心区经过多年的改造，从地上到地下，可利用的空间开发基本完成，交通系统已经基本按照长远规划建设完成。

近年来杭州城市建设的资料显示，12km² 的杭州老城范围内职能和密度还在增加。老城区依然是城市的核心区，承担城市行政、商业、医疗、服务、金融、旅游服务等众多职能，城市总体规划确定的城市性质中的服务职能几乎还全部集中在这12km² 的老城区内。如老城区集中了全市42%的星级宾馆，全市门诊量最大的17家大型医院中8家在老城区，武林广场和延安路商业中心还是城市唯一市级商业中心，西湖旅游景区核心也在老城区，省、市机关、金融等也完全集中在老城区内。[1]

中心区城市功能的不断增加，使其成为城市活动和经济运行的核心地区，目前国内多数城市与中心区关联的出行总量都超过一半，成为城市交通资源最紧张的地区，但已经没

[1] 中国城市规划设计研究院. 杭州交通发展纲要国内咨询. 2006.

有更多的空间可以用于交通系统的能力扩张来增加交通的容量。持续机动化和城镇化带来的交通增长和已经告罄的交通资源导致我国大城市的中心区面临的交通问题更加严峻，中心区的交通运行状况已经严重恶化，在许多大城市中心区的道路交通运行速度不足10km/h，福州市中心城市道路运行速度和饱和度分布如图 13-31 所示。

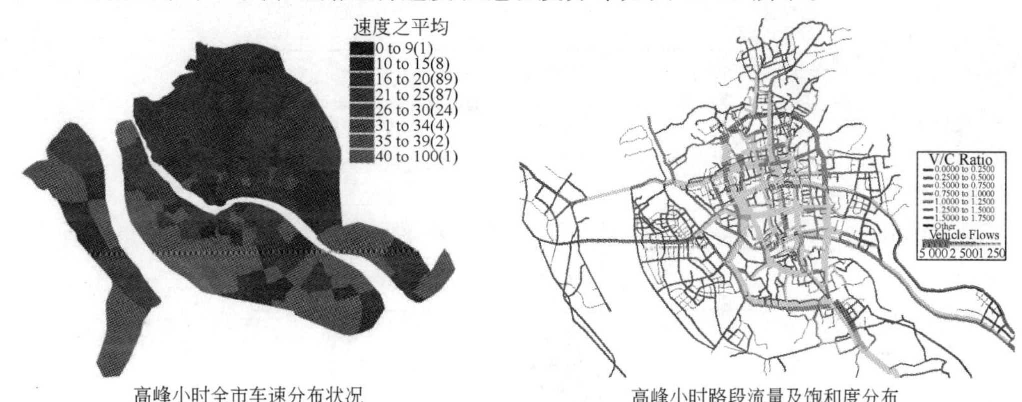

图 13-31　福州中心城市道路运行速度和饱和度分布❶

在交通发展的压力下，要发挥和增强中心区城市功能，出路只有交通需求管理和加强中心区的公共交通，实现既加强中心区的交通可达性，又降低中心区的机动交通需求。

中心区交通问题的解决有两种思路，一是选择物理的供应扩张方式，交通拥挤、停车不足就建设更多的道路和停车设施，为避免交通事故就在道路和车辆上提供事故防止设施和设备，对于能源的消耗问题则寻找替代的能源，这种解决方法是通过调整交通供应和车辆达到交通平衡，而不是影响驾驶员的行为，此解决之道的明显缺陷是，解决一个问题常常会使其他问题恶化。解决交通问题的另外一种思路是认为多数的交通问题都源于市场扭曲带来的机动车过度使用。因此，交通问题的解决是通过规划的变革以增加交通的选择，以及通过消费者的合理付费，消除市场扭曲来刺激和影响出行者，以选择合理而有效的交通方式，此思路对交通问题的解决之道是，提高交通系统的多样性和效率，交通需求管理就是此种思路下解决交通问题的方法。

中心区交通需求管理（transport demand manage，TDM 或 mobility management）是提高交通系统效率的一系列政策措施，交通需求管理措施通过把交通出行按照优先次序分类进行管理，通过优先路权和交通成本管理引导低成本、高效率的交通方式发展，使整个交通系统达到高效。它强调的是人和货物的流动，即活动保障，而不是机动车数量，因此对公共交通、合乘和非机动交通以优先，特别在交通拥挤的情况下更是如此。

交通需求管理意在通过对经济、社会和环境的影响，改变出行者的交通行为，但并不是所有的交通需求管理措施都对交通产生的直接影响，部分措施只是作为其他措施的

❶ 中国城市规划设计研究院. 福州综合交通规划（纲要初稿）. 2008.

支持手段，其关系如图 13-32 所示。

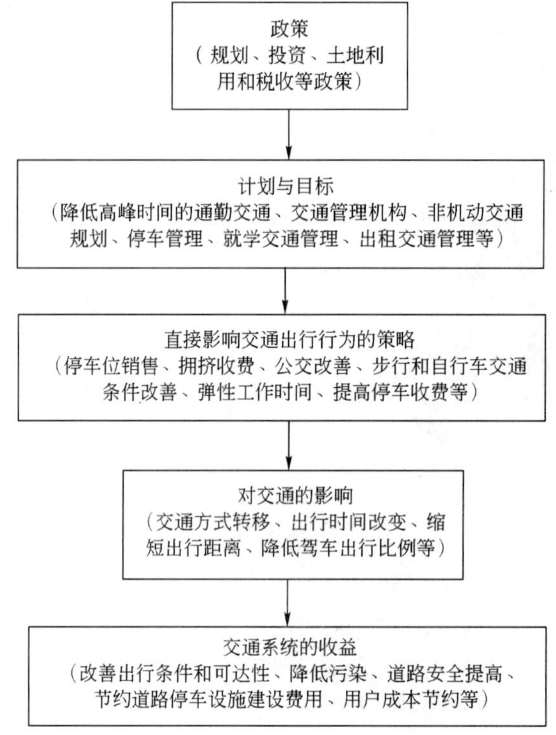

图 13-32　交通需求管理措施分类

城市中心区交通需求管理的主要目标如下：

(1)降低交通拥挤。主要降低高峰时期的机动车出行量以降低交通拥挤。交通拥挤是一个非线性函数，意味着在高峰时期机动车出行量的少量降低就可以获得大比例的交通延误下降和出行时间的节约，一般在拥挤情况下降低 5％的机动车出行可以降低 10％或更多的出行延误。而在交通的延误当中又有约 60％的延误是来自于道路上的“事故”。因此降低高峰时的机动车出行量是降低交通拥挤的主要手段。

(2)节约道路和停车设施建设成本。降低机动车的出行可以大大降低道路建设和维护的成本，以及部分交通服务的成本(如警务和事故处理)，并且停车设施的建设成本也可以下降。

(3)消费者交通成本节约。许多交通需求管理措施和通过提供多样的交通选择降低出行者交通成本，如出行时间的节约和公交票价的降低等直接可以让出行者受益，而停车、道路和车辆使用收费的提高，以及非货币化的消费成本，如时间和舒适等，可以通过消费者盈余来进行分析。

(4)提供更多交通选择。丰富的交通选择是经济高效、社会平等和运行可靠的关键因素，多数交通需求管理措施都可以通过改善部分交通方式出行环境、交通价格选择、提高土地的可达性等来丰富出行的交通选择，从而使出行者和社会受益，节约交通成本，实现社会资源公平分配。

(5)增加交通安全。通过交通需求管理措施降低整个交通系统的车公里、车辆运行时间，以及通过宣传和收费促使驾驶员安全驾驶可以大幅度改善城市交通安全，从而降低交通延误。

(6)降低环境污染。通过需求管理措施降低车辆运行里程，优化运行速度和减少拥挤获得能源节约和排放降低的效果。鼓励采用清洁燃料和排放低的产量、车辆拥有总量和出行总量的控制措施，对能源节约和排放降低的效果尤其明显。

(7)促进土地有效使用。鼓励高密度集聚开发、多模式、混合土地利用可以有效的改善交通可达性，并降低出行，是土地的利用率提高。

(8)提高城区的吸引力。通过对居民可以感知的环境、文化、历史街区娱乐和休闲场所、邻里关系等的改善，有效改善生活质量，可以使城区更具有吸引力。

目前国内城市交通需求管理中对机动车管理的原则基本是“管理使用”，但由于目前国内机动车使用中的价格扭曲严重，因此对机动车使用管理应分两步走，在需求管理的第一阶段尽量消除市场的扭曲，第二阶段才是车辆使用的成本能够基本符合“使用者付费”的原则。

一项交通需求管理措施的实施可能能够同时达到以上几个方面的目标，如交通总量的减少，既可以降低交通拥挤，也符合环境和安全方面的目标，部分交通需求管理措施的实施影响见表13-4。

交通需求管理措施对交通的影响 表13-4

需求管理措施	实现方式	交通的影响
宁静交通(traffic calming)	重新设计道路	降低车速，提高步行出行比例
弹性工作时间	改善交通选择	转移交通出行时间
道路/拥堵收费	收费	转移交通出行时间，降低部分道路和区域的机动交通出行
计程收费 (distance-based charges)	收费	降低出行总量
公交改善	提高公交出行的选择	交通方式转移，增加公交的使用
鼓励合乘	改善交通选择	提高车辆载客率，降低机动车出行
步行和自行车交通改善	改善交通选择	交通方式转移，增加步行出行，合理使用自行车
小汽车合乘	改善交通选择	降低小汽车拥有与出行
高效土地开发	改善交通选择	交通方式转移，降低出行距离

如新加坡在改善城市中心区公共交通的同时配合区域交通收费措施[1975 年实施的区域通行证(ALS),及 1998 年改为电子收费系统(ETC)],获得了很好的效果。

系统划定覆盖中心商业区的最拥挤区域作为交通控制区,在其边界上设立车辆入口处,上午高峰期(周一～周六的 7:30～10:15) 载客不足 4 人的车辆进入控制区,须出示付费的区域通行证,实施地区的小汽车通行数量变化如图 13-33 所示。

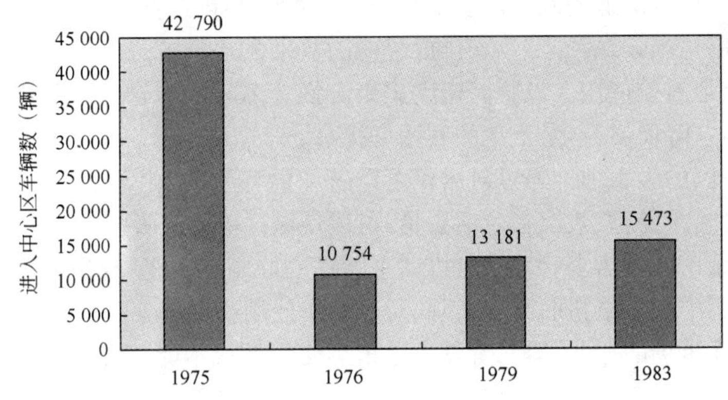

图 13-33 实施地区通行许可证后进入中心区的小汽车数量变化(7:30～10:15)

而伦敦对进入中心区的机动车收取交通拥挤费的措施,大大缓解了交通中心区的机动车交通压力,使中心区的交通运行状况大为改观。

2003 年,伦敦把城内交通最繁忙、堵车状况最严重的 21km² 的区域划出,向所有在 7:00～18:30(周一～周五)进入该区域的私家车收取每车每天 5 英镑的拥挤费,所得全部用于改善公交系统,到 2006 年,收费又涨到 8 英镑,下一阶段伦敦将把收费模式作调整,增加对排放量的限制。排放量大的车辆,如 SUV,将被收取每天 25 英镑的交通拥堵费。交通收费政策的实施使中心区交通状况大为改观,公共交通得到改善。交通拥挤费带来的效果包括:

(1)进入收费区域的交通流量下降了 15%～18%,其中约 50%转向公共交通,交通拥挤降低 30%;

(2)区域内自行车交通比例提高了 43%;

(3)大幅度降低了事故发生率;

(4)交通污染排放降低 12%;

(5)公共交通大幅度改善,公共交通比例提高,出行时间和可靠性提高;

(6)对区域内的地产价值没有影响,而零售商业正在逐年增长;

(7)收费的收入获得 1.23 亿英镑,投入伦敦的交通建设,特别是公共交通(80%)建设。

进入伦敦收费区域的车辆构成及中心区收费道路使用情况如图 13-34、图 13-35 所示。

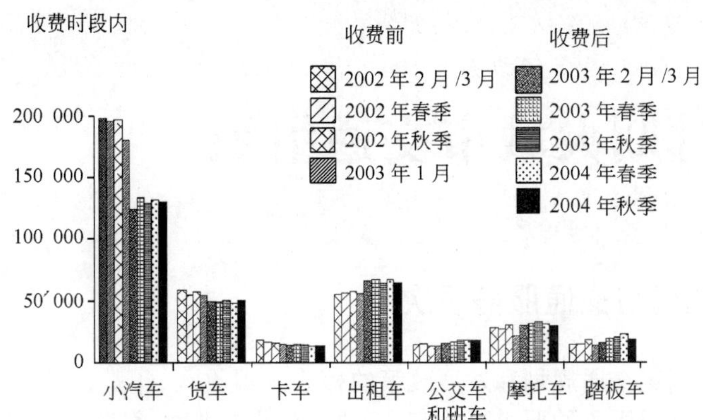

图 13-34 进入伦敦中心区收费区域的车辆构成

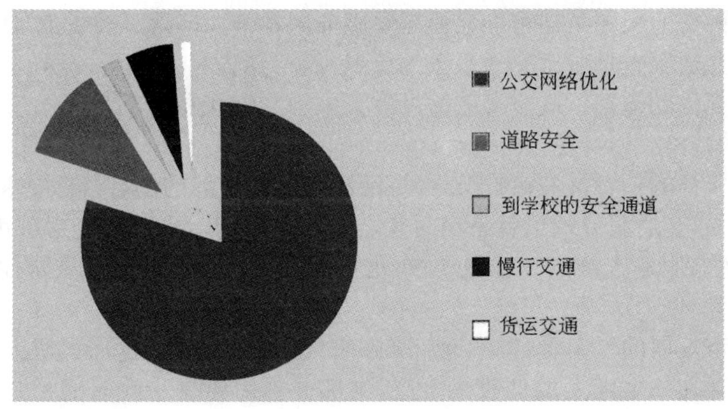

图 13-35 伦敦中心区收费的使用情况

14 新时期大城市交通组织

14.1 人口构成与交通服务层次

人口构成是制定交通规划和发展政策的核心。因收入、年龄、职业等的不同，城市交通服务的人口对交通服务的要求可能完全不同，有的把准时、舒适、安全放在首位，而有的把价格放在首位。这些目标之间相互矛盾，没有一种交通服务可以同时满足这些目标，制定“平均主义”的交通服务策略可能会使需要服务的各个人口阶层都受到“伤害”。

城市客运交通服务是城市交通服务的重点，而不同人口构成所表现出来的交通特征则是交通服务提供的依据。政府可以通过政策来引导居民的出行特征，使之更加符合资源、环境方面的政策。

城市交通服务的核心是城市社会、经济活动和不同人群的出行目标要求，两者不能偏废任何一个方面，交通服务政策就是在两者之间取得平衡。不能只考虑城市的社会经济活动运行，而忽略服务人群的个性化要求，也不能只考虑人的个性化要求而“损害”城市整体的运行。

从我国城市发展的现实看，虽然近年来随着经济的快速发展，居民收入大幅度提高，但在城市中还存在一个庞大的低收入阶层，这部分群体要享受政府的公共服务，政府所“卖”的就应该是他们能够“买”得起的公共产品。

对于不同收入阶层和职业阶层的人口，交通成本占其收入的比例相差甚远，其对交通服务效用的理解也各不相同。根据国内城市的相关调查，目前在许多外来人口多的大城市中，城市低收入人群占总人口的比例在1/3左右，其交通成本一般占其收入的比例在20％～30％左右；而中等收入的人群占到10％左右，而高收入人群为5％～10％。

对于中、低收入人群而言，交通成本提高会挤占其他生活成本，他们对交通服务中的成本构成反应取决于交通成本在其生活成本中的比例。对于低收入人群，对交通服务舒适性改善甚至机动性改善的成本提高反应强烈。而对于中等收入人群而言，如果除去住房的成本，交通成本在其收入中的比例也接近于低收入人群，他们对交通服务改善要求比低收入人群高，但对成本增加的反应接近于低收入人群。对高收入人群，交通服务则影响其对交通方式的选择和居住地的选择。

图14-1是对我国三个特大城市上下班交通成本的网上调查结果，从调查数据可以看出，不同人群对上下班交通成本的反应。50％以上的调查者都觉得交通成本高，实际上，由于是网上调查，低收入人群的比例可能低于实际的情况。这反映了国内城市交通服务分层次的实际需求。

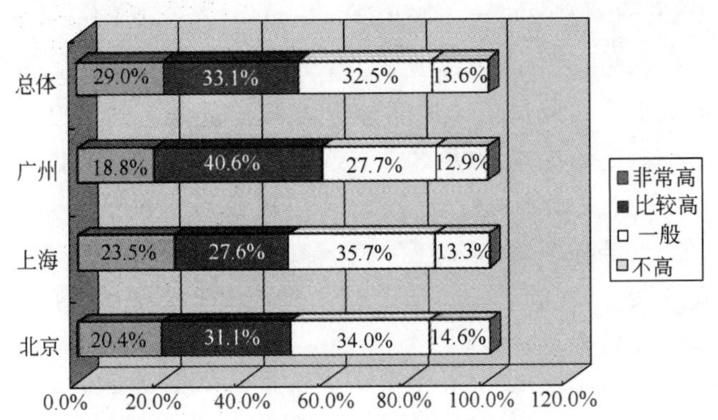

图 14-1 三个城市上下班交通成本调查结果

不同收入阶层可以支付得起的交通成本决定了不同阶层所采用的交通工具完全不同，对交通“效用”的反应完全不同，杭州市不同收入人群的出行方式构成如图 14-2 所示。交通成本预算越低的家庭，可选择的交通方式越少，对交通成本变化的反应也越剧烈。此外，年龄、职业等都影响到对交通服务的也要求，交通服务直接影响不同阶层的就业选择和生活的状况。因此，作为城市公共政策的城市交通服务必须放弃计划经济下的平均主义，按照被服务者的需要和活动特征，在资源公平、合理利用的基础上制定交通发展规划(图 14-3)。

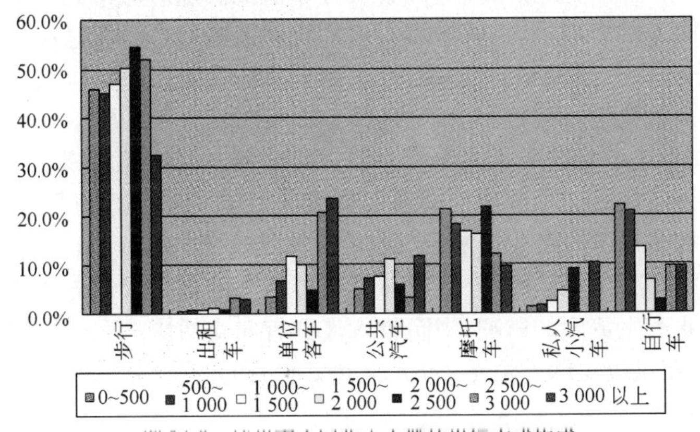

图 14-2 杭州市不同收入人群的出行方式构成

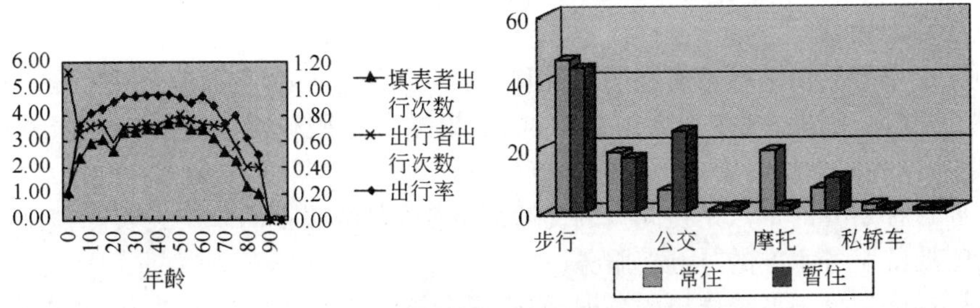

图 14-3 不同年龄、户籍的出行特征差异举例

世界范围的研究表明,对低收入家庭而言,交通费占收入的10%～12%,超过12%就成为负担。北京市城市居民最低生活保障标准为家庭每月人均290元,职工最低工资标准每月545元,失业保险金标准每月347～446元,而大量的农民工一般月薪不超过500元。据2004年8月份民政事业统计月报,我国城镇居民最低生活保障人数为2201.3万人。参照北京最低生活标准,全市约50万外来人口家庭中,生活在贫困线以下的占1/4以上。对于特大城市来讲,低收入人群由于住房的限制主要分布在城市的边缘地区,是依赖低成本交通工具出行的主要群体。

分层次服务的规划思想,需要在规划中,通过交通分析和规划方法的改变予以落实,对目前交通规划技术来讲,首先是交通需求分析必须改变平均效用的分析方法,按照阶层划分分层次分析交通效用,其次是按照阶层划分进行分层次的规划和交通组织。即规划和交通分析必须基于阶层。

同样地,交通引导即利用交通塑造居民生活方式的实质也是交通服务引导。

首先,我国城市交通规划开始于在计划经济和收入差距小的年代,由此而形成的交通服务中按照社会平均特征设定交通服务的规划方法也一直沿用至今,尽管今天社会的收入差距已经很大,但不能代表城市实际的收入分布情况。随着城市人口统计的改变,暂住人口纳入到城市服务的人口中,进入城市人口的统计范围,城市人口发展逐步恢复本来的面貌,作为政府服务中重要内容的交通服务也因人口的变化而重新审视,部分城市已经开始了交通服务政策的调整,将暂住人口纳入其中。

其次,收入作为决定交通成本承受能力和交通服务支付的意愿核心因素,影响着不同收入人群交通服务的规划。不合理的交通服务设计影响的不仅仅是居民的出行质量,还会对居民的生活和交通系统产生影响,居民将不得不选择与其实际的收入水平相一致的其他交通出行方式。其中,低收入人群有向交通影响小的慢行交通方式选择趋向,从而对其活动范围和就业产生负面的影响,中高收入人群有向交通影响大、舒适度高的个体交通方式选择的趋向,在供应短缺的情况下,更加重交通系统的压力。城市居民收入与出行方式关系如图14-4所示。

第三,交通出行中不同目的的出行对交通服务各要素要求的差异也是交通服务提供的一个重要考虑因素。

城市交通系统的公共政策属性明显,但政策一旦确定下来,交通服务将完全按照市场特征提供和运行。因此,城市交通组织中,需要根据交通服务对象进行交通服务层次划分,以适应不同要求的出行者,特别在政府确定服务原则的领域,如公共交通的组织中,更是如此。而这种划分的重点是在同类的交通服务中,即按照不同阶层的实际需求提供那个阶层所需要的服务水准的"优质"服务。

服务层次的划分与系统层级的叠加,使交通衔接需要从两个方面考虑,即在不同系统层级之间的衔接中要考虑同层次人群交通服务的衔接。

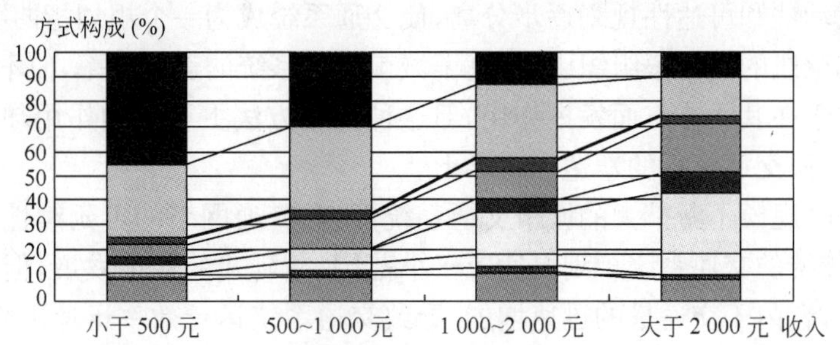

图 14-4 城市居民收入与出行方式关系❶

14.2 分层次运输组织与规划

分层次的交通运输组织与规划包含两方面的含义,一是交通系统按照交通的可达性和机动性的特征分层次组织,另一个是按照不同阶层的交通服务分层次组织和规划。

14.2.1 新型城市活动组织与交通系统结构

交通可达性规划是交通规划主要目标,城市交通系统的目的就是为不同的出行提供高可达性的服务。可达性的分布是城市空间布局的依据,城市交通与空间布局协调的目的也就在于在不同的空间布局下,保持城市交通的可达性。

随着城市的发展,居民交通出行特征改变反映出城市社会经济活动对城市空间、土地利用布局和交通系统变化的反应。出行距离离散性迅速增加,城市活动形成围绕家、工作单位、购物中心等活动锚定点的活动组织(图 14-5)。长距离的活动对交通系统的要求主要在机动性,而围绕活动锚定点的小范围活动对交通系统的要求则主要在可达性上,这对交通机动性和可达性规划提出了新的要求,同样也要求在城市规划和交通规划上的响应。

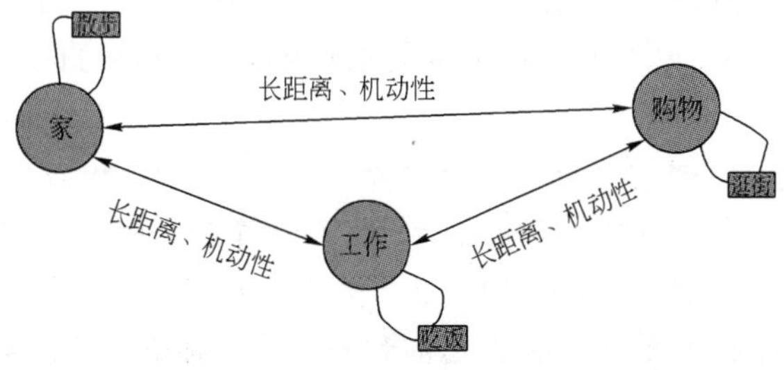

图 14-5 交通活动示意

❶ 关于确定城市交通方式结构的研究.

交通机动性和可达性规划逐步分离，使交通系统成为一个规划指向明确的系统，在分层次衔接和枢纽的高效率组织中，提高了城市交通系统的运行效率，使不同功能的交通系统更加专注于在其优势方面发挥作用，但这种规划方法更重要的作用却在于交通对城市空间、城市居民交通出行的塑造和引导上。

对于一个规模不断扩大的城市交通系统而言，交通网络的可延续性和组织效率是规划的核心，传统的交通系统规划更适应于小范围、蔓延式的城市发展，但城市范围扩大到一定程度时，会由于交通量的迅速增加，导致交通系统运行效率迅速下降，系统的可靠性就急剧降低，这使传统的交通系统规划方法在组织效率和延续性上都不能适应城市新时期的发展要求，目前导致国内特大城市交通问题的部分原因正是来自于把传统规划方法应用于超大网络的规划，从国内特大城市在过去城市快速发展的10年里交通与城市空间发展关系的变化就可以明确地反映出来，城市空间规划几乎全部失败，这除了规划管理的原因外，从交通系统规划方法上解释可能更合理。

此外，交通系统规划方法的变革将使传统交通规划所依赖的交通指标失效，在低机动性下，以城市混合开发为特征的交通系统规划指标不再适用于整个城市的规划。表现在城市开发方式的多样化发展，交通服务的要求也随之多样化，这首先就影响到交通的组织方式，也就是交通系统的规划指标。

城市范围大规模扩张对交通机动性的要求，促进了城市交通网络中以机动性为核心的快速交通系统发展。新型的交通系统结构从根本上改变了城市经济和社会活动的组织方式。

大城市快速交通体系的形成，一方面使城市经济活动和维持城市运行的活动可以在更大的范围内进行，另一方面也使城市活动的组织划分成活动特征完全不同的快速联系和地区活动两部分。

新型的城市活动组织与传统的城市规划有很大差异，社会和经济活动不再是围绕一个中心进行全市性的组织，而是以地区为单位通过快速交通系统进行组织，而即使是同类型的经济活动，也由于快速交通系统的提供，可以分散在城市的不同部分。传统的交通网络的级配、结构将因此而改变，中间层次的网络在一些地区将不再是必需的设施。如在新型的城市中心区和一些新开发的小区，内部集散性的次要道路可以直接与快速道路系统衔接。

2008年5月6日，北京市委、市政府《关于促进首都金融业发展的意见》(下称《意见》)正式对外公布。《意见》指出，深化“一主一副三新四后台”的总体布局，优化金融发展环境，强化金融市场建设，维护首都金融稳定和安全是首都金融业今后发展的指导思想。

“一主”是指金融街作为金融主中心区，要进一步聚集国家级金融机构总部，提高金融街的金融聚集度和辐射力；

“一副”是北京商务中心区(CBD)作为金融副中心区，是国际金融机构的主聚集区。加快北京商务中心区的核心区建设，提供适合国际金融机构发展的办公环境，提高国际金融资源聚集度。发挥朝阳区使馆、跨国公司、国际学校聚集的优势，吸引更多的国际金融机构法人和代表处、交易所代表机构、中介机构聚集，集中承载国际金融元素，形成国际金融机构聚集中心区。研究针对国际金融从业人员聚集区的特色金融服务；

“三新”是新增海淀中关村西区、东二环交通商务区、丰台丽泽商务区为北京市新兴科技金融功能区。通过对新兴金融功能区的开发建设，优化首都金融中介服务环境、加快金融功能区的建设、推动多层次资本市场体系；

“四后台”是加快推进金融后台服务支持体系建设，完成四个金融后台服务园区基础设施规划编制工作，推进海淀稻香湖、朝阳金盏、通州新城金融后台服务园区的征地拆迁和土地开发工作，推进西城德胜金融后台服务园区配套设施建设。

同样，新型的城市活动组织也在改变城市规划中空间布局与土地利用布局，全市性的宏观规划，要按照不同特征、功能的地区划分，通过快速联系交通组织全市性的活动。以地区性活动为基础的规划，在解决与城市快速联系交通系统衔接的前提下，需要更多关注小范围出行的需要，在用地布局上要满足活动之间的关联，以活动为核心，在活动范围、活动环境上与活动内容相适应，政策的制定上也以地区的特征和功能为基础，实行分区的交通和土地政策。

14.2.2 交通系统的功能层次结构

目前我国城市交通规划中，交通系统功能层次结构划分重点在道路系统，划分所依据的交通组织模式主要是城市规模小、机动化程度低、单中心的城市发展。即快速路、主干路、次干路和支路的四级结构。

四级道路系统的结构中，交通功能最模糊的是主、次干路系统，由于其功能既强调机动性，又强调可达性，使干路系统的交通功能在城市交通组织中最难以把握，在实际的交通组织中也不像快速路和支路系统那样容易判断。

城市空间扩大，出行距离迅速增加，交通运输总量呈几何级数般增长，对道路运输机动性和可达性的要求均提高到一定的程度。原来单中心城市发展中由于服务性土地利用集中，所形成的干路系统功能划分和高可达性、低机动性的交通组织不再适应城市扩展后经济和社会活动的要求。特别是不同城市开发模式下的交通出行特征，也正在使按照传统交通功能层次级配划分的方法与指标失效。

城市发展和交通发展要求功能不同的城市交通设施和服务适当分离，以扩大其服务能力和提高服务水平，即机动性和可达性服务难以再同时兼顾。而城市多中心发展和混合土地利用布局(社区中心、地区中心发展)，使城市活动特征发生显著变化，辅助性活动的范围比单中心城市小许多,这是不同的城市阶层活动的共性。

交通活动的变化和机动性、可达性服务分离,使交通运输组织需要以衔接为核心向两端延伸,一端是以机动性为核心指标的骨干交通系统或运输方式,另一端是以可达性为核心指标的集散与本地交通系统或运输方式。而在道路组织上,机动性和可达性组织不再是按照传统的四级结构逐步过渡,而是按照活动的特征,通过衔接设施跳跃式过渡。

道路功能层次是为交通合理组织服务的,所以交通功能层次划分必然要以交通特征的变化为依据。根据城市新的发展和交通活动的新特征,考虑交通系统功能层次的划分。同样,对于公共交通系统也是如此,但由于公共交通运营的特点,转换的成本一般在居民公共交通出行成本中占很大比例,新型的快速公共交通方式出现正好符合目前城市活动特征的变化。因此,适应城市发展和活动特征的新的交通系统功能层次划分由高机动性的快速系统和高可达性的集散系统,以及本地交通三部分组成,如图 14-6、表 14-1 所示。

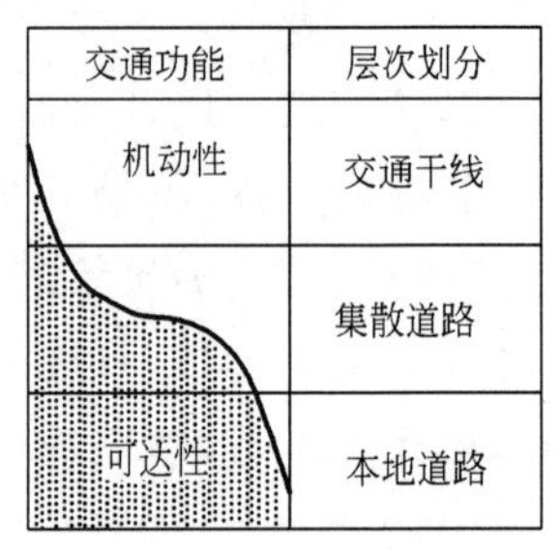

图 14-6 道路功能和分类的关系

交通系统分类与功能 表 14-1

功能层次	功能	交通设施
快速交通系统	高机动性,低用地服务	快速道路、轨道交通、BRT 等
集散交通系统	交通集散,用地服务	城市干路、支线公交
本地交通系统	用地服务	本地道路

首先,要求城市有快速交通的层次,来适应城市扩张和区域交通发展带来的出行距离增加。在城镇密集地区快速交通系统出现了组织城市长距离交通和区域性交通的快速或高速交通系统,如城市轨道快线和区域快速轨道交通系统等。大城市也正在建设组织市区和市域性长距离交通的快速交通系统。

其次,交通出行距离离散程度提高,以及城市分片开发和配套的规划,使快速交通网络的集散特征与以前相比发生了很大的变化,快速轨道交通、快速道路的密度提高,导致城市交通集散的范围减小,在城市中心与本地活动范围基本重合。在大城市的部分地区已经出现传统规划中按照递进的功能层级进行交通组织的模式正在被以枢纽和衔接为核心的小集散范围、功能层级跨越幅度大的组织方式代替,快速交通和小范围的集散交通组织成为城市交通系统中最需要关注的功能层次。

新的功能层次下,传统交通规划方法中级配关系和传统规划中相关的指标体系需要重新根据新型的交通特征进行修正。特别是,根据新交通组织特征下集散交通的范围和特征规划集散交通的功能等级,以及根据不同开发模式下的交通需求特征确定交通组织功能层次的级配和指标。

规划所面对的规划对象、特征确定后,交通系统的规划按照活动组织的变化,根据不同特征活动对机动性和可达性的要求，确定交通系统的功能层次和规划指标。主要表现在以下两个方面：

(1)交通系统按照可达性和机动性分层两级进行规划。区别于交通供应充足下的小规模城市交通网络，城市交通网络规模扩展和交通供应短缺下，骨干交通设施与本地性交通设施在交通系统的组织上分工更加明确，交通系统的空间结构主要由快速、骨干交通系统体现，机动性和交通供需平衡是快速、骨干系统规划核心，而本地服务的交通设施一般不存在供需紧张问题，其规划以地区性活动的可达性服务指标为依据进行规划，重点在于满足指标的要求，以保证地区性活动的可达性。

(2)城市、市域甚至区域高机动性的骨干交通系统建设，改变了传统的交通组织方式。不同于传统的规划中各层次网络都自成系统，新型的交通系统组织中，本地和集散交通组织范围由于高机动性骨干网络的建设被限制在一定的范围内，这个范围就成为集散交通系统规划的依据，其服务指标和功能都依据此范围来确定。交通设施被划分成两个明显的层级，层级间不再是传统规划中的逐步过渡，而有可能是跳跃式的由骨干系统进入集散系统。

交通设施规划方法的变革适用于公共交通与道路网络，目前在国际上公共交通社区规划就是把机动性和可达性规划分开的典型的两层级交通系统规划方法。

公交社区是围绕高质量的公共交通枢纽发展的密集的城市社区，高质量的公共交通服务使其可以方便地利用公共交通出行，美国波特兰(Portland)的公共交通社区如图14-7所示。

图14-7 美国波特兰(Portland)的公共交通社区

14.2.3 公共交通服务规划

公共交通是定点、定线、定时的交通系统，其核心是服务，而且是针对不同层次人群的服务。不同于道路，只是提供承载不同交通方式运行的平台，可以在规划中明确划分机动性和可达性，而公共交通要靠服务吸引客流，而在服务的构成上，同时包括了机动性、可达性和服务层次。

在目前的公共交通规划中，大量采用了道路规划的手法进行公共交通规划，重点放在公共交通设施，以可达性和机动性划分公共交通的功能层次，用交通量作为公共交通层次划分和组织的依据，公共交通服务规划完全推给运营企业，这是造成目前公共交通服务和居民需求冲突的根源。

公共交通服务的层次包含了为不同人群（按照出行的目的和收入划分服务对象）服务和不同功能等级的公共交通，公共交通服务就是要将服务层次与服务内容良好地结合起来，形成既体现系统效率，又满足不同人群出行的公共交通系统。

公共交通网络组织一般有两种形式，第一种是网络中线路的服务等级基本相同，各线路运营中把服务的机动性和可达性融合在一起，第二种是形成干线与集散线路结合的分层次网络，干线与集散线路分别承担网络中的机动性和可达性服务。

在两类公共交通服务网络中，票制、服务衔接和运营是三个关键因素，两种网络组织模式主要区别也在这三个方面，即适用的票制、衔接模式和运营组织完全不同。第一种服务网络适用与计程票制，衔接重点是线路上的站点衔接，运营上主要是以线路为核心的运营组织，而第二种模式的服务网络，适用于区域票制，衔接重点是干支线衔接的枢纽组织，公共交通系统运营组织是以区域为核心的运营组织模式。

目前国内绝大多数城市的共交通服务网络还是基本均质化、同等级线路的组合，随着城市的扩大，公共交通系统的机动性要求迅速提升，需要提高公共交通服务的机动性，来适应出行距离增加。因此，公共交通服务网络的提升也分为两类，一是在既有的均质化地面公共交通网络基础上形成高机动性的公共交通走廊，通过提高公共交通路权，提高在走廊内运行的各线路的交通机动性，即形成图 14-8 所示的第一种公共交通服务网络，另一种是在一些已经建设轨道交通的城市中，公共交通的干线系统正在形成，公共交通网络需要在干线建设的同时，对既有的均质化的地面公共交通网络进行改造，提高既有地面公共交通网络的集散能力和交通可达性，形成服务于一定区域的集散网络，即形成图 14-8 所示的第二种公共交通服务网络。

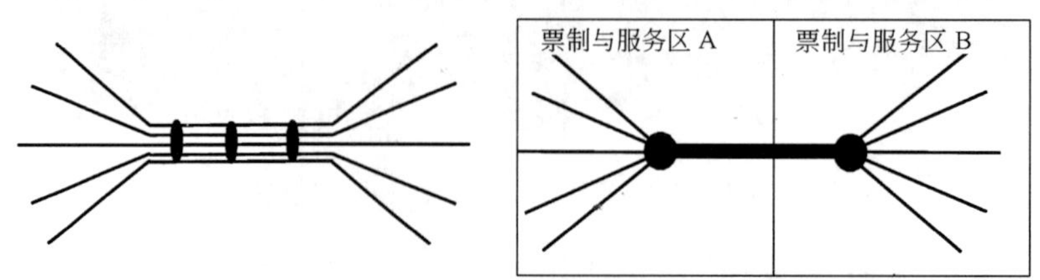

图 14-8 两种不同特征的公共交通网络

对于公共交通服务网络向干线与集散线路转变的公共交通网络改造，首先需要形成合理的区域票制，形成干线与集散线运营的票制环境，以轨道交通为主的公共交通干线承担跨票制区的服务，而承担集散交通的地面公共交通主要限定在某一票制区内服务。通过票制引导既有地面公共交通网络按照票制模式进行调整，其次是规划建设交通衔接和转换枢纽，促进干线和集散线路以及其他集散交通良好衔接，第三就是按照票制区域组织区域运营。目前国内此类公共交通网络的改造基本上都忽略了票制的因素，造成了既有地面公共交通网络与公共交通干线服务重复，集散效率降低，同样也使公共交通引导城市开发，引导城市居民生活方式转变方面大打折扣。

而对于仍然以均质化、同等级线路为核心的公共交通网络改造，则基本上维持了目前我国城市公共交通票制、线路衔接和运营组织的模式，改造的重点是划定公共交通走廊上的公共交通专用路权，提升走廊上公共交通运行速度，通过提高网络的交通机动性来提升整个网络的运行效率。

在城市为所有市民提供付得起的公共交通服务前提下，服务网络功能层次上的要求不会因收入而体现出差别，即不同阶层的人群对公共交通服务可达性和机动性的要求基本一致。阶层差别主要体现在车内服务水平上，主要是舒适性要求上的差别。因此，对不同收入阶层人群对公共交通服务的要求可以通过票价进行筛选，并按照票价提供不同舒适性的公共交通服务(类似于航空、铁路等运输服务中按照舒适度分舱)。

14.3 综合交通走廊与枢纽规划

14.3.1 交通走廊与枢纽规划的作用

交通系统规划分为以机动性为主和以可达性为主的两个部分，两者之间衔接的要求使交通走廊规划和枢纽规划变得比以往更加重要。

交通走廊与枢纽规划在规划目标和方法上不同于以设施为核心的专业规划，是基于综合交通组织和综合交通服务的规划，是交通与城市空间、活动模式之间的关系，以及综合交通系统各交通方式之间衔接的规划。规划的目标主要为两个方面，一是确定与城市空间、活动模式结合的交通系统骨干架构，二是提出综合交通系统协调与衔接指导，作为专项系统规划的协调依据。

城市活动的规划作为城市规划和交通规划共同的规划基础，为交通与城市空间、土地利用协调找到了协调的基点与方法，使交通走廊、枢纽与城市空间结构，以及与土地利用规划协调有了共同的语言。

城市空间范围扩大，使城市活动机动性和城市活动集散的规划成为城市运行的关键，而城市运行通过城市空间规划确定城市中心布局与各部分之间的关系，即城市经济和社会活动的联系、布局、组织模式来体现。城市交通中，不同交通方式活动的机动性和集散两部分的功能正是通过走廊和枢纽来组织。因此，城市交通走廊和枢纽系统的规划是城市发展与交通规划中承上启下、协调空间与交通的核心内容，走廊与枢纽规划通过对城市活动的规划而成为城市空间规划的一部分，是城市发展的轴线和中心体系布局的组成部分，反映城市功能和活动在空间上的组织。同样，空间与土地利用也通过对城市活动的规划成为交通规划的一部分，交通走廊与枢纽规划成了缝合城市发展与交通规划裂缝的规划手段，综合交通走廊与枢纽的规划是城市空间、土地利用规划和交通规划的共同内容。

交通走廊与枢纽规划的成果是走廊和枢纽的布局与运行功能指标，即规划城市活动组织的布局和集散的地点，以及为满足活动要求（即城市运行）对交通设施的运行功能要求，走廊与枢纽中不同交通方式的衔接要求。

14.3.2 交通走廊规划与枢纽规划

交通走廊与交通枢纽规划在分层次的交通组织模式下相互依存，走廊需要通过枢纽进行转换和集散，而枢纽则是走廊的锚定点和走廊交通组织的中心。

在城市中，空间上的城市活动分布和要求不是平坦和平均的，城市活动锚定点（家、工作单位、商业中心）集中布局的地区之间的活动是城市活动中机动性要求高、需要优先保障的内容，同时，城市与外界的联系作为区域和国家经济活动组织的一部分，也需要高的机动性和优先等级。因此，城市活动无论是在内部还是对外的联系，高机动性交通系统的轴向发展特征一般很强，并且与城市的空间指向完全一致。

城市交通走廊规划要考虑两方面的因素，一是城市活动的联系期望，城市活动的分布，或者城市活动的空间组织，主要是与城市空间契合的各种高机动性交通系统的走向，重点考虑城市交通与对外及区域交通的衔接，城市中心之间、城市组团之间、不同功能区之间的联系；二是城市不同层次交通在走廊上的活动要求，走廊上不同交通方式和不同服务的组织要求，主要是走廊上不同交通方式、交通服务层次的服务要求，以及相互之间的衔接。

交通走廊作为城市高机动性交通的走廊，是体现城市功能区之间联系的骨架，其将城市的各功能区串联在一起，在城市交通组织中是一个整体，通过枢纽或者转换实施与城市的本地交通服务网络进行衔接，如公共交通枢纽、中心站点、道路出入口等。

客运走廊一般按照功能和客运规模进行划分，按照功能划分的走廊主要分为三个等级，见表 14-2。

客运走廊等级划分 表 14-2

客运走廊等级	功　能	交 通 要 求
I 级客运走廊	城市和区域主要发展轴向，城市和区域主要中心之间联系，主要对外交通接入方向	复合、高/快速
II 级客运走廊	城市中心与次级功能中心的联系，城市内部的主要联系通道	复合、快速
III 级客运走廊	城市中心与直接服务腹地的联系通道，城市外围地区之间联系通道	地区集散

在交通走廊之间的衔接处，以及城市的主要功能区，如中心区、副中心、主要居住区等地则通过不同等级的交通枢纽实现交通走廊之间的转换和走廊交通的集散，杭州市交通

走廊规划如图 14-9 所示。

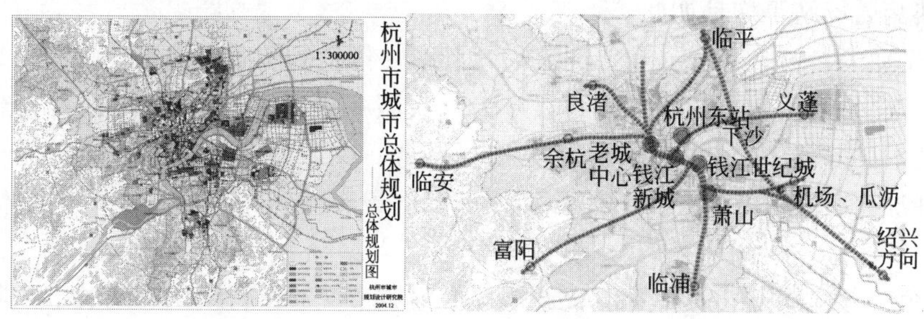

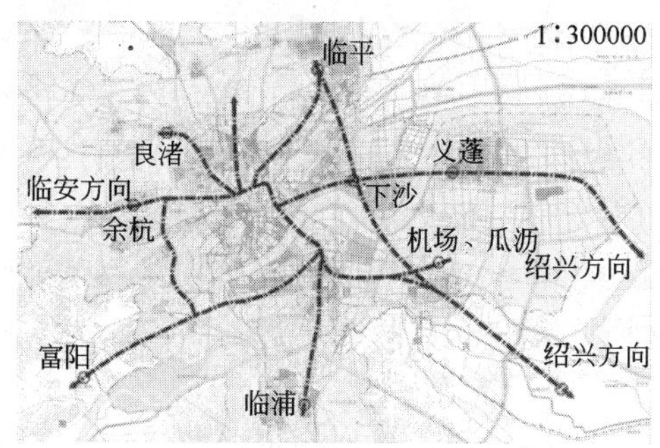

图 14-9 杭州交通走廊规划

14.3.3 交通枢纽规划与交通组织一体化

我国传统意义上的交通枢纽主要以国家综合交通网络的角度定义，为解决交通方式之间的转换，如在交通名词的解释中，“交通枢纽是一种或多种运输方式的交叉与衔接之处，共同办理客货的中转、发送、到达所需的多种运输设施的综合体。由同种运输方式两条以上干线组成的枢纽为单一交通枢纽，两种以上运输方式的干线组成综合交通枢纽”。

随着城市扩展，客货运运输中多种交通方式并存和交通的功能层级划分使交通衔接成为交通运输系统中效率损失最高的环节，做好交通衔接成为能否实现新型交通组织模式的关键点。承担交通衔接组织的交通枢纽在城市交通中的作用迅速提升，成为左右城市运行效率、决定城市交通组织模式的核心因素。

尽管在交通的规划中综合的重要性已经众所周知，但交通规划中分系统的规划方法一直没有改变，综合只是停留在战略和政策上，几乎没有真正意义上规划实施中的综合。这在管理体制的分割中似乎已经习以为常，成为交通规划的“定式”。

交通“一体化”目前已经成为大城市交通规划中必提的理念之一，几乎可以涵盖到交通规划的每个方面，区域交通、不同方式交通、城市交通与对外交通等。但一体化的重点主要落在规划层面的相互考虑和设施规划上。

目前我国交通规划中的枢纽是按照分系统的运行特征将生产性需要和出行服务合并

进行规划，枢纽成为系统运行保障性场站和服务组织性枢纽的联合体，如长途客运、铁路客站、公共交通场站等均是如此。

城市交通的目标是承载人和货的流动，因此，一体化的实质是基于设施的交通组织和服务，把一次出行(客货)，从起点到终点作为一次服务进行统一组织，即通过设施、运营、价格、管理的良好衔接来提供"无缝隙"的出行服务。在服务的提供上不同交通子系统都将在其适应的范围内发挥特有的优势，实现资源的最有效利用和交通系统的整体服务水平提高。

大城市交通组织方式的转变使交通枢纽成为城市交通出行组织中的关节。随着城市的扩张和区域化发展，枢纽的布局范围也延展到市域、区域，功能上也不仅仅是城市交通，区域交通、对外交通也纳入其中，成为管理、价格、服务、运营真正综合的关节，不再是不同系统中的枢纽，而成为交通综合的"抓手"，成为"一体化"的实施中实质性推进的切入点。

目前国内有些特大城市随着城市空间结构调整和交通网络结构、组织方式调整，已经开始编制交通枢纽的规划，把交通枢纽作为交通一体化规划和建设的落脚点和在现行体制下整合，协调不同部门资源的重要手段。如位于北京市丰台区西三环六里桥西南侧的六里桥客运枢纽，是集公交、长途、出租、地铁为一体，以省际客运与城市交通衔接为主的城市客运枢纽。

交通枢纽的规划与既有的场站规划不同，传统的场站规划重点是运输企业生产组织的用地，而交通枢纽则是各种交通方式和各种交通服务层次之间交通转换的场所，主要服务于客货流交换和集散的组织。是通过交通组织的层级化，把原来交通网络规划中的分散在部分节点上的交通转换集中起来形成一定规模的枢纽，是运输组织的重大变化。如目前公交场站按照中途站、首末站、枢纽站、停车场、保养场划分，其中前三种承担客流组织功能，而后两种承担企业内部的生产服务功能。公共交通线路结构划分为高机动性和集散性的网络，承担客流组织功能的公共交通设施中，枢纽站的功能更加强化，并与其他交通方式的交通组织功能结合在一起，形成不同等级的客运枢纽(表 14-3)。在管理上，承担客流组织和企业生产型组织功能的设施也分离开来，客流组织设施，特别是客运枢纽单独管理，适应不同方式交通在枢纽内一体化组织的需要。

客运枢纽等级划分 表 14-3

名　称	I类客运枢纽	II类客运枢纽	普通客流集散点
功能	主要服务全市的大型客流集散和转换	主要服务于地区级客流发生吸引源，提供和周围地区的方便快捷的联系	服务于 300～500m 范围内的客流集散，以及一般线路之间的客流转换
设置条件	I级及 I、II 级客运走廊衔接； 日客流量超过 12 万人次	I级客运走廊与城市主要功能区衔接，II 级及 II、III 级客运走廊衔接； 日客流集散量在 8～12 万人次	III 级客运走廊衔接，以及 III 级客运走廊与城市功能区衔接

续上表

名 称	Ⅰ类客运枢纽	Ⅱ类客运枢纽	普通客流集散点
客流组织	客流集散与转换组织用地不小于10 000m^2	客流集散与转换组织用地不小于5 000m^2	—
枢纽形式	综合交通枢纽、大型公交换乘枢纽、大型公交首末站	公交换乘枢纽、中心站、首末站、大型公交站	一般首末站、普通公交站点

城市交通规划中，目前有必要把枢纽规划作为分系统规划综合的核心规划内容，生产性的场站部分仍然保留在系统内，而把不同系统服务衔接的功能从目前的分系统枢纽规划中分离出来，形成以枢纽为核心的交通运输服务组织，成为综合交通枢纽的规划，作为一体化规划的核心内容。

交通枢纽按照客运组织功能可以分为两类，一类是高机动性交通运输之间的中途交通转换枢纽，一类是高机动性和本地交通之间的衔接的交通集散型枢纽，在实际的发展中两类枢纽的功能往往是混杂在一起，单纯的某一功能的枢纽几乎不存在。枢纽规划中要区分两类客运组织的需求，在用地和组织上尽量将两类需求分离，形成两类客流相对独立的组织区域。

枢纽规模的确定是枢纽规划的另一个核心内容，规模大的枢纽需要扩大集散范围和集中多条走廊。一般规模较大的枢纽集散交通组织的范围也较大，在功能上，高机动性的优势随着集散范围的扩大逐步缩小，在枢纽内部的组织上，大规模的客流汇聚会产生较大的安全隐患，并且不同方向之间转换客流组织空间需求很大，枢纽内部运营的效率、功能发挥与规模之间的关系并不成正比，当规模超过一定的限度，枢纽的效率反而会下降。因此，对于城市客流集中地区的枢纽规划需要在保证效率与安全的情况下，根据客流转换之间的关联性强弱适当分散。

14.4 不同开发模式与交通规划

城市多样化的开发模式在促进城市扩张的同时，也在促进城市功能逐步分散和中心区城市功能的疏解。在这个过程中，各种开发的功能专业化发展是支撑开发的基础，如工业园、大学城、金融街、科技园等都通过在开发区范围内的优惠政策来吸引与开发相适应的产业进驻，而优惠政策的排他性又促进了开发区的专业化功能强化，形成某类适于开发政策的经济和社会活动的聚集区。

不同开发模式下类似产业和经济活动的聚集，使各类开发模式下的活动模式也表现出相似性。不像中心城区或独立的城市是各种活动的集合体，新型开发模式下城市活动的个性显著。所以，在城市交通规划中所形成的许多规划思想和指标并不符合功能独特的开发区活动模式。这些地区的规划成为近年来城市规划和交通规划的一个新的领域。

总体来讲，目前在城市中或城市外围地区形成的开发区多种多样，典型的有以下几类:以工业和加工产业聚集的工业园和经济开发区、以高新技术生产和研发为主的科技园和高新技术开发区、大学园区,以及以港口为基础形成特定的工业开发区等。这些园区所聚集的产业和功能还不具备一个城市的完整的功能,是以生产和某种经济和社会活动为主聚集在一起开发。

(1)工业园和经济开发区。工业园区和各类经济开发区是目前国内数量最多的开发模式,几乎每个大城市都有一个甚至几个类似的开发区。此类开发区主要以工业产业为主,以劳动密集产业为主。人口构成主要是工厂的就业人员和少量其他服务人员、管理人员,在许多开发区工人也以外来务工为主导。如在珠三角、长三角的许多工业园区,外来务工人员的比例甚至高达80%以上。园区的产业形成一定的产业集群,并作为全球化或者区域化产业链的环节。在交通系统规划上,工业园区内部的本地交通一般都是典型的方格网干道以适应工业区土地出让的特点和内部交通组织的特点,对外联系需要有便捷的集散交通网络与城市对外的骨干网络衔接。

工业园和经济开发区在人口和产业上的这种特征使其经济和社会活动的特征与完整的城市完全不同,客流组织面向城市,而物流组织面向区域或全国。在客运交通组织上,对于简单加工的工业园区,人口的构成中,中低收入人口占绝对优势,对外出行少,消费简单,以厂区为家,主要依赖公共交通;而技术含量较高的工业园区,由于园区内部的居住少,大量的就业仍然是居住在中心城区或其他比较完善的城市地区,园区的对外联系通道中,与城市地区的联系通道承担客运组织,也主要依赖于公共交通和步行。而工业物流运输则要求低的物流成本,与国内外或区域有便捷的联系,来达到区域或全球生产组织的要求,南昌市工业区规划如图14-10所示。

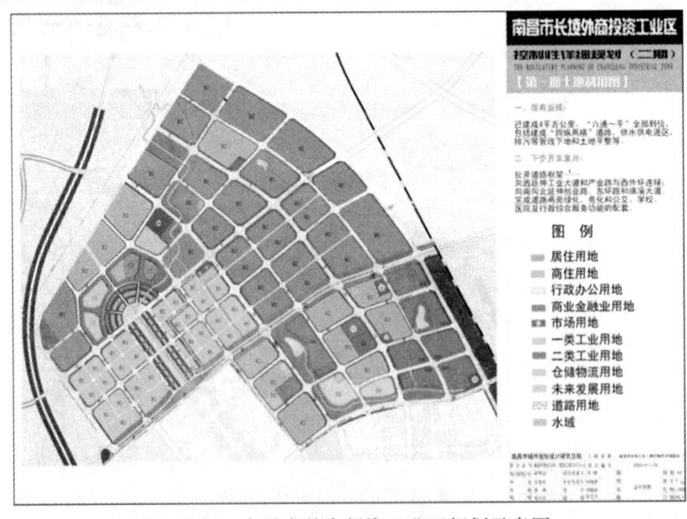

图14-10　南昌市外商投资工业区规划示意图

(2)科技园和高新技术开发区。科技园区和高新技术开发区相对于工业园来讲,其产业的技术含量较高,以创新和高科技为开发区为重点,园区产业以知识密集型居多。在人口的构成上，中、高收入人群的比例增加，白领类技术人员的比例增加，除部分加工企业外，外来低收入的务工人员比例比较低，园区的服务业也相对较完善。对外运输的需求与工业园相比小的多，价值也较高，对物流的要求也比较高。

科技园和高新技术开发区与工业园相比，在活动上更接近于城市，在许多城市这类园区的地理位置上也接近城市或者就是城市的一部分。科技园的土地利用和就业特征也与城市中心的办公本相同。人口的构成特征决定了这类开发对城市服务的要求高，一般这些地区的城市服务相对于城市其他地区也比较繁荣。在交通出行上，出行一般高于城市的平均出行，公务、商务类出行比例高，公共交通、私人交通发达，区域和国内外联系频繁。在物流的组织上，不像工业园区需要与区域要有便捷的高、快速通道，而对快运等高端物流的要求较高，北京中关村科技园规划如图 14-11 所示。

图 14-11 北京中关村科技园规划布局示意

(3)大学园、大学城。这是一类特殊的开发区，是大学校园和少量研发的聚集，开发只是大学校园的延伸。人口构成与校园并无区别，以学生和老师为主，辅以少量的服务人员。大学园区距离城市一般比较远，学生的活动一般在园区内，对外联系很少，与城市的联系呈现周末和假日高峰，主要依赖公共交通，广州大学城规划如图 14-12 所示。

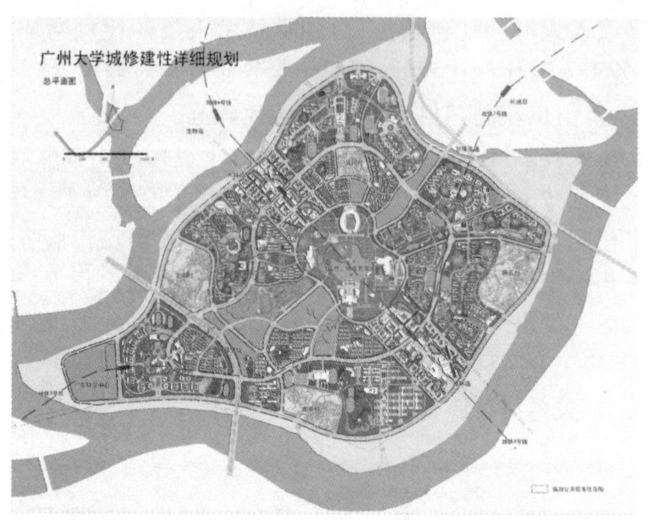

图 14-12　广州大学城规划

(4)港口开发区。与港口结合的开发区是特殊的工业园区,以临港工业产业为主,主要是能够利用港口运输便利的大运输量的资本密集型重型产业,以及与集装箱相关的加工产业,如化工、钢铁、电厂和产品组装等。由于港口向深水发展,港口一般距离城市都比较远,而资本密集的重型产业的发展所需的人口和就业比较少,形成港口工业区主要以港口和产业集疏运为核心的运输组织,而港口腹地的不断拓展,要求其集疏运网络必须与国家和区域的高等级交通网络集合在一起。

对比不同模式开发区与功能完善的城市地区的规划,可以发现,其交通系统的差别在于内部交通系统的组织和构成,对外联系的差别主要在于功能,联系机动性要求一般都基本相同。

在城市空间的扩展中,园区的发展只是城市发展中的一个片段,随着人口和产业的完善,园区的城市功能会逐步完善,居住、服务等功能逐步扩大,最后实现园区向完善城市地区的转化,形成与城市一样的土地利用和城市活动特征。目前国内部分城市早期的园区已经成为完善的城市功能区,如深圳华强工业园改造成为城市商业中心;或者在新的规划中从园区转变为新城,如北京的亦庄经济技术开发区在《北京市城市总体规划(2004～2020)》中规划为重点新城。同样地,也有部分原来在城市中的工业园区随着城市扩大,工业产业搬迁,在原来工业园的基础上进行完善的城市开发。两者都有一个共同的特征,就是工业园向完善的城市地区发展,如图 14-13 所示。

深圳华强北商圈由工业区转变而来,从 20 世纪 80 年代末到现在经历了由工业区向商业区的两次成功改造,成为深圳最具知名度和影响力、销售额全国第一、商业密度全国最高、全国电子产品经营面积最大、种类最多的商业旺区。为了在保持华强北商圈的原有业态和兴旺程度的基础上,使片区更有活力、更能创造价值,规划部门编制指导片区城市

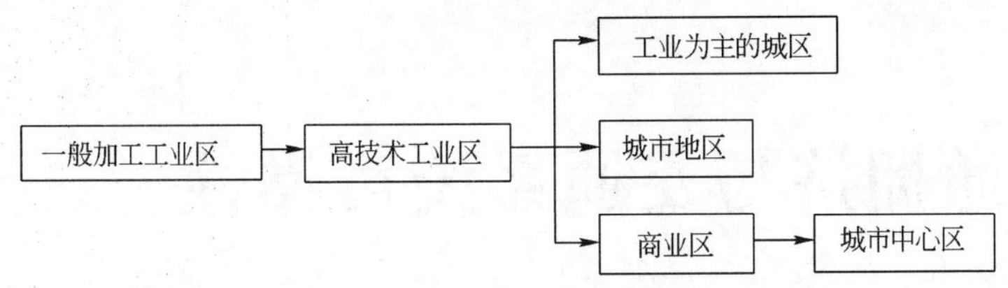

图 14-13 工业区向完善城市地区发展路径图

建设的《上步片区发展规划》和指导实际操作的《实施要点》等，将上步片区定位为在全国最具影响力、辐射海内外的高端电子信息服务和交易中心、多元业态混合的商业中心和高新技术研发中心，兼具商务办公、居住等功能的综合性片区。

到 2007 年为止亦庄经济开发区已经进入了第 15 个年头。经过 10 余年的发展，亦庄完成了从产业园、开发区到新城的巨大飞跃和转变。根据北京市对亦庄的全新规划，亦庄将全面发力打造以高新技术产业和先进制造业集聚发展为依托的综合产业新城，并成为辐射并带动京津城镇走廊产业发展的区域产业中心。

在这个发展的过程中，通过对土地利用的改造，即部分工业活动逐步转移或升级，被新的土地利用代替，城市活动也逐步转变成为完善城市化地区的城市活动特征。从一般加工工业区货运为核心逐步转向以客运交通为主导，内部交通密度增加，不同土地利用之间的客运交通联系加强，慢行交通和交通环境要求提高，交通联系的方向逐步由与外联系为主发展成为与城市其他客运交通集中的地区联系紧密。园区的交通组织逐步由货运组织和服务转向客运交通组织与服务。

城市活动改变所引起的客运交通系统改造主要集中在两个方面，一是相关联系交通系统交通客运组织改造，即与城市其他中心地区联系的客运交通改造，主要根据园区活动的改变，提升高机动性的客运联系交通，提高客运能力和服务水平，如轨道交通、快速公交等。二是本地交通系统的功能与设施改造，主要是本地活动系统的改造，适应本地客运活动对设施和环境的需求。

按照分层次划分为机动性联系交通和本地交通的新型城市活动组织模式，正好可以应对城市各类园区的这种变化，内部灵活布局、外部结构稳定，把园区向城市升级所带来的交通改造限定在既有的交通系统框架内进行的组织和服务改造，即重点在于本地交通系统的改造和与城市联系的客运交通上。这要求园区的交通规划需要按照联系交通和集散交通、本地交通的组织模式逐层次递进进行规划，园区地块划分，既要符合土地出让特点，又有利于以后的本地交通改造。

从目前已经改造的地区的改造特征看，改造地区与城市联系交通的改造主要集中在的道路的交通组织和公共交通的改造上，而内部交通系统的改造主要集中在交通系统加密、慢行交通系统环境改造和交通系统功能改造。

15 交通拥挤与交通系统可靠性

15.1 出行时间与交通系统可靠性

大家都有过雨天或者雪天出行的经历，在恶劣的天气下，应该讲，城市的总体出行数量是减少了，人们已经尽可能地减少不必要的出行，但道路上的交通运行状况却比平常更坏，原因是人们在行车时更加小心谨慎，所有人的出行时间因此拉长，交通系统承载的交通需求按照时间计算是增加了，即在利用车(或人)公里衡量的交通量减少的情况下，按照车(或人)小时衡量的交通量增加，出行时间的可靠性降低导致了系统的整体可达性水平降低。

在中国，目前城市交通机动化水平的迅速增长，大城市出行调查掩盖了部分出行时间增长的现实，人们的感觉是出行距离增加后机动性的提高，使出行时间只是略微增长，从长远看，在机动车持续增长下，这种状况不可持续，交通拥挤造成的交通机动性降低，系统出行时间增加导致交通系统可达性降低的影响就会反映出来，其实，在部分特大城市，居住选址已经出现放弃郊区化而重新瞄准中心区，或者部分已经迁出中心区的人群又开始回流的逆郊区化现象，除了配套设施外，交通拥挤的影响是主要的因素之一。

在接近饱和的交通系统中，由于对导致拥挤因素的敏感度很高，交通拥挤随时都可能发生。交通系统中很小的扰动因素就可能导致大范围的交通拥挤。因此，城市在交通拥挤运行状态下，对于同样的出行路径，实际的出行时间不是每天都是固定的，其围绕一周或一月的平均出行时间波动，这种波动的幅度表明系统的可靠程度，波动幅度越大，则系统的可靠性越低，出行者越难以估计实际花费的出行时间，美国亚特兰大市中心区不同出发时间的出行时耗如图 15-1 所示。为了应付难以预计的交通拥挤因素，其在出行中越需要留出更多的富裕时间以应付交通系统的不可靠，即对出行的时间的估计中必须充分考虑交通系统不确定因素可能消耗掉的时间，相关研究表明出行者估计的时间大约要超过正常运行时间的 80%，甚至 100%，提前出发成为保证按时到达的无奈选择，这部分时间的花费，是出行者对系统运行可靠程度的反应。如果根据出行者的经验，出行中为应付交通状况的不确定性所需要预留的时间越长，则交通系统的运行越不稳定，即系统运行的可靠性就越低。

因此，交通系统运行的可靠性可以用一段时间内(周或者月)实际出行中最大出行时间和平均出行时间的比值来定义，或者说是用交通出行时间的离散程度来定义。出行时

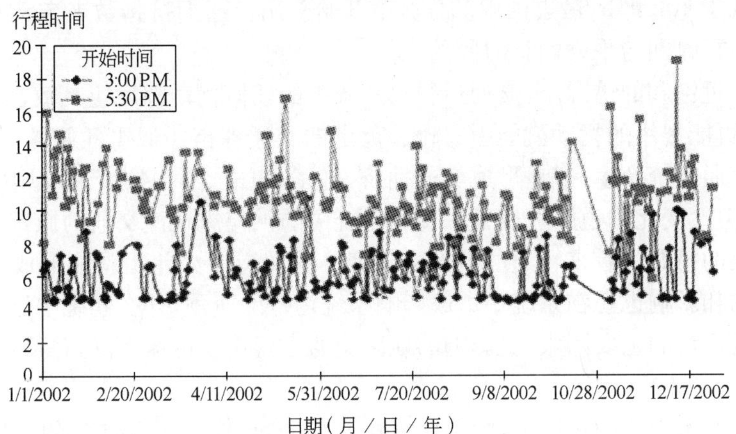

图 15-1 亚特兰大中心区不同出发时间的出行时耗❶

间的离散越大,系统运行状态越不可靠。

城市交通拥挤为常态的交通系统,交通规划和设计理念需要根据运行状况进行修正,把交通规划和设计中以所有出行者或者系统成本最小,转移到保障交通系统的可靠性上。交通拥挤下保障交通系统组织正常城市活动的可靠性,在交通系统规划中需要重点关注三个方面:一是交通系统中高可靠性的优先系统规划;二是多方式结合的交通系统;三是道路系统的可控性。其中,交通系统中的优先系统规划可以保障城市重要的活动,采用高可靠性优先系统进行组织,或者说是在交通组织中给予重要的城市活动和对城市运行作用大的交通以优先通行权,来提高这些活动所依赖的交通系统的可靠性;多方式结合的交通系统通过交通方式的配合和互补,提高交通系统的可靠性;而道路系统的可控则为交通系统在拥挤下提供了交通管理介入的入口,通过交通管理手段调节交通流的分布和运行状态。

15.2 交通拥挤成因与交通系统的可控性设计

相对于交通供应充裕时交通拥挤只在有限的交通设施瓶颈处出现,交通供应紧张情况下的交通拥挤要复杂得多。

交通拥挤目前还没有统一的定义,在我国习惯于用道路交通的饱和度来定义交通拥挤,认为是交通量超过通行能力后道路运行的反应。1991 年美国联邦公路局(FHWA)在《陆上综合运输效率法案》(ISTEA)中对交通拥挤的定义为:由于交通之间的相互干扰,交通运行的状况的服务水平变得不可接受;日本城市快速路交通拥挤的定义是:车辆运行

❶ Traffic Congestion and Reliability: Trends and Advanced Strategies for Congestion Mitigation—TRB.

的平均速度低于10km/h；最近国内部分城市开始采用交通拥挤指数来定义交通拥挤，即高峰时期的出行时间与平常出行时间的比值。

在交通接近饱和的情况下，交通运行对系统中的任何扰动都反应灵敏，系统的自我修复能力下降，可能很小的扰动就能引起较大范围的交通拥挤。似乎任何外部或者内部的影响都会对交通系统产生影响，形成交通拥挤，施工、事故、不遵守交通规则的过街行为、坏天气，甚至突然变化的道路坡度等。交通系统中的供应短缺使交通的瓶颈迅速增加，那些在供应充足的情况下看来畅通的地方由于细小的通行能力差距就能形成交通瓶颈，并且小小的波动和影响也会在系统中形成影响系统运行的瓶颈，并在系统中迅速传播，成为影响交通系统运行的主要因素，受影响的地区交通运行速度迅速下降，并经过较长时间才能恢复秩序。

在传统交通流理论的基础上，鲍里斯(Boris Kerner)提出了交通流的三段论，区别于传统交通流理论，把交通拥挤分为同步流和混乱堵塞(synchronised flow and wide moving jams)，在同步交通流阶段，所有交通以比较慢而基本相同的速度行驶。

根据美国交通拥挤与可靠性研究的成果，城市交通拥挤形成的主要原因是交通瓶颈、交通事故、天气、施工等原因，其中有40%来自于交通瓶颈，约25%的交通拥堵来自于交通事故，天气因素占到15%，施工影响为10%，信号控制不合理占5%，如图15-2所示。对于国内大城市的交通系统，交通混乱、交通瓶颈、施工和交通信号也是交通拥挤产生的最大原因。国内各城市目前在交通规划、设计中仍然在采用交通畅通状态下“粗放”的交通规划和设计方法，在规划和设计中不太注重的“细节”则成为交通拥挤状态下瓶颈。如在国内一些城市对交通拥挤的成因分析中重点都放在规划、设计和交通信号的不合理上。

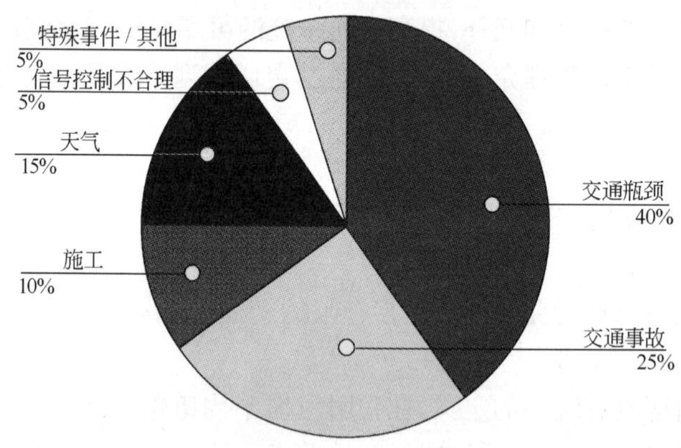

图15-2　美国交通拥挤形成的主要原因❶

在城市空间结构调整和城市大规模扩展的阶段，城市正常运行主要靠机动性比较高

❶ Traffic Congestion and Reliability: Trends and Advanced Strategies for Congestion Mitigation. TRB.

的城市交通系统来组织，或者说交通系统的分层次和等级是保障城市正常运行的关键性因素，但在交通拥挤的状态下，城市交通系统中各等级、层次的机动性的差别逐步消失，变成在机动性上没有差别的系统。因此城市交通在拥挤状况下的管理中的一个重要任务就是保障高等级交通系统机动性水平，即对交通系统运行的控制，实现对系统的实时修复。

我们目前道路系统的规划中，快速道路主要用来承担城市机动性要求高的联系交通。在目前快速道路的规划设计中，规划和设计方法的主要依据是畅通交通流。快速道路出入口交通、快速道路之间转换交通的控制，以及快速道路车流变换段等的控制等在规划和设计中考虑还比较少。这对于畅通的交通流而言，既可以保持快速道路的机动性，也不会在道路上产生瓶颈，但对于在拥挤状态下的交通流，则削弱了快速道路的机动性功能，并且会在快速道路上形成交通瓶颈，演变成为更严重的交通拥挤。从北京快速道路的出入口管理和主要交通拥堵点的分布可以看出完全符合这种特征，交通拥挤主要在车流变换的地段产生，并在高峰时期迅速波及整个路段，而对出入口和道路交通转换之间的控制缺乏则导致高峰期间快速道路拥挤大面积出现，快速道路速度甚至低于主次干路的交通运行速度。

交通系统是由不同的交通参与者和交通设施构成的，系统的规模越大，相互之间的关系也就越复杂，在供应充足的情况下，个人目标最大化和单个设施运行效率的最大化必然带来系统运行效率的最大化。利用交通个体出行追求出行效用最大化的本能，无控制、自适应快速道路系统是成本最小，也是运行效果最好的选择。但在供应短缺下，交通延误在近饱和交通状态下的非线性增长，个体最优和系统最优之间并不能划等号。系统效率最大化必须以系统的关联为基础，个体效率的最大化可能会损伤系统的整体效率，以供应充足情形为背景设计的快速道路系统就成为道路系统中可靠性极低环节，进而降低整个道路系统运行的可靠性。因此，供应短缺下要实现系统运行目标的首要条件就是系统要可控，能够及时对不同的参与者和交通设施施加影响或进行干预，引导交通参与者修正自己的行为，保证交通设施之间良好的互动，以提高系统的整体效率。

对系统的控制也主要着重于交通拥挤产生的原因，在规划设计中重点在于交通瓶颈的控制与管理。重点在于出入交通的控制，这包括了快速系统内部交换和与快速系统外部的交换。通过保证这些瓶颈段的交通秩序，使其能够保持在同步交通流的状态，避免产生失控而引起的混乱堵塞。

交通拥挤下的快速道路系统规划的思路与供应充足下的以自适应为系统运行管理主体的正好相反，要求对进出快速道路系统和其上运行的交通流，特别是在快速道路系统内转换的交通流能够进行交通管理的介入，如目前快速道路之间采用最多的互通立交进行管理，实现对道路系统调节，有效降低交通延误，提高快速道路的交通机动性，达到交通活动保障能力的最大化，进而提高整个道路系统运行的可靠性。

交通拥挤下，交通网络规划要尽量使交通需求在城市道路网络中均衡分布，也是提高道路网络可靠性的一个重要方法。

由于城市发展的历史原因，国内许多大城市是围绕一两条贯穿城市的主要交通干路发展起来的，随着城市的扩展，这些干路就成为城市的核心区所在，成为集交通、商业、办公等为一体的“城市中心”。由于各种各样的原因，在这些城市的交通组织中，很难再找到其他同向、同等级、同功能的分流道路，造成城市交通需求的分布极不平衡。在机动交通需求快速发展中，这些城市很快在核心道路上聚集了大量的交通，形成拥挤。当道路服务水平下降达到拥挤后，堆积的车辆延长，延误迅速增长，并迅速蔓延到交叉的道路，扩散到城市的各个角落，造成仿佛“蝴蝶效应”一样，突然一夜之间城市交通服务水平就整体下降，陷入拥挤之中。

均衡的方格网道路是交通运行可靠性较高的网络，已经被证明是均衡交通分布，可以适应多种开发模式的道路网络。因此，承担大城市机动性交通组织的道路网络，要尽量规划成为均衡的方格网。通过多通道的规划，避免交通组织过分依赖于某一条道路。同时，同等级交通网络交通需求分布的均衡情况也作为一个重要的规划指标，用以判断交通道路网络规划中的潜在问题，如图 15-3 所示。

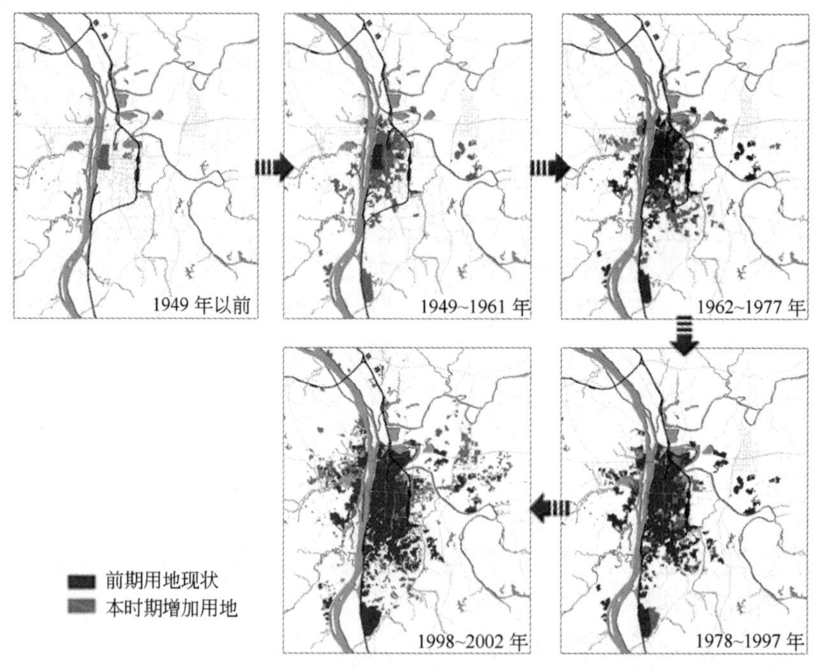

图 15-3　城市围绕干线道路发展示意

15.3　优先路权规划

正是由于城市活动对出行时间的优先度不同，在交通拥挤状态下，看似公平的平均化交通管理却是以损失城市运行效率为代价的，时间优先度高的活动，或者说对城市运行效率贡献高的交通活动在城市中并没有优先的通行权。此外，对于像公共交通等在客运市场上竞争力低、对城市交通贡献大的交通系统，如果没有优先通行的路权保障，在交通拥挤下，其运行状况将不断恶化。

拥挤状态下评价城市交通效率的指标不再是平均的运行速度和时间，“平均主义”式的管理和指标体系已经不能反映城市的运行特征和效率，需要考察城市不同目的、不同阶层人群活动的交通运行状况，如果城市主要活动、维持城市竞争力和活力的交通活动是高效率的，那么交通拥挤所改变的只是人的活动方式和时间，并不会对城市运行的效率产生太大影响。

在供应短缺所造成的交通拥挤下，要保持城市的活力和有效运行、提倡节约、利用有限资源的活动方式就必须采取给予优先。出行对交通成本的响应程度和居民对出行成本的支付意愿是交通优先政策的实施基础，也是影响居民的出行决策主要依据。

城市交通中，不同目的、不同阶层人群的交通出行对时间的要求差异很大。在出行目的的构成中表现为交通出行受出行成本的影响，对于重要的出行，其对时间的调节性差，对成本的影响不敏感，而对于时间可以调节的出行，出行成本对出行决策的影响就比较大，如图 15-4 所示。

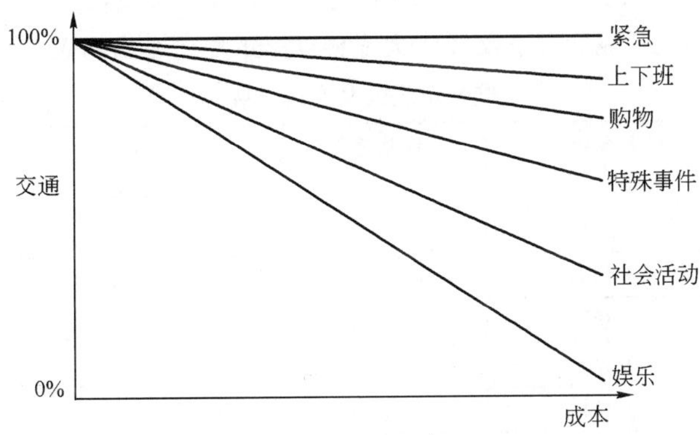

图 15-4　不同目的出行对成本的反应

道路交通拥挤对路面公共交通运营可靠性的影响最为直接，拥挤所导致的出行时间增加，反映到公共交通运营中，就导致运行线路上滞留车辆增加，车辆内部拥挤增加，公共交通运营时间表的执行变得更加困难，公共交通的服务水平因交通拥挤而下降，与其他交通方式的相对竞争力也因此而下降。

如一条 10km 长的公共交通线路，如果在运营速度为 25km/h 的情况下，采取 5min 间隔发车，只要 5 辆公交车就可以满足，但当运营速度在交通拥挤的情况下，下降到 15km/h 的情况下，运营车辆就需要增加到 8 辆才能满足发车间隔 5min 的要求，同样在客流的承担上，两种情况所承担的客流量却没有变化，也就是说，在本例中，交通拥挤情况下，要达到与交通畅通情况下一样的服务水平，仅车辆成本就要增加 60%。这只是一个简单的例子，实际上在交通拥挤下，由于交通拥挤不是平均分布，公共交通运行时间表被打乱，为保障交通服务的可靠性(相当于道路交通的可靠性),公共交通为此所增加的成本还要更大。

近年来,国内的大城市公共交通在车辆发展上取得了长足的进步,大部分城市公共交通车辆的拥有量在最近的5年里增加了1倍以上,但用车辆内部拥挤、车辆准点率等衡量的公共交通服务水平并没有因此而提高多少,有的城市甚至出现下降。

城市政府和公共交通的运营商为了在拥挤的交通条件下提高,甚至是维持既有的公共交通服务水平,即保证车辆的间隔和车内的舒适度,以及运营的可靠性,不得不大量增加线路上的配车数量。

杭州近年来公共交通的发展,无论是数量,还是质量都均取得了长足的进步,见表15-1,按照车辆数计算的单车客运量大幅度下降,按道理公共交通的服务水平应能大幅度改善,但实际情况并非如此,服务水平的改善远低于企业和政府的努力,车内拥挤仍然居居民对公共交通不满意的榜首。交通机动化带来的交通拥挤和道路资源利用上的模糊使公共交通在交通拥挤下,运行速度大幅度下降,为抵消拥挤的影响,车辆大量增加,交通拥挤对车辆资源消耗迅速增加,同时拥挤也使城市公共交通服务水平指标中最重要的准点率下降,运行速度的竞争力下降,在杭州城市出行距离尚不大的情况下,在与机动车和自行车的竞争中均处于劣势,导致客流大量流失,公共交通出行的比例下降。❶

杭州市区公共交通发展 表15-1

年　份	运营车辆数(标台)	线路总条数(条)	年客运量(亿人次)	单车客运量(万人次/车)
1995	1 254	95	4.09	32.62
1996	1 290	99	4.27	33.10
1997	1 397	106	4.80	34.36
1998	1 670	114	5.21	31.20
1999	1 794	136	6.41	35.73
2000	2 408	163	8.07	33.51
2002	3 288	238	6.17	18.77
2003	3 776	278	5.95	15.75
2004	4 333	345	6.73	15.55
2005	5 027/5 336	368	7.43/9.21	14.78

同样,对于上班、商务等对准时要求高的出行,在交通拥挤下,也不得不陷入拥挤的车流中,甚至城市紧急活动的出行也受到影响。为了能够准时,这些活动需要更多的时间预算,其可靠性比一般的交通活动更低。因此,交通优先成为交通拥挤“常态化”下保障城市运

❶ 中国城市规划设计研究院.杭州公共交通发展机制研究.2007.

行效率的核心策略,也是重要的规划理念转变,它反映了供需关系的变化和交通管理思路的转变,改变了交通系统供应充足情况下以所有方式、出行者"平等"为核心的交通规划思路。

交通优先规划要针对出行与城市高效率运行的关系,以及公平确定其在交通系统中的享受优先程度,通过路权规划体现出来。

全面根据交通优先等级进行的路权规划是交通拥挤状态下交通规划的新内容,与交通供应充足情况下,所有交通活动都可以自由通行,而交通设施区分的只是不同交通方式的路权不同,路权规划是根据活动的优先级来划分路权,而不是根据方式,即所有交通方式中都需要按照活动的层次划分路权。

体现交通优先的路权规划可以通过公共政策和市场两种方式实现。利用公共政策实施的交通优先,如公共交通优先和国外广泛使用的 HOV(高占有率车辆专用)车道,可用于引导国家政策的实施或保护交通的弱势群体等市场原则失灵的领域,而利用市场实现交通优先则在市场原则可以发挥作用的领域实施,如收费道路等。

目前世界上高可靠性的交通优先系统主要通过给予交通优先系统以专用路权实现,如欧美城市的 HOV 车道、世界上多数城市采用的公共交通专用道等。在整个城市交通供应短缺下,专用路权的交通系统中则相对供应充裕,交通畅通、可靠。

专用路权的交通优先系统主要布局在以机动性为主的高等级交通网络中,通过专用路权达到优先,使该系统能够充分发挥交通骨干系统交通机动能力的优势,实现在拥挤交通状况下利用高机动性的骨干系统保证城市紧密联系的规划意图。

目前我国交通规划中对于公共交通优先路权已经开始重视,但对于私人交通出行中对准时要求较高的活动的路权优先规划还处于空白状态,对于交通拥挤已经比较严重的特大城市,已对城市的正常运营造成一定影响,目前这些城市迫切需要在联系交通网络中建立针对非公共交通的优先路权。

路权保障可以通过收费和不收费两种情况来进行管理,一般不收费的路权保障系统主要用于鼓励符合城市公共政策的活动,如公共交通、环保、节约等,或者为城市紧急活动专用路权,而收费则是通过路权交易,使时间效用高的活动,通过交易获得路权以节约出行时间,如收费的道路、收费车道等,或者部分专用路权通过收费向一部分出行开放。

在交通工程和交通规划中,高乘客占有率车道(high-occupancy vehicle lane, HOV lane)是全天或者定时(如交通高峰)专门服务于除司机以外载有一个或者以上乘客的车辆的车道,在不同的国家和地区也被称作合乘车道(carpool lanes)、通勤交通车道(commuter lanes)、钻石车道(diamond lanes,美国和加拿大车道用菱形的标志)、快速车道或者公共交通专用道等,如图 15-5 所示。只有

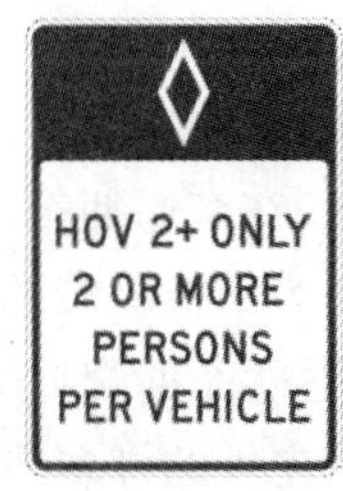

美国

挪威

图 15-5 HOV 车道标志

司机乘坐的汽车和卡车不允许在 HOV 车道上行驶。为鼓励能源的节约,部分国家允许只有司机的混合动力的车辆使用 HOV 车道。在一些城市正在考虑将使用中的 HOV 车道转变为乘客高占有率收费车道(high-occupancy toll,HOT),即在保证车道畅通的情况下,通过收取一定的费率(费率是可变的,通过费率限制进入的车辆数量,保证 HOV 车道的通行速度),允许只有驾驶员的车辆在付费后使用 HOV 车道,北美和欧洲的交通方式结构如图 15-6 所示。

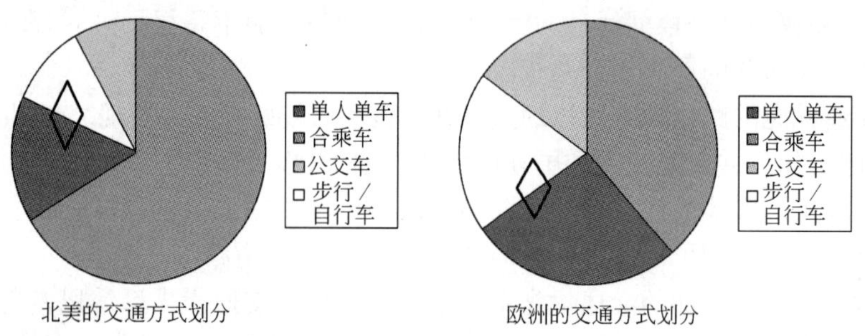

图 15-6　北美和欧洲的交通方式结构

目前,国内许多大城市空间和城镇密集地区的城市空间迅速扩大,已经到了必须依靠高机动性的交通设施来支持城市的正常运行,如中心城市与新城、中心城市与外围组团等在部分城市空间距离已经达到近百公里,城镇密集地区的城镇空间范围则更大。联系交通机动性的保障是城市规划和实施中的核心,近年来,机动车的迅速发展使交通拥挤迅速蔓延,迫切需要通过优先路权规划来保障或者满足城市重要活动的交通机动性。优先路权的规划可以结合公共交通优先路权(专用道/路)形成联系交通网络上的优先路权系统。

15.4　交通拥挤状态下的交通分析

我国目前在交通规划所采取的交通分析方法主要源于延误小和非交通拥挤状态,交通系统的可靠性对系统和出行者的影响可以忽略不计。假设被分析的交通进入系统前,系统处于空白状态,在指标上用交通需求量和系统的容量[主要是饱和度(v/c)]来衡量系统运行状态。在目前交通拥挤比较严重的状况下,这种交通分析的前提已经不存在,但还在采用同样的技术方法。在交通拥挤的状态下,需要用动态的模拟技术,并修正分析方法中的时间参数,把时间作为出行决策的核心。

交通饱和状态与畅通状态的交通运行影响机制完全不同,交通拥挤的产生、运行要复杂得多,这导致目前在国内外的许多研究都是把畅通状态的交通参数"延长"到交通拥挤的区间来解释交通拥挤。

传统的交通分析所采用的是静态的交通分析方法,分析参数多是基于畅通的交通系统，重点在分析交通需求的分布。交通拥挤状态下的交通系统，超过绝大多数交通分析参数的适用范围，传统交通分析方法难以对出行时间进行合理的估计，也不能模拟系统的真实运行状态。需要采用动态的交通模拟方法和基于交通拥挤状态下建立的交通参数进行分析，特别是要加强对时间的分析。如交通延误、拥挤交通流运动模型等。

对于处于交通拥挤状态的系统，出行时间的长短对整个系统的容量和系统的运行状态影响巨大。在同样的交通分布下，每个出行者在系统中滞留的时间越长，系统的运行状态就越差，平均出行时间增加或者延误的增加就意味着系统的容量下降，就像停车时间对停车容量的影响，旅客滞留时间对车站的容量影响一样，交通系统无论是用周转量还是绝对数量衡量，系统的容量都下降了，或者说用静态交通分析中的周转量和绝对数量不能反映出系统的容量和实际运行状态了。时间因素需要作为交通分析中的重要指标，系统分析的指标需要采用以时间为主的指标作为交通分析的参数。

交通系统的可靠性在交通拥挤状态下会降低，居民出行中为应对交通拥挤而附加的出行时间虽然并不可能在每次出行中都产生，但其实际已经纳入居民出行时间的预算中。而且对时间要求比较高的出行，或者时间优先度较高的出行，居民为应付交通拥挤所考虑的时间预算越多，如上班、约会等。传统的交通分析中，只考虑按照距离和速度计算的理论出行时间，而非实际的出行时间，也不是居民出行心目中的出行时间预算。

在交通分析中所采用的理论出行时间实际上接近于出行路径上的最低消耗时间，而出行者实际预估的时间则要高于出行路径的平均消耗时间，并且随着交通出行中时间优先度的不同（即对时间要求）预估不同的出行时间，作为其在出行路径、方式，甚至在选址中对出行时间的考虑。因此，在交通分析中，交通系统的可靠性应当和出行的理论时间、出行费用一样列入对交通出行分布、路径选择、方式选择的影响因素。交通系统可靠性对城市发展的影响如图 15-7 所示。

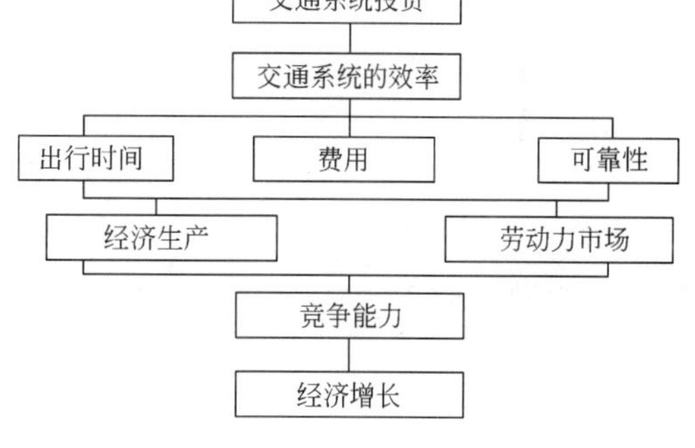

图 15-7　交通系统可靠性对城市发展的影响

交通系统的可靠性对出行中各种选择的影响可以用出行时间来反映，用出行时间预算来代替传统交通分析方法中的理论出行时间：

$$\text{出行者交通出行时间预算} = \text{交通优先度系数} \times \text{理论出行时间}$$

其中的交通优先度系数，反映出行中时间预算的宽裕程度，是由出行路径上交通系统可靠性和出行的时间优先度确定。如上班和下班就采取不同的时间预算，上班要有明确的到达时间，而下班则没有，也即两者的时间优先度完全不同，上班出行的时间优先度要高于下班出行，各城市交通出行时间分布曲线早晚高峰曲线形状差异，以及随着交通系统可靠性的变化就反映出交通优先度对交通出行的影响。

同样,交通系统的可靠性也影响到交通系统设计的方法,在经典的连续网络设计中,常用的方法是在成本限制下,通过考虑用户的路径选择,确定系统的最优容量。即有两个目标,一是成本最小,一是获得系统的最大容量。这两个目标是交通系统评价的主要内容。在系统畅通的情况下,两者的评价结果并没有太大的差别。而在系统拥挤的情况下,容量最大的目标则只能得到用户的出行成本最小,这时候系统的评价就需要根据一定的权重充分考虑两个目标的不同影响[1]。

[1] travel time minimization versus reserve capacity maximization in the network design problem.

16 城镇密集地区交通规划

16.1 时空收敛对城镇关系的影响

16.1.1 时空收敛

城镇关系是城镇在区域经济、社会组织中所承担职能的服务腹地范围和相互关系在空间上的表现。城镇关系包括了空间关系和活动组织的关系，是宏观交通规划的基础。城镇关系在经济、社会组织上的反映通过需求的特征表现出来。

在城镇密集地区城市的交通规划中，联系交通的规划(包括区域交通和都市区交通)，一方面需要合理解析区域或都市区的城镇关系，把城镇关系分析作为城镇密集地区规划的重点内容，另一方面还需要创新的城市规划模式。

根据国家、区域和城市的交通发展规划，国家和区域交通高速化、城市交通快速化是目前城镇密集地区交通的发展趋势，新型高机动性交通工具引入城市和城镇密集地区交通系统，城镇联系的时间大大缩短，在方便城镇联系的同时也在改变着城镇长期以来形成的城镇关系。

时空收敛(time-space convergence)是地理上描述交通与城镇发展的一个常用概念，根据《地理辞典》(geography dictionary)的解释，时空收敛是随着的交通改善，距离在时间上变短的过程。在《百科全书》中的解释是，由于交通和通信技术进步，两地用时间衡量的出行和联系使距离变得更近的过程。

图 16-1 表示了某两地从 1950～2000 年出行时间的变化，时空收敛用出行时间差与

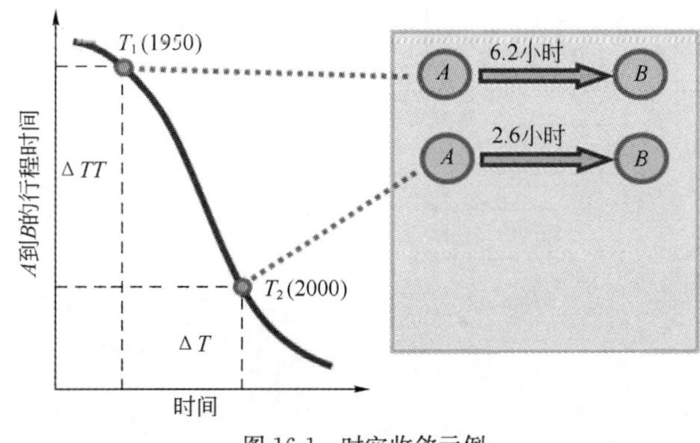

图 16-1 时空收敛示例

发展年份的比值来表示。

根据地租理论,交通机动性的提高使同一区位的土地价值提高,或者说区位效用提高。在城镇密集地区,当交通机动性提高到某一土地利用的地租曲线可以跨越城市边界,覆盖相邻城市时,就意味着,在忽略城市边界的影响下,即认为边界对土地政策没有影响的情况下,该土地利用选址的范围可以扩大到相邻的城市,或者说一个城市的某土地利用(或者城市职能)所引起的城市活动的范围可以延伸到地租曲线涵盖的区域。城市之间的关系逐步变化来适应交通机动化所引起的土地市场的变化,即城市活动的范围、方式和组织发生变化,进而引起城市空间布局和城市功能的变化,如图 16-2 所示。

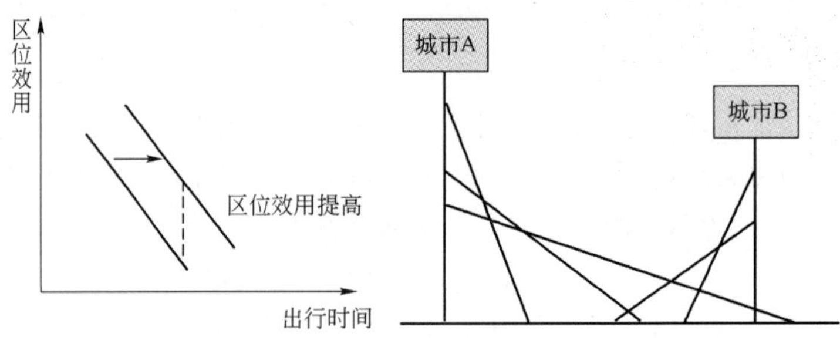

图 16-2　机动性变化对区位的影响

在 20 世纪 90 年代中期之前,北京的城市发展重点是向北部发展,随着 2003 年之后国家高速公路、城际轨道等的规划,北京/天津和北京/廊坊等的城市关系发生变化,城市东部和东南部发展成为重点,北京的大学城选址于廊坊,而京津城际高速铁路的开通,使京津之间的出行时间由 2000 年的 2.5h 缩短到 0.5h,城市之间的交流将更加密切,见表 16-1,促进城市之间部分活动的聚集,而在这些受到影响的活动中,将实现"京津同城"的效应。图 16-3 描述了时空收敛对城市扩展的影响。

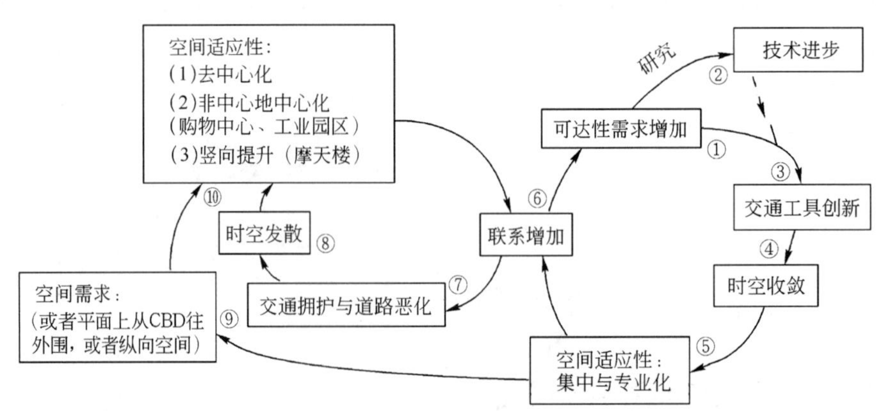

注:图中数字代表发展的次序。

图 16-3　时空收敛与区域、城市空间扩展过程示意

京津联系的时空收敛　表16-1

年　份	交通方式	出行时间
20世纪初	马车	2d
20世纪70年代	普通列车、普通公路	1d
20世纪90年代	高速公路	2h
21世纪初	高速铁路	0.5h

16.1.2　时空收敛与城镇关系

交通系统要反映城镇关系，同时交通系统的发展也是城镇关系的塑造者。每次交通系统的变革都会影响到城镇关系的变化，导致部分城镇的兴衰和城市职能的再分布。目前国家正在进入新的交通系统发展时期，国家交通发展规划中新的高、快速交通方式发展，以及新交通走廊的开辟将会改变区域、城市空间不同组成部分的交通可达性，打破既有的城镇关系，促进区域和城市新的城镇关系形成。

在区域高速交通系统的影响下，时空收敛使城市密集地区的城市区域化。无论城市规模多大，都在区域中承担一定的区域职能，交通等时线的扩大使城市活动和经济组织范围越来越大。一方面城市重要的功能聚集，形成城市发展的聚集效应，城市的高端服务，通过扩大服务范围来扩大服务规模，一方面城市的次要功能分散，从经济活动的扩散逐步随着交通的改善发展到居住、办公、商业等日常活动的扩散，使区域中的所有城市都承担区域职能，城镇密集地区的城镇功能在聚集和分散的变化中，活动融为一体，形成联系紧密的超大的都市发展地区。

如京津之间交通的改善对两地之间的经济和社会活动影响巨大，目前异地工作的人流迅速增加，随着高速铁路的建成，京津两地异地消费和购房的居民也迅速增加，天津的房价因此提高。在城镇更加密集的珠三角更是如此，随着广州与佛山区域一体化趋势不断快速发展，佛山与广州两个城市成为越来越紧密的整体。虽然佛山楼市日趋火热，但在房价上仍与广州有着相当大的距离。近年来，广佛连接交通的改善，广州人置业佛山早已不再是"纸上谈房"，而随着广佛地铁的全面建设，广州人的置业目光也从靠近广州的南海黄岐、里水一带，逐渐扩展到了佛山中心城区和三水区等楼市新兴区域。

16.2　"城市交通"内涵延伸与交通一体化

16.2.1　城乡交通区别与城市交通内涵延伸

城镇密集地区"区域城市化"和"城市区域化"发展所带来的"城市交通区域化"和"区域交通城市化"发展特征正在冲击我国既有的城、郊"二元化"交通规划、建设与管理体制，也使我们一直使用的“城市交通”概念的内涵发生变化。

在我国，城市交通一直是按照空间范围定义，即在城市范围内运行的交通系统是城市交通，如“城市公共交通、城市道路”等，在国家和城市的管理条例中都明确限定了其适用的空间范围为城市地区。

“贵州省城市公共交通管理条例”所称城市公共交通，包括城市中供公众乘用的公共汽车(含大、中、微型公共汽车)、出租汽车、轨道交通等交通方式❶

“各地城市人民政府要充分认识优先发展城市公共交通的重大意义，把大力发展公共交通，为城市居民提供安全、方便、舒适、快捷、经济的出行方式。”❷

2005.3.20上午，一辆满载乘客的288线路公交车在行驶到洛溪大桥收费站时，被执勤交警截停。番禺交警大队四中队警察以公交车超载为由对司机开罚单，除扣除2分外，另罚200元。对此，公交司机表示不满：根据广州市的现状，公交车不超载根本不可能。而交警则解释说，按照交通法，公交车属机动车，超载就属违章行为，处罚是按章办事。广东省政协委员王则楚在接受记者采访时指出，公共汽车是维护城市交通运作的重要工具，也是运行最慢的交通工具，超载是普遍现象，交警部门不应该按长途大巴超载的标准来处罚公交车。

20世纪90年代以来，杭州中巴客运与公交客运的冲突屡发不断，引发的堵车、围攻、集体上访时有发生，矛盾愈演愈烈。如1993年余杭瓶窑和富阳的中巴车集体拦阻公交；1995年5月，余杭中巴经营者集体拦阻公交车长达5天，中央电视台《焦点访谈》还对此进行了报道；1998年7月，萧山的79辆中巴车集体罢运；1999年3月，萧山有79辆中巴车和富阳市部分中巴车集体罢运；1999年6月，临安的中巴车主得知拟开杭州至临安的公交车后，集体到临安市政府上访；1999年10月，余杭中巴群体拦阻506路公交车；2002年8月，发生了临平中巴车群体激烈拦阻开往余杭星桥的公交车事件；2002年10月，市公交公司对522路公交线路新增了5辆营运车，在同线路营运的10辆中巴车主在义桥围攻522路公交车，交通一度中断，在社会上造成了极坏影响。❸

在现行的城乡“二元化”管理模式下，城市交通与非城市交通的投资来源、建设程序、技术标准、管理模式、定价机制都完全不同。如城市交通建设的投资来源主要来自于城市“两项建设资金”和地方财政收入，公路的投资则主要来自于车船税和国家、省、市的财政，铁路投资在主要来自于国家投资；建设程序上，由于土地权属不同，城市交通建设列入城市建设与土地开发一起进行，是城市土地管理的内容，而公路、铁路则有相关专业部门进

❶ 贵州省城市公共交通管理条例.

❷ 原建设部.关于优先发展城市公共交通的意见.建城[2004]38号，2004.

❸ 中国城市规划设计研究院。杭州市域综合交通规划研究.2007.

行建设;在技术标准上,城市道路断面、荷载、设计交通量,甚至照明灯辅助设施等与公路完全不同,城市轨道与铁路在运输组织、信号控制、服务水平等方面也完全不同;在定价机制上,城市交通采取公益性设施的定价机制,而公路、铁路、水运等则采取市场定价,效益的评判标准也完全不同,城市交通更注重对城市整体的发展的效益,而公路、铁路则注重项目成本的回收等,如上述的两个例子所描述的冲突就主要是由于技术标准的不一致而引发,广州公交超载冲突源于城市公共交通与公路长途客运额定载客的定义完全不同,公共交通按照地板面积计算,而长途客运按照座位数计算,而杭州的例子则源于公交与长途客运的不同定价原则。

如公路设计采用第 85 位交通量,按照日交通量划分道路等级,而城市道路按照高峰小时交通量进行设计;公路的通行管理以低交通量为依据,运行速度提高是通行能力提高的重点,如要考虑超车,而城市道路管理则以高交通量为依据,以通过能力最大为重点;公路长途客运的载客标准按照车辆座位计算,而公共交通是按照地板面积计算。此外照明、排水、路肩、路堤等的设计中,公路以野外运行为基准,重点考虑成本,而城市道路按照两侧稠密的城市活动为基准,重点考虑为土地开发,城市活动服务。

城市规模不断扩展将原来的城郊地区纳入城市,许多大城市总体规划对空间结构的调整正在超越市区在市域范围内进行,市域成为空间结构调整的重点。多中心、组团发展的城市空间结构调整又使市域城镇化地区与非城镇发展地区交错,传统的中心城区规划模式受到挑战。多数城市是在全境城市化背景下进行城市的空间和土地利用布局,部分城市已开始尝试编制市域的总体规划。而且在经济和产业组织中,市场的因素脱离行政层级框架,市域部分低层级的城镇正在承担全市、区域甚至全国或者全球性的经济和产业组织功能。城市的职能、产业、经济、社会活动组织从中心城区延伸到都市区或者整个城镇密集地区进行组织。

义乌地处浙江中部,隶属金华市,面积 1 105km^2,2005 年底户籍人口 68 万,境内丘陵起伏,人均耕地不到半亩,在省内是出了名的穷乡僻壤。从 1982 年改革开放至今,义乌摇身实现了从相对落后的农业小县到实力雄厚的经济强市的跨越,特别是中国加入世贸组织后,义乌的市场更是加快了与国际接轨的步伐,国际会展、国际物流等新兴服务业不断涌现,小商品物流、小商品展览的国际化程度迅速提高。现在,义乌正在优势行业的基础上积极建设国际性的小商品的制造中心、设计中心和研发中心。

同时,处于城镇密集地区的城市,在经济全球化的下,新的产业经济组织方式正在改变着既有的城镇关系,传统的按照行政层级构建的城镇体系格局在打破。“城”(建设范围)和“市”(城市职能)之间的关系正在逐步分离,“城”与“市”不再重合,“市”的范围超越

“城”的界限，在都市区或者整个区域，甚至国家发挥着作用。城镇密集地区城市职能的相互交错，形成了城镇密集地区“你中有我，我中有你”的新型城镇关系。

城市活动组织和经济、产业组织范围扩展，使区域和市域“非城市管理”地区交通特征越来越表现出城市交通的特征，如高峰、荷载、交通需求规模与构成、沿线的土地开发、交通出行目的等，甚至到对市政设施敷设的要求也与城市交通系统一致。城、郊交通特征差异明显时期所形成的“二元化”管理体制、建设标准、运营管理方式正在成为城镇密集地区发展的障碍。目前在许多地区已经因此而引起越来越多的社会冲突，其中冲突最多的领域来自于与交通特征关系最密切的定价机制、管理和设计标准，即反映系统中交通出行者效用和交通运行特征的指标。

按照地租理论和时空收敛，在城镇密集地区的交通发展中，交通成本与出行时间是出行效用中反映最敏感的两个因素，通过对交通定价机制、管理与设计标准的调整，这两个因素随着城镇密集地区空间和交通的发展逐步改变，并作用于区域出行效用，导致城镇密集地区活动构成的改变，进而影响到土地利用和经济组织，推动土地利用与经济活动的进一步都市化。区域交通特征与管理机制变化过程如图 16-4 所示。

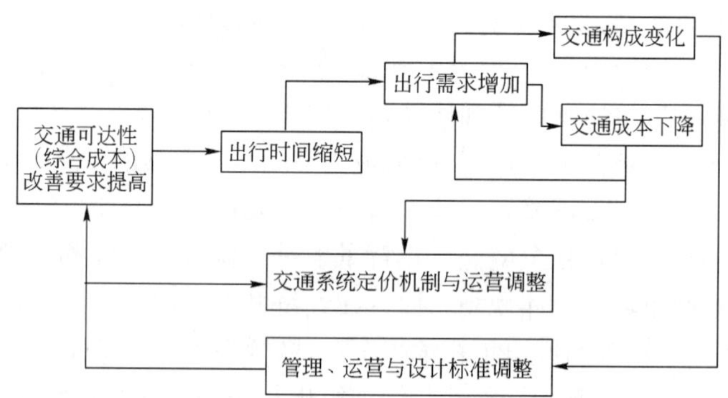

图 16-4　区域交通特征与管理机制变化过程

城市交通和非城市交通系统差异的本质是管理、运营模式和建设标准。因此，在我国城镇密集地区交通规划中，要按照区域都市化发展的情况，分析城镇密集地区范围内不同交通系统所承担交通的特征，即区域联系交通构成、出行目的构成和交通运行状态，作为交通系统的定价机制、管理、运营和设计标准确定的依据，即设计标准逐步摆脱二元化的规划建设模式，向按照交通特征确定管理、运营和设计标准过渡；区域客运交通的定价机制逐步由市场定价根据其承担的交通构成(利润加成本)向准公共产品和公共产品的定价机制转变，运营、管理和设计标准的采用。根据区域交通特征的转化，逐步改造和改变区域交通系统以低需求、时间敏感度低、城际联系为基准确定的规划、设计、管理标准。实现定价机制、管理和设计标准由城乡“二元化”分界向以交通特征为依据的转变。

在其中，规划和运营是转变的核心。城镇密集地区的综合交通规划要在谋求都市区一体化的基础上进行，以区域和都市区为背景的规划成为城镇和交通健康发展中必不可少的环节，以城镇边界线为基础，协调能力随着城镇空间的逐步扩大越来越弱，跨城市边境的都市区规划法定化成为城镇密集地区空间和经济发展的重要基础，而技术标准确定则是规划的主要内容。而运营则在市场化的前提下，以交通特征确定价格机制为基础，形成独立于行政辖区的运营组织模式。

公共物品定价策略应普遍遵循"政府不谋求利益，尽量减少消费者负担"的原则。

• 替代物品定价策略。即通过提高或者相对提高某个物品的价格，把消费需求引到具有替代性的另一个物品上的策略。如为取得最大社会效益，解决城市交通拥挤问题，对公共交通、地铁等行业，政府在核算成本的基础上，制定比较低的价格。尽管亏损较大，但从社会福利角度出发，可以鼓励市民少开车，改乘公交车，以减少路面交通量，同时减轻环境污染。

• 分级定价策略。公共物品是劳务物品和服务，要进行投入产出分析，考虑边际收益和边际成本。但是，考虑到公共物品的公共性质，在定价时，可将公共物品的定价分成几个价格档次。

• 渗透价格策略。即把产品的价格定得较低，扩大产品销售，以期获得长远的利润，从而能迅速打开产品销路，扩大市场占有率，而且能阻止竞争对手的进入，控制市场主动权的策略。

16.2.2 城镇密集地区交通规划方法

城镇密集地区都市化地区连绵发展，传统意义上按照城市界线界定整个城市的职能不再有意义(尽管目前这些地区城市的城市总体规划等还在沿用传统的城市职能界定方法)，城市不再是传统意义上的一个城市，城市各组成部分都按照其在区域中承担的功能运行。城市的生产、生活组织在区域或者都市区的范围内进行，作为反映城镇关系(社会、经济、产业关系)的交通系统的布局和组织，传统城镇规划和交通规划以中心城市为核心划分内部与对外交通的规划模式和交通组织不再适用新的城镇关系发展。交通组织事权和实际经济、社会活动组织的错位，使规划是按照实际的活动组织进行还是按照事权划分进行，成为这些地区城市交通规划的焦点。这种矛盾源于传统的规划、管理、建设在事权范围内的一体化流程，而在这些地区需要的则是规划、运营与管理、建设的分离，使规划和运营能够超越城市事权的范围，按照实际的城市活动组织进行，建设行动通过协调进行统一，形成统一规划、协调行动的规划模式。

城镇密集地区交通规划需要根据中心城区、市域、区域的城镇关系进行规划方法的"革新"。"城市交通规划"在城镇密集地区是城市交通特征地区的规划，打破既有规划体系中中心城市交通规划与对外交通规划的模式，采取依照交通特征分层级进行规划方法。"城市交通"的高机动性联系的骨干网络规划，以区域、市域各组团(发展地区)所承担的区域性职能、经济、社会活动组织为依据，将区域、市域联系交通与传统的“城市交通”组织作为一个整体，纳入“城市交通规划”，实现区域、市域、城区交通一体化规划。

城镇密集地区城镇关系中，城市不再是作为一个参与区域经济和社会活动的完整实体，而是一个统计实体和投资实施者，因此“城际”联系也不再是城市独立发展时期的联系意义，取而代之的是区域中各职能地区的联系需求，即区域联系交通是按照承担不同区域职能的各个组团、中心进行组织。交通规划就是按照各组团、中心的职能(城镇关系)所表现的活动需求来规划其间的联系交通系统。

特别在目前的城镇密集地区的城市交通中，要把市域交通纳入城市交通规划。区域交通的发展和城市交通的扩展使市域成为协调区域，是市域、城市不同类型交通系统衔接、协调重大交通系统与城市空间关系的重要区域，城市交通规划不能在不考虑市域的情况下进行了。而这对于我国现行城乡交通分治的体制更具有现实意义。

在交通系统的规划上，区域客货运输都在方法上以需求特征为核心，确定交通系统的技术标准、价格机制和管理模式。对于客运交通系统，区域间的交流按照交通系统承担日常客流(通勤为主)、经常性客流(以频繁的商务客流为主)和非经常性客流(偶尔的出行)的比例划分交通系统的功能层次、技术标准、运营组织、价格机制，对于日常客流、经常性客流为主导、需要鼓励交流的交通系统按照公益性和准公益性交通进行组织，是区域交通与城市交通一体化发展中重点考虑的对象，交通系统的技术标准以参照城市交通标准为主。而对于非经常性客流为主导的交通系统则可以维持目前的管理模式。

因此，在城镇密集地区交通规划中，交通规划在传统的布局外，重点还要针对交通设施所承担的交通功能确定其技术标准。交通规划的规划管理和编制模式、所采用的规划指标和管理、运营指标必须从以地域、管理权限划分走向以功能、交通特征为基础进行划分。这可以在延续既有投资、管理体制下，实现城镇密集地区真正的一体化。

16.2.3 交通功能层次划分

区域和市域中承担“城市交通”新内涵的交通系统加入，使城市交通在功能层次和网络结构上发生很大变化。一方面，城市交通系统的功能层次更加丰富，组织也更加复杂，“城市交通”出行的离散更加明显，不同层次交通服务标准更加细致与排他，“平均主义”下“宽响应”的服务方式在新的系统中造成的效率低下更加严重，交通衔接和交通转换组织在系统中的作用更加突出。另一方面，不同层次的空间结构和城市职能叠合，交通网络要反映不同层次空间和城市职能之间的关系，网络构造将更加复杂，交通网络的结构需要从不同层次空间结构出发进行规划，以单一城市组团空间为依据构造城市交通网络结构的规划方法不再适用。此外，高交通机动性设施的布局与不同层次城市土地利用、空间协调，以及不同层级城市活动的协调成为城市交通系统布局的关键因素。

区域交通的加入使城镇密集地区承担高机动性交通层次增多，形成区域、都市区、中心城区(或城市组团)三级高机动性联系交通网络与本地交通网络，三个高机动性层次的交通网络相对独立，自成系统，通过综合交通枢纽或者集散设施实现相互之间的衔接。也即是在城镇密集地区的交通规划中，在传统的区域联系交通和城市交通层次中间增加了都市区交通的层次，如北京、上海等特大城市编制的市域层面交通规划，该层级介于承担长距离交通的大区域和国家交通网络与承担短距离交通的城市交通网络之间，在运营组织、运行机动性、交通流特征等方面也介于两者之间，是目前区域交通规划中的重点内容，也是一体化中考虑的核心。

区域性联系交通网络主要承担区域共享的主要的对外交通设施、区域中心、副中心之间的长距离、高速交通联系，如高速城际轨道系统和区域干线高速公路系统；都市区层次的联系交通网络主要承担都市区中心与次中心、都市区主要对外交通设施以及都市区主要发展地区之间中长距离的快速交通联系，如城市轨道快线、准高速功能的城市快速道路；中心城区联系交通设施主要承担中心城中心之间，以及中心城各主要交通走廊上的交通联系，如普通城市轨道交通、快速公交、城市快速道路等。区域快速交通系统与功能见表 16-2。

区域快速交通系统与功能 表 16-2

交通方式	交通设施	功能
高、快速道路系统	干线高速公路	承担门户枢纽港与国内其他地区，区域内服务中心之间交通联系
	区域内部高快速道路	承担区域内一般都市区之间、核心区内部主要节点快速联系
	城市主要快速路	承担都市区内部、相邻城市之间、组团之间的快速联系
轨道交通系统	区域高速轨道	承担区域内都市区之间，主要门户客运枢纽之间高服务水平、长距离的客运联系
	区域、城市轨道快线	承担区域内都市区内部、交通枢纽之间的中长距离客运联系
	城市轨道交通	承担城市内部以及相邻城市之间的短距离客运

16.3 对外交通组织与规划

“对外交通”在城市和交通规划中往往称为“城市对外交通”，这暗含了对外交通是按照城市来进行规划和组织的，而国家城市内外分治的体制也决定了对外交通的规划与管理必然以城市为基点来实施。

在国家、省、市的公路、铁路等规划中，最能反映这些规划特点的用语是“城市作为综合交通的节点”，糟糕的是，这句话被用在各个层面的规划中，以至于区域性的规划也在照搬国家层面规划的规划方法，即使当被称为节点的城市在规划中足够大的时候也是如此，于是枢纽的概念被滥用，大到城市、小到真正的交通枢纽都在枢纽的概念下进行规划。在这样的规划中，无论哪个层面，城市只是聚集了职能不同的点，没有了空间结构，交通衔接只是把线路连到这些大大小小的点(城市)上。

如全国大中城市绕城高速公路作为高速公路网络的重要组成部分目前在国内许多城市都在实施，特别是东部沿海城镇密集地区的城市。其线路选择的原则是，与城镇边界应有一定的距离，不宜过远或过近，应为城市发展留出一定的空间，避免绕城高速公路穿越地区短期内城市化、街道化。实际上，城镇密集地区城镇连绵发展，绕城高速很难分辨是哪个“城”，在一些地区常出现一个城市的绕城高速，绕进另一个城市的中心。

同样，传统以城市为节点的对外交通规划，造成的城镇密集地区交通资源的不均衡需要通过创新的对外交通规划方法进行修正。

如同为直辖市的京、津两地在高速公路、铁路、航空等资源上差距巨大，国家高速公路与干线铁路网络规划基本上都以北京为起点布局，经过天津的国家级干线走廊仅有京沪走廊，如图 16-5 所示。

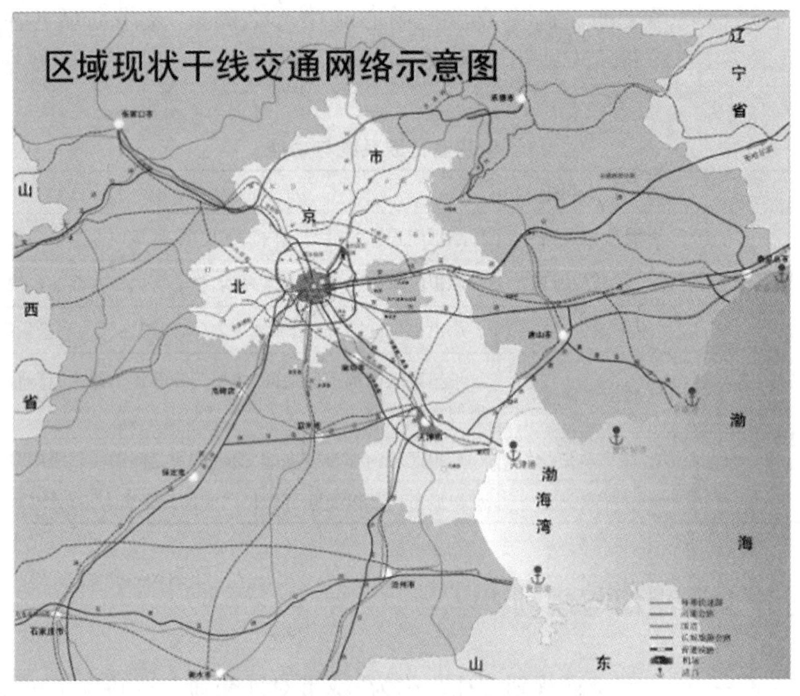

图 16-5　京津地区现状干线交通网络示意图

随着城市结构的调整和城镇密集地区的发展，传统的对外交通规划越来越找不到着力点。部分对外交通设施所承担的交通特征正在逐步向城市交通转变，或者已经承担城市交通功能，而城镇密集地区城市职能的集中与分散，把城市视为节点进行的对外交通规划（包括区域交通和区域对外交通）和建设，已经开始产生各种各样的问题，区域空间发展、活动组织与对外交通之间的矛盾在许多城市越来越尖锐。

因此，在城镇密集地区，对外交通规划是一个全新的模式。区域联系交通作为区域内的“城市交通”，与市域、中心城区交通一体规划，对外交通规划和组织的视角从城市延伸到区域，根据区域、市域和城市空间结构，各种城市职能、产业在市域和区域空间上的分布进行对外交通的规划，区域对外交通系统是全区域共享的系统，为区域内所有地区服务，而不是某个“城市”。

新的国家交通网络规划实际上已经抛弃了以城市为节点的规划模式，国家干线强调的是区域之间的联系，以及沿海地区与内陆区域共同发展，以区域联系作为网络规划的出发点，而不是某两个城市之间的联系，如京沪走廊并非联系京沪两地，而是作为长三角和京津冀地区联系的通道。

以区域视角规划的陆路对外交通网络，也彻底改变了区域内港口和航空规划的格局，使区域与国内和国际联系的门户实施成为一个整体，作为真正的区域实施发挥作用，解决了发展属地化与腹地区域化之间的矛盾。在新的国家中长期发展规划中，港口和机场规划采用了港口群和机场群的发展模式。如国家港口规划从强调沿海主枢纽港发展到沿海五大港口群的规划，即环渤海港口群，长三角港口群、东南沿海地区港口群、珠三角港口群、西南沿海地区港口群，正是体现了区域视角下的对外交通规划。

第5篇 新时期城市交通规划实践[1]

---

[1] 本部分的案例仅用于技术方法探讨，其中涉及的规划方案为咨询方提出的技术建议，并不代表最终方案，可能与各城市最终批准并实施的方案有差别。

17 北京综合交通规划纲要

17.1 项目概况

17.1.1 项目背景

近年来,北京城市交通及其外部发展环境都发生了巨大变化。首先,统筹城乡发展、区域发展已经成为影响城市未来竞争力的首要问题之一,京津冀北区域一体化发展将对北京城市发展带来巨大影响。区域重大交通设施的协调和共享、区域交通与城市交通的衔接等,需要打破传统思维习惯,从全局视角看城市交通,形成以区域一体化为基础的规划蓝本。

其次,北京经济社会迅猛发展,城市空间迅速扩张,但城市中心功能过度聚集,城乡"二元"结构制约空间协调发展,原有空间规划迫切需要进行调整。而交通拥挤、环境污染等"大城市病"日益显现,交通已成为城市政府投资最大、政府资源占用最多的工作之一,也是市民最关注的问题,北京迫切需要在新的发展形势下构筑一个可以支持城市健康发展的交通网络。为此,北京于 2003 年进行了"北京城市空间发展战略"研究,提出了"两轴两带多中心"代替原来"中心城+边缘集团+卫星城"的城市空间布局结构。迫切需要结合城市总体规划的修编,从发展策略到结构形态,对原有的单中心发展模式下所形成的城市空间和交通网络进行重新审视与调整。因此,北京总体规划把交通规划列为四大核心内容之一,重点引导和协调交通与空间结构、土地利用开发之间的关系,调整城市交通网络结构、研究应对机动化发展和交通拥挤的措施。

第三,2008 年奥运会、旧城区的整体保护、以"五统筹"和科学发展观为核心的新发展观等,也都从规划理念和方法上对交通设施的规划、建设和管理提出了新的挑战。

为此,项目的规划目标确定为:配合北京城市总体规划纲要编制,进行城市空间、土地利用与交通的协调发展研究,落实与深化北京交通发展白皮书提出的发展策略,以及提出可以指导北京今后交通发展和总体规划深化的综合交通规划纲要。

17.1.2 研究范围与年限

规划的范围与年限与城市总体规划一致。研究范围为北京市域,以京津冀区域发展为基础进行重大交通基础设施的发展研究。规划年限至 2020 年。

17.1.3 研究目标

按照"一体化"交通系统运营和管理的目标要求，重点研究交通网络各子系统的衔接，以利于整体运输服务效率的提高。对道路网络、公共交通、交通管理和交通政策进行统一研究，突出枢纽和走廊的综合规划。

在交通系统的构建中，以可持续发展和科学发展观为原则，兼顾效率和公平。

在总体规划阶段，按照总体规划纲要要求，以重点修编为原则，充分利用已有的研究和规划成果，对交通系统给予整合、调整和完善，提出交通发展的战略和配合用地布局纲要方案的交通网络系统方案。重点如下：

(1)强化交通对城市空间结构调整的引导，研究与修编的城市土地利用模式相吻合的交通系统，在继承既有交通网络的基础上，重点调整中心城区内部交通网络的功能，根据城市空间结构调整，重点调整原边缘集团和卫星城的交通系统结构形态，以及中心大团与外围地区的交通衔接，形成与城市空间布局相协调、分层次的新型交通网络结构。

(2)调整对外交通设施规划，合理布局和安排城市与区域的重大交通基础设施，加强区域交通建设的协调与衔接，强化机场、高速铁路、城际轨道、高速公路、对外交通枢纽等对外交通系统与城市空间结构之间的关系研究。

(3)结合旧城保护对建成区交通系统进行调整，提出与机动化发展、建成区交通问题解决相适应的建成区交通发展策略。

(4)在交通发展纲要的研究基础上，完善交通发展策略与重大政策。

(5)提出指导后续规划深化和专项规划编制的要求与建议。

17.1.4 研究思路与技术路线

以区域为背景的北京城市空间结构调整作为本次规划的重点内容，根据北京新城发展、区域协调、中心城区职能疏解、旧城保护、重大交通设施建设等重大的发展方向调整，研究交通与城市空间、土地利用的协调发展，突出城市快速发展期和结构调整期交通对城市发展的引导。

在研究过程上，综合交通规划与城市总体规划编制同步进行，从规划过程的协调到内容上的协调，达到交通与城市发展的和谐统一。

鉴于本次规划时间短，而要求协调的内容多，特别是一些影响城市整体布局的重大交通基础设施的选址，涉及中央相关部委、不同行业，乃至不同的城市和省区，很难在短时间内协调一致，交通规划纲要阶段研究在协调的基础上，确定重大交通设施布局，以及与城市空间、土地协调的原则，作为下一阶段规划的指导。

在城市交通发展策略上，以落实《北京城市交通发展纲要》为重点，并根据城市总体规划在区域、空间、重大基础设施上的调整进行补充和完善。

规划研究中,中心城区的规划以整合目前已有的规划成果为主,提出相应的交通发展策略,市域内的规划结合区域发展和城市空间结构调整,构建与城市空间相互协调的交通系统。

17.1.5 主要技术内容

1.交通现状与问题

在现有资料和研究成果的基础上,分析北京城市交通发展的过程和主要问题,以及在发展中的经验和教训。重点分析北京城市交通发展中不同交通方式、不同需求之间不协调的根源;城市空间发展、土地利用布局与城市交通协调发展过程与问题;城市发展政策、交通政策与交通发展之间的关系;城市交通运营与多模式联运、对外交通发展、城市交通运行效率与资源公平利用等方面的现状与问题。

2.城市交通发展趋势与挑战

在城市发展研究和空间发展研究的基础上,研究城市和交通未来发展的趋势,以及不同趋势下交通需求特征的变化。分析区域空间发展、城市空间与土地利用、城市经济、区域交通、交通机动化、公共交通以及交通政策和交通管理等发展趋势,作为交通战略和规划方案制定的前提。

3.交通发展目标与战略

根据北京城市交通发展纲要和不同发展前景下的交通特征,综合考虑资源状况和居民意愿,以可持续发展为目标,确定北京市交通发展目标为:全面建成适应首都经济和社会发展需要,促进区域交通协调发展,引导城市结构调整,满足全社会不断增长和变化的交通需求,与国家首都和现代化国际大都市相适应的"新北京交通体系"。

为了实现交通发展目标,制定了一整套交通发展策略:

(1)对外与区域交通发展策略;

(2)交通与城市空间、土地利用协调发展策略;

(3)交通运输一体化发展策略;

(4)城市道路网络发展策略;

(5)公共交通发展策略;

(6)行人与自行车交通发展策略;

(7)停车设施发展策略;

(8)应急交通发展策略;

(9)交通管理策略;

(10)智能交通系统与交通信息化发展策略;

(11)可持续发展策略。

4.交通系统规划

在新的规划理念下,根据交通发展策略,以交通一体化和交通与城市土地利用、空间形态协调发展为目标，提出总体规划纲要阶段的骨干交通设施规划方案。交通设施规划主要在重要交通枢纽和走廊布局基础上，考虑对城市发展目标影响较大的骨干交通网络方案。

(1)对外交通设施布局规划，重点确定重大交通基础设施的布局原则与选址建议；

(2)客运交通走廊研究，结合城市空间布局和土地利用布局，从交通系统一体化实施方面研究交通走廊的功能要求、特征、需求等级，以及控制和规划；

(3)交通枢纽规划，在已有的研究基础上，重点研究城市新发展地区的交通枢纽布局。包括综合交通枢纽、公共交通枢纽和(公路、铁路、航空)货运交通枢纽；

(4)旧城保护与交通，按照旧城保护规划，研究与旧城交通发展策略相适应的交通网络，以及旧城土地利用与交通系统的结合；

(5)道路网络规划，重点研究城市新发展地区的道路网络支持，以及新区与建成区道路网络的衔接，并按照交通发展策略，对主城区道路网络建设提出调整建议；

(6)应急交通保障体系规划。

5. 对下一步规划的要求及建议

作为纲要层次的规划，项目进行了北京市综合交通规划体系与层次的研究，提出了对下一步规划的要求与建议。

17.2 区域与对外交通规划

17.2.1 区域及对外交通重点问题

(1)随着京津冀作为国家经济发展第三个增长极的提出，京津冀北区域协调发展加速，以京津为核心的区域职能聚集和区域交通大幅度增长，城际轨道(区域快速轨道交通)、高速公路发展加速，区域交通的联系方式将发生巨大的变化。城市之间的关系将在区域交通的影响下发生深刻的变化。城市发展将成为区域发展的重要组成部分，影响城市交通空间的布局与区域交通的空间分布。

(2)规划期内，北京作为区域核心和国家首都的职能将进一步增强，将建设众多的国家大型基础设施，如首都第二机场、高速铁路、区域快速轨道、高速公路等，这些设施的合理布局，将对城市职能、城市空间、城市用地、交通和区域发展产生深远影响。

17.2.2 区域空间发展

依托于北京和天津联系的交通通道，京津冀北区域已初步形成分别以京津为核心的点轴型城镇空间结构。但京津两市作为区域的双核心，目前联系尚比较薄弱，协调还不够理想。区域内城市之间产业联系相对较弱，北京、天津作为区域核心城市，对区域内其他城市的经济辐射相对较小，目前仍为相对独立的区域空间结构。

未来京津冀北区域空间结构的发展趋势是：现有的多核松散的点轴型空间结构向多核紧密的网络型空间结构转变(图 17-1)。因此，需要充分依托各城市的比较优势，促进

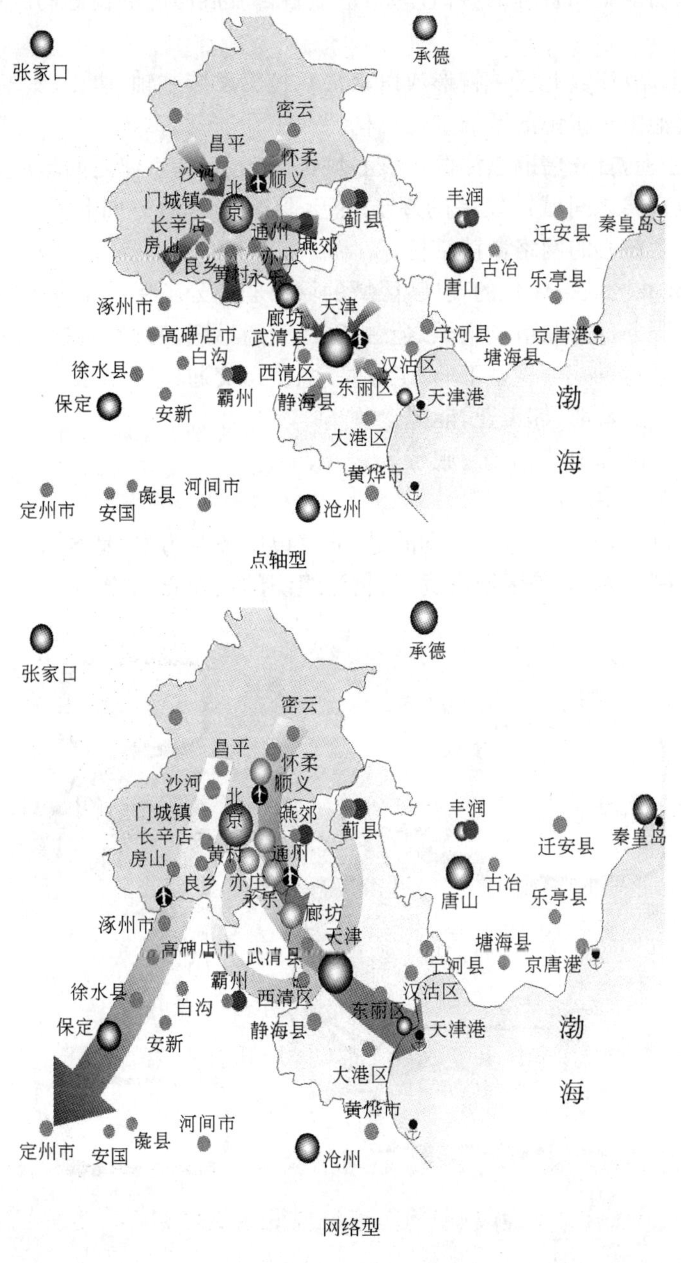

图 17-1　区域空间发展趋势

区域内核心城市的协调发展，构筑京津冀北地区合理职能分工的城镇体系。配合北京城市空间重组，在更大空间尺度上，实现北京过度集中的城市职能的合理疏散。同时，发展区域内沿主要经济轴线的产业和区位条件好的中小城镇，在京津冀北区域内形成大中小城市各司其职、功能布局合理的城镇体系，形成首都发展所需的良好的产业配套环境和区域基础。

在此基础上，京津冀北区域将形成以京津双核为发展主轴，唐山、秦皇岛和保定、沧州为两翼，联合其他中小城镇的区域空间结构。

在发展时序上，首先借助京津两个核心城市的辐射，在京津之间形成密集的城市和产业发展带，随着京津之间城镇发展的逐步完善，区域向京唐方向和保定—石家庄方向推进，形成以京津为核心的网络城镇结构。

随着京津冀北区域一体化的发展，区域的城市职能分工将进一步明确：

(1)北京。服务、信息、市场组织、金融、客运交通枢纽、制造、旅游、总部。

(2)天津。制造、加工、重型工业、工业基地、货运交通枢纽。

(3)唐山。工业基地、加工业、能源。

(4)秦皇岛。能源中转、加工、旅游。

(5)其他城市。中间性。

从区域内城市职能分工可以看到的是，北京以服务业为主，是区域内客运交通的主中心；天津以工业制造为主，是区域内货运、物流组织的主中心，如图 17-2 所示。

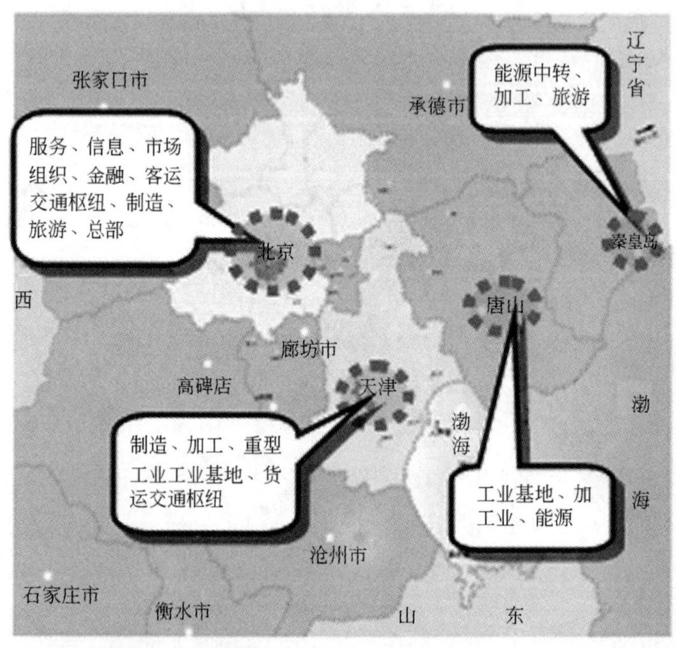

图 17-2　区域城市职能分工

17.2.3 区域及对外交通发展策略

随着区域空间和经济发展的一体化，区域交通发展特征也将随之改变，呈现以下特征：

(1)区域交通高速化。高速城际轨道(区域快速轨道)、区域城镇联系高速公路网络的建设，将大大拉近区域内城镇的时间距离，形成以京津为核心、紧密联系的城镇关系，促进京津承担更多的区域职能，以及区域大型交通设施的区域共享。

(2)区域交通网络化。将打破目前京津之间、北京与周边城市之间单通道、交通运输工具单一的发展局面，在主要区域中心城市之间形成复合、多走廊的联系网络，区域中心城市与周围城镇多方式、多通道的联系，促进区域中心城市之间、中心城市与周围城镇之间的融合。

(3)区域交通运输特征城市化。一方面区域城镇在完善的联系交通网络作用下，联系出行将出现城市交通的特征，通勤圈、紧密商务圈扩大；另一方面，在区域交通联系的方式上，也逐步从由公路为主的交通联系向以轨道交通为主的联系方式转化，形成区域层面的公共交通网络。

从区域交通基础设施与区域经济协调发展出发，区域交通打破行政区划和部门界限，通盘考虑综合交通的规划、建设和运营，建立以城市和枢纽为核心的统一运输管理系统和高效的运输服务体系。

北京作为区域服务中心，区域客运交通网络(高速铁路、区域快速轨道、铁路客运、航空、道路客运)以北京为主、天津为辅布局，实现对外客运交通的“京津枢纽”；天津作为区域工业中心、航运中心，区域货运交通网络以天津为主、北京为辅布局，加强以天津为中心辐射“三北地区”的区域高速公路网络；唐山、秦皇岛等融入京津区域交通网络。主要体现在下列几方面：

(1)加强区域内部城市间联系，整体构建区域对外交通系统，形成通往华东沿海、中南地区、西北、东北等方向的高速交通干线与大能力运输干线，内联京津冀北、外接国内各大地区，沟通海外；

(2)以京津联系为主轴，北京和天津将作为两大枢纽进行分工与协作，区域交通运输网从“单中心放射式”向“双中心网络式”的转变。区域内高速和准高速铁路联网；铁路干线客货分离，不断提高运行速度和服务水平，能力得到合理利用；

(3)国家高速公路干线与区域内高速公路、国省干线公路有机结合，在北京、天津两大枢纽互有分工、紧密配合的新格局中，形成以京津为核心、“灯笼状”布局的干线公路网络，强化天津的枢纽功能，分担北京交通枢纽的部分作用，满足区域经济发展和交通联系需求，同时利用区域高速公路网络的建设缓解北京过境交通集中的压力；

(4)加强枢纽型交通设施的陆路联系和集疏运，特别是京津主轴上的机场和港口之间的联系，为区域交通基础设施的共享和合理分工创造便利条件(图 17-3)。

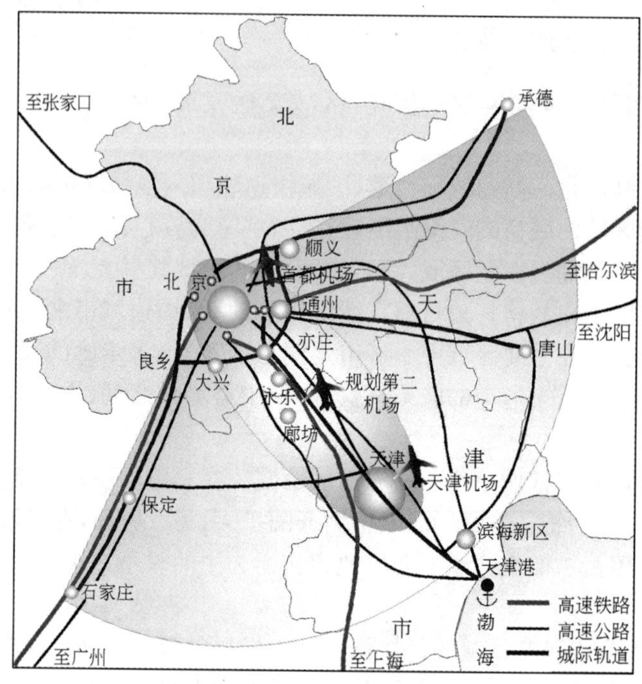

图 17-3　区域交通设施重点影响

(5)加强区域内主要城市的快速联系，促进核心城市区域职能的完善，带动区域整体发展，形成一批次级交通枢纽、地方交通中心，如唐山、秦皇岛、保定等；

(6)大北京地区要成为世界级城市带需要高水平的港口和陆路运输干线服务支持，环渤海湾港口群合理分工，依托天津与北京，形成以天津港、北京铁路枢纽为中心的区域货运交通运输中心；

(7)建设北京首都国际枢纽机场，首都第二机场，并与天津机场共同形成京津区域机场枢纽。

区域协调发展的综合运输系统由五大子系统组成，如图 17-4 所示。

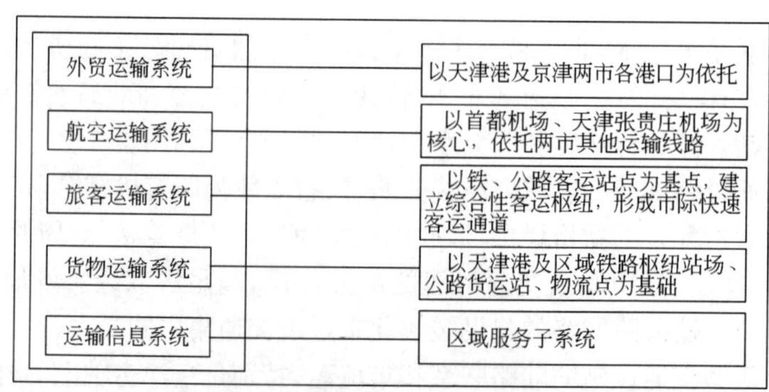

图 17-4　区域交通综合运输系统

17.2.4 区域空港发展规划

根据京津冀区域的空间发展趋势，区域城镇最密集的地区和人口、产业发展最快的地区将集中于京津发展发展带上，其次是北京与石家庄联系的西南发展带上。京津发展带是区域内经济最发达、也是航空运输需求最大的区域，近期航空运输的主要增长在这一地区。对于西南发展带，由于经济水平相对较低，到 2010 年以后，才进入航空运输的快速增长时期。

根据预测，到 2010 年区域航空客运量将达到 6 000 万人次、货物吞吐量 180 万吨，预测情况见表 17-1。

机场客运量预测情况（单位：万人次） 表 17-1

	2005 年	2008 年	2010 年	2020 年
区域航空客运量	3 500	7 000	6 000	12 000～15 000

航空作为区域与其他地区远距离交通联系以及国际化发展的重要设施，当地区航空运量迅速增长时，机场服务范围将缩小或者更趋于专业化，通过多个机场服务来提高区域航运运输的服务水平。随着区域航空运量的迅速增长，区域内其他机场的服务水平逐步提高，首都机场国内客运的服务范围将逐步缩小。天津机场将主要服务于天津地区，首都机场作为区域的国际航空联系门户枢纽继续发挥作用，京津之间的发展地区航空服务和其需求相比差距越来越大，需要新的机场为这地区的人口和经济发展服务，区域机场服务范围如图 17-5 所示。

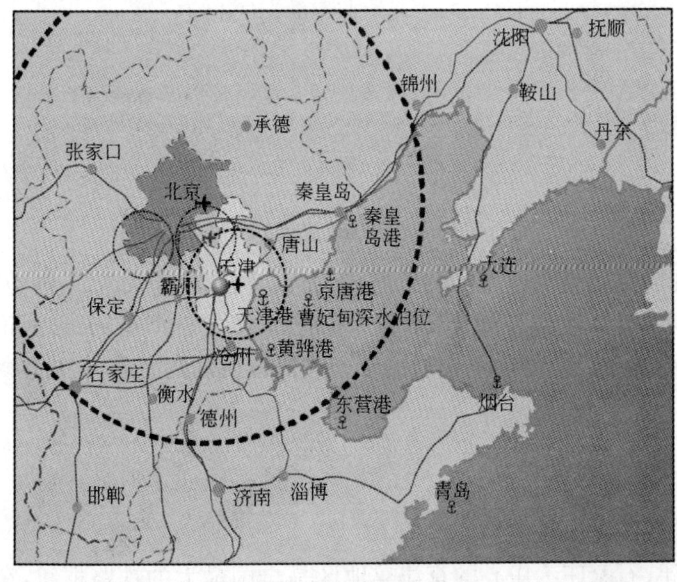

图 17-5 区域机场服务范围

因此,第二机场应选址于需求最大的京津发展带上,并考虑与该地区的区域城镇空间发展结合。2010 年后,保定、石家庄、涿州等地区将逐步融入区域的核心发展区,北京西南地区航空服务短缺将显现出来,首都第三机场可考虑在北京西南方向的发展轴上选址。

空港建设时序:2010 年(或者区域运量达到 6 000 万人次时)在京津之间启用第二机场,到 2020 年,区域航空客运量将超过 1 亿人次,可以考虑在北京西南方向建设辅助性机场,服务于西南地区的城镇。近期应尽快确定首都第二机场的选址。

空港分工:到 2015 年,随着首都第二机场的投入使用,首都机场作为国家或国际性的门户枢纽机场,服务于整个区域和全国;天津机场和首都第二机场为地区性服务的航空枢纽,主要服务天津东南部、唐山和京津之间的城镇(图 17-6)。

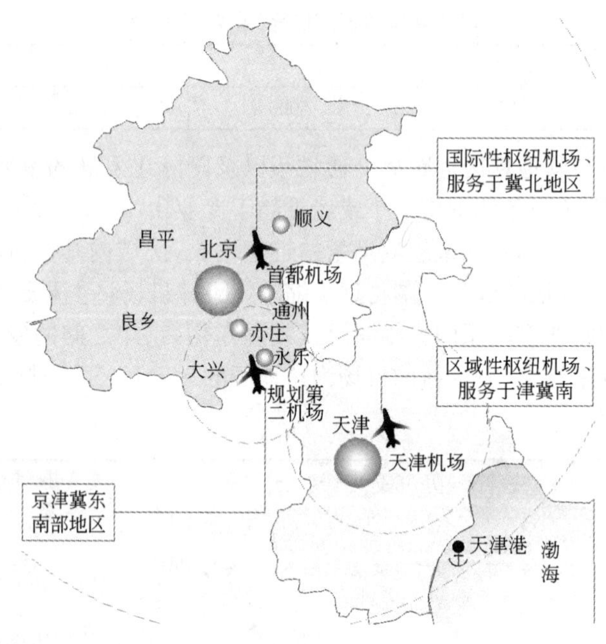

图 17-6 区域机场职能分工

利用规划期航空运量高速增长的机遇,扩充天津机场、首都第二机场的能力,在交通联系上建设京津第二高速公路、京津区域快速轨道,实现首都机场、首都第二机场和天津机场的直接连通,通过机场间联系交通的改善和协调机制的完善,促进区域内机场形成合理分工。

17.2.5 铁路网络发展规划

17.2.5.1 铁路系统发展策略

以北京、天津、石家庄为中心的京津冀地区是全国最大的铁路枢纽,在设施规模和客货运量上都居全国前列。目前铁路系统正在向高速化发展,通过铁路的提速加强区域内城镇的联系，以及加强京津与全国各地的联系。

随着铁路网络的发展，未来区域铁路网络将形成客货分流，以及以高速铁路联系全国各地，以区域快速轨道联系区域内城镇的铁路客运新模式。

以北京为主的铁路枢纽将结合区域空间和城市空间的发展，利用铁路枢纽、铁路客运交通方式转变的契机，合理布局，带动城市空间结构的调整和区域空间的发展。

货运铁路网络，将以天津和沿海的能源集散港口为核心发展联系华北、西北和东北的多方式联运，扩大沿海港口的内陆腹地。

应对区域交通城市化的发展，改变目前按对外交通组织的区域间城镇交通联系模式，实现城市公共交通组织模式向区域延伸和拓展，促进区域交通运输的集约化，实现由目前以公路为主导的运输方式向以轨道为主导的运输方式转移。

(1)区域轨道系统功能层次分析

城市轨道快线。主要服务市域内中长距离出行，包括城市中心城区，外围新城，周边城镇之间等人口密集、客运需求量大的地区。服务范围 60～100km。

区域快速轨道。它是城镇密集地区内服务于长距离交通出行的公共交通方式，布局于主要发展走廊上，满足区域、城市中心体系和重要发展地区、枢纽之间的联系。一般要求列车间隔时间短，列车速度相对高速铁路低，与城市轨道交通共同形成客运枢纽。服务范围 100～200km。

市郊铁路。市域和区域中短途客运铁路网络的重要组成部分，与区域快速轨道和城市轨道快线互为补充，主要承担市域或区域较小规模走廊的客运交通。

高速铁路。承担区域对外联系的长距离运输方式。主要服务于国家大区域之间的长距离联系。一般服务距离为 200～1 000km。

普通铁路。为不同距离的客货运输提供服务，以对时间要求不高的出行者为主。

(2)北京铁路枢纽发展

随着北京城市向东、南等新发展区域扩展，城市发展重心向东南转移，形成东部的重点新城和城市的副中心，主要布局区域性职能，承接北京新的发展职能和疏解中心城区的人口与就业。区域交通基础设施与城市空间发展相结合，也重点向东部和东南部布局。

在铁路枢纽的布局上，随着铁路客货分离，以及服务于城镇密集地区的城际轨道的建设，铁路服务于城市、区域联系的功能加强，铁路与城市空间体系的关系更加密切，铁路网络承担的客流特征与目前铁路客流的特征将有很大的变化，更趋向于城市客流的特征，因此铁路枢纽的布局与城市功能区发展的结合将更加重要，而不再是以一个城市作为整体考虑铁路的接入。

铁路作为区域发展的重要设施，应考虑区域共享，以及对城市重要发展地区、区域职能发展的支持，随着北京城市东部发展带的发展，城市发展重心向东部移动，铁路枢纽和网络，特别是以区域快速轨道和高速铁路为主的铁路枢纽，布局与城市主要发展方向结合，逐步强化东部的铁路网络与铁路场站建设，支持和引导城市的发展，并加强铁路枢纽与城市交通的衔接，实现城市的中心体系联系网络与铁路枢纽的一体化发展(图 17-7)。

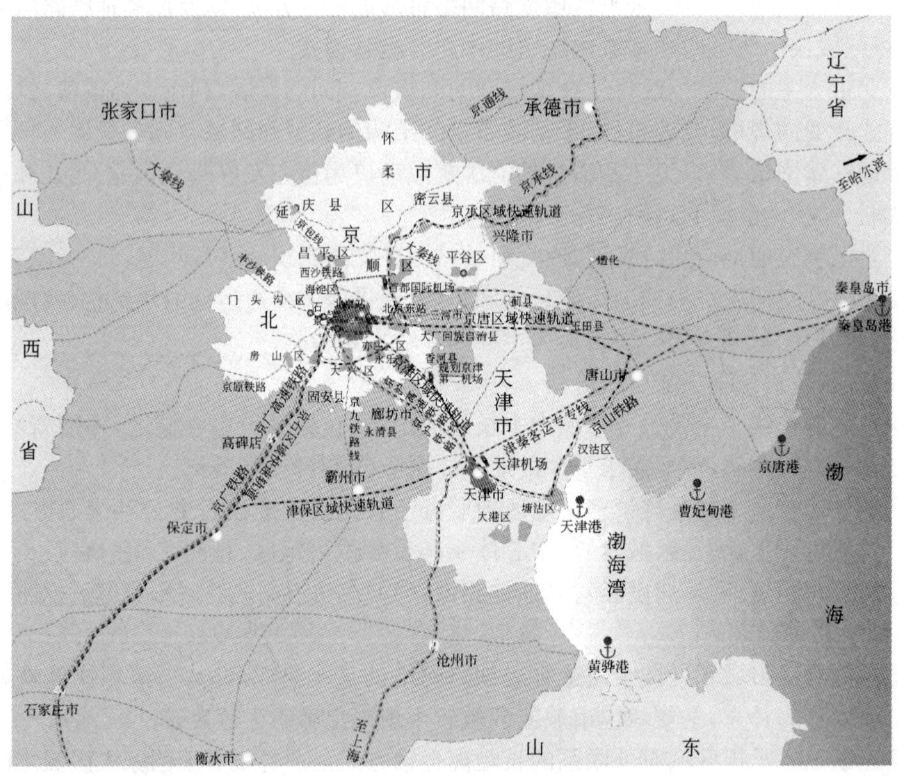

图 17-7　区域铁路网络规划示意

17.2.5.2　铁路系统规划

(1)高速铁路

规划中主要考虑京沪、京广、京哈高速铁路的布局。根据北京城市空间的调整，以及铁路客运站服务于整个市域和区域共享的要求，规划北京南站主要为京沪高速铁路始发站，北京西站主要为京广高速铁路始发站，北京站、北京东站主要为京哈高速铁路的始发站。京广高速铁路走线沿京广铁路东侧，京沪高速铁路从北京南站向南经大兴至天津，京哈高速铁路从北京站和北京东站经通州向东。为缓解城市交通的压力，规划充分发挥高速铁路的作用，利用既有的铁路环线，考虑各个不同方向的站点联动，分散在城市内部交通压力，改变铁路分方向发车的组织模式。

(2)区域快速轨道(城际轨道)

北京市作为区域经济发展无可替代的核心城市对区域内其他城市和地区具有强大的吸引和辐射带动作用。由于北京市的区域服务中心的作用在未来仍将进一步加强，其对周边城市、地区的客流吸引强度也将随之“水涨船高”，北京与周边主要城市之间将在东南、东北、西南等方向形成规模较大的客流走廊。

未来主要区域客流走廊分布见表 17-2，客流量预测如图 17-8 所示。

主要区域客流走廊(单向)　　表 17-2

走廊名称	主要方向	连接地区	高峰流量(万人次/h)
京唐走廊	东向	北京—唐山	0.5～0.8
京承走廊	东北向	北京—承德	0.6～1.0
京沈走廊	东北向	北京—沈阳	0.8～1.2
京张走廊	西北向	北京—张家口	1.0～1.5
京津走廊	东南向	北京—天津	1.6～2.5
京石走廊	西南向	北京—石家庄	1.0～1.5

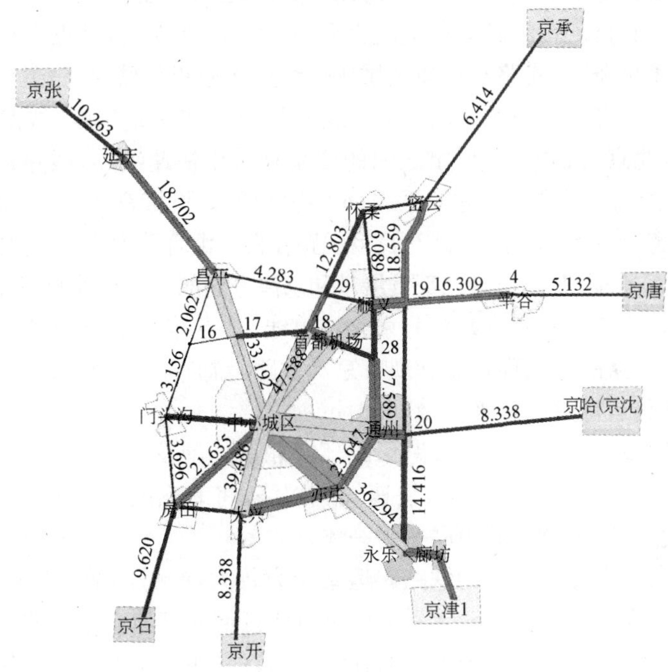

图 17-8　全方式高峰小时客流量预测(单向数据)

由于未来区域客流走廊规模较大，必然需要多种交通出行方式的共同疏解，因此，在北京与区域内具有较大潜力的城市之间应发展较大容量的轨道交通系统以支撑未来的交通需求。如巴黎地区轨道交通完成的总量达 20 亿人次/年，占公交的 57%，其中区域快速轨道(RER)承担 3.6 亿人次。

区域内快速轨道主要考虑以京津为主轴，京唐、京石、津唐、津石为主线，构筑区域的快速轨道网络。

区域快速轨道主要为京津冀区域内城镇之间的客运需求服务，是城市中心体系、区域性客运交通枢纽之间主要联系的交通方式，并根据城市布局设有多个站点。

京津区域快速轨道是区域内的区域快速轨道网络的主轴，要同时满足京津主城区之间直达和京津走廊上主要发展地区之间的联系要求，京津直达交通采用高速线路系统，根据京津间距离和交通联系的要求，运行速度要达到 250～300km/h，与高速铁路一致，而京津走廊上各发展地区之间的联系交通，其运行速度要达到 150km/h 左右。

根据北京市城市总体规划，城市东部发展带主要承担区域性制造、会展、旅游等职能。因此，结合城市职能分布，京津区域快速轨道在北京市域范围内主要在原北京东站、亦庄新城、北京东(通州)站、首都机场和怀柔设站。线路布局上，位于北京 CBD 边缘的老北京东站至亦庄和首都机场至亦庄的线路在亦庄站合并后至天津，并预留北京第二机场站、永乐站点的位置。

京唐区域快速轨道从北京站出线，经通州至唐山，由于线路主要服务于京唐之间的联系，中间发展地区相对较少，线路运行速度宜采用 200km/h 左右，站点布局主要考虑联系北京中心城区和通州新城，线路与京津区域快速线路在通州新城交叉，形成客运枢纽。

京石区域快速轨道从中心城区西部的五路站枢纽和亦庄站出线，线路主要联系的地区距离相对较远，北京与石家庄、保定之间的联系宜采用快速线路，线路运行速度宜达到 200km/h 以上，站点的布局主要考虑联系北京中心区西部，设置良乡、大兴和亦庄站。线路布局上，五路站枢纽至良乡线路与亦庄至良乡线路在良乡汇合至保定，在亦庄与京津区域快速铁路交叉，形成换乘枢纽，与北京东部发展带和京津方向的区域快速轨道线路连通。

京承区域快速轨道从北京东站和北京北站出线，站点布局主要经过沙河、首都机场、怀柔旅游休闲区，线路沿北六环走廊和现有京承铁路走廊布局，线路在北京市域外的地区发展相对较少，线路运行速度宜采用 200km/h。

规划的四条区域快速轨道交通线路形成环绕北京外围发展地区，以及联系北京城市中心体系、高速铁路站点、机场的区域快速轨道网络，将北京的外围发展地区、城市中心区、区域性交通设施、区域重点城镇联系为一体。

鉴于现状北京市内几个主要的铁路客运站压力较大，同时区域快速轨道除联系主要交通枢纽(如机场、高速铁路站)外，更重要的是解决区域内其他城市与北京各级中心体系之间的直接沟通，因此，区域快速轨道交通在北京市区内的主要站点，应在充分利用现有资源的基础上，直接与城市中心体系，以及城市公共交通枢纽实现衔接，实现区域交通与城市交通的一体化。

(3)快速轨道交通与高速铁路站点设置问题

区域快速轨道交通与高速铁路均是城市化迅速发展的产物，是城镇密集地区和国家主要客运走廊上的主要客运交通设施，是应对这些走廊上客运交通需求迅速增长，客运交通服务水平提高而规划建设的交通设施。

目前京沪之间的铁路客运已经达到 3 000 万人次/年，根据预测，到 2020 年，国内最大的京沪客运走廊至北京的日客流量接近 7 万人次/天。而在日本一条高速铁路年客运量已经达到 1.5 亿人次/年，对于我国最大的京沪客运走廊，连接京津塘和长江三角洲两个经济带，穿越四个省三个直辖市，这个经济带在整个国民经济中占有很重要的地位，其人口占全国26%，工农业产值占全国45%左右。比较而言，虽然规划期末的运量相对不大，但随着经济增长和区域城市化的快速发展，可以预见，京沪走廊上未来客运交通需求将远大于目前预计的数据。

如此规模的运量如果集中组织，一方面地面交通系统难以承担，另一方面由于与中心区距离较远，城市轨道与之衔接的方向有限，乘客换乘将大幅度增加，降低了高速铁路特别是京津快轨的服务水平。

从交通功能来看，区域快速轨道承担的客流以区域内的通勤客流为主，对时间要求很高，需要与城市中各个就业集中的中心地区密切联系，而高速铁路的客流主要以公务客流为主，需要与城市中心区直接联系，高速铁路和区域快速轨道客流之间的交换很少，两者与城市内部交通系统的衔接都是其运营成功的主要因素。

目前已有规划的高速铁路车站采取了集中布局的模式，并且在区域快速轨道和高速铁路站点的设置上，铁路部门倾向于京沪高速铁路和京津区域快速轨道、京广高速铁路和京石区域快速轨道分别集中于南站、西站运营。两条在全国和区域内最大客流需求的线路均通过北京南站组织，由于交通需求过于集中，将导致在城市交通系统的衔接和组织上的困难，同时也将导致站内交通组织上的困难。

因此，基于高速铁路与区域快速轨道的交通需求，以及对其服务水平提高的要求，高速铁路车站和区域快速轨道交通站点应分开布局，并且尽量接近城市中心区。

(4)北京铁路枢纽站点布局

规划对铁路枢纽内客运场站进行改造和扩展，首先，对既有的北京站、北京西站、北京南站、原北京东站和丰台站进行改造，成为高速铁路或区域快速铁路枢纽，并利用铁路环线，形成与上述站点之间的互通；其次，改造北京北站和五路站，第三，结合通州新城的发展和通州副中心区的开发，在通州东部建设新的北京东站，作为区域高速铁路和区域快速轨道的枢纽；最后，利用区域快速轨道交通建设，在亦庄形成以区域快速轨道为主的辅助铁路客站。形成北京“四主三辅”铁路客运站，其中以：北京站、北京南、北京西、北京北为主要站点，通州北京东站、亦庄、丰台为辅助站点，其中通州北京东站随着东部发展带的发展，逐步成为主要站点。

此外，区域快速轨道在首都机场、原北京东站、亦庄、通州新北京东站形成主要客运枢纽，良乡、大兴、北京北站、怀柔、顺义、五路站及沙河形成次级枢纽，预留首都第二机场枢纽。

根据铁路部门现有规划，未来北京铁路货运枢纽将主要分布在铁路中环、外环范围内，重要的货运枢纽选址于：丰台西站、双桥、三家店、良乡等。

17.2.5.3 铁路客运枢纽与城市交通衔接

铁路客运枢纽与城市交通的衔接需要考虑两方面因素，一是城市交通的集散能力，二是城市交通服务的范围与服务水平。城市交通集散能力中关键是地面交通的集散能力，这是目前铁路客运枢纽的交通组织中，与城市交通衔接的主要问题，而随着铁路客运的大幅度增长，可以预见地面交通集散量不会削减。

城市交通可达性是客运枢纽服务水平的一部分，特别是对高速铁路与区域快速轨道交通这些时间要求高的交通工具，如果要经过多次换乘到达目的地，时间上的损失将使快速交通工具的吸引力下降。

对于目前既有的北京铁路系统规划和轨道交通系统规划，铁路枢纽与城市轨道交通系统的衔接见表 17-3。

既有规划中北京铁路枢纽与城市轨道衔接　　表 17-3

铁路客运枢纽	2010 年	2050 年
北京南站	地铁 4 号线，市郊铁路 4 号、5 号线	地铁 8 号、14 号线，轻轨 L3 线、市郊铁路 4 号、5 号线
北京西站	地铁 7 号、9 号线	地铁 7 号、9 号线
北京站	地铁 1 号、2 号、5 号、14 号线	地铁 1 号、2 号、5 号、14 号线
北京北站	地铁 2 号、4 号，城铁 13 号线	地铁 2 号、4 号线，城铁 13 号线，市郊铁路 2 号线

可以发现，既有规划中城市轨道交通衔接与铁路枢纽需求的关系并不大，交通需求最大的西站和南站与城市轨道交通衔接最薄弱，衔接的线路与城市中心之间的联系也不紧密。且在当时的规划中并没有考虑区域快速轨道交通枢纽，因此，轨道交通规划需要按照铁路枢纽的布局、运营特征和线路的功能进行调整，主要调整轨道交通衔接的数量、方向、等级。

铁路枢纽的地面交通集散与客运量成正比，在铁路枢纽的运营上不按照分方向进行运营组织，可以有效地避免客运量过分集中，大大降低城市交通的压力，通过枢纽之间的运营协调，调节集散交通。

17.2.6　区域高速公路网络发展策略

目前京津冀区域高速公路网络已形成以国家干线网络为主、以北京为核心的放射状网络结构。随着区域进一步发展和城镇之间经济联系的加强，区域高速公路建设将转向以联系区域内城镇为主的时期，在区域内形成以京津为核心、各城镇密切联系的高速公路网络。

同时区域对外高速公路的建设也需从区域发展的角度整体考虑，形成区域整体对外的交通网络，改变以往以城市为节点，各城市单独布局对外公路网络的思路。

市域内形成以高速公路与一级公路为骨架，功能级配合理，国家、区域、市域三级干线公路网络有机衔接的网络。新城及平原区重要的中心镇均直接与高速公路走廊相连接，市域范围内公路网络覆盖全市所有村镇，实现村村通油路。

高速公路。在国家干线高速公路网络的基础上，重点发展京津冀内部区域联系高速公路网络。区域内高速公路形成以京津为核心，重点城镇密切联系的高速公路网络。

等级公路。区域公路建设充分考虑区域各发展地区的职能分工。加强周边城市与北京的客运通道联系，支持北京区域服务中心职能的发挥，巩固北京的客运枢纽地位；加强区域城镇与天津的货运通道联系，以及区域货运干线与天津的联系，如图 17-9所示。

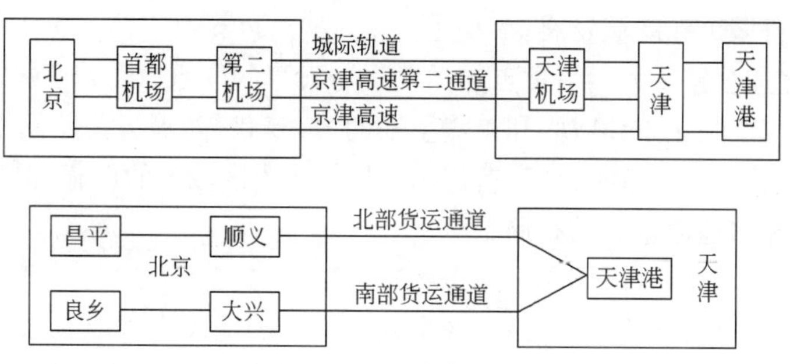

图 17-9 京津交通联系系统示意图

根据都市区的发展、京津在华北和全国的地位以及市域内部交通联系要求所形成的公路运输特征，将公路网络划分为四个等级：

• 国家干线，主要承担核心城市和京津冀区域与国内其他区域的交通联系，是整个区域的对外联系公路。

• 区域干线，主要联系区域内的中心城市和重要发展地区，是构成区域内交通联系网络的骨架。

• 市域干线，承担北京主要城镇之间的交通联系以及新城与中心城的交通联系，是市域交通网络的骨架。

• 市域普通公路。主要承担干线公路网络的集散交通，形成市域内高密度的公路联系网络。

国家干线由高速公路组成，区域干线由高速公路和高等级公路组成，市域干线由高速公路、高等级公路和城市快速路组成。承担三个功能等级的高速公路通过出入口布局应与公路系统的功能等级一致，从市域到国家干线逐步减少高速公路的出入口。

(1)国家干线公路网络布局

目前区域内已经形成京石、京哈、京沈等比较完善的国家干线高速公路网络，以及京开、京承、京张部分路段，将北京市区与周围省市联系在一起。在规划期内主要对南部的京福线进行改造，延伸京张、京承、京开高速公路，形成围绕北京放射型高速公路网络。

同时对这些方向原有公路进行改造，形成北京与这些方向双通道高等级公路联系。

将京沪高速公路向北延伸，在北京东部形成由东北与华东、华北、西北地区联系的国家干线公路网络，改变国家干线完全从城市出发的局面，改善北京东部过境交通穿越的状况。

(2)区域干线公路网络规划

区域干线是目前区域高速公路网络中最薄弱的环节,已经成为限制区域中都市区发展的主要因素。区域干线目前主要有京津塘高速、首都机场等高速公路等,与促进区域联系、区域交通基础设施共享和区域产业发展的目标相差甚远。规划将重点加强区域干线网络的布局,促进城市和区域发展。

规划区域高速公路干线网络重点加强北京与天津的联系,以及区域交通基础设施与服务区的联系,形成强化京津双心和京津主轴的"灯笼状"高等级公路网络布局。规划形成京津间四条高速通道。首都机场、首都第二机场作为区域性的设施,根据交通需求的增加,与服务区形成多通道联系的布局。

• 将北六环向东延伸(采用顺平路走廊),经蓟县与接入天津港。将北京北部现代制造业发展带直接与港口联系,促进该地区产业竞争力的提高。形成北京北部放射性高速公路与天津的直接联系,减轻未来北京北部、东部发展带过境交通穿越的压力。

• 京津第二通道位于京津主轴上,是未来区域内交通需求最集中的走廊,在六环路内连接至首都机场、顺义,将东部发展带的亦庄、通州、顺义和首都机场与天津联系起来。

• 利用目前的京福公路走廊建设京福高速公路,并经大兴新城、天津主城区南部与天津港口衔接,形成北京至天津港口的第二个通道,将北京南部的产业发展区与天津港联系起来。

• 改造目前的京津塘高速公路,提高通行能力。

• 近期为解决煤炭运输问题,减少过境运煤车辆对城市交通的干扰,考虑在北京西北部地区六环路以外沿六环路走向,经顺义、平谷北部地区,规划一条运煤通道。运往天津的煤炭,直接经蓟县与天津港口联系;

• 区域干线公路网络在顺义、首都机场、亦庄形成区域干线网络的重要衔接枢纽(图 17-10)。

(3)主要市域干线公路网络规划

北京市域干线网络现状已经形成比较完善的高等级公路和快速路网络,以五个环路为环行干线,放射线辐射远郊区县、卫星城、边缘集团、重要中心镇以及著名的旅游景区。

规划主要是结合区域干线网络建设和城市外围地区发展,加强市域干线网络与区域干线网络的衔接,加强市域干线网络对新发展地区和城市结构调整的支持。

本次市域干线网络的规划调整主要集中在城市的东部发展带,北部地区和南部地区,如图 17-11 所示。

• 在六环路外建设联系东部发展带城镇的快速通道;

• 利用北清路走廊,建设北部地区与首都机场和顺义联系的快速通道;

• 利用六环路南环与京津通道联系,将南部地区的良乡、大兴与天津联系起来。

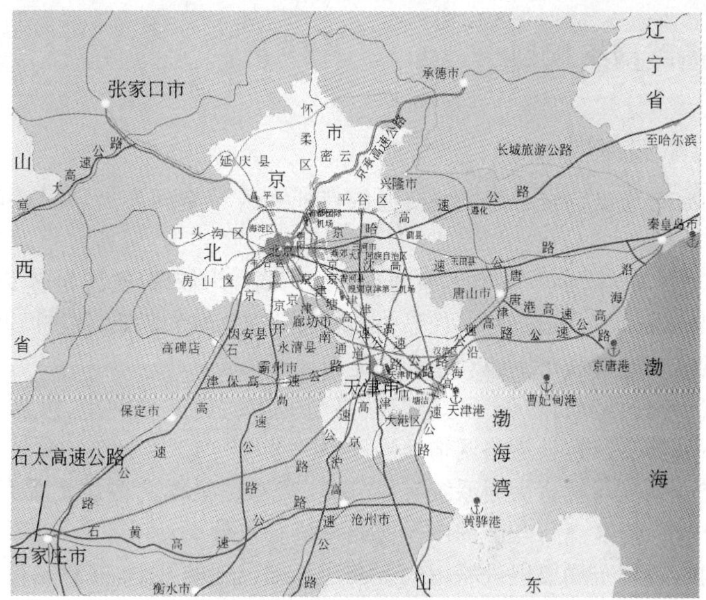

图 17-10 规划区域交通干线

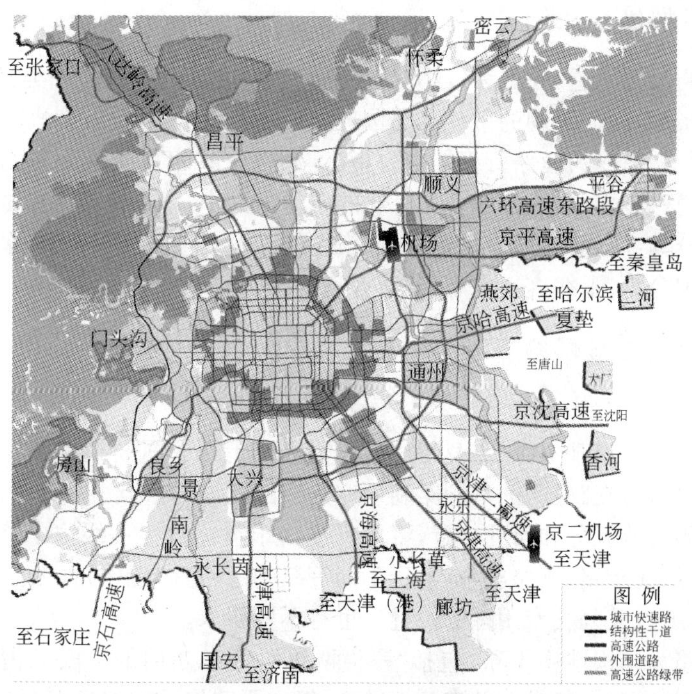

图 17-11 市域干线公路网规划示意图

17.3 城市道路网络规划

17.3.1 规划布局原则

(1)道路网络布局要综合考虑区域交通的特征和区域空间发展,并与市域、区域交通网络一体规划;

(2)道路网络结构调整以区域和北京的空间结构调整为依据,支持北京多中心体系和新的城市空间结构形成,支持新城发展,加强中心城与外围新城的联系,促进旧城区整体保护;

(3)道路系统功能与城市土地利用和功能布局相协调;

(4)根据城市交通特征,充分考虑道路网络与城市轨道交通网络、快速客运走廊的布局的协调,利用公共交通弥补道路网络缺陷;

(5)客运交通系统与货运交通系统有效分离,交通性干线与客运走廊有效分离,长距离出行与短途出行、跨区出行与区内出行交通系统有效分离;

(6)道路网络规划布局要促进城市大型交通基础设施的共享,并建立与交通基础设施服务区域一致的集疏运交通网络;

(7)把调整和完善道路网络结构作为解决中心城区局部交通问题的主要手段。

17.3.2 道路网络功能划分

将城市道路分为两类,一类为以小汽车交通为主的道路系统,另一类为以公共客运交通为主的道路系统,两类不同的系统共同构成城市的道路网络。以小汽车为主的道路系统以道路的通行能力作为道路管理的主要指标,而以公共客运交通为主的道路系统要充分考虑客流的通过能力,重点考虑公共交通的布局。其中,以小汽车为主的道路系统根据其功能等级划分为:高速路、城市快速路、城市主干路、次干路、支路;而以公共客运交通为主的道路系统则分为:干线客运走廊、普通客运走廊。

17.3.3 中心城道路网络布局

1.旧城地区

旧城区的主次干道基本维持现状路网格局,原则上不再进行道路拓宽为主的道路扩建,结合旧城保护,将支路加密、胡同路利用作为道路建设的重点。

根据道路的功能区分和所处位置,将现有主次干道细分为一级主干路、二级主干路、一级次干路、二级次干路、支路五个等级,不同等级的道路具有不同的功能定位,同时在路幅宽度、机动车道以及公交专用道的设置上也有不同要求。

一级主干路为结构性主干路,包括“三横两纵”,即东西向的平安大街、长安街、两广路,南北向的西单南北大街和东单南北大街,一级主干路将是旧城内交通与外围地区联系的主要通道,它们同时还将负担旧城的大部分过境交通。

二级主干路为除结构性主干路之外的其他主干路，如赵登禹路、朝阜大街、前三门大街、南北小街等，二级主干路是联系旧城内各区的骨干路网。

一级次干路为穿越保护区控制建设地区的结构性干道，如西安门大街、南北池子大街、南北长街等。

二级次干路主要承担旧城区内部各区域的交通出行。

另在原有规划路网的基础上，本次规划取消了西直门内大街向东跨什刹海与鼓楼东大街连通的规划主干路，仍维持西直门内大街为次干路；调整目的是为保留什刹海地区整体风貌的完整性，其交通出行需求通过交通管理措施和其他分流措施解决。

2. 二环以外地区

中心城二环以外路网的调整，针对多中心的发展，在继承既有环放网络结构基础上，加强次中心、CBD 等地的联系网络，利用既有道路走廊增加南北向贯通性交通干道的数量，强化对环路快速路的分流作用，均衡城市交通流分布；增强中心城与重点发展地区的联系通道；结合旧城整体保护的要求，减少原规划放射状快速路与二环路的衔接，降低旧城内的机动交通强度。

西二环与西三环间：将三里河路南延跨两广路至丽泽路，形成西二环和西三环间的主干路通道；同时将展览馆路向北打通，使展览馆路直接向北与高粱桥路连接。加强西二、三环间的南北向交通联系，弥补了目前道路网的结构性缺陷。

东二环与东三环间：将规划的城市主干路新东路、工人体育场东路、东大桥路，过建国门外大街向南一直延伸至亦庄，其间连接的道路包括潘家园东路（原规划为次干路）、成寿寺路，全线提级为主干路，加强对 CBD 等东部中心发展地区的支持。

将北太平庄路向北延伸，经花园东路、志新东路向东穿过八达岭高速公路与主干路林翠路连通。

弱化放射线快速路与二环路的直接联系，将原规划连接二环与京哈高速公路、京津高速公路、京济公路的快速路放射线（均未通车）降级至主干路。其他已建成的与二环连接的快速路放射线，可根据情况考虑采取交通管制措施（车道划分和灯控配时等）实行快出慢进的交通组织方式。

提高市区南部地区干道系统的路网密度，加强了南部新城与中心城区的联系，强化肖亦路、蒲黄榆路南延线以及连接京津、京开、京石高速路的放射性快速路等。

北京市干道统计情况见表 17-4、表 17-5，道路网密度分析见表 17-6。

干道长度统计表（km） 表 17-4

范围	快速路（含高速路）	主干路	次干路
二环以内（不含二环）	—	64	134
二环至四环（含四环）	195	248	272
四环至五环（含五环）	167	175	256
五环以内合计（含五环）	362	487	642

干道级配分析表　表 17-5

范　围	快速路(含高速路)	主干路	次干路
二环以内(不含二环)	—	1.00	2.09
二环至四环(含四环)	1	1.27	1.39
四环至五环(含五环)	1	1.04	1.53
五环以内合计(含五环)	1	1.34	1.76

道路网密度分析表(km/km^2)　表 17-6

范　围	快速路(含高速路)	主干路	次干路
二环以内(不含二环)	—	1.0	2.1
二环至四环(含四环)	0.8	1.0	1.1
四环至五环(含五环)	0.5	0.5	0.7
五环以内合计(含五环)	0.5	0.7	1.0

17.3.4 外围地区道路网络布局

中心城区外围主要结合城市空间结构调整,调整外围地区道路网络的环放结构为与城市空间一致的交通网络形态。形成中心城与新城、新城之间联系便捷的、以高速公路和快速路为骨架,以东部发展带三个重点新城为核心的联系交通网络,支持北部、南部新城发展带发展的带状方格网形态道路网络。其中主城与重点新城之间通过高速公路和多条快速路联系;主城与一般新城之间通过高速路和快速路联系;主城与远郊新城之间由高速公路联系;重点新城之间以及重点新城与新城之间有多条快速干道联系。

1.东部地区

加强重点新城与主城区、重点新城之间、重点新城与其他新城之间的联系。调整沿东部发展带道路的走向和功能,构筑以多通道快速交通网络联系主城和贯穿发展带各城镇的快速交通网络,形成以联系主城区的东西向和东部发展带南北向为主导的方格网道路网络系统。

(1)京顺路(北京—顺义)提级为城市快速路,与东四环衔接,加强顺义与中心城的交通联系。

(2)姚家园路(朝阳公园—通州宋庄)和豆各庄路(通州张家湾—豆各庄桥)提级为城市快速路,与东四环衔接,加强通州与中心城的交通联系。

(3)亦永路(亦庄—永乐)提级为城市快速路,向西与五环路衔接,东向延长经永乐,接永顺路(永乐—顺义)至首都第二机场,在加强亦庄与中心城交通联系的同时,带动永乐新城的发展,加强亦庄与首都第二机场的交通联系。另外,提级肖亦路(肖村桥—亦庄)为城市快速路,进一步强化亦庄与中心城的交通联系。

(4)完善亦庄与永乐之间的道路系统,在强化亦庄对永乐发展的带动作用的同时,加强中心城和东部发展带与首都第二机场的交通联系。

(5)调整通州区北部南北向道路走向和卫星城内部道路系统，形成东部发展带新城间多通道、不同服务水平、顺畅的道路交通系统，其中位于卫星城东侧、贯穿东部发展带、联系顺义与永乐的道路(永顺路)作为城市快速路。

(6)京津高速第二通道经由首都第二机场进入北京后不再接入城市快速环线，在通州与朝阳区之间北上至首都国际机场，并与机场高速和城区北部的东西向城市快速路系统连接。一方面加强东部发展带和首都机场与第二机场及天津方面的交通联系，同时形成通州与朝阳区用地发展有机隔离带。

(7)利用六环路、京平路、顺平路形成顺义与平谷的密切联系，促进两地在制造业产业联系的加强，形成以现代制造业为主的产业集群发展地区。

2.北部地区

结合北部地区的交通特征和向心布局的轨道交通网络，加强北部东西向道路网络，从两侧分流，缓解北部地区的交通压力，同时配合城市用地布局的调整，服务海淀北部地区与中心城的联系需求。

结合东部新城与交通枢纽的发展，强化东西向的联系通道。在五环路以北形成两条东西向干道，与六环路一起形成三条东西向交通快速通道，并结合放射性道路系统，疏解北部与主城联系交通。

(1)提升北清路、顺平路为城市快速道路，经首都机场北侧至顺义；提升李天路、西小口路为城市快速道路，经首都机场接京平高速公路；延伸北六环至平谷。形成以上述道路为骨架，连接昌平、首都机场、顺义、平谷的横向快速通道。

(2)园昌路(圆明园—昌平)提升为城市快速路，形成以八达岭、京承高速公路，京昌、京顺快速路为骨架，与主城区联系的纵向快速通道。

3.南部地区

(1)调整城区南部东西向道路走向，结合城市南部对外交通网络，形成方格网状道路网络格局，强化良乡、大兴与东部重点新城和京津区域主发展轴的交通联系；

(2)提级104国道、105国道为高速路，并结合六环路功能调整，形成城市南部产业区良乡和大兴与天津港联系的快速通道；

(3)永长路(永乐—长沟)提级为城市快速路，形成联系首都第二机场的快速通道；提升通亦房路(通州—亦庄—房山)为城市快速路，形成六环路内侧南部地区联系东部发展带的快速通道；构筑以南六环、永长路、亦房路为骨架的横向快速通道；

(4)兴丰路(大兴—丰台)提级为城市快速路，分别与南四环、亦房路和永长路衔接，形成以京石、京开、京福高速公路和兴丰快速路为骨架，与主城联系的纵向快速通道。

4.西部地区

西部地区作为城市的生态发展带，在原规划道路系统的基础上，结合用地布局和发展要求，主要通过中心城区西向放射道路的延伸，加强与主城区的交通联系。利用六环路加强城市副中心石景山区对西部发展带的辐射作用。

(1)阜石路(阜成门—石景山)提级为城市快速路,加强石景山地区与中心城的交通联系;

(2)提高卢沟桥西街、长兴路道路等级和通行能力,加强长辛店地区与中心城交通联系;

(3)提高周口店—良乡联系道路等级和通行能力,加强周口店地区与良乡及中心城交通联系;

(4)良景路(石景山—良乡)提级为城市快速路,分别与阜石、亦房和永长城市快速路衔接,加强西部发展带南部地区与石景山区的交通联系;

(5)结合城市西部生态发展带的规划和环境保护要求,六环路西段将作为市域干线道路,降低该地区的道路通行能力,避免过多过境交通穿越环境保护地区。

北京市道路网络布局规划如图 17-12 所示。

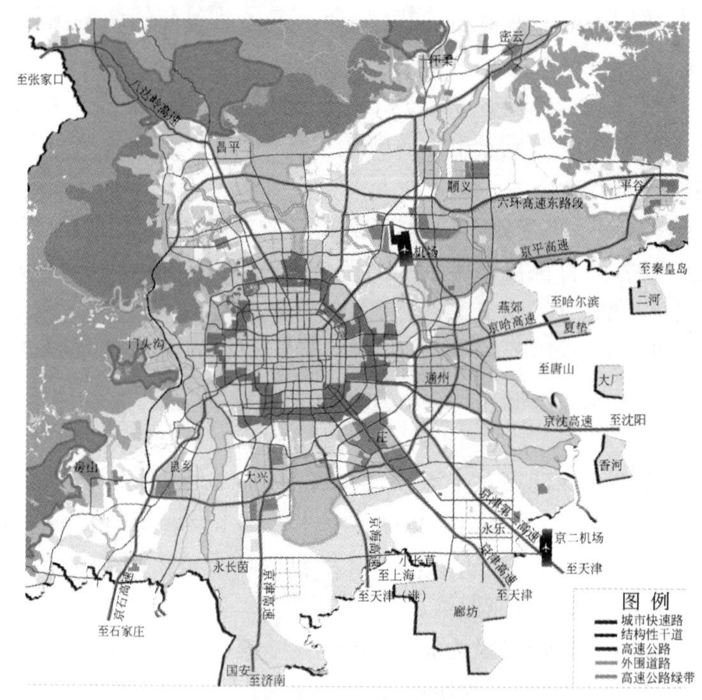

图 17-12　道路网络布局规划

17.4　公共交通规划

发展公共交通是北京城市规划确定的空间发展策略、城市交通机动化和城市发展模式所决定的必需的策略,如果没有公共交通的大发展,北京城市规划所确定空间发展策略注定会流产。

为了达到城市发展的目标，公共交通需要在规划期内有一个飞跃性的发展，到2010年，主城区公共交通承担的出行比例要达到50%～60%。必须在两方面同时努力，才有可能达到公共交通发展的目标，即公共交通服务水平的提高和公共交通票制、票价、补贴、市场管理等方面的改革。

17.4.1 公共交通网络发展策略

公共交通设施的发展要以建设完善的功能等级网络，提高公共交通服务水平为目标，改变以线路为单位的布局模式，用一体化的思想，以服务为基础构建公共交通网络，充分发挥不同公共交通方式的优势，提供可达性和机动性俱佳的公共交通网络。

1.地面公共交通改善和轨道交通建设并重

轨道交通与地面公共交通是城市公共交通最重要的两大组成部分。轨道交通系统因其快速、准点和大容量等优势将成为北京市未来公共交通系统的骨干。同时，地面公共交通则可以依靠其相对低廉的成本投入和大范围的网络覆盖实现较高的可达性服务。

2.加强公共交通枢纽建设

随着城市空间的扩张，城市居民出行距离越来越长，公共交通设施在机动性和可达性提供上也更加分明，很难用一种交通方式来完成全程出行，换乘比例将越来越高，因此换乘设施成为提高公共交通服务水平的关键性设施。

在布局上，城市中心区的枢纽布局要加强。在重视大型交通枢纽建设的同时，也要重视小型公共交通集散点的建设，实现不同等级公共交通枢纽建设同步发展。

(1)三环内部形成完善的不同等级的城市公共交通枢纽布局；

(2)在目前与对外交通结合枢纽建设的基础上，根据区域交通的发展，建设与区域联系交通设施相结合的交通枢纽，特别是与区域快速轨道结合的枢纽布局；

(3)公共交通枢纽建设上，把不同等级公共交通线路衔接作为重点，结合轨道交通建设和公共交通快线建设城市公共交通枢纽，支持城市空间的扩展；

(4)由于用地紧张，二环内城市中心区的交通枢纽建设，可以考虑采用地下开发的模式，结合城市开发进行；

(5)加快城市中心区中次要等级的交通集散点建设，实现换乘条件全面改善。

3.加快轨道交通建设

在规划期建设一个与发达国家大城市规模基本相当的轨道交通网络。在发展的形式上，2010年以前与奥运规划配合，重点发展市区线路，2010年后重点发展与城市空间拓展相结合的线路，形成城市主要发展走廊上的快线网络。在发展规模上，2010年形成300km以上(其中市区220km)，以市区建设为主；2020年形成600～700km(其中市区350km)，以外围地区建设为主。

(1)轨道交通按照城市交通联系的特征，中心城区内部以普通速度的地铁、轻轨为主，中心城区与近邻的新城联系建设沿轨道交通快线,中心城区与远郊新城及周边城镇的联系以市郊铁路为主。

(2)二环内利用轨道交通弥补出入口能力不足和道路网络的缺陷,在中心大团轨道交通建设上要能够弥补目前道路网络的不足。

(3)轨道交通网络以重点发展地区为枢纽,成为联系北京未来中心体系和重大客运交通枢纽联系的主要交通工具,避免与干道完全重合的棋盘状发展。

(4)在外围地区的轨道交通建设上,要形成独立的轨道交通走廊,避免与城市干道重合布局。

4.加强公共交通干线网络的调整

在轨道交通还没有建设成网络和覆盖城市大规模公共交通走廊的时期,地面公共交通将承担大规模公共交通走廊的服务,利用多条公共交通快线,提供较高的公共交通服务水平,采用快速公共交通向轨道交通逐步升级的策略;在轨道交通形成相对完善的网络时期,地面公共交通要与轨道交通协调,覆盖城市的次要公共交通走廊,成为公共交通集散系统的主力。

5.重视公共交通支线的建设

北京城市道路网络密度低的缺陷限制了公共交通的可达性,利用等外道路、支路系统进行公共交通支线系统建设,是克服北京道路网络缺陷,提高公共交通服务覆盖率的主要手段。

(1)在二环内的旧城区,利用胡同路等道路开设公共交通支线,支持旧城保护,实现与高密度轨道交通系统结合。

(2)在二环外地区,建设进入社区的公共交通支线系统,克服道路网络稀疏带来的公共交通线路重复率过高的缺点,降低居民出行两端的步行距离,鼓励更多的居民乘坐公共交通。

(3)在城市外围新发展地区,与快速轨道交通网络结合的公共交通支线系统,更有效地实现外围地区围绕快速轨道交通站点形成公共交通社区,以及公共交通场站建设和专用路建设等。

17.4.2 以公交为核心的一体化发展策略

1.交通设施一体化策略

结合城市结构调整、旧城保护以及不同地区交通需求和交通运行特征,分区考虑交通设施一体化发展,具体策略为:

(1)在旧城处理好二环附近地铁站点的布局,合理布局旧城内换乘枢纽,提高区域内交通可达性,实现换乘服务的一体化,中心城突出自行车和行人优先,引导自行车步行网络与公共交通协调发展。

(2)在二三环间区域,地面交通与轨道交通协调发展,改善地面公交和地铁之间的衔接，在二三环间中心区内重视自行车与地铁之间的衔接。

(3)五环内公共交通发展采取逐步升级策略，公交快线服务覆盖规划的轨道交通走廊，在四环、五环附近结合公共交通枢纽建设P+R(换乘+停车)设施。

(4)外围地区市域轨道站点布置须与城镇体系规划、土地利用紧密结合，实现交通与城市发展、土地利用的一体化，建设公交社区；并结合轨道快线和区域快速轨道交通枢纽，布局公交支线，提高城市外围地区的公共交通可达性，扩大轨道交通的服务范围。

(5)区域快速轨道交通枢纽与城市轨道交通形成良好衔接，实现区域客运交通一体化。

2.交通运行一体化策略

(1)缩短换乘距离，提高服务水平。合理调整公交线路、站点，结合路内外交通换乘枢纽建设，缩短换乘步行距离。

(2)协调运行时间，减少换乘等候。协调轨道交通与地面公共交通、对外客运交通(区域快速轨道、铁路、航空等)与城市公共交通衔接的时间。

(3)改善出行信息服务，建设公共交通出行信息系统。在换乘枢纽站，使用一体化指示系统，方便乘客换乘，减少换乘时间。

3.管理一体化策略

(1)换乘枢纽采取第三方管理。

(2)制定公共客运服务管理条例，建立一体化服务核定标准，规范公共客运服务。

(3)公共交通补贴体现一体化发展的策略。

4.票制、票价体系一体化策略

(1)公交系统部不同方式之间票价协调。统一票制票价系统，协调轨道交通与地面公共交通的票价，充分发挥不同公共交通方式的运输优势。

(2)公交系统实行联票制。利用联票制保障出行服务一体化，利用票价引导乘客换乘，实现公共交通系统的优势组合。

(3)公共交通系统采用区域票制。利用票制改革实现公共交通网络的调整，引导形成区内和跨区两种线网布局，促进公共交通网络功能等级形成，并通过票制引导居民出行。二环内公共交通(包括轨道交通和常规地面公交)票价票制改革与交通需求管理、旧城保护相结合，采用区域票价，鼓励出行者在旧城区内使用公共交通，外围地区长距离联系交通提高公共交通分担率。

(4)换乘价格的制定应鼓励小汽车与公共交通换乘。通过停车价格和换乘票价的优惠，鼓励小汽车与公共交通之间的换乘。

17.4.3 客流走廊规划

根据客运走廊服务范围和走廊客流特征对交通机动性的不同要求，将北京未来客流走廊分为市域走廊和市区走廊。不同等级和种类走廊上的客流具有不同的需求特征，城市公交体系应根据不同特征的需求安排适当的设施，见表 17-7～表 17-9。

客运走廊的分级服务特征 表 17-7

市域走廊		市区走廊	
分级	特征	分级	特征
I 级	城市重点新城以及与中心之间联系	I 级	联系市级中心体系和最重要交通集散点
II 级	城市一般新城与中心城区之间联系	II 级	联系城市次级客流集散点
III 级	联系城市次要发展地区	III 级	联系城市一般发展地区

公共交通走廊分级与设施要求 表 17-8

市域走廊		市区走廊	
分级	设施要求	分级	设施要求
I 级	轨道快线	I 级	城市轨道
II 级	市郊铁路及快速公交	II 级	城市轨道及快速公交
III 级	公交快线	III 级	普通公交线路

市域公交走廊规划布局 表 17-9

分级	走廊分布方向
I 级	平谷—顺义—机场—CBD
I 级	亦庄—十里河—CBD
I 级	燕郊—通州—CBD
I 级	北苑—奥运公园—王府井—前门—南站—南苑—大兴
II 级	昌平—清河—中关村—西单金融街—广安门
II 级	门头沟—苹果园—长安街—CBD
II 级	良乡—大兴—亦庄—通州—机场、顺义
III 级	良乡—六里桥—西客站—北京站

其中亦庄(东南)方向走廊将与京津区域走廊重合、良乡(西南)方向走廊将与京石发展带重合，成为区域性走廊的一部分。市区公共交通走廊的布局主要依据城市中心体系布局，形成支持多中心体系联系为主的客运走廊，并结合市域走廊的布局加强中心城对外辐射，见表 17-10。

市区公交走廊规划布局 表 17-10

分级	走廊分布方向
I 级	五棵松—公主坟—金融街—王府井—CBD—原北京东站
I 级	望京—东直门—王府井—北京站—天坛—宋家庄
I 级	回龙观—中关村—动物园—北站—金融街—马家堡
II 级	北苑—奥运公园—北中轴—前门—南站—南苑

续上表

分　级	走廊分布方向
II级	阜成路—金融街—王府井—CBD
II级	六里桥—西客站—前门—北京站—化工厂
II级	三环路环形走廊
II级	清华西门—奥运公园—大屯—望京
III级	五路站—车公庄—地安门—东四十条—朝阳公园
III级	东、南四环半环状走廊—望京—北苑—回龙观

17.4.4 客运交通枢纽规划

参考既有规划对公交换乘枢纽和客流集散点的分级方式，以及城市和区域对外客运枢纽的布局，北京未来客运交通枢纽按照每日上下客流规模等级见表17-11。

客运枢纽特征与分级　　表17-11

枢纽分类	服务特征	客流规模(万人次/日)
特大枢纽	依托主要对外交通枢纽和城市中心体系，综合多种交通方式	≥20.0
大型枢纽	依托城市内主要中心体系、重点发展地区、次要对外交通枢纽、主要客流走廊交汇地区	10.0～20.0
中型枢纽	为城市中人口、就业密度较高地区提供公交换乘和集散服务	5.0～10.0
小型枢纽	提供有限范围内换乘和客流初级集散服务	3.0～5.0

特大型枢纽中包含了中心城区内部大型轨道(铁路、区域快轨、城市轨道)综合枢纽，区域联系交通、新城间交通，以及新城与中心城区交通转换和集散的枢纽。中心区的交通枢纽建设，鉴于用地比较紧张，要充分利用地下空间，通过多枢纽组合布局，形成大型枢纽来保障中心区与城市及区域各地区的联系。

特大型综合枢纽(I级枢纽)：北京站、北京西站、北京南站、北京北站、北京东站(通州)、原北京东站(CBD西南边缘)、五路站、首都国际机场、西单金融街地区、东单王府井、CBD地区、中关村地区、亦庄、大兴黄村。

大型枢纽(II级枢纽)：前门、动物园、公主坟、大北窑、六里桥、东直门、西直门、崇文门、德胜门、永定门、宋家庄、苹果园、通州北苑、清华西门、新街口、鼓楼、清河、沙河。

中型枢纽(III级枢纽)：南苑、新发地、西环北路、木樨园、北京游乐园、劲松、东大桥、东四十条、和平里、安慧桥、蓟门桥、五道口、定慧寺、丽泽桥、白石桥、玉泉营、良乡。

17.4.5 旧城公共交通

根据北京市旧城保护与开发模式的调整要求，旧城的用地布局将主要分为重点开发地区和文化旅游保护区两大类。开发模式和保护模式的变化，使旧城内的客流走廊和枢纽特征也将随之向以重点开发地区和文化旅游区为核心的放射型布局转变，并逐步在这些重点地区形成客运枢纽。同时，未来北京旧城客流走廊布局还应考虑由于道路网络缺陷造成南北不畅的情况。因此，旧城客运走廊调整主要结合中心体系构建西单—金融街、东单—王府井、前门与中关村、CBD、奥运村，以及与城市外围新城中心之间联系客运走廊，并且在西单—金融街、东单—王府井、前门形成大型客运交通枢纽。

17.4.6 P＋R 换乘枢纽规划

在城市中心区(二三环附近)的外围轨道交通线路通往核心区的地铁站点设置小汽车停车换乘的停车场地，实现旧城区小汽车＋快速公交(地铁)的紧密衔接。规划设置公主坟、六里桥、五路、动物园、马甸、东直门、四惠等 7 处主城区 P＋R 站点。

在外围地区附近结合公共交通枢纽建设 P＋R 停车设施，根据外围地区轴向发展的特点，设置大型小汽车接驳换乘中心。规划在亦庄、十八里店、宋家庄、大红门、望京、立水桥、清河、首都机场设置 8 处外围 P＋R 站点。

17.5 交通需求管理规划

17.5.1 交通需求管理政策的目标

交通需求管理的目的是利用各种政策和机制来改善交通出行的结构，使城市交通的发展更加可持续，包括交通设施的设计，改善交通出行的选择，价格、土地利用改善，这些措施从不同的角度影响交通出行行为，以达到改善交通出行时间、路线、方式、目的地和出行率，以及改善交通速度和土地利用形式的目的。

从北京目前的城市交通状况和未来城市交通的发展来看，北京城市交通需求管理政策实施需要分两个阶段进行考虑：

(1)第一阶段。2008 年以前，城市机动车拥有量迅速增加，城市轨道交通建设，公共交通改革、道路交通基础设施和交通管理的设施建设都处于快速发展阶段，这个阶段交通需求管理政策实施的力度和环境鉴于国家交通政策和城市交通环境的因素会有限制。

(2)第二阶段：2008 年以后，城市交通基础设施基本完善，城市机动车的增长进入平稳期，公共交通得到大幅度改善，国家政策和地方交通环境、交通技术应用逐步成熟，城市居民的收入水平提高，交通需求管理措施实施选择的余地更大、手段更多。

17.5.2 交通需求管理政策实施建议

北京交通需求管理政策实施建设见表17-12。

北京交通需求管理实施建议 表17-12

<table>
<tr><th rowspan="2">需求管理措施</th><th colspan="3">实施时期</th><th rowspan="2">备注</th></tr>
<tr><th>近期</th><th>中期</th><th>远期</th></tr>
<tr><td colspan="5">交通立法</td></tr>
<tr><td>路权管理法规</td><td>★</td><td></td><td></td><td>在近期建立地方性的路权管理法规，明确道路的路权分配与管理</td></tr>
<tr><td>停车法规</td><td>★</td><td></td><td></td><td>停车管理作为城市交通需求管理中使用和拥有管理的重要手段，必须尽快建立明确的停车管理法规</td></tr>
<tr><td>车辆排放法规</td><td>★</td><td></td><td></td><td>建立车辆排放和车辆淘汰的标准</td></tr>
<tr><td>现有交通法规的修订</td><td>★</td><td></td><td></td><td>对现有交通法规中与交通需求管理实施有矛盾或新增的管理内容纳入</td></tr>
<tr><td colspan="5">交通需求管理措施</td></tr>
<tr><td>道路收费
（区域收费）</td><td>☆</td><td>★</td><td></td><td>目前还不具备道路收费和区域收费的条件，在近期进行收费的技术准备，中期实施</td></tr>
<tr><td>弹性工作时间</td><td>★</td><td></td><td></td><td>目前就应在有条件的单位推行</td></tr>
<tr><td>车辆合乘</td><td>☆</td><td>★</td><td></td><td>首先对城市的重点区域实施，与公共交通专用道路计划一起实施</td></tr>
<tr><td>公共交通优先</td><td>★</td><td>★</td><td>★</td><td>近期内在城市客运干道上全面推行，中期结合HOV推行</td></tr>
<tr><td>计程收费</td><td>★</td><td></td><td></td><td>近期前期进行技术准备，后期结合车辆的检验实施</td></tr>
<tr><td>燃油税</td><td>☆</td><td>★</td><td></td><td>要与国家的政策相协调，如果条件允许可以实施地区性的燃油税政策</td></tr>
<tr><td>停车管理</td><td>★</td><td>★</td><td></td><td>是近期、中期交通需求管理实施的主要内容，特别是近期，由于部分措施的实施不具备条件，停车管理应作为首要的需求管理内容</td></tr>
<tr><td>车速限制</td><td>★</td><td></td><td></td><td>对城市的快速道路、主要道路和社区道路确定不同的车速标准</td></tr>
<tr><td>出租车管理</td><td>★</td><td></td><td></td><td>通过信息化管理，提高出租车的载客率、减少空驶里程</td></tr>
<tr><td>货车管理</td><td>★</td><td></td><td></td><td>按照目前的实施情况，结合物流管理实施</td></tr>
<tr><td>步行交通管理</td><td>★</td><td>★</td><td></td><td>制定城市的步行与自行车交通的规划</td></tr>
<tr><td>合理使用自行车</td><td>★</td><td>★</td><td></td><td>强化自行车与公共交通的结合</td></tr>
<tr><td>土地开发与
交通结合</td><td>★</td><td>★</td><td>★</td><td>鼓励公交导向的土地开发，鼓励高密度、混合开发，降低出行总量</td></tr>
<tr><td>上下学交通管理</td><td>★</td><td></td><td></td><td>利用校车取代小汽车接送学生上下学，并在道路管理上给予优先</td></tr>
</table>

续上表

需求管理措施	实施时期			备　注
	近期	中期	远期	
车辆限制	★			作为近期限制交通量和将来特殊事件下降低机动交通出行总量的手段
支持措施				
现代化交通管理系统建立	★			
交通宣传	★			
收费技术准备	★			
智能交通系统推广	★	★		
加强专业管理	★			
建立需求管理市场体制	★	★		
健全交通管理法规	★	★		

17.6　下一步规划的要求及建议

17.6.1　北京综合交通规划体系

北京市综合交通规划体系框图如图 17-13 所示。

17.6.2　各规划层次的要求与建议

各规划层次的要求与建议见表 17-13。

规划层次要求与建议　　表 17-13

规划层次	规　划	与上层次及相关规划衔接	重点内容	备　注
区域	区域综合交通规划	—	—	—
规划纲要	交通白皮书	与城市发展战略衔接	—	—
	综合交通规划纲要	白皮书确定的发展政策与目标，区域、对外交通通道与设施布局	交通发展策略 综合交通框架 综合客运走廊与枢纽	—

续上表

规划层次	规　　划	与上层次及相关规划衔接	重点内容	备　　注
综合交通规划	综合交通规划	纲要确定的交通发展策略与交通系统框架,对外交通、区域交通设施布局	区域交通与城市交通衔接; 客运交通与道路网络衔接; 交通设施与交通管理、需求管理衔接; 运输组织与交通设施发展衔接; 土地利用布局与交通系统衔接; 交通票制、票价研究; 对专项规划、分区规划的建议与落实指标	重点在综合交通规划中协调好不同交通设施、不同交通分区的之间的关系,以及交通设施发展与政策、运输组织之间的关系
分区与近期	综合交通分区规划	综合交通规划确定的干线设施,分区交通指标与策略	落实全市性、区域性交通设施布局; 在干线设施规划的基础上,落实和补充分区层次和等级的交通网络; 协调土地利用规划与交通设施的布局	重点在分区级设施布局,以及与控制性详细规划的衔接和协调
	近期交通规划	综合交通确定的近期发展和发展策略落实	落实城市近期发展的项目与策略; 协调城市五年发展计划与城市综合交通规划的近期发展; 根据城市现状交通问题的解决和投资能力,确定城市近期发展的规模和次序; 近期交通发展的保障措施	重点在建设项目的排序、确定,以及近期交通发展保障措施
专项规划	轨道交通规划	综合交通规划确定的客运走廊与枢纽	轨道交通网络布局; 轨道交通枢纽布局; 轨道交通场站; 轨道交通建设计划; 轨道交通投融资	要做好区域交通、对外交通与轨道交通的衔接;以及不同大运量交通方式之间比较,并协调好土地利用与轨道交通站点之间的关系
	常规公共交通规划	与轨道交通规划、道路规划衔接	公共交通服务标准 公共交通场站布局与标准; 公共交通网络布局、调整计划与步骤; 公共交通车辆发展	重点研究票制、票价与公共交通网络、场站布局之间的关系,以及公共交通线网调整与发展步骤

续上表

规划层次	规　　划	与上层次及相关规划衔接	重 点 内 容	备　　注
专项规划	交通枢纽规划	与区域交通、对外交通，常规公共交通、轨道交通进行衔接	不同等级枢纽的功能、布局、规模； 枢纽内主要交通方式之间的衔接	—
	道路网络规划	在骨架网络构架下，与客运交通系统规划、区域交通规划衔接	道路网络的功能层次划分 道路网络与区域交通、对外交通衔接； 道路网络布局规划； 分区、重点地区道路网络规划指标； 重要道路节点规划	做好道路网络与城市交通管理、需求管理之间的协调，并处理好道路与公共交通之间的关系
	停车规划	与纲要停车发展策略衔接	停车需求分布研究； 停车设施发展实施政策研究； 重点地区停车设施布局规划； 分区停车建设指标研究	做好停车规划与交通需求管理之间的衔接
	物流与货运规划	与区域规划、城市总体规划、综合交通规划衔接	北京物流特征与组织模式研究； 物流设施的功能、布局、规模规划； 物流设施建设计划； 城市主要的货运通道规划； 详细物流发展策略研究	—
	交通管理与需求管理规划	与纲要交通发展策略衔接	交通需求管理区域、实施政策研究； 道路公共交通优先管理实施研究； 客运走廊交通管理规划； 交通拥挤管理规划； 重点地区交通组织	要在统一发展目标下，对交通设施规划提出建议
	综合交通运输规划	与交通纲要、区域交通规划，以及专项交通设施规划衔接	交通运输组织与交通需求特征关系研究； 交通运输服务标准； 交通运输组织实施策略； 区域交通运输与城市交通运输之间的衔接 交通运输服务管理	—

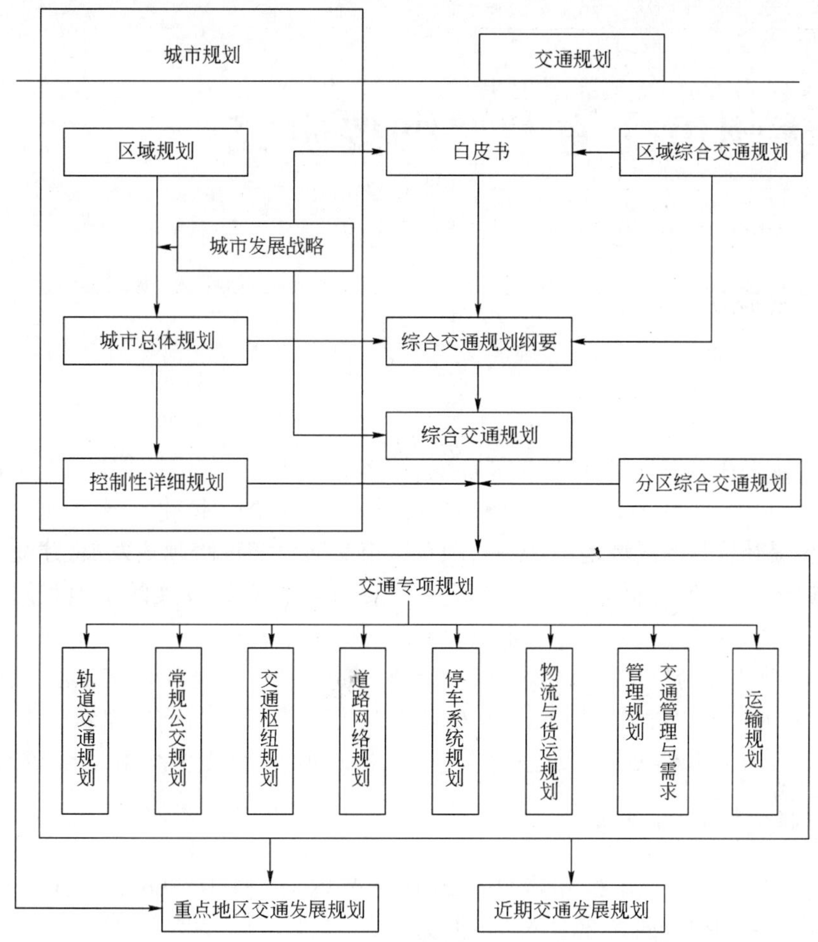

图 17-13 北京综合交通规划体系框图

18 杭州市交通发展纲要研究

18.1 项目概况

18.1.1 项目背景

杭州近年来在城市发展、区域发展环境、城市对外交通、城市交通发展上都进入了一个全新的时期。今后5～20年内，杭州一方面需要在区域的一体化发展中，通过完善交通系统进一步提升杭州的区域地位，另一方面，城市交通要实现跨越式发展，建立高效和谐的综合交通运输系统，降低交通拥挤与环境污染，形成可持续发展的土地利用和交通关系，引导和支持城市社会、经济和城市空间发展。

为此，杭州市政府启动了杭州市交通发展白皮书——《杭州市综合交通发展纲要》的编制工作，要求在新的发展形势下，以新的发展观为指导，整合目前的规划和建设，统一目标、理清思路，为杭州现状交通问题的解决和未来交通的发展提供纲领性的指导。

18.1.2 研究范围与年限

研究的空间范围涵盖杭州市域行政管辖范围（面积16 596km^2，其中市区范围3 068km^2）。研究期限近期为2010年，远期为2020年。

18.1.3 研究目标

(1)全面、客观地分析和评估城市交通现状；

(2)科学、准确地把握和预测未来城市交通发展趋势；

(3)制定出完整、切实的交通发展战略和目标体系；

(4)搭建相应的法律、政策、管理和设施规划框架；

(5)提出近期行动计划和保障措施。

18.1.4 研究思路与技术路线

《杭州市综合交通发展纲要》的研究需要统筹考虑区域交通和城市交通，充分利用杭州和长三角城镇群目前的黄金发展阶段，实现城市和区域的协调发展，为杭州中心城市的发展提供支持。研究在杭州市已经完成的各个专业规划基础上进行，但由于目前已有规划成果分属不同的部门和层次，特别是在区域发展上考虑不足，因此此次研究的方法上注重以下四个方面：

(1)根据区域发展、城市空间结构调整和城市交通特征的发展，在新的规划指导思想和理念下，整合已有的规划成果，形成交通发展纲要，而非简单的汇总。

(2)充分利用已有的规划成果，并考虑规划期杭州城市和交通所处的发展阶段，突出重点，通过交通与城市空间、职能、土地利用、区域发展的协调，整合已有规划成果。

(3)与相关区域规划协调，完善和构建区域交通与城市交通一体化的交通系统。目前是杭州和长三角地区区域规划编制的高潮，长三角城镇群协调发展规划，浙江省域城镇体系规划编制刚刚开始，这些区域性规划为杭州区域交通网络规划调整提供了机遇和依据。

(4)重点突出指导相关规划和交通发展的政策、策略研究。

18.1.5 主要技术内容

1.发展历程回顾和现状问题分析

(1)从经济、土地、空间到区域、市域、城市层面，全面、系统地对杭州市城市交通发展历程和现状进行了深入分析。

(2)提出目前杭州市在土地利用与交通协调、交通系统协调、交通网络布局、交通方式结构、交通建设管理，以及交通服务与运营等方面存在的主要问题，并剖析这些问题形成的原因和症结，为后续的规划研究提供依据。

(3)对既有规划予以审视和评估。

2.城市交通系统发展前景与趋势分析

以协调好城市发展和交通系统发展的关系为前提，研究和分析区域和城市发展的趋势。通过对城市发展趋势的判读，结合杭州市交通系统本身的发展特性，提出杭州市交通系统发展的趋势。

(1)分析长三角区域城镇和区域交通发展对杭州发展的影响。

(2)选择对城市交通发展影响较大的因素，如：交通特征变化、机动化水平、交通一体化政策等因素，分析其可能的发展变化，以及这些变化对交通系统的影响，作为构造城市交通系统发展战略的基础。

(3)详细分析各个交通子系统的发展趋势与要求。

3.城市交通发展目标研究

广泛分析可以借鉴的国内外城市的交通发展目标，以及杭州市城市发展对交通发展的要求。根据杭州交通发展的任务、特点，以及杭州市交通发展关键要素的分析，确定杭州市交通发展的目标，提出具有杭州特色的城市交通发展指标体系。

4.重大交通政策研究

重点提出优先发展公共交通、交通需求管理政策、交通与土地利用协调、投融资政策作为杭州市规划期的重大交通政策。

5. 城市交通发展战略研究

按照交通发展目标的要求，构建各个交通子系统的发展策略。

6. 保障体系构建

分析在战略规划实施中存在的主要障碍，提出针对战略实施的保障体系建设，为整体交通战略的落实提供良好的外部环境。包括交通体制建立与改革、交通法规与标准建设、交通科技的推广与应用、交通信息平台建立与信息化发展、规划研究机制以及交通宣传等方面。

7. 对既有规划的建议

充分认识、审视既有规划的基础上，在新的发展观指导下，提出对既有规划的调整意见。

8. 近期发展计划研究

在发展目标和战略指导下，根据近期城市发展趋势，结合杭州已经编制的其他交通专业规划的近期实施计划和行动，提出杭州近期交通发展计划的调整建议。建议涵盖公路、铁路、航空、水运等对外交通方式，城市道路、轨道交通、地面公交、出租车、慢行交通等城市交通方式，停车设施、交通管理、交通科技发展、保障体系、规划编制等各方面。

9. 专题研究

(1)"杭州城市交通模式及其城市土地利用发展的互动关系"研究。

(2)"杭州城市交通财政、投融资体制与交通经济"研究。

(3)"杭州社会经济与区域发展及其与交通发展的互动关系"研究。

(4)"杭州城市旅游交通专题"研究。

(5)"杭州城市交通环境专题"研究。

10. 白皮书建议稿编制

根据咨询研究的成果，结合专家意见和各相关部门意见反馈，提出《杭州市交通发展白皮书(建议稿)》，其结构如图 18-1 所示。

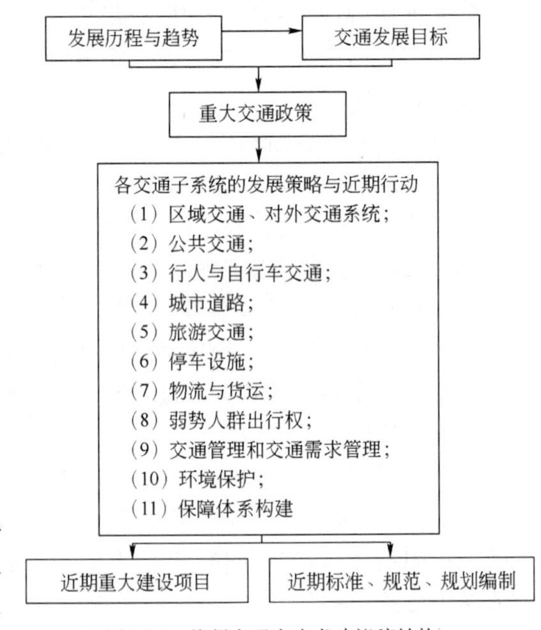

图 18-1 杭州交通白皮书建议稿结构

18.2 交通发展趋势分析

18.2.1 城市空间与土地利用发展趋势

长三角由于地理的分隔和区域交通网络的作用，将形成若干以中心城市为核心的大都市地区，在大都市区内部将行政界限将逐步淡化，形成经济、社会、产业、城市开发和交通的一体化发展的格局。杭州与包含绍兴、嘉兴、湖州的部分地区一起的大杭州都市区就是其中之一，将成为长三角辐射江西、安徽、湖北、湖南等中部地区的桥头堡。

《杭州市城市总体规划》提出杭州未来将形成“一主三副、双心双轴、六大组团、六条生态带”开放式空间结构，通过多中心来支持城市规模的扩大，城市沿江和跨江发展，区域服务职能不断丰富。

城市的发展进程上，城市空间与土地利用受市场和发展环境影响大，特别是在快速发展的城市更是如此，土地价格的变动、区域城镇关系等均会反映在土地开发上，导致按照市场规律实施的土地开发与空间布局规划之间出入往往比较大。杭州目前已经制定的空间与土地利用规划，如何在市场的机制下实施并能够按照规划实现，中间需要解决许多环节的问题，其中交通引导是发展的关键。

规划期是杭州城市空间和交通网络发展的关键阶段，也是协调两者关系的最佳时机。政府需要在政策、策略、规划、建设等方面保证两者之间的协调发展。在城市布局与交通的同步变革中，建立与城市空间、土地利用协调的综合交通系统，利用不断增长的交通投资和政府在交通投资上的主导作用，引导和支持合理空间布局形成，引导城市开发市场的有序发展是城市政府现阶段的主要责任。

18.2.2 区域交通发展

区域交通网络高速化发展，大大缩短了区域城镇间的联系时间，将杭州更加深入地融入区域发展，引起区域城镇关系的变革。杭州弱化了上海与浙江南部联系必经之路的地理位置，成为区域南侧与国家中部联系的重要枢纽。区域内城镇协调发展的需求将很快催生新的区域和都市区协调机制，并逐步摆脱以城市为单元的发展模式。

对区域内所有的城市而言，区域交通网络在布局和交通方式上的变化，既是机遇，也是挑战。区域交通网络的变化一方面将影响城市的发展机遇与竞争力平衡，高速和快速客运交通网络的形成将重新诠释对长三角的服务中心布局，长三角交通网络结构变化如图 18-2 所示；另一方面，区域交通的发展也对城市交通的组织思路产生巨大的影响，城市交通的概念和范围变化，城市与区域交通的一体化将按照城市各部分在区域中的职能和服务的范围进行组织与实施，而非目前按照对外交通来看待区域交通的组织，以及对城市交通的影响。

(1)全面接轨上海，推动“长三角”区域一体化进程已经成为杭州未来区域协调发展的主导方向。反映在交通上，最直接的变化就是交通出行距离的增长，城市职能随交通的延伸在不同的交通圈内布局与整合，扩展不同城市职能的区域服务范围，居民对就业和居住的选择范围大幅度增加。

(2)其次，区域交通城市化的发展使城市交通与区域交通融合一起，城市交通与区域交通的特征趋于接近，同样，由于区域联系的增强，以及城市职能的服务范围增加，城市交通构成中区域交通的比例大幅度增加。

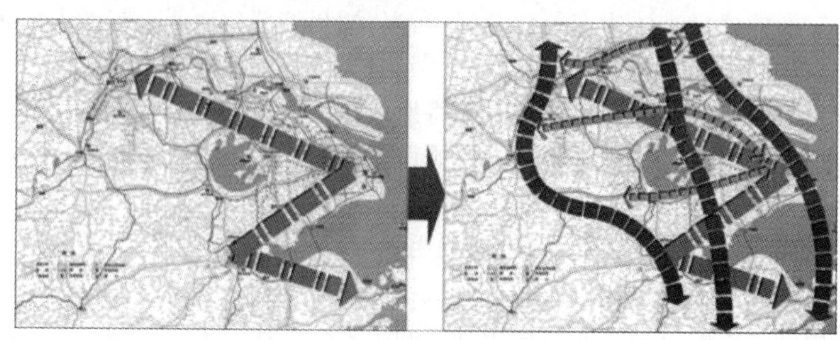

图 18-2 长三角交通网络结构变化分析

(3)区域之间城镇紧密联系,以及区域城镇化发展影响下,区域内开发呈现出与城市开发区同样的特征,区域交通联系将由以公路为主的交通联系方式向以轨道交通为主的区域公共交通方式转化,区域公共交通必将成为区域城镇交通联系的主力。

18.2.3 对外交通、区域交通运输发展

经济和社会的区域一体化的发展也将影响城市对外交通的方式和数量,杭州以及大杭州都市区对外交通需求将大幅度增长,并且在对外交通方式上也逐步由公路为主向多模式协同运输的方式转变。

(1)航空运输是杭州作为国际旅游城市、长三角乃至更大区域的旅游中心和区域中心城市的保障。预计杭州机场到 2010 年航空运输量将比 2005 年增长一倍,达到旅客吞吐量 1 600 万人次,而到 2020 年将会超过 4 000 万。

(2)杭州铁路枢纽将成为长三角重要的铁路枢纽之一,是沿海与长三角向内陆辐射铁路网络的交汇点,将形成由普通铁路、高速铁路共同构成的大型铁路枢纽,区域的快速轨道交通(城际轨道)也将纳入其中,形成集国铁与区域轨道一体的大型综合枢纽。远程客运交通到 2020 年将达到 1 700 万人次,货运达到 2 314 万吨。

(3)与杭州相关的区域快速轨道交通主要有联系沪杭城镇带的沪杭线,以及联系沪杭两地的沪杭磁悬浮;联系宁杭发展带的宁杭线;联系杭甬城镇带的杭甬线,以及苏嘉杭城镇带的轨道交通等,未来还可能有与金华、黄山等都市区联系的区域快速轨道。这些线路均把杭州作为主要的目的地站点。

公路网将在接轨上海与长三角城市联系,以及与大杭州都市区城市联系两个层面都获得较大发展,使杭州在十一五期末,高等级公路的密度将达到西方发达国家的水平。

(1)接轨上海,“借船出海”,形成“一快三高”的交通网,快速城际轨道,和沪杭、申嘉杭、杭浦三条高速公路;

(2)通过“一环十四射”高速公路连接南京、苏州、无锡、宁波、台州、金华等;

(3)联络杭州湾城市群,远期通过城市轨道快线连接绍兴、湖州、嘉兴等城市,近期通过高速公路实现一小时半交通圈;

(4)积极实施“交通西进”战略,通过杭千、杭徽等高速、05 省道,强化市区与市域西部 5 县的联系,实现 90 分钟市域交通圈。

区域交通在特征和组织上向城市交通靠拢,并纳入城市交通,实现区域交通与城市交通一体化发展。杭州作为区域的中心城市和区域交通的重要枢纽,需要将区域交通和城市交通均作为综合交通系统的重要组成部分,根据城市发展的特征,一体化进行规划,并为未来区域交通和城市交通的一体化管理创造条件。

18.2.4 交通需求发展

居民生活水平的持续提高,城市范围的扩大,从需要和能力两个方面推动机动车拥有量迅速增长,而随着摩托车的淘汰,全市机动车结构将以汽车为主,全市机动车发展预测见表 18-1。同样区域城镇化发展导致区域交流的增加,城市交通机动化发展中的区域因素影响将越来越大。

杭州市机动车发展预测 表 18-1

年　份	2010 年		2020 年	
	拥有量(万辆)	千人拥有率(辆)	拥有量(万辆)	千人拥有率(辆)
主城区	35.9	194.0	39.6	226.0
中心城区	68.3	214.2	88.4	238.9
市区	79.1	218.5	107.3	241.1
市域	150	190～210	200	230～250

城市交通需求受机动车增长,出行距离、出行时间增长,出行总量增加等方面的影响,在数量和特征上都将发生巨大的变化,整体交通需求将大幅度增加。

(1)在需求总量上,预计未来杭州市主城区的出行总量将超过 640 万人次,市区出行量将超过 1 200 万人次。其中,市区各组团联系交通在 2010 年将超过 40 万人次,2020 年超过 90 万人次。

(2)在需求的特征上,城市交通信息化水平提高、城市交通机动化和区域交通的加入,以及出行时间和距离的增加导致交通需求大幅度增加,使城市交通的供求关系中供应短缺成为常态,将难以通过单纯扩大供应缓解交通问题。

(3)在运输服务上,居民出行的机动性要求使享有专用路权的公共交通与非机动交通的相对竞争力提高,多方式联合的交通出行方式将迅速增加,城市交通中快速运输服务需求将大幅度提高,交通运输服务的层次增加,相互之间越来越难以兼顾。交通衔接成为交通出行中可达性和可靠性保障的关键和服务水平的重要制约因素。

(4)以传统景点旅游为目的的短距离近城旅游将会保持增长的态势,杭州西部地区休闲旅游将逐步成为杭州旅游交通的主导,而交通网络的改善将使杭州旅游服务范围大大延伸,成为区域旅游服务的组织中心,跨界的旅游交通将迅速增加。自驾车旅游比例将大幅增加。

18.3 主要交通问题现状分析

(1)城市空间布局与交通矛盾日益增加。在城市空间变化的阶段,以老城为中心的放射性交通网络,与未来多中心城市布局下的交通组织仍有不少差距。城市交通建设的重点仍然放在城市中心区,无论是快速道路还是轨道交通,还没有形成与城市空间结构相适应的交通系统来指引城市空间的扩张。特别是西湖的北部地区。大量的土地开发和交通集散职能环湖展开,使杭州漏斗状城市形态与交通之间的矛盾更加突出,从目前城市交通报道的交通拥挤节点分布也能看出,几乎全部在环西湖地区,环湖开发的空间模式给西湖周边的交通带来难负之重。

(2)城市土地利用与交通之间仍然延续非机动时代的开发模式。杭州目前在中心区城市土地开发中仍然是干道大开发、支路小开发的模式,造成部分干道两侧公共建筑过度开发,交通组织功能与商业等活动组织功能冲突加剧。同样,杭州地理限制下形成的“T”字形的空间布局,武林广场既是城市交通“T”字形交通组织的焦点,又是城市商业、办公等的中心,相互之间的影响日趋严重,成为城市交通中的一个“结”。杭州在如何建设与高强度开发相适应的城市交通系统上,目前还没有统一的行动,一面是机动化的迅速升温,2003～2005 年杭州市区私人机动车发展速度超过 50%,公共交通在交通拥挤下服务水平下降,承担的居民出行比例在 2005 年出现下滑,一面是用地紧张形成的持续高强度开发,两者之间的矛盾已经开始显现,中心区由于交通强度的增加,交通拥挤已经成为社会和政府关注的问题,出行难、停车难等问题开始成为社会的热点。

(3)交通需求增长进入新时期,但交通设施与交通政策发展并没有做好准备。城市在快速道路建设上,首先形成城市中心区的快速道路,使得进入中心区的交通流难以控制。以单一的干道功能划分体系来组织机动车、公交、非机动车、行人的交通系统,单纯以机动车通行能力为主导的管理与道路建设不能适应客运走廊的发展,造成道路分隔、公交站点布局等方面均难以合理安排,既不利于交通与土地利用的协调,也不利于多样化交通需求的有效组织。交通的机动化发展和交通需求特征的变化,使交通设施的建设必须符合多样化的要求,但杭州目前公共交通设施建设、道路网络建设等还没有充分考虑交通需求特征的变化,如目前还缺乏组织长距离出行的相应设施。

(4)公共交通发展步履蹒跚,未能在城市与交通发展中未雨绸缪。在交通投资上重道路、轻公交,以及交通机动化带来的交通拥挤和道路资源利用上的模糊使公共交通在交通拥挤下,运行速度大幅度下降,交通拥挤对公共汽车车辆资源消耗迅速增加,同时拥挤也使城市公共交通服务水平指标中最重要的准点率指标下降,在杭州城市出行距离尚不大的情况下,公共交通在与机动车和自行车(近年来的电动自行车)的竞争中更加处于劣势,导致客流大量流失,公共交通出行的比例下降。2005 年完成的居民调查也反映出这一点,交通拥挤导致的运行车速下降和不准点,乘车的舒适度差,以及线路网络的布局、车站换乘的布局不合理成为制约居民使用公交的主要原因。同时,公共交通改革步伐也比较慢,公共交通经营市场化进程推进缓慢,社会资金还难以进入公共交通行业,政府对公共交通的补贴也比较低。杭州市居民出行方式统计见表 18-2。

杭州市不同地区居民出行方式 表 18-2

	主城区	萧山	余杭	市区暂住人口
公交	20.6	3.47	4.85	9.28
大客车	1.88	1.15	0.60	0.99
小客车(搭乘)	2.57	3.53	2.93	1.28
小客车(自驾)	6.52	9.05	8.61	2.65
出租车	0.79	0.54	0.65	1.00
摩托	2.43	15.21	21.22	0.81
自行车、助力车	33.56	41.48	35.08	54.35
步行	30.84	22.59	23.94	28.06
其他	0.82	2.98	2.11	1.57

(5)行政区划调整后,体制管理上的后遗症严重制约目前城市发展。杭州 2003 年行政区面积扩大后,财政体制并没有进行相应的改变。实质上建设和规划协调受财政体制的影响很大。这种行政上的分割更加剧了城市“二元化”发展的矛盾,使区域发展一体化快速推进的情况下的交通一体化实施困难,成本成倍增加。

(6)区域交通发展缺乏协调,区域交通与城市发展难以形成合力。区域交通设施在规划、建设和运营中对城市发展考虑过少,仅仅作为一种设施建设,忽略了其对区域城镇关系、城镇空间发展上的影响,忽略了区域交通与城市交通一体化发展的要求,以及杭州与周围城市的衔接,过分强调其对外的特征。同样,多部门管理和操作,相互之间的协调很少,各自强调其重要性,给区域规划和城市规划的实施带来很多不确定因素。

(7)交通发展政策更多是面对目前的问题,缺乏长远眼光。首先,城市交通中多部门的管理,使城市发展、交通发展和现状交通管理难以统一在一个目标下进行;城市交通往往更关注当前问题的解决,而忽略长远目标的保障。目前城市交通发展政策制定上对于区域化、城市空间调整和城市交通的机动化发展等影响城市长远发展的策略没有作为;城市交通资源分配的政策与城市交通发展矛盾日益增加,如目前城市道路交通管理上仍然以机动车通行能力为主的管理和建设政策,在城市迅速扩展的时期,公路发展以及功能转变与城市扩展脱节。直接影响目前城市交通和市域交通投资策略的杭州交通发展政策中,并没有反映出针对城市交通特征和长远发展的重点转变。

(8)投融资渠道单一,城市发展缺乏稳定的资金来源,旅游交通与城市交通相互影响,交通管理信息化发展与城市交通发展不相适应等也制约城市交通的整体发展。

18.4 城市交通发展目标

18.4.1 总目标

杭州市综合交通发展的目标为:构筑与国家重要综合交通枢纽和长三角区域中心城市空间、职能、交通特征发展相适应,具有国际水准的综合交通运输体系。

(1)国家重要综合交通枢纽

杭州是国家沿海与中西部联系、长三角核心区域辐射国家中部、西南部区域的重要枢纽,是国家和长三角铁路、公路网络中重要的枢纽和区域的重要航空枢纽。杭州需要在综合交通发展中通过都市区、城市交通系统与国家、长三角区域综合交通网络的良好衔接,强化杭州在国家和长三角的枢纽地位。

(2)区域中心城市交通模式

在杭州综合交通发展中,主动构建以杭州中心城为核心,联系大杭州都市区和长三角主要城市的区域道路和公共交通服务网络,形成以杭州为中心的一体化综合交通系统,巩固杭州的区域中心地位。

(3)与空间、职能相适应

建设富有杭州城市特色、能够引导和支持城市空间和职能的调整与发展、与城市集约土地利用发展相适应、以公共交通为主导的区域、市域、城市交通一体化发展的交通系统。

(4)与交通特征发展相适应

根据交通需求构成的变化,对城市交通需求的发展进行引导和管理;不同层次和方式的交通衔接良好、换乘方便;为不同特征的交通出行提供多选择、高效、可靠、优质、安全、环保、公平的交通服务。

(5)国际水准的交通运输体系

建立一体化、集约化、法制化、信息化、智能化和人性化的综合交通系统。在规划、建设、管理、服务、运营、标志、宣传上全面达到西方发达国家大都市的平均水平。

18.4.2 分区域交通目标

杭州作为城镇密集地区的中心城市,在发展范围上可分为:大杭州都市区、“一主三副六组团”的杭州市区,以及目前的杭州中心城区,城市和区域发展的各部分对交通联系、交通建设、交通服务的要求均有比较大的差距,各区域的分目标如下。

(1)中心城区交通发展目标

形成以公共交通为主导,设施、服务、管理、标志国际化,行人、自行车设施完善,公共交通换乘方便、服务多样、覆盖完全,有杭州特色,与历史文化名城保护相得益彰,环境幽雅的综合交通系统。

(2)外围组团交通发展目标

按照国际标准高质量、高标准建设与土地利用布局相协调、与中心城区联系快捷、可靠、方便的交通系统,实现与中心城区同城化,引导城市合理空间布局的形成,促进中心城区职能转移。

(3)大杭州都市区

大杭州都市区建立一体化统筹建设、管理和服务,客货分流、内外交通衔接良好的综合交通网络,引导和支持都市区的空间布局和经济、产业一体化发展。

东部构建以轨道交通、快速道路为主体,联系各产业发展组团的快捷联系交通网络;西部全面提高交通网络等级和通达性,增强杭州中心城向西部旅游地区和大杭州都市发展地区的辐射。

(4)西湖风景名胜区

完善旅游设施,建立与旅游服务特征相适应,以公共交通为主导的旅游区交通体系。通过有效的交通需求管理措施和以公共交通为主的交通设施建设,逐步分离通勤交通和旅游交通,有效管理和调控风景区机动车交通总量,提升旅游区的服务质量和环境质量。

18.4.3 近期交通发展目标

实现交通建设由道路向公共交通转移,由内部向外围地区转移,大幅度提高城市公共交通的整体服务水平,实现公共交通跨越式发展。以重点建设项目为龙头,综合考虑近远期协调、可持续发展,初步构建起高效、节约、安全、便捷的综合交通系统。

(1)加大公交优先的实施力度。调整公交网络结构,提高公交运行速度与可靠性,大幅度提升外围城区公共交通分担率,全面、迅速地提高杭州全市公共交通整体服务水平;加快以城市轨道交通与城际轨道交通为主的轨道(铁路)交通建设,奠定公共交通在城市交通服务中的优势地位。

(2)加快城市重大交通基础设施建设,为大杭州拓展奠定基础。加快综合交通客运枢纽建设;加快跨江、跨铁路等骨架交通设施的建设,完善老城区与新区内部交通网络;初步建立与城市空间结构相适应的高机动性公共交通与快速道路——“双快”交通网络;继续实施“交通西进”与“东网加密”,完善城市对外公路、水运交通系统;加快航空枢纽的改造,提升杭州航空交通地位。

(3)以重大设施建设带动,加快杭州综合交通系统建设。抓住城市空间结构调整、国家重大交通设施和区域交通设施大规模建设的机遇,以铁路、城际轨道、机场、公路、旅游综合交通枢纽建设和改造、钱江新城、下沙新城、东部组团、西部旅游区发展为龙头,初步构筑与杭州空间结构和作为国家枢纽运行特征相协调的综合交通系统。

(4)建设与风景区交通需求管理相适应的基础设施和公交系统,缓解旅游交通与城市交通的矛盾。

18.4.4 交通发展指标分解

18.4.4.1 公共交通

(1)分担比例。2010 年主城区达到 30%,市区达到 20%。2020 年中心城区达到 45%,市区总体达到 40%,各组团与中心城联系交通公共交通分担达到 70%,都市区联系交通公共交通分担率达到 80%。

(2)公共交通运营速度。主要客运走廊上公共汽车平均运行速度 2010 年达到 20km/h,2020 年达到 25km/h。大都市区联系和各组团与中心城联系公共交通达到 35km/h。

(3)公共交通换乘。站点设置符合规范要求,2010 年中心城区换乘距离不超过 300m,2020 年中心城区换乘距离不超过 150m,与中心城区的联系交通换乘通过枢纽换乘比例达到 80%。

(4)低收入人群公共交通服务。通过合理的网络、车型配置和补贴与票价政策,提高低收入人群使用公交服务的能力。2010 年低收入人群出行选择公交方式的比例达到 40%,2020 年达到 60%。

(5)公交车站服务覆盖率。以 300m 计,2010 年中心城区达到 50%,中心区达到 80%。2020 年中心城区达到 80%,中心区达到 100%。

18.4.4.2 道路网络运行车速

2010 年中心城区高峰小时道路网络平均车速达到 20km/h,2020 年中心城区提高到 25km/h,外围组团达到 35km/h 以上,与中心城区联系道路达到 40km/h。

18.4.4.3 交通污染排放

2010 年全市机动车交通污染物排放水平不提高,2020 年机动车交通污染排放水平中心城区在目前的基础上下降 50%,全市下降 30%。

2010 年全市实现相当于欧 III 排放标准的机动车占全市的 50%,2020 年实现相当于欧 IV 排放标准的车辆占全市的 80%。

18.4.4.4 交通管理与安全

(1)交通违章停车率。2010 年实现中心城区停车违章率控制在 30%以下,2020 年达到 5%以下。

(2)交通安全。2010 年全市万车死亡率控制在 6 人/万车(全市)和 4 人/万车(中心城区)以内,2020 年实现中心城区 1.5 人/万车以下、全市 3 人/万车以下的目标。

18.5 交通发展政策

18.5.1 优先发展公共交通政策

贯彻国家关于优先发展公共交通的政策,在管理上促进公共交通改革,在投资上向公共交通倾斜,规划、建设、交通管理上全面实施公共交通优先,运营、服务上体现以乘客为本。

(1)深化公共交通改革,引进竞争机制,通过科学合理的公共交通补贴和多种经营权制度,促进公共交通的服务水平提高。

(2)与城市土地利用规划紧密结合,完善公共交通各专项规划,并在相关的城市土地规划中,落实公共交通场、站用地。

(3)加快轨道交通、BRT为主的大运量、高机动性公共交通设施建设,按照规划要求进行公共交通场站建设,特别是中心区的公共交通场站结合地下空间开发和城市改造进行建设。

(4)在交通管理上,突出公共交通优先,在信号、路权分配、交通组织上贯彻公共交通优先的政策,近期在城市客运走廊上,全面实施优先的公共交通专用道。

(5)交通建设投资向公共交通倾斜,大幅度提高公共交通投资占城市整体交通投资的比例,公共交通占城市交通投资比例,由目前的6%,近期提高到30%,远期达到50%左右。加快公共交通建设投融资体制改革与探索,建立与城市交通发展目标相一致的、合理的公共交通运输价格、票制体系,吸引民间投资和外资进入公共交通建设和经营。

(6)在运营上,根据城市的发展适时调整公共交通网络结构。促进智能公共交通的发展,提高公交运营管理水平和服务水平。

(7)在服务上,建立以人为本的服务标准。

18.5.2 需求管理政策

在机动化快速发展、交通需求,特别是机动交通需求迅速增加和交通拥挤成为"常态"下,交通需求管理政策实施是未来保障交通运行高效、畅通的关键政策。在交通需求管理政策上重点突出对交通出行成本的调控,对机动化发展进行引导,对城市中心区和西湖风景区机动交通进行进入管理,削减联系交通中的机动交通总量,以及对区域交通的引导和管理。确保城市重点地区、重点走廊交通运行的畅通。

(1)建立私人机动交通出行时间成本、距离成本、停车成本、通行收费环节上的调控政策,减少不必要的私人机动交通出行,引导机动化的合理发展。

(2)对进入中心区与西湖风景名胜区的机动交通进行管理,降低中心区与西湖风景名胜区的机动交通强度。

(3)对主城区与外围组团联系的交通走廊、区域交通走廊进行管理,鼓励公共交通出行,削减联系交通走廊上的私人机动车交通总量。

18.5.3 投资融资政策

增加政府财政投资比例,明确政府的有效投资领域。大力推进投融资机制与管理体制的改革,拓宽资金来源与渠道。更多地利用经济手段,如价格和税收手段,为市场发送关于交通决策对社会和环境影响的正确信息。充分考虑各交通方式间以及土地和经济发展之间的相互影响，提供一个更加稳定、一体化的政策基础，使运营商和其他相关机构能够作出科学的投资决策。

为此，在大杭州范围内，需要：

(1)建立内外合一的投资体制，稳定资金渠道；

(2)在政策框架确定的投资准则下，整合多投资主体的投资行为；

(3)依据不同交通基础设施的社会收益、经济收益确定公共资金的最低投资比例；

(4)建立交通方式间收益的转移机制。将现有交通基础设施带来的额外收益投入到其他需要建设的交通基础设施中，如将公路的收益转移到轨道的建设中；

(5)清理各类有碍形成多元化投资主体和方式的规定，放宽准入限制，鼓励、引导各类资本介入，促进投资主体、投资渠道和投资方式多元化。

18.5.4 交通与土地协调发展政策

交通与土地利用及城市空间协调发展政策是杭州规划期内交通政策实施的重点，重点建立可持续的交通与土地开发关系，从规划、管理、开发、建设等环节上把土地利用与交通融合在一起，利用交通系统引导和支持城市的空间结构调整、城市职能转变。

(1)建立与交通政策相协调的城市土地开发政策。在土地开发政策上，鼓励高密度的开发与公共交通站点、走廊结合，对低密度的开发严格管理，建立对停车、交通场站开发等优惠的土地政策。

(2)同步编制各层次城市土地利用规划与交通规划，同步审批，特别是控制性详细规划指标的交通评价。

(3)推行交通影响评价制度，对大型建设项目和交通影响大的建设项目进行交通影响评估，作为项目选址、建设方案审批的重要依据。

(4)在新区城市建设和旧区改造中保证交通用地，与开发用地一起由开发者代征，按照规划同步建设。

18.6 交通发展战略研究

18.6.1 交通总体发展战略

交通发展上“抓住一个根本，建立两个平台，协调好三方面的关系，实现四个转变”。

(1)紧紧抓住公共交通优先发展、大力发展的根本；

(2)建设城市公共交通信息与管理平台，适应交通发展的交通法规、标准规范平台；

(3)协调空间、土地利用与交通网络，协调旅游交通与城市交通，协调城市交通与区域交通；

(4)实现交通建设重心由中心城区向市域和都市区转移、交通发展思路由需求导向向需求管理和交通引导并重转移、交通市场管理由自由竞争和垄断经营向具有合理价格机制的政府管理下的有限竞争转移、交通体制由多头管理向有利于协调和公共政策实施转变。

18.6.2 区域交通与对外交通发展策略

城市形成7个综合性的对外走廊，其中6个对外放射型走廊和东部的区域性南北走廊，即沪杭、杭甬、宁杭和杭长(杭州—长兴)、杭徽(杭黄)、杭千(杭新景，杭州—景德镇)、杭金衢，以及苏嘉杭(绍)等包括快速(高速)轨道、普通铁路、高速公路、普通公路的综合性走廊，如图 18-3所示。

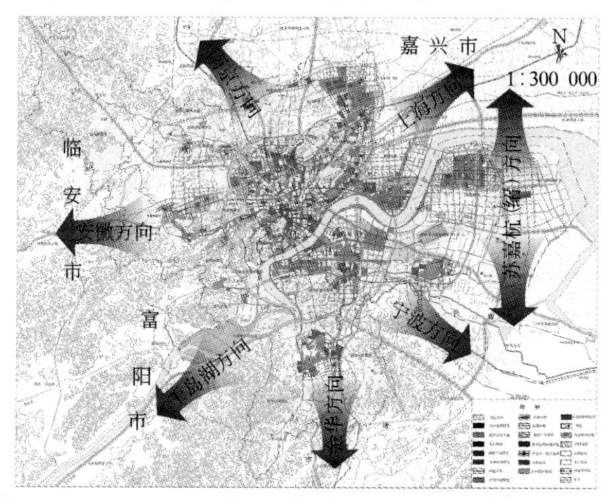

图 18-3 杭州城市对外交通走廊

(1)通过区域和对外走廊的高速(快速)轨道和铁路网络建设，提高轨道的服务水平，引导区域和对外交通中轨道比例的迅速提高，实现区域联系交通以轨道为主导。

(2)区域综合交通走廊、枢纽的布局与城市空间布局结合，尽量避免对建设用地的切割。

(3)以城市为基础，通过客货运综合枢纽的统一规划、建设，发展多方式联运。

(4)区域与对外不同交通方式与线路的衔接上，以枢纽衔接为重点进行组织。

要建设航空枢纽与大杭州都市区主要组团联系的快速交通网络，并与杭州的主要区域性快速通道联系。杭州航空枢纽作为未来杭州都市区的主要航空出入口，应为未来的发展留有余地，不应按照目前4 000万终极客运规模考虑发展的空间和改扩建。

铁路枢纽建设要充分考虑未来铁路网络和城市空间的发展，进行统筹安排：

1. 城际轨道

对应杭州城市中心区的布局，考虑到城际轨道实施的两个阶段，建议：宁杭和沪杭磁悬浮进入目前的城站，并作为两条线路的终点，如果未来城际客流增加，可以跨江进入江南，通过江南枢纽与江南的城际线衔接。杭甬和沪杭进东站，未来沪甬直通线开通后，线路钱塘江南、北双设站的设计，可以让线路更好服务于城市东部，并利用九堡站的开通，承担一部分沪杭经下沙至萧山的客运和部分杭甬经萧山至下沙的客运。杭金线接萧山，实现与其他线路的连通，东站和城站通过城市轨道交通联系。在杭州形成城站、东站、萧山三个主要枢纽，北站、临平、九堡、江南四个次一级枢纽。

2. 高速铁路

高速铁路作为国家铁路干线，主要承担长距离的客运和部分货运交通联系。杭州主要考虑沿海铁路、杭长(杭州—长沙)客运专线等，均进入杭州东站，未来沿海承担货运的高速铁路预留进入九堡，与城市工业布局和物流组织结合起来。

3. 普通铁路

应逐步将目前普通铁路调整至城市的外围地区，与货运集中的区域结合起来，将目前城市中的普通铁路逐步改造为城市市郊铁路。

4. 铁路枢纽

城际轨道与国铁网络分开布局，以简化枢纽的组织和按照客流特征进行服务。避免混在一起，由于过多考虑次要的联系而造成交通组织复杂，对城市切割，导致铁路运行成本和城市运行成本上升。

在铁路枢纽的布局上，应打破行政区划，按照大杭州都市区布局。综合考虑城市跨江发展和向东发展的需要，铁路站的布局上，地处城市核心区的杭州城站主要作为城际轨道组织站点；杭州东站主要作为城际轨道、高速客运专线组织的站点，与东部城市开发结合；九堡主要作为城市铁路货运、客运组织站点，各站功能定位如图 18-4 所示；为避免过多利用城市交通来组织对外的跨江交通，城市南部萧山站也要作为城市主要客运站，组织向南的城际轨道、高速铁路。

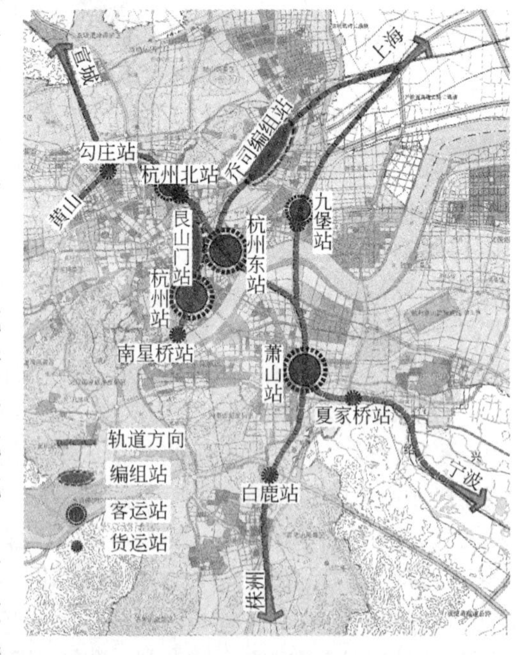

图 18-4　杭州铁路枢纽各车站功能定位

线路上，宣杭铁路改进杭州东站、沪杭城际轨道、沿海高速客运专线接入杭州东站，跨钱塘江进萧山站，宁杭城际轨道、沪杭磁悬浮进杭州城站，从望江门过江，进入萧山站，杭甬城际轨道从萧山出线，杭长客运专线从杭州东站经萧山站至株洲，如图 18-5 所示。

城市铁路客运站、货运场站要按照城市的发展方向和工业产业布局规划，逐步向东部转移。编组站的布局应根据长三角地区铁路网络大规模扩张的形势，避免在一个城市考虑编组,应将编组在路网内分解。

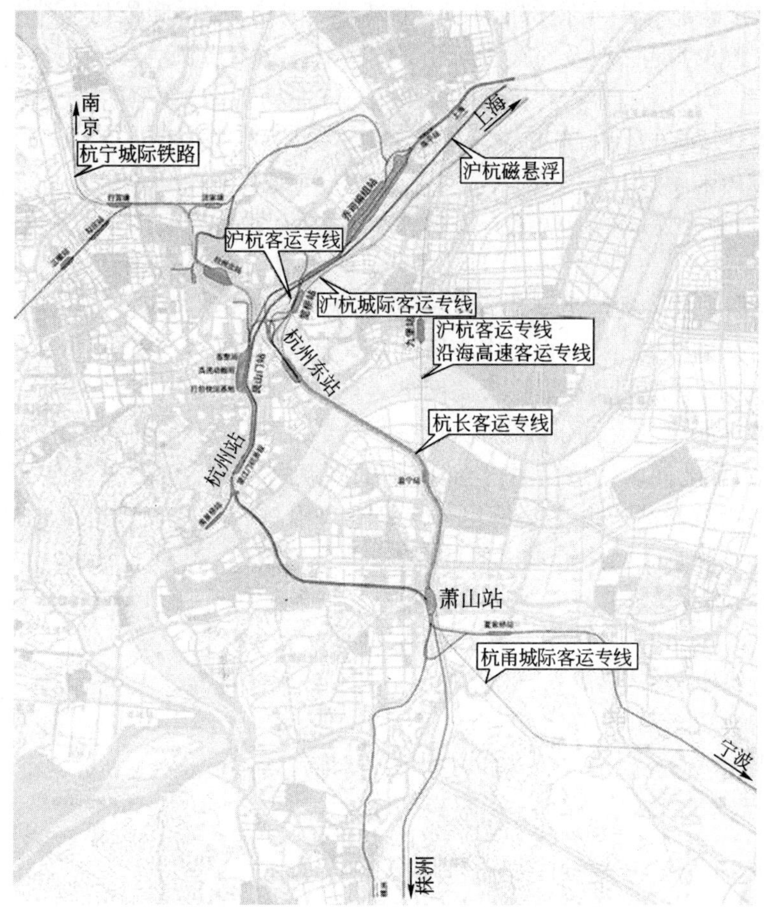

图 18-5　杭州铁路枢纽线路布局建议

逐步将普通铁路中承担货运的部分移至外围地区,置换出的走廊结合综合交通枢纽建设,改造成为市郊铁路。

5. 跨江通道布局

规划三个铁路跨江通道:望江门通道,是城际轨道的跨江通道,联系城站与南部的萧山站,取代目前的钱塘江大桥铁路跨江通道;东站通道为今后杭州主要的铁路跨江通道;九堡预留通道,主要承担东部铁路跨江。

杭州的公路网络主要由国家干线高速公路、区域联系高速公路、区域联系干线公路和城乡联系的一般公路构成。

(1)在对外联系上,按照大杭州都市区布局对外公路系统。主要由沪杭、杭甬、宁杭和杭长(长兴)、杭徽(杭黄)、杭千(杭新景)、杭金衢等 6 个区域和国家联系走廊,以及苏嘉杭(绍)区域走廊,这些走廊均由多条不同等级和功能的公路构成。沪杭走廊主要承担大杭州都市区对接上海，与上海的城市中心以及港口等重要门户设施的联系，杭甬主要承担与宁波都市区、宁波港口，以及南部沿海地区的客货运联系，宁杭和杭长走廊主要承担与宁合都市区、安徽北部地区以及与长三角北部的联系，杭金衢走廊主要承担与浙江省金衢丽都市区的联系，杭千(杭新景)和杭徽主要承担长三角西部区域旅游风景区以及与江西的联系。其中沪杭、杭甬、宁杭和杭长是主要的对外公路联系方向。

(2)各方向走廊的对外公路交通主要通过杭州绕城高速公路进行方向的转换。通过新的钱江通道及连线构造联通申嘉湖杭和杭金衢的东部半环，有效拦截东部的过境交通。

(3)城乡联系公路是杭州提升新农村、实现城乡一体化发展的基础，建立由杭州联系主要中心镇的干线公路网络，再由中心镇联系一般乡镇和广大乡村的各等级公路构成的层次分明、密度合理的网络化城乡公路网络。

(4)对接上海要从大杭州都市区考虑，并与沪杭轨道交通发展协调，实现杭州都市区与上海都市区之间以轨道为主，公路为辅的联系格局。公路与上海的对接主要由三个通道组成：沿杭州湾通道主要承担与上海港口沿杭州湾开发区之间的联系；现状沪杭高速通道，承担与上海中心城之间的联系；北部通道，承担与上海中心城以及北部发展组团之间的联系。城市南部地区通过义蓬跨江通道与上海的联系，避免穿越杭州中心城区。

(5)通过绕城高速公路联系都市区的各组团，标准为准高速系统，并建立中心城区外围的截流道路，与区域高速网络联系。

在港口发展上要充分利用宁波港与上海港，通过这两个港口在杭州设立关口，建立进关视同进港无水港，降低杭州与港口联系的物流成本。

18.6.3　交通与城市空间、土地利用协调策略

应对城市空间结构、都市区空间结构调整，调整城市和都市区交通网络的布局结构，支持和引导城市空间结构的调整。在新城区采取TOD的开发模式，实现新区土地与交通的协调发展，城市的建成区通过合理改造和交通需求管理，逐步建立与土地布局、历史文化保护相协调的交通系统。在都市区通过协调机制实现都市区交通系统的统筹规划和建设。

18.6.3.1　交通网络结构与城市空间协调发展策略

(1)建立复合、连续、与组团布局相适应的高效、快速联系的交通系统，实现用地节约和长距离交通的方便换乘。

(2)对应于杭州的强中心布局，在都市区和杭州市建立以中心城区为核心的放射型客运交通系统，通过快速客运交通网络实现多中心之间的密切联系。

(3)道路网络逐步在外围发展地区实现从目前环放向以大型交通走廊为核心的串珠状网络转化，支持和引导组团发展和沿交通走廊的开发。

(4)加强钱塘江跨江联系,并加强跨江客运通道的建设,尽快消除城市客运交通"二元化"的局面。

(5)城市的快速交通系统布局与都市区协调一致,作为都市区快速联系通道,实现都市区与核心区之间的快速联系,促进区域职能向杭州聚集。

(6)规划管理中要强化对杭州空间结构中生态带隔离的管理,避免不同布局形式交通网络突破生态带形成连片的开发,造成交通组织的困难。

(7)高标准建设外围新城和组团,促进中心区部分职能向外围疏解,缓解中心区交通压力。

(8)建立中心区交通屏蔽,并加强中心区放射公共交通网络建设,降低目前武林地区为核心的中心区的过境交通比例与压力。

18.6.3.2 交通与城市土地利用协调发展策略

(1)核心区商业街以步行和公共交通为主导组织交通,管理私人机动车交通的进入。

(2)在城市历史文化和旅游风景保护区,道路的尺度和形式与保护区特色相适应,采取以公共交通和慢行交通为主的路权分配和交通组织策略。

(3)城市的道路网络按照客运走廊和机动车走廊来布局两侧的土地利用,交通吸引大的公共建筑开发与客运走廊结合起来。

(4)中心区采取高密度的交通网络,而外围地区的开发采取干道+本地交通(local traffic)网络结合的交通网络布局。

(5)对钱江新城、老城区,以及未来钱江世纪城的开发,要进行完善和详细的交通规划,详细论证开发密度的指标,选择科学合理的交通发展模式,实现交通与土地利用、城市职能的协调发展。

(6)随着轨道交通的建设,公共交通对土地利用开发支持的力度明显增加,城市的土地利用规划,特别是指导开发的控制性详细规划要按照轨道交通的发展进行调整。

18.6.3.3 综合交通系统发展、衔接与城市发展协调

(1)客货运交通运输服务衔接以枢纽衔接为主,通过与空间形态吻合的枢纽布局,实现不同等级、功能、服务范围的交通服务之间衔接和协调。

(2)公路与城市道路网络的衔接按照城市组团布局形式,在组团间形成交通走廊,实现内外交通网络的衔接。

(3)中心城区内部形成以轨道交通为主的公共交通网络,道路布局上减少快速道路网络在中心城区的穿越。

18.6.4 城市交通分担结构发展策略

在综合考虑城市交通发展目标和政策、交通设施供给水平的提高(道路网容量限制、轨道交通建设等)、交通需求管理政策与措施的实施等因素的情况下,对未来杭州市交通结构进行预测,预测结果见表18-3~表18-5。

杭州市交通结构发展预测——城区内各分区居民内部出行(%)　　表 18-3

	主城		副城		组团	
年份	2010	2020	2010	2020	2010	2020
步行	26	23	25	25	28	25
自行车	25	15	30	20	30	22
公交	29	40	15	25	5	10
小客车	15	20	20	25	25	33
其他(大客车、摩托车等)	5	2	10	5	12	10

杭州市交通结构发展预测——城市联系交通结构(%)　　表 18-4

年份	2010	2020
公交	40	70
小客车	50	29
其他(大客车、摩托车、自行车等)	10	1

杭州市交通结构预测汇总(包括流动人口)(%)　　表 18-5

	主城		中心城区(一主三副)		城区(一主三副六组团)	
年份	2010	2020	2010	2020	2010	2020
步行	23	20	23	20	23	19
自行车	19	11	20	12	20	13
公交	33	46	29	41	27	40
小客车	18	20	20	21	20	23
其他(大客车、摩托车等)	7	3	8	5	9	5

18.6.5　公共交通发展策略

公共交通运输远期形成以轨道交通为骨干，干线公共交通为主导，与私人机动交通相比有竞争优势，便捷、可靠、多层次服务良好衔接的公共交通运输服务网络，近期形成以干线公共汽车交通为骨干，普通公共交通为主导，干线客运走廊上公共交通运送速度大幅度提高，乘车环境大幅度改善，中心城区与周围组团、市域城镇密切联系的公共交通服务系统。

18.6.5.1　公共交通网络布局策略

按照“联系多中心、放射外围组团、对接大都市区、与城市开发结合、弥补道路网络不足”来布局杭州市公共交通走廊，如图 18-6 所示。

(1)建立起城市不同分工和职能的各中心区联系的客运走廊，主城内部重点联系老城中心、钱江新城、钱江世纪城、萧山中心区。

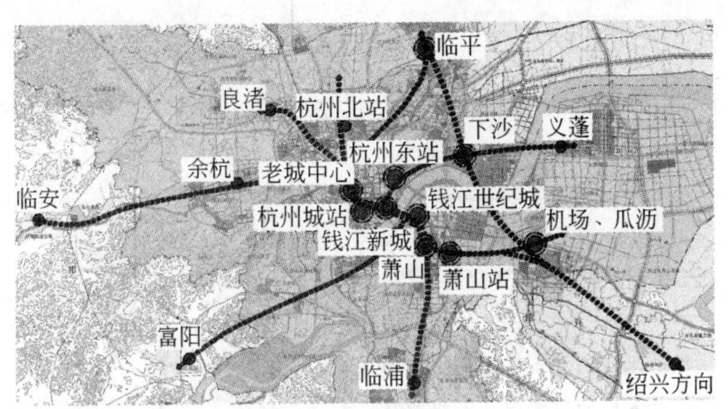

图 18-6 公共交通走廊、枢纽布局

(2)形成以中心区为核心放射各方向发展组团的客运走廊，由中心区向下沙、临平、机场、富阳、临安、余杭镇、临浦等。

(3)建立联系东部组团临平、下沙、机场、绍兴的客运走廊。

(4)建立联系西湖主要旅游集散点的公共交通走廊，并沟通西湖的北部与老城中心的联系，弥补西湖地区道路网络的不足。

(5)在主要客运走廊的衔接点、中心区、外围组团、区域客运交通枢纽、对外客运交通枢纽等处形成大型客运转换与集散枢纽，实现不同走廊、不同等级、功能公共交通网络的衔接与集散。

(6)线网结构上，远期随着轨道交通的建设，大运量、快速公共交通走廊逐步由轨道交通承担，地面公共汽车干线覆盖次要客运走廊，并通过枢纽与轨道交通衔接；近期公共交通网络结构要随城市空间和出行特征的变化逐步调整，逐步通过建立长距离快线、大运量BRT 和轨道，以及按照票制调整现有的公共交通网络，形成干线与普通线路衔接良好的多层次公共交通网络，在整合中心城区与萧山、余杭、下沙的公共交通网络的基础上，建立统一管理和运行的跨区快线网络。

(7)网络结构的调整通过联系公共交通、BRT 等公共交通干线网络的布设，逐步进行调整。

(8)中心城区放射的干线公共交通线路作为大杭州都市区联系的网络，实现中心城区与都市区内部其他地区的跨界运行。

(9)广大农村地区形成围绕中心镇，由中心镇与中心城区联系的城乡一体化公共交通网络。

(10)旅游区内部形成相对独立的公共交通网络，通过枢纽和旅游集散中心与城市公共交通系统衔接。

18.6.5.2 公共交通枢纽发展策略

(1)公共交通枢纽按照集散量和功能主要分为 I 类客运枢纽和 II 类客运枢纽，见表 18-6。

公共交通枢纽分类　　表 18-6

枢纽类型	枢纽功能	枢纽客流集散量（万人次/日）	枢纽用地要求（m^2）
Ⅰ类客运枢纽	承担大型对外客运枢纽与城市公共交通系统的衔接、中心区主要交通集散	>12	≥5 000
Ⅱ类客运枢纽	承担区域内部干线之间的转换和衔接、干线公共交通与普通公共交通集散	6	2000

(2)公共交通枢纽形成公共交通放射干线与中心城区、外围组团，以及放射干线在中心城区衔接，对外客运与城市公共交通干线衔接，旅游交通与城市公共交通衔接的枢纽布局。

(3)与区域交通衔接的综合枢纽由与公共交通枢纽一体化运营的主要铁路客站、公路客运集散中心、机场等构成，形成多种交通方式的转换枢纽，是对外客运与城市干线交通网络衔接点。城市外围地区的公共交通枢纽与驻车换乘结合起来，城市中心区的枢纽与公共建筑的地下空间开发结合起来，形成公共交通客运枢纽与城市土地利用开发的一体化。

(4)实施公共交通枢纽、轨道交通(BRT)站点与周围土地利用按照枢纽的特征同步捆绑规划，在土地开发政策、用地性质、开发密度等方面与交通枢纽相协调。

18.6.5.3　公共交通场站发展策略

(1)公共交通场站发展采取场运分离的策略，场站建设由政府投资或者通过制定交通用地政策吸引民间资金建设，由承担城市公共交通运营的企业租用。

(2)公共交通停车、保养场站在现有的基础上，根据城市组团布局的特征，尽量在组团边缘布局。

(3)首末站建设与城市的土地开发结合起来，对具有一定规模的开发必须同时承建公共交通设施。

18.6.5.4　公共交通运输服务水平发展策略

(1)建立在政府监督和管理下的统一公共交通服务标准，管理公共交通市场的竞争。

(2)进一步推进智能公共交通系统的发展和应用，降低公共交通运营的成本，提高公共交通服务水平。

(3)城市公共交通服务要为不同层次和特征的交通出行提供多选择的公共交通运输服务。既与私人小汽车竞争，也为低收入的人群提供基本的公共交通出行服务，在城市主要的客运走廊上必须保证不同服务水平的公共交通运输服务同时存在。

(4)无论在近期还是远期，将提高公共交通运行速度作为公共交通服务水平提高的重点。在城市的主要客运走廊上，通过轨道交通、BRT和公共交通专用道保障公共交通优先路权，提高公共交通运行的速度、准点率和服务可靠性。

(5)通过枢纽、换乘服务设施建设和线路的调整，逐步改善换乘服务水平，缩短换乘距离，降低换乘时间，同时随着换乘出行的增加，在票制和票价上进行有利于换乘的调整；在交通枢纽和公共交通的主要站点上，建设自行车停车设施，方便自行车出行的换乘。

(6)在城市中心区站点300米覆盖范围要达到100%，在外围地区，建立以中心城放射型干线为核心的地方公共交通网络，对于开发范围超过1000米的地块，要布置深入地块的公共交通线路。

18.6.5.5 轨道交通发展策略

(1)轨道交通网络布局要覆盖城市的主要客运走廊，形成由中心城区放射的轨道交通网络，放射的轨道交通线路主要由轨道快线构成，并预留向大杭州都市区延伸的条件。

(2)中心城区轨道交通与多中心的布局结合起来，密切联系老城中心区、钱江新城、钱江世纪城、萧山中心区，并使中心区与城市的主要对外客运枢纽密切联系。

(3)进一步增加钱江新城、钱江世纪城、老城中心中心区的轨道交通的站点密度，目前的轨道交通网络调整为从中心区穿过，并增加各中心之间轨道交通的联系。

(4)增加老城区历史文化保护区轨道交通的密度，并建设西湖风景名胜区重点旅游区轨道交通线路，与老城中心区及区域轨道交通枢纽衔接。

(5)建立外围副中心城区、外围组团、绍兴城区、嘉兴、湖州部分发展地区与中心城区联系的放射性轨道交通网络快线，快线与中心城区的中心发展地区、对外客运枢纽联系，运营速度达到60～80km/h。

(6)在网络发展上，根据轨道交通建设的情况，采取公共交通升级策略，按照城市发展的步骤，结合城市公交线网调整，首先在轨道交通走廊上培育公交客流，然后再建设轨道交通，以避免轨道交通过分超前建设导致运营亏损和低客流运行所造成的各方面压力。

18.6.5.6 快速公共交通发展策略

(1)快速公交作为城市公共交通系统的有机组成部分，其具有容量大、服务标准高、投资成本低、见效快等特点。公共交通提升的任务迫在眉睫，多种形式的快速公共交通(BRT)要作为城市在规划期内公共交通干线的主力，培育干线走廊的客流。

(2)城市的快速公共交通发展主要采取两种形式，在与外围组团的联系上采取单线路、大运量、高频率的快速公共交通，或采取多线路、大运量的快速公共交通联系外围组团与中心城区公交枢纽。

(3)与外围地区联系的快速公共交通线路尽量与规划的轨道交通同线站点的设置，特别是枢纽站点的设置和建设要考虑未来升级为轨道交通的可能。

(4)加强前期规划研究，结合轨道网、BRT，优化常规公交网线网、枢纽规划、P+R(包括自行车和出租车)、土地利用调整、交通工程设计,以及进行票制票价(距离、换乘、停车)研究等。

18.6.5.7 公共交通与土地利用协调发展策略

(1)在中心城区轨道交通站点周围,土地利用规划、开发与轨道交通建设在政府的控制下形成利益相关者,促进土地与交通同步开发。

(2)城市高层建筑规划与轨道和干线公共交通站点结合起来,并在规划管理中予以落实。

(3)在轨道交通尚未形成的阶段,按照轨道升级的策略,在公共交通干线枢纽、主要站点周围的土地开发上采取与轨道交通站点周围的土地开发同样的政策。

(4)目前钱江新城,未来钱江世纪城等城市 CBD 或者核心区规划要由公共交通、特别是轨道交通发展者参与,以保障公交用地和实现 TOD 模式的开发。

(5)在城市客运走廊的建设上,建立公共交通与两侧土地开发、慢行交通之间密切的联系,而对于机动车走廊则要对两侧的开发进行控制。

(6)在城市外围地区的开发中,特别是对于经济适用房等,建立以公共交通干线站点和枢纽为核心的公共交通社区,规划和设计上要严格按照交通的构成实行政府指导下的开发。

18.6.5.8 公共交通体制改革策略

(1)公共交通在体制改革上要采取政府管理下的有限竞争,结合线网的调整推进线路专营和企业特许经营权,引进竞争,打破垄断,提高公共交通的服务水平,并通过制定统一的服务标准管理公共交通市场。

(2)公共交通发展上,采取运营和基础设施建设分开,政府通过制定补贴的标准,建设公共交通场站和枢纽,引导公共交通的发展。

(3)通过整合,建立统一的公共交通管理机构,统筹全市的公共交通发展,促进杭州主城区与萧山、余杭实现公共交通一体化发展,结合新农村的建设,推进城乡公共交通一体化发展,改变“二元化”的公共交通发展格局。

(4)逐步建立跨市界的公共交通协调机制,按照服务和补贴标准,在补贴和政策上对运营企业一视同仁,鼓励大杭州都市区内部公共交通企业跨地区运营和其他交通企业跨行业经营公共交通运输。

(5)建立大杭州都市区交通规划和建设协调机制,统一进行都市区公共交通快线的规划和建设,并按照运营和管理分开的原则实现统一运营。

18.6.5.9 投资与票制

(1)城市交通投资向公共交通投资倾斜,增加公共交通的投资比例,近期重点向轨道交通、公共交通枢纽、BRT 等建设倾斜,兼顾公共交通补贴,远期向公共交通设施建设和公共交通补贴并重发展,促进公共交通票制、票价改革,实现公共交通客运承担比例的跨越式提高。

(2)随着城市空间的变化，城市交通出行将按照交通特征划分为中心城区内部、组团内部、联系交通、都市区联系交通等不同距离和特征的出行，交通运行的组织也要按照出行的特征来“量身定做”。区域票制改革与杭州空间变化后交通出行特征相吻合，更有效和方便的组织不同区域的公共交通，并与公共交通线网结构模式的改变相一致。

(3)实施分区域定价的区域票制可以大大降低公共交通运行的成本，鼓励近距离的公共交通出行，缓解联系走廊的公共交通压力。

18.6.5.10 低收入人群公交

(1)根据低收入人群在交通出行中依赖公共交通的特征，对城市低保人群实施公共交通直接补贴，并建立政府指导下经济适用房开发与公共交通结合的开发政策。

(2)在公共交通主要客运走廊上，开设票价低、服务水平相对较低的公共交通线路。

18.6.5.11 出租

(1)建立健全出租汽车市场准入和退出机制，建立良好的出租汽车运营市场秩序和环境，加强对出租汽车企业的监督管理。

(2)控制出租车总量规模，实现规模化和规范化经营。

(3)规范出租车服务，提高服务水平；加强对出租车停靠的管理。

(4)加快建设出租车智能调度系统，提高运营效率，减少空驶。

(5)随着区域城镇联系的加强，出租在不同城镇之间运行将更加普遍，目前分区域运行的出租管理政策将会在管理和运营上造成很大的困难。因此，逐步按照城镇空间的发展步骤，实施出租车运行的统一管理，首先在杭州城区然后扩大到大杭州都市区。

18.6.6 城市交通设施发展策略

18.6.6.1 城市骨架道路网络结构布局

(1)根据城市空间的发展，形成围绕老城中心、钱江新城、钱江世纪城为主中心，向西北、北部、临平、下沙、机场＋瓜沥、义蓬、绍兴、临浦、西南方向放射的交通网络，打破目前城市“工”字形网络。

(2)建立围绕中心区环路系统，未来与西湖风景名胜区一起，通过需求管理达到老城区与西湖旅游的协调发展，解决目前旅游交通与城市交通的矛盾。

(3)建立东部地区临平与下沙之间的密切联系，沟通与绍兴沿杭州湾发展地区，并形成辐射嘉兴海宁、桐乡、湖州地区的交通网络，形成以临平、下沙为核心支持东部地区各产业发展组团发展的交通网络骨架，如图 18-7 所示。

(4)目前中心城区核心区的快速道路作为城市南北中心区联系的通道，不延伸作为区域和市域的骨干通道，以与未来中心城区核心区交通政策相协调。

18.6.6.2 城市道路设施发展策略

(1)城市道路交通设施的布局要与组团布局相一致，建立联系道路与组团道路两个

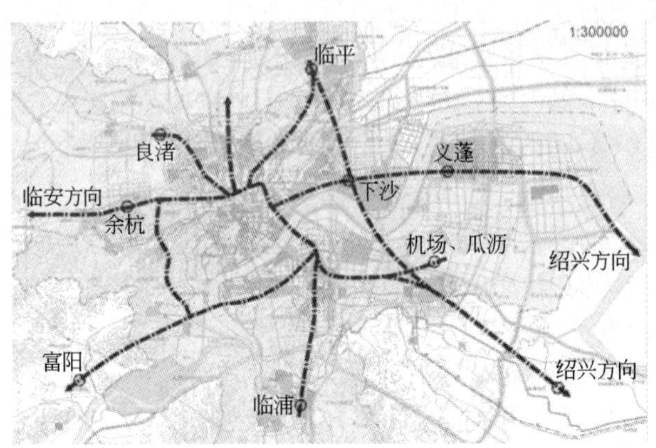

图 18-7 城市交通网络骨架布局

功能明确、不同层次的道路网络。联系道路网络与组团道路网络密切联系，又相对独立，主要承担长距离的联系交通，组团道路作为联系交通的集散道路以及组织组团内部的交通。

(2)中心城区作为大杭州都市区的核心发展地区，按照目前的开发和职能发展，杭州未来强中心发展模式很难改变，同时杭州中心城区又位于区域交通的交汇点上，因此，建立屏蔽外部交通的中心区环线很有必要，但要避免城区范围内多重环线布局而引致的蔓延开发，冲击组团布局的空间战略。

(3)城市快速道路网络避免穿越城市中心区，建立城市行政中心北部东西向快速联系干道，与骨干网络跨江通道形成与城市空间布局一致的 T 字形骨架。

(4)中心城与大都市区各组团之间的联系道路采取准高速标准，通过控制出入口来达到与组团布局的结合，以及对出入交通的控制。建立杭州中心城区与外东、南、北部发展组团之间的放射性联系交通网络，西部风景区和各城镇的联系利用规划的高速公路实现，来达到控制开发和组织高效交通的目的。

(5)跨江道路通道由南北中心城联系、都市区骨干网络南北联系、区域网络南北沟通三部分构成。区域网络南北沟通主要由国家和省规划的高速公路通道组成，都市区骨干网络南北联系主要由绕城高速、中心城区与东部组团联系道路构成，中心城区南北联系通道由南北中心城区联系道路构成。

(6)城市开发东移使分布钱塘江南北组团联系加强，目前和在区域性规划中形成的围绕杭州湾三角形联系格局将被打破，要求根据东部组团的发展情况建立沟通这些组团，乃至绍兴的东部联系道路。

(7)杭州中心城区的强中心布局要求在道路网络的级配上，中心区与外围开发地区、工业产业发展地区采取不同的发展策略。中心区建设网络密度高，各种道路金字塔状分布的道路网络，外围开发地区和工业产业发展区采取以干道与本地支路(local traffic)结合的布局。

(8)随着城市化地区的不断扩展,对境内承担城市交通功能的公路根据功能变化按照城市道路标准进行改造。

(9)重视既有道路资源的有效管理,通过改善交通工程设计提高设施容量。

(10)改善支路系统设计。

18.6.6.3 慢行交通设施发展策略

(1)道路断面中人行道的建设标准由道路的性质和两侧的用地来决定,客运走廊按照人流规模采用较高的人行道设置标准,机动车走廊采用基本的人行道标准。同样,不同的开发区域步行交通特征采用不同的人行道标准,中心区人行道和人行过街道的宽度要与大流量步行交通相适应,外围地区要与创造良好步行环境结合起来。

(2)人行过街设施也要与道路的性质相对应,客运走廊上的人行过街尽量保证地面过街,而机动车走廊上的人行过街设施根据交通流可采用分离式过街设施。

(3)在中心区和组团内部,要为步行创造良好的环境,形成连续的步行交通系统,在核心商业区建设完善的步行区。在公共交通枢纽、公共交通社区形成围绕公共交通的步行区。结合交通工程设计和交通需求管理措施,在居住区建设交通宁静区,减少社区机动车穿行,保障自行车和行人的安全。

(4)城市主要的客流集散点的交通需求设计上要突出步行系统,避免步行交通与其他交通,特别是机动交通的冲突。

(5)客运走廊建设完善的自行车交通系统,鼓励自行车和公共交通的换乘,在组团内部建设完善的自行车网络,鼓励组团内部短距离的自行车出行。

18.6.6.4 城市停车设施发展策略

(1)根据城市布局和用地,实现停车设施供应的区域差别化和使用类别的差别化,城市中心区、保护区、风景区和城市新发展区域在各类停车建设指标上采取差别化管理,同样在停车管理政策上也突出差别化管理的特征,如停车费率确定等。

(2)优先发展公共交通的停车设施。

(3)在停车配建的指标上,要提高新建设住宅区的停车建设指标,并允许分期建设,配合不限制车辆拥有的策略。

(4)中心区、风景名胜区、历史保护区停车设施总量作为交通需求管理的重要指标,按照道路机动车交通的容量确定停车总量。

(5)在城市中心区、保护区、风景区周边,配合公共交通换乘枢纽建设,设置 P+R 停车场地,方便私人汽车停放以换乘公共交通,减少私人小汽车的使用。

(6)在中心区建立智能化的停车管理系统,提高停车设施的使用效率。

(7)建立政府管理下的停车价格机制,鼓励民间资本投资停车设施建设,并推进停车设施的市场化经营和交易,政府对于停车设施建设给予在土地出让、税收等方面的优惠。

(8)根据城市不同的地区停车特征规范的路边停车设施,路边停车泊位设置应根据区域内道路交通特征的不同，分时间段提供路边停车的道路空间，并通过合理的定价，主要服务于短时间的停放和夜间停放。

(9)严格控制路内装卸和服务车辆等临时停车位的设置。

18.6.6.5　无障碍设施

(1)新建交通设施必须按照国家和杭州市有关规范标准进行“无障碍化”建设，包括道路、交通枢纽、公交站点、停车设施、公交车辆等。逐步对现有交通设施进行无障碍改造。

(2)重点在城市中心区、商业区、旅游区高标准建设无障碍步行系统。

18.6.7　旅游交通发展策略

18.6.7.1　旅游服务区与集散中心

长三角西部旅游服务一体化要求区域旅游服务整合起来，形成由旅游服务中心、次中心、集散中心构成的多层次、完善的旅游服务体系。在区域内，杭州与上海、黄山、南京共同作为区域级的旅游服务中心，提供完善的旅游服务设施，在杭州市域，千岛湖、桐庐作为旅游的次中心，并根据旅游景区的划分建设相应的旅游集散中心。

18.6.7.2　旅游区道路网络发展策略

(1)目前交通西进计划有力支持了西部旅游区的发展，也更有利于发挥杭州旅游服务中心的职能，杭徽、杭千两条高速公路扩展了杭州服务中心的旅游服务范围，南北向芜湖至金华高速(临金高速)、黄衢高速，强化了西部旅游区以服务中心为核心的旅游交通组织。

(2)旅游区道路网络形成以高速公路为主干，省道和旅游区道路为集散道路的旅游交通组织网络。

(3)旅游设施发展按照服务中心、次中心、重点旅游区、一般旅游区四级构建，道路网络也按照四个等级组织，服务中心、次中心之间建立高速公路联系，服务中心、次中心与重点旅游区之间通过省道联系，与一般旅游区之间通过一般旅游道路联系。

(4)旅游道路建设要与旅游区的风貌相一致。

(5)通向西部的高速公路出入口设置与旅游服务中心、重点旅游区、重要城镇结合起来，起到既服务于旅游和西部发展，又能够有效控制不合理开发的目的。

(6)对于西湖风景名胜区，交通设施建设采取分流过境，分片组织的策略，通过之江大桥，开通江南的西部快速通道，完善绕城公路西段，建设绕城公路与景区道路的沟通线路。

(7)建设西湖风景区与黄龙集散中心、中心区、城站联系的快速公交系统。

18.6.7.3　旅游区交通组织策略

(1)风景区交通按照“分流过境、需求管理、公交优先”的模式进行交通组织，高服务水平的专线旅游公共交通通过旅游集散中心与对外和区域交通枢纽衔接，提高旅游区公共交通的服务水平。通过完善外围地区道路网络，分流穿越景区的西部联系交通，通过调整城市中心区布局，缓解景区交通与城市中心区交通混杂的局面。

(2)景区目前采取开放管理与风景区保护并存的管理模式，在景区接待能力有限的情况下，随着机动车拥有量的发展和休闲方式的增加，景区交通、特别是机动交通拥挤正在或将要破坏景区空气优美、宁静的环境，并导致景区环境和旅游质量的下降，因此，通过交通需求管理限制进入景区的车辆是保障景区旅游和休闲质量的重点，建议在外围道路网络完善的情况下，采取景区的进入收费措施(类似中心区进入收费)，以及旅游高峰期的进入通行证策略，以控制进入风景名胜区的车流数量。

(3)西湖风景区靠近杭州市区部分，以其传统文化和独特的人文、历史积淀吸引大量的客流，建设与城市对外枢纽和旅游集散中心衔接的轨道交通系统，缓解西湖风景区核心区的交通拥挤，以及旅游交通与城市交通的矛盾。

(4)针对旅游交通明显的淡旺季和节假日、双休日与平日差别显著的特征，在路权管理上按照交通的时间分布特征进行管理。

18.6.8 物流与货运交通发展策略

(1)利用区域交通网络给杭州带来的新机遇和长三角对内地辐射桥头堡的新优势，打造长三角对中不地区辐射的现代化区域物流枢纽。

(2)浙江和杭州两头在外的经济发展模式使物流信息化建设成为提高物流效率，降低物流成本的重要手段。加快物流信息化发展步伐，推动物流信息化规范，建立综合的物流信息平台，发展电子商务物流。

(3)利用与宁波、上海港口之间的联合，通过设立“无水港”，提升和培育杭州第三方物流。

(4)研究制定“支持重点物流园区发展”的政策，根据产业分区，扶持重点物流园区建设。通过下沙、临平物流园区建设，利用两区便捷的对外和区域交通网络，形成对东部区域产业带的辐射和服务，通过航空物流园区建设，促进杭州高科技、高附加值物流发展，通过余杭、萧山物流园区建设，形成服务于南北产业区的物流体系，通过富阳物流园区建设，形成利用航运、高速公路辐射西部地区的物流体系。

18.6.9 交通投融资发展策略

(1)合理安排投资建设时序，引导空间结构调整。交通基础设施建设要以空间结构发展战略及区域规划为指导，把区域性重大交通基础设施建设作为实施空间发展结构战略调整的有效载体。合理安排交通基础设施建设时序，促进杭州城市空间结构的顺利调整。从区域一体化的高度，探索跨区域交通基础设施的共建共享机制，推进交通系统与上海、江苏、安徽等周边地区的衔接，全面融入长三角基础设施网络。同时，交通基础设施与区域发展空间结构的耦合也需要投资的引导。通过投资引导使交通基础设施布局与省域城镇体系和产业空间布局相衔接，强化城际之间、城市新区、重点开发区和重要港口的快速通道、城市交通基础设施、港口集疏运系统及信息平台建设，高效组织区域的人流、物流、信息流。

（2）打破垄断，开放基础设施建设和运营市场。打破行业垄断，实施特许经营，引进社会资金，形成有效竞争格局，逐步将政府资金从经营性城市基础设施项目中退出，集中投向非经营性城市基础设施项目；进一步整合城市基础设施资源，采用市场化方式逐步盘活存量资产。在改革的具体切入上，要坚持“增量改革、存量试点”的基本原则，区分增量和存量以及项目的收益类型，确定不同的操作原则，实施不同的改革举措。

（3）完善准经营性和非经营性项目的补偿机制。按照项目区分理论，根据杭州市公共基础设施项目的实际收益，将其区分为经营性、准经营性和非经营性三类。在此基础上推进以下工作：一是依据项目属性决定项目的投资主体、权益归属及运作模式；二是对经营性项目，可以依据资产类别完善经营业绩考核评价体系；三是通过建立合理的价格补偿机制，推动准经营性项目向经营性项目的转换；四是按照公共财政理论，主要由财政承担非经营性项目建设资金。

（4）破除体制政策障碍，特别是理顺价格机制，认真贯彻国务院《关于投资体制改革的决定》和建设部《关于加快市政公用行业市场化进程的意见》，进一步落实杭州市政府转发市城管办《关于加快杭州市市政公用行业市场化进程的意见》，尽快出台《杭州市市政公用行业特许经营办法实施意见》，为各类资本进入基础设施领域和市政公用行业提供制度保障。统一研究确定交通项目的招商引资政策、价格机制、收费机制、财政补偿机制和市场运作方式。要根据实际需要，把收费价格调整和财政补偿到位后的经营性和准经营性资产所产生的收益，按适当比例投入到有更高回报率的项目中去，以利资产质量的逐步提高，融资能力的增强以及企业的做大做强和可持续发展。

（5）降低吸纳民资门槛，拓宽运作渠道。完善与调整现行投资准入政策，在明确划分鼓励、允许、限制和禁止类政策时，真正落实“国民待遇”和公平竞争原则，打破所有制界限、部门垄断和地区封锁。凡允许外商投资进入的领域，都应当允许其他经济类型的企业进入，在持股比例上也不应过多设限。采取鼓励民间资本采取联合、联营、集资、入股等方式进入；对一些政府急需解决、但又基于资金困难的项目，可以通过实行特许权招投标选择项目法人的方式吸引民间资本投资；对于已经建成的市政交通项目，可以通过转让给包括民间投资者在内的其他投资主体的方式，盘活存量资产，筹集新项目所需的建设资金；项目的资本置换，就是按市场的规则，以契约的形式，明确用于交换“资本”的价值和价格，并在确定所有权的基础上，规定交换双方的责权利，其实质是一种资本运作或投资运行方式，也可以通过资本置换方式吸引民间投资；由于政府项目的价格机制尚未理顺，使得民间投资者无利可图，往往没有投资政府项目的积极性，基于此，可以利用资源补偿方式吸引民间投资。

（6）拓宽投融资渠道，创新投融资方式。发展壮大地方金融和投资机构，增强市场融资能力。积极创造条件，将杭州市信投公司、投资公司和城建、交通投资公司改造成专门为政府提供财务顾问业务、吸引各类股权、债权投资的融资平台和专业化投资公司。充分发挥杭州财务开发公司通过市场融资的作用，利用其涉及金融业的背景和成功投资的经验，引导其参股控股的金融机构服务于城市交通建设的金融品种，提升融资能力和市场扩张度，开辟城市交通基础设施融资的间接通道。发挥杭州市工商信托投资公司在资本融资的作用，开发城市基础设施的债权融资业务。加强对上市资源的整合利用，鼓励上市公司和保险机构参与城市交通基础设施建设。

18.6.10 交通管理与需求管理发展策略

18.6.10.1 交通管理策略的转变

(1)杭州要实现管理理念的转变，从车辆管理转变到整体交通的管理，从保证车流畅通转变到保障城市高效运行上来。加强交通客运走廊管理。改变道路路权的管理，体现以人为本。

(2)规划期交通管理和交通需求管理的重点为保障公共交通发展、关注慢行交通、完善交通管理设施、提高管理水平。

(3)交通需求管理围绕城市中心区、城市历史文化和风景旅游保护区开展；综合采取交通需求管理(TDM)、交通系统管理(TSM)、智能交通系统(ITS)等多方面措施，对交通拥挤进行管理。

(4)按照国际水准的城市交通管理标准，加快交通管理设施、交通安全设施建设。提高交通管理设施的科技含量，在交通管理中充分利用现代化技术和智能交通技术。规范道路交通标志、标线、信号的制作和设置。

(5)推进智能交通和交通信息化发展，在交通管理的手段上达到国际标准，提高警察队伍的交通管理水平，加强交通安全和法规、文明道德宣传。

18.6.10.2 交通系统管理政策

通过对道路交通基础设施的管理及对交通流的管制与合理引导，提高交通设施容量，均匀交通负荷，提高道路网络系统的运输效率，缓解交通压力。

(1)优化利用交通节点的时空资源，提高交通节点的通过能力。采取进口拓宽、交叉口渠化、信号配时优化等，优化利用交叉口时空资源。

(2)根据道路的功能，优化道路交叉口的路权分配，促进道路通行能力提高和各种交通方式通行环境改善。

(3)优化公共交通专用线，实施公交信号优先。

(4)扩大货车禁行区域。

(5)扩大“绿波”范围，试行中心区的面控系统。

18.6.10.3 交通需求管理政策

在规划期内要通过科学合理的价格体系，引导、管理和抑制机动车交通需求。规划期内建议实施的主要措施见表18-7。

交通需求管理措施实施计划　　表 18-7

需求管理措施	实施时期			备　　注
	近期	中期	远期	
公共交通优先	★	★	★	近期内在城市客运走廊上全面推行，中期结合联系交通的 HOV 推行
土地开发与交通结合	★	★	★	鼓励公交导向的土地开发，鼓励高密度、混合开发，降低出行总量
停车管理	★	★	★	近期、中期交通需求管理实施的主要内容，特别是近期，由于部分措施的实施不具备条件，停车管理应作为首要的需求管理内容
合理使用自行车	★	★		强化自行车与公共交通的结合
步行交通管理	★	★		制定城市的步行与自行车交通的规划
弹性工作时间	★			目前就应在有条件的单位推行
出租车管理	★			通过信息化管理，提高出租车的载客率、减少空驶里程
货车管理	★			按照目前的实施情况，结合物流管理实施
上下学交通管理	★			利用校车取代小汽车接送学生上下学，并在道路管理上给予优先
车辆合乘	☆	★		与公共交通专用道路计划结合起来，首先在城市中心区和联系道路上实施
车辆限制	★			作为管理风景区和中心区进入机动交通出行总量的手段
道路收费(区域收费)	☆	★		首先考虑对西湖风景名胜保护区，然后延伸至城市中心区和历史文化保护区

18.6.11　交通环境保护策略

1. 建立健全交通环境法规

加强交通环境治理的立法，创造有利于交通污染物排放水平降低的法制环境。近期要实现对摩托车、公共运输车辆、旧机动车的污染物排放管理立法，以及对城市新车排放水平管理，使城市交通环境治理纳入法制的轨道。

加强对城市风景区保护的立法，交通设施建设要按严格遵守城市对景观的控制要求。

2. 建立多部门协调的交通环境保护管理体系

城市交通环境保护与污染防治是综合性的，涉及到城市的规划、建设、管理、运营、环保、法律、民间等诸多的层面与机构，需要建立相应的保障机制，在各自的行业和机构内按照目标统一行动，加强各有关部门的合作与协调。

3. 加强城市交通规划建设中对环境保护的考虑

按照城市交通可持续发展的要求，将资源优化利用、环境保护引入城市交通规划过程，改变传统的以满足交通需求、解决交通问题为目标的规划方法，从城市交通可持续发展的角度，按照“以人为本”的理念，制定解决城市交通污染问题的对策。

(1)改善客运结构，大力发展公共交通，优先发展大运量公共交通；

(2)在交通设施设计中，确立交通容量与环境容量相协调的规划原则；

(3)通过优化城市道路系统规划降低污染水平。

4.加强对车辆排放的管理

(1)尽快对新车实施较高的排放标准；

(2)鼓励低排放车辆的使用；

(3)加强在用车辆的排放检测与监督管理；

(4)加强城市公共运输车辆的污染治理，鼓励与支持使用清洁能源；

(5)提高油品质量，保障供应；

(6)加强需求管理，减少车辆的排放总量；

(7)对外围地区的摩托车出行范围和使用进行管理，淘汰排放不合格车辆。

5.风景区环境保护

西湖风景名胜区制定和实施更为严格的环境保护和驶入车辆限制规定，鼓励旅游车辆采用清洁能源。

18.7 交通保障体系

18.7.1 交通体制建立与改革

建立适应大杭州都市区发展、适应城市化地区向市域延伸、对交通市场有效管理的体制，促进都市区实现统一的交通规划和建设，以及适应市域、都市区交通特征向城市交通特征的转变。

(1)建立包括杭州、绍兴、湖州、嘉兴等城市在内的大杭州都市区交通规划、建设、运营、管理协调机制，在信息通报、规划编制与审查、运营管理问题联合解决等方面的规范化协调制度。

(2)抓住交通引导城市发展的机遇，实现城市政府统一主导重大交通投资，建立涉及全市整体发展的跨区城市重大交通基础设施统一规划、统一投资、统一建设的机制。

(3)建立全市公共交通线路、场站、价格、服务标准、运营企业统一管理的机制，尽快打破目前公共交通发展“二元化”的局面。

(4)根据城市化地区范围和规模扩大的特点和都市区交通向城市交通转化的特征，调整城市交通与对外交通管理的机构，尽快建立按照都市区城镇化发展统一进行交通发展管理的机构，对综合交通投资、建设、运营、管理等进行统一管理。

18.7.2 交通法规与标准建设

建立地方性的公共交通、停车、交通价格管理、交通管理、交通需求管理、交通经营法规和标准，实现政府依法管理交通和规范交通市场。

18.7.2.1 土地利用与交通

制定城市建设项目交通影响评价标准与条例，对重点地区的开发采取交通否决制，促进交通与土地利用的协调发展。

18.7.2.2 公共交通标准

(1)建立公共交通服务标准，作为公共交通运输市场管理的基础性标准，提出对运营企业在车辆、服务、运营、安全等方面的标准，作为补贴、专营权分配等的依据。

(2)建立地方化的公共交通场站标准，提出不同规模场站、枢纽的用地规模与管理模式。

(3)修订杭州市公共交通管理条例，对区域公共交通、公共交通快线、公共交通枢纽、杭州老城区与萧山余杭公共交通整合、公共交通运营企业准入、专营权分配、农村公共交通等新的公共交通方式和特征进行补充与完善。

(4)根据杭州公共交通发展，制定公共交通票制与票价调整的条例，作为公共交通网络调整的依据。

(5)尽快完善杭州出租车管理条例，在目前的基础上，针对出租价格调整、运营、企业管理、驾驶员管理、服务标准、跨界出租运营管理等方面进行完善。

(6)制定准公共交通服务管理条例，对校车、单位班车、小区班车、卖场班车、旅游巴士等准公共交通服务标准、运营、价格、安全等进行管理。

18.7.2.3 交通管理

(1)在国家道路交通管理条例的基础上，研究制定杭州的实施细则。针对杭州交通特征，补充杭州特殊的区域交通管理、行人、停车、公共交通向区域和农村发展、旅游、区域联系道路等管理内容，并根据杭州交通发展的特征，根据客运走廊和机动交通走廊划分，不同区域的差别化管理，制订路权分配与管理的细则，形成地方性的管理法规。

(2)针对杭州交通需求管理的特征，适时制定旅游风景区、中心区、历史文化保护区的交通需求管理条例。

18.7.2.4 停车

(1)尽快研究制定适应杭州机动化发展和交通需求管理的停车建设标准。

(2)研究制定停车建设、管理和差别化价格管理标准，促进停车建设和管理的市场化发展。

18.7.3 交通信息平台建立与信息化发展

尽快建立跨行业、跨部门、跨市界运行的交通信息平台，整合交通信息采集、交通规划、用地规划、交通建设、交通管理、交通运营、应急交通组织、交通信息发布等内容,形成面向管理、协调、公众信息服务的信息化平台。

(1)交通信息管理机制。建立以规划、建设和交通运营信息为主的交通信息管理平台和跨部门信息共享机制。把信息平台作为信息中枢,把多部门的信息采集、更新、处理、公布联系起来,实现多部门的信息联动和管理联动。

(2)建立统一的信息采集和发布标准与技术规范。保障信息平台建设的数据接口、格式统一。

(3)智能交通。制定杭州市智能交通实施计划,特别是智能公共交通系统的实施,推进智能交通在公共交通、交通管理上的应用。

(4)信息采集、更新与发布。与公共交通信息平台连通的各行业交通信息系统,负责本行业信息的采集、更新与专业信息发布,并负责对公共信息平台的行业相关信息进行更新。

(5)公众参与。建立公共信息平台的公众参与系统,实现大众公共信息的发布、公众意见收集等,作为公众参与交通规划、建设、管理、运营等的平台。

18.7.4 规划研究机制

在规划的层次上,根据城市土地和空间的发展,加强城市规划中,特别是总体规划与控制性详细规划的交通研究,实现土地利用与交通在规划层面的协调。抓好城市综合交通规划、专项交通规划、与城市控制性详细规划结合的交通规划、交通设计、交通影响分析几个层次的交通规划,并严格按照规划层次之间的关系先全局后局部组织规划研究。

规划期城市发展环境的变化很大,重大设施和城市发展方向也随着城市发展环境的变化在不断进行修正和改变,杭州作为中心城市更是如此,因此应及时根据杭州城市发展环境的变化,修编和调整总体规划、综合交通规划等整体性的规划,来指导交通和城市发展的全局。

在目前交通规划研究中,长三角、省域规划关注的交通发展重点都有相应的管理部门进行管理,但大杭州都市区作为发展密切相关的区域发展单元,在规划体制上是个空白,规划研究体制应着重加强这一层次的规划协调。

(1)建立都市区跨行政区综合交通规划统一编制,城市总体规划等用地规划分别编制的体制。都市区综合交通规划,重点为宏观层面的交通规划,如制定统一交通发展策略、区域主要通道的布局、交通网络的衔接、大型交通基础设施的布局等,作为各城市总体规划和交通规划的上位规划。

(2)建立都市区内部城市交通规划联合审查制度,各城市规划管理部门参与组成大杭州都市区规划协调委员会,对城市总体规划、交通发展战略、综合交通规划、轨道交通规划、道路网络规划、边界地区的交通和用地规划进行联合审查。

18.7.5 交通宣传

(1)广泛进行以交通安全、交通法规、交通文明、道德为核心的交通宣传,促进交通秩序改善和交通文明建设。

(2)加强汽车文明宣传。

18.7.6 对既有规划的建议

(1)改变规划思路,在区域一体化背景下规划城市和城市交通,把区域交通纳入城市交通规划。

(2)结合城市扩展和布局结构调整修编综合交通规划,加强对东、西部地区发展的支持,与都市区良好协调。

(3)应利用城市规划的六条生态带,作为城市不同区域交通网络的隔离,避免交通网络的畸形连接对交通运行的影响,以及形成新的连片开发。

(4)补充客运走廊规划,体现以人为本,同时对沿线用地开发提出调整建议和要求。

(5)一体化进行轨道交通、BRT、常规公交的规划修编,转变网络结构和组织模式,重视换乘和枢纽发展,加强体制和票价、票制的研究,体现公交对用地开发的引导;启动都市区公共交通、农村公共交通。

(6)改善道路网络的布局结构,根据承担的交通功能,确定道路功能等级,加强路权管理。

(7)根据交通发展的对城市发展的影响,调整土地利用规划,推行混合土地利用模式,实施 TOD 开发。对中心区、CBD 等开发热点和强交通吸引地区,进行专门的交通评估与规划,在调整交通设施供给的同时,严格限制其开发规模。在各层次城市土地利用规划(总体规划、分区规划、控制性详细规划等)中加强交通规划的研究,对城市空间、土地利用布局、用地开发指标要有交通方面的论证,并作为主要的支持。

18.8 近期交通发展行动计划

根据对近期城市发展趋势的判断,结合杭州已经编制的其他交通专业规划,在交通发展战略的指导下,综合考虑对既有规划的意见,提出对杭州近期交通设施建设计划的调整建议。

充分发挥交通的带动和引导作用,从设施、体制、保障体系建设上全面推进综合交通网络的建设,适应城市近期发展的要求,为城市的长远、可持续发展打下坚实的基础。近期交通发展行动从以下九个方面展开。

(1)公共交通的整合与提升。全面实施公交优先,大幅度提升公共交通的服务水平和运营速度,配合 BRT、轨道交通和公共交通快线建设,着手公共交通票制的改革,开始公共交通网络结构调整。通过体制整合和服务水平提高，提升外围和萧山、余杭的公共交通比例，缩小城市公共交通“二元化”发展的差距。

(2)联系交通网络的构建。全面改善城市联系交通网络，初步建立起与城市空间结构相适应的联系交通网络，促进城市整体全面健康发展。通过改善中心城市跨江联系、中心城市与外围组团联系、城市东部区域产业发展带、西部旅游去联系，逐步实现城市由西湖向钱塘江，再向杭州湾、杭州西部地区的发展，利用联系交通网络构建，带动城市综合交通网络结构的调整。

(3)大杭州都市区交通拓展。与建设大杭州都市区相适应，主动与大杭州都市区的综合交通网络对接，扩大杭州对周围城市的辐射。

(4)区域、对外交通衔接。初步建立杭州长三角南部对外综合枢纽的地位，全面实现区域交通、对外交通和城市交通一体化发展。向东、北改善与区域其他中心城市(或者都市区)的区域交通网络服务水平，向西、向南配合区域对外重大交通设施的建设，处理好区域交通与区域对外交通设施在杭州的衔接，以及杭州城市交通网络与区域交通、对外交通网络的衔接，处理好过境与服务的关系，并利用区域交通、对外交通的改善促进杭州的城市结构调整，初步奠定杭州作为长三角对外辐射交通枢纽的地位。

(5)中心城区和外围组团内部交通环境改善。建立与中心城区社会、文化、商业、商务、环境氛围相适应的交通系统，体现杭州的城市特色。加强中心城区的停车和交通管理，处理好社区交通(local traffic)与中心区整体交通的关系。进一步改善湖滨地区、中心区的交通环境，使交通与城市职能相融合。初步建立中心区的外围环路系统，降低中心区通过性交通的比例，缓解目前中心区城市交通矛盾。通过有效的交通系统管理，提高既有设施的运行效率和服务水平。高标准、高质量建设外围组团综合交通设施，为外围组团创造良好的交通环境，促进城市人口和就业向外围组团转移。

(6)旅游风景区交通优化。改善和提升旅游风景区的交通服务，建立起与旅游风景区保护和旅游交通特征相适应的交通系统，缓解旅游交通与城市交通组织的矛盾。大幅度提高旅游风景区公共交通服务水平，通过P+R和旅游集散中心的结合，对车辆的进入进行管理，对车辆实施初步的交通需求管理，改善旅游风景区南北向交通网络。

(7)重点建设的配合。近、中期是杭州市交通和城市发展重点发展时期，配合重点项目配套交通设施建设，保障城市重点建设项目能尽快发挥作用，带动城市整体发展。重点配合钱江新城、下沙开发区、铁路枢纽、机场改造、跨江通道等，做好轨道交通、城市道路、地面公共汽车交通等的衔接和配合。

(8)新农村交通建设。全面推动具有杭州特色的新农村交通建设，率先消除城乡“二元化”差别，促进城乡文明融合。改善西部地区农村的道路建设，通过分层级农村公共交通的建设，东部与区域产业发展带结合起来，促进农村的城镇化，西部通过旅游集散枢纽和多层次公共交通网络建设，带动农村旅游服务产业发展。

(9)保障体系构建。初步建立与近期交通发展相适应的保障体系，保障近期交通发展能够与城市发展密切配合，顺利实施。建立与近期公共交通发展、大型跨区交通设施建设、大都市区发展相适应的管理体制；初步建立合理的城市交通价格体系，整合投融资资源；随城镇化空间上的发展，改革城市交通的投融资体制；建立与优先发展公共交通相适应的公共交通服务、用地、管理标准；研究制定机动车排放管理措施；建立市域范围的交通信息平台；根据区域和大都市区的发展、杭州的城镇空间布局以及未来交通政策实施，修编相关的专业规划，为杭州长远发展奠定基础。

19 杭州市域综合交通发展研究

19.1 项目概况

19.1.1 项目背景

长三角区域交通的快速发展，杭州市域城市空间结构和城市职能分布的巨大变化，使杭州市域交通面临新的发展转型。近年来，杭州在城市空间、城市职能、发展环境、产业结构、经济发展等方面都发生了巨大变化。城市正在打破单中心的发展格局，实现“城市东扩、旅游西进、沿江开发、跨江发展”，市域城镇则形成“一心二圈、三轴二连、一环多点”的城镇空间布局。

随着城市发展中资源、环境等的制约凸显出来，国家经济增长方式开始转变，城市公共交通地位提升，杭州也正在酝酿从城市扩张方式到交通发展模式的转变。同时，目前长三角区域性交通发展打破传统的“Z”字形交通格局，这对杭州城镇交通的发展影响巨大。

2005年，杭州市委、市政府为优化城市功能布局，发挥副城、组团和中心城镇的作用，提出了构建杭州市域网络化大都市的发展战略。构建市域网络化大都市的核心就是统筹城乡建设，通过建立多层次、多节点、开放型的网络化大都市，实现以城带乡，以乡促城，城乡互动，协调发展，提升城市整体发展水平，增强大都市综合竞争力。

“十五”计划期间是杭州交通发展史上投资规模最大、建设任务最重、改革力度最强的时期，“交通西进、东网加密、黄金水道、乡村通达”等“八大工程”相继实施，市域综合交通改善取得了丰硕成果。八条高速公路相连接的高速路网初步形成，全市“一小时半交通圈”和“县县通高速”目标基本实现，并已筑起较为完善的城际高速公路网；农村公路四通八达，在“乡村通达”工程的推进下，县乡道路和通村公路得到全面改造，大大改善了广大农村的出行条件；水运建设发展迅速，全面推进了以杭州港及京杭运河、杭甬运河、钱塘江为重点的“黄金水道”工程建设。

目前，杭州市域各区县均编制了相关规划，市域铁路、公路、水运、城市道路、城市公交、城市轨道等也都编制了各自的专业规划。但由于受行政区划和行业条块管理的限制，规划成果难以达成统一的规划目标，往往导致最终的交通设施在空间布局、功能定位、规模测算、建设时序等方面的矛盾和冲突增加。在市域网络化大都市建设的背景下，急需整合和协调既有规划，使市域的交通设施在规划、建设和管理上纳入统一体系，实现综合交通的协调发展。

19.1.2 研究范围与年限

研究的空间范围为杭州市域,即:市八区及富阳、建德、桐庐、临安、淳安五县(市)。研究期限,近期为2010年,远期为2020年。

19.1.3 研究目标

抓住长三角区域和杭州市域交通系统快速发展和城镇空间不断扩张和调整的机遇,整合与完善市域综合交通系统,实现市域交通与城镇交通良好衔接,引导市域城镇合理空间布局与城镇体系的形成,利用交通促进杭州市域城乡统筹和全面发展,促进枢纽型大型区域设施共享,以及各种交通方式相协调发展。

19.1.4 研究思路与技术路线

目前长三角城镇和交通正进入快速发展和转型时期,区域城镇空间的扩展和调整并存,是利用高速区域交通网络与快速城市交通网络的迅速发展建立交通与城镇可持续发展关系、引导合理交通系统结构、体现交通公共政策属性的最佳时机。

本次研究在杭州市域城镇空间、交通系统、城市职能、保障体系处于构建阶段适时进行,从区域规划的新视角之下,以科学发展观为指导,以都市区交通组织模式和服务方式转变为核心,在统一的规划目标下协调和统筹各部门、各地区规划,对既有各项交通规划成果予以整合和完善,制定实施保障措施,并配合杭州市域网络化大都市的发展制定分层次、分步骤、分阶段的实施计划。

研究的技术路线框图见图19-1。

19.1.5 主要技术内容

(1)杭州市域综合交通发展现状

通过对杭州市域综合交通现状的实际调查,以及对杭州市域综合交通发展历程和现状的深入分析,提出目前杭州市域综合交通体系发展策略、交通网络布局、交通方式结构以及交通建设管理等方面存在的主要问题和形成的动因。

(2)市域综合交通发展趋势

结合国家政策导向和杭州市域城镇发展特征、综合交通发展特点,分析研究杭州市域城镇和综合交通发展趋势,从都市区空间结构、城市职能分布、产业布局入手,分析规划范围内不同地区和节点交通特征。

(3)既有规划分析

通过对大杭州都市区、长三角城市群、沪杭城市带和浙江省城镇体系以及市域各区县

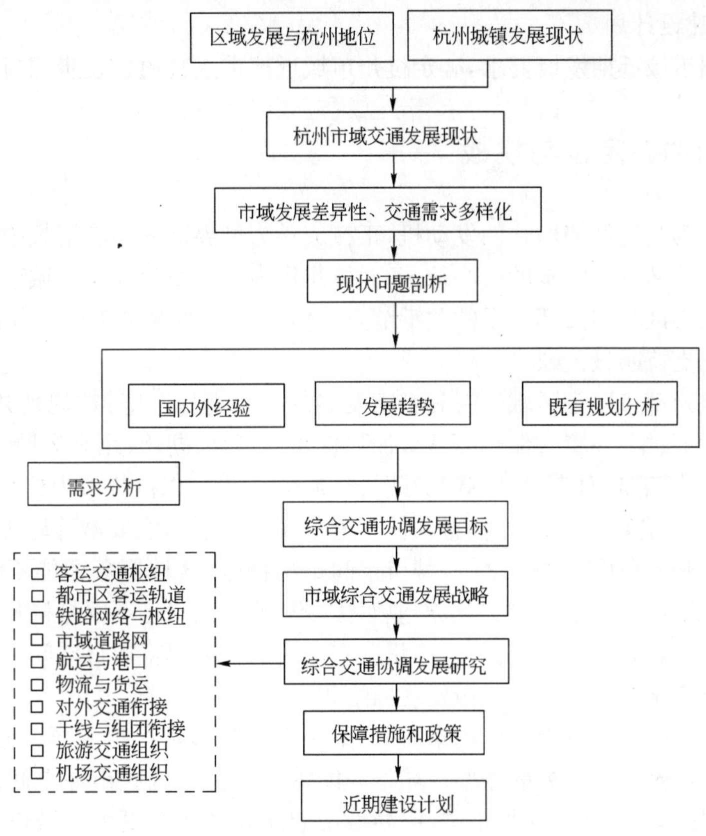

图 19-1　技术路线框图

(市)、各城镇等既有规划的解读,分析区域发展规划对杭州市域综合交通系统的作用和要求,以及市域各区县(市)城镇发展和综合交通规划的特点,从城镇与交通发展相互协调方面进行客观的评价。

(4)市域综合交通协调发展战略

根据对市域未来在空间布局、土地利用、交通发展趋势等方面的分析,以及对城市现状交通问题的把握,对城市发展目标、土地利用规划、宏观交通政策、区域协调、交通设施建设、交通系统运行和管理等在战略层面的整合,提出杭州区域交通的发展战略。

(5)市域综合交通协调发展规划研究

根据目前杭州市域综合交通发展存在的主要问题和未来交通发展的特征,以及综合交通枢纽为核心进行交通组织,对客运枢纽、铁路网络和场站、大杭州都市区轨道交通、都市区道路网络、旅游交通、航运和港口、货运和物流等方面进行规划研究。

(6)保障措施和政策

为实现杭州市域综合交通的协调发展,结合市域综合交通发展环境、发展条件、发展机制和管理体制等,提出市域、城市与区域交通协调发展的保障措施。

(7)近期建设计划

结合杭州市域近期发展要求,确定杭州市域近期重点交通建设步骤与项目。

19.2 杭州的新定位与挑战

长三角作为我国经济增长的发动机,正在成长为世界级的经济增长中心之一,也是我国沿海带动中西部战略实施的核心地区,而杭州作为长三角南翼中心城市和浙江省省会,正是长三角核心区与中西部联系的关键节点。但内部交通网络东西差异巨大,对长三角对内地辐射的支持明显欠缺。

构建大杭州都市区是区域经济和城镇发展的必然选择。坚持"规划共绘、设施共建、产业共兴、市场共拓、环境共保"的思路,加强杭州与嘉兴、湖州、绍兴等周边地区的合作交流,推进区域市场互通、体制互融、政策互联、资源互用,形成以杭州市为核心,以德清、安吉、海宁、桐乡、绍兴、诸暨为节点,全面融入长三角城市群辐射江西、安徽等地的大杭州都市区。

杭州作为长三角中心城市之一,城市空间迅速扩张,区域服务职能不断丰富,正在从一个优秀的旅游城市向旅游与服务、产业双优"蜕变"。杭州已不仅是杭州的杭州,正在成为杭州湾、长三角乃至全国的杭州。杭州城市职能的变化都将通过空间变化体现出来,而城市职能发展越来越多地打上区域发展的烙印。

城市空间的拓展和城市职能的丰富,使单中心"综合体"承担大部分城市职能的空间布局已经无法满足当前发展的需要。城市职能需要在都市区或市域空间内布局,而交通网络的建设,使市域交通可达性增强,引导城市职能和产业在更大的城市空间内(都市区或市域)分散组织和布局成为可能。老城区将加快功能和人口的疏散,工业和教育向副城集中,钱江新城、下沙城、江南城、临平城和西部五县(市)也将在产业升级下谋求新的区域定位。富阳、临安属于杭州近郊,承担杭州城市产业、交通、旅游、居住、都市农业等功能,将逐步与中心城区融合。桐庐、建德、淳安发展将注重自身的特色,把山水城市风貌、风景旅游功能和以旅游业为龙头的第三产业发展有机结合起来。但目前杭州的发展与区域发展的要求还有差距。

(1)目前,杭州与上海、宁波的交通联系比较发达,与南京的快速联系也在逐步完善中。但是,提升杭州在区域中的地位不仅仅是对接上海和与其他中心城市的联系,需要尽快成为长三角核心区与内陆联系的枢纽,加强与中部广大腹地的联系同样重要。

(2)杭州交通网络布局上东重西轻,导致西部的对外和区域交通必须通过中心城区组织,效率不高。

(3)区域性交通设施和区域性职能发展还缺乏区域性交通联系支持。杭州的机场、铁路枢纽等大型区域交通设施,其规划和建设中与区域腹地的联系都还不足。如,萧山机场作为区域性公共资源,其腹地包括杭州、嘉兴、湖州、金华、绍兴和安徽部分地区,甚至可以辐射到苏南地区,要求机场与腹地联系的集疏运交通系统必须具有良好的区域可达性。

但是,目前机场的集疏运系统还没有从区域角度考虑,集疏运网络建设和交通组织的重点仍放在杭州市区,即使对于杭州西部地区的关注也不足。杭州西部的旅游资源,如千岛湖、天目山,都是区域性旅游资源,目前却缺乏与其他旅游地、服务中心的直接、快速联系。

(4)杭州的中心区,是大杭州都市区的中心区,是长三角南翼的中心区,区域职能丰富,但交通网络仍然以城市边界为壑。

目前杭州城市和市域正处于区域化背景下的发展转型期,工业化和城市化的快速发展,使杭州市城市空间向外扩张的需求强烈,城市范围迅速扩大。同时,在区域的分工与协作下,城市空间与职能也进入重新布局阶段。

19.3 市域分区差异性发展的认识

19.3.1 市域发展的差异性

杭州市域西部以山区为主,东部是浙北平原,市域内水资源丰富,内河航道比较发达。东部地区社会经济发展相对较快,主要以制造业、高端服务、物流等为主。西部地区环境优美,旅游资源丰富,拥有千岛湖风景旅游度假区、天目山自然旅游区、富春江生态风景区等国家级旅游风景区,主要以化工、水泥、加工制造等乡镇企业为主。

由于杭州自然地理特征的差异,杭州市域东部与西部社会经济发展差距较大。其中,西部地区在经济发展指标上全面落后于东中部地区。地方财政收入、人均 GDP 和人口,以及客货运输量、旅游接待人数和旅游收入由东向西逐步递减。而产业和城镇化发展的差异也导致东中西部的交通运输特征和交通设施建设情况差异显著,差异性示意图如图 19-2 所示,各区县市公路水路运输量如图 19-3 所示。

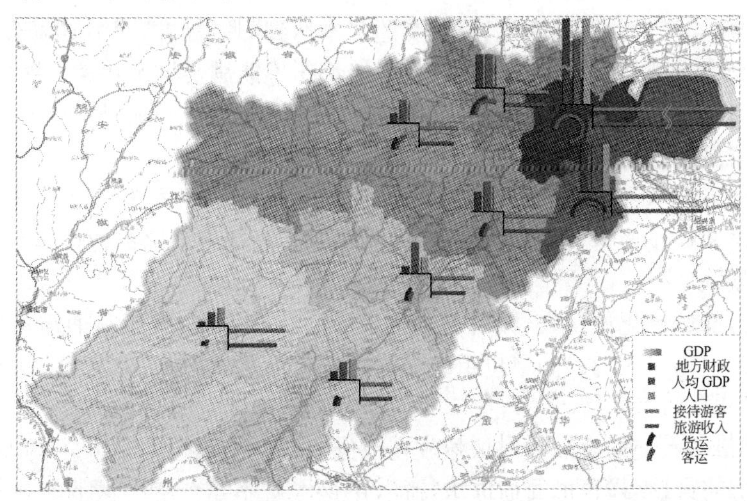

图 19-2 市域发展的差异性示意图

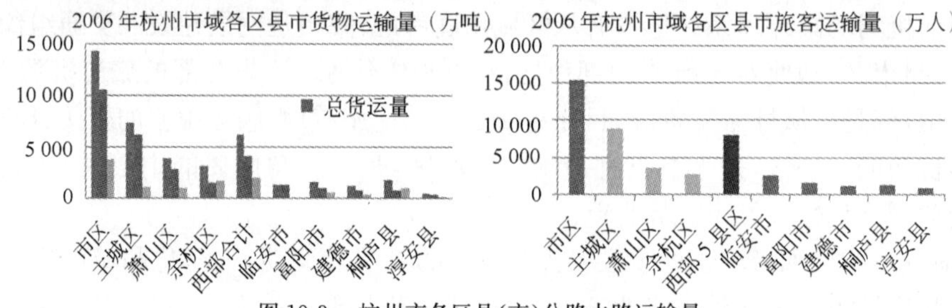

图 19-3　杭州市各区县(市)公路水路运输量

a)2006 年杭州市域各区县市旅客运输量(万人)；b)2006 年杭州市域各区县市货物运输量(万吨)

目前西部地区产业结构方面以建材、造纸、加工、低端制造等对环境影响比较大、污染严重的产业为主，产业以乡镇企业、小作坊式组织为主。如果这些产业继续快速发展，将对西部的旅游资源和环境造成不可弥补的损害。

同时，西部产业的货运需求都比较大，适宜水运和铁路。例如，富阳的造纸业年生产规模约占全省总量的 1/2，被授予“中国白板纸基地”称号，然而每生产 1 吨纸需要 3 吨原材料；富阳的再生铜工业，利用废弃的工业材料加工，生产 1 吨电解铜产生 280 吨的运输量等。近年来，西部地区各县市都大规模扩建内河港口，造成西部水系在发展货运与环境保护、水上观光旅游之间的矛盾重重。

而区域经济发展引发的区域内旅游热，以及杭千、杭徽高速公路的建成通车，改善了西部旅游区与主城及长三角其他城市之间的交通联系，也使工业产业发展与旅游之间矛盾更加越突显。

受到发展条件、历史遗留和体制滞后的影响，以及产业、职能的差异，中心城区与外围地区在交通设施、交通管理、车辆构成上差距都较大，导致城乡之间、东西之间和新旧城区之间交通“二元化”问题突出。

(1)主城核心区道路网络密度、公共交通基本达到国家标准，而主城西部、东北部等新发展地区的交通设施，无论网络密度，还是等级都还不能满足城市快速发展的需要。

(2)因管理体制、政策的不同，同属城区的萧山、余杭公共交通出行比例较低，发展水平明显低于主城区。

(3)对外交通上，南京、上海、宁波等联系方向的高速公路通道已经形成，又拥有国家规划的多条高速铁路通道，而向西的联系则刚刚开始高等级公路的建设，轨道交通发展还没有列入计划。

杭州东西部城镇化差异大，城乡一体化发展的状况不同，客运交通需求特征差异大。目前交通组织上均以区(县)为单位组织交通，交通设施建设与城市发展、交通需求特征并不相符。

目前，城市联系交通发展重点依然放在设施上，对交通组织、服务上的发展考虑比较少，对市域内各分区多样化的交通需求特征，更是考虑不足。各分区的产业、经济水平差异大，客货运要求不同，发展路径也相距甚远，但目前交通设施规划和交通组织对此考虑不多。如在水运的发展上，东部工业区和西部旅游区并没有针对各自产业特点考虑其发展政策。

19.3.2 分区城镇发展与分工

构筑市域网络化大都市，就是通过市域整体功能提升，在做优做美主城区的同时，加快“三副六组团”和五县（市）的建设步伐，并培育发展壮大中心镇，以承接中心区的人口和职能的转移，实现市域协调、城乡和谐发展，使整个市域全面融入长三角的发展。

杭州的市域特征决定了分区发展的特征将持续下去。随着网络化大都市建设的进一步推进，城市功能在市域内重组，杭州东、西部地区在自然地理、资源、产业发展等方面的差异将愈加突出，将逐步由东部市区和西部五县市两个区块，发展成为功能互补的东（临平、下沙、义蓬、瓜沥）—中（主城、萧山、临安和富阳东部城区）—西（建德、桐庐、淳安和临安的西部山区）三大部分。各部分的功能都将得到充分发展。西部作为长三角区域辐射中部走廊的重要节点和区域旅游中心，将成为市域发展的另一个重心。

(1)东部地区随着工业发展快速城镇化，形成与环杭州湾工业带密切联系的东部工业区和工业服务区。

(2)随着跨江发展战略的进一步实施，萧山城区与主城区逐渐融合，共同成为杭州中部核心城市，综合服务功能将进一步提升，成为高端服务要素的集聚和区域辐射带动的主引擎。

(3)富阳、临安的东部地区，凭借优越的环境，随着交通的发展，在房地产和新型产业发展的推动下，成为主城区的功能互补区和疏散转移区，在产业升级的基础上，完成从工业化到城镇化的转变，融入中心城区。

(4)西部随着环境保护要求的进一步提高，产业逐步升级，旅游业、房地产开发、现代农副业将成为支柱产业，在工业发展上坚持“有所为、有所不为”。通过产业置换，建设成为环境优美、旅游发达、宜居宜商的区域“后花园”。

19.3.3 市域各分区的交通需求特征

19.3.3.1 中部地区交通需求特征

中部地区是市域人口、职能最密集的地区，是市域和区域的商业中心、行政中心、高端服务中心、区域旅游服务中心和区域交通枢纽。

(1)作为城市、市域和区域的强中心，交通系统放射性布局，向心交通严重。

(2)交通拥挤严重，区域和都市区交通联系需求高，需要利用大运量、高服务水平公共交通服务支持。

(3)交通需求层次丰富，交通组织复杂。既有城市不同阶层、不同目的的出行，也有对外、区域联系和组团联系，同时也是旅游交通组织的重要地区。

(4)集中了区域和市域主要的综合交通枢纽，区域共享和衔接要求高。

19.3.3.2 东部地区交通需求特征

东部地区以工业产业和区域产业服务为主，也是杭州市与长三角核心地区联系的主要区域交通走廊必经之地。

(1)随着跨杭州湾通道建设，东部沪杭甬、宁杭甬方向过境交通大幅度下降。

(2)工业区发展对高效物流和产业服务要求高，与区域港口联系密切，相应对航运、铁路等低成本交通运输的需求较高，与杭州湾以及都市区其他产业发展区域联系密切。

(3)是大杭州都市区与嘉兴、绍兴、湖州等联系通道重要的必经之地。

(4)是杭州对接上海、联系宁波交通组织的关键地区。

(5)工业物流、城市对外、都市区联系、城市内部联系等不同层次、不同特征交通交错。

(6)机场、港口等区域性枢纽主要集中在东部地区，既有与东部产业区的联系需求，也有与大杭州都市区腹地联系的需求，集疏运系统要求较高。

(7)东部地区水运网络密集，是长三角航道网的重要组成部分，航道条件良好，具有发展水运的良好条件，是上海航运中心中转的组成部分。

19.3.3.3　西部地区交通需求特征

西部地区是杭州市风景旅游资源最集中的地区，是杭州—黄山旅游区的服务中心、乡镇县级的产业发展集中地区、长三角与内陆腹地联系的交通走廊。

(1)西部与江西、安徽、浙中接壤，是长三角、杭州都市区和杭州市辐射内陆的桥头堡。未来随着长三角西部通道的建设，过境交通会迅速增加。

(2)随着未来西部旅游的进一步开发，区域休闲旅游与观光旅游持续增加，西部旅游区与黄山等其他旅游区的交通联系也将大幅增强，与长三角的区域联系将会是西部交通组织的重点。

(3)随着网络化大都市建设和城市职能的调整和重新分布，西部各县市的职能也逐渐丰富，在错位发展下，形成更为合理的城镇体系，相互间的交通联系增加。

(4)西部地区借环境优势，将承担部分主城区居住、旅游服务职能。西部与主城区的联系将更为密切，通勤交通比例提高，东中西联系交通向城市交通转化速度加快。

(5)随着交通需求的增长，山区交通的瓶颈制约显现，对铁路、轨道等大运量交通方式的需求提升。

(6)是杭州城乡交通一体化组织的重点地区，城乡公交化联系需求旺盛。

(7)随着产业升级带来货运交通特征转变，内部产业联系增加，远期，低端适宜水运的货物运输会有所减少。

19.4　市域交通发展策略

19.4.1　市域交通系统组织策略

19.4.1.1　分区组织，提升东西、做强中心、全面对接

根据未来市域各分区的不同职能、发展特征和不同的交通需求特征，东部突出工业产

业、中部地区突出综合服务、西部地区以旅游为主，协调交通组织与产业发展，采取差别化的交通组织策略。

东中西三部分发展侧重点不同，共同构成市域发展的整体功能，将根据各自的发展条件，加强彼此之间交通联系，通过错位发展实现共同发展。

以中部为主进行城市交通和大都市区交通组织。通过市域交通组织的有效实施，实现主城区对外区域性交通设施共享。合理处理主城区过境交通问题。协调市区、市域、都市区、长三角交通不同层面的交通。

提升东、西部在区域性综合交通组织中的地位，成为区域交通组织的重要节点，并根据未来各分区独立的对外交通联系特征，分别建立相对独立的对外交通系统，如图 19-4 所示。

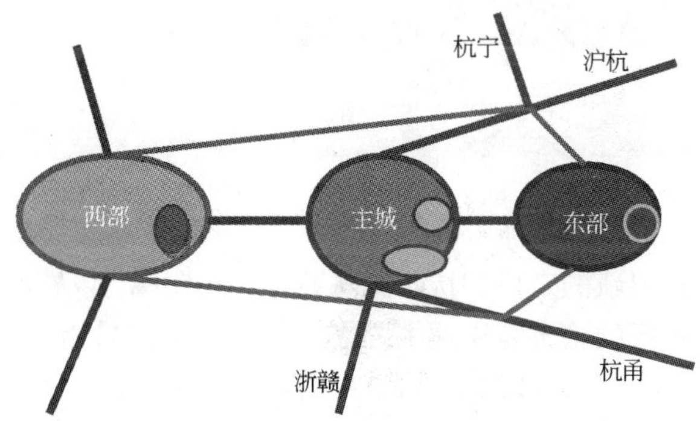

图 19-4 市域东、中、西部联系交通组织示意图

19.4.1.2 强化枢纽，综合协调、优化组织、一体发展

把交通枢纽作为市域交通整合的关键，达到以点带线，协调发展的目的。针对杭州市域目前综合交通规划情况，主要从两个方面对既有的和规划的各种枢纽进行整合。

(1)分离交通场站所承担的交通组织性功能与交通运输企业自身的生产性功能。

(2)跨行业、部门整合交通组织性功能为综合交通枢纽，实现各种交通方式的一体化交通组织。

在市域东部、中部、西部分别形成区域交通枢纽，并有机衔接。提升建德作为西部综合交通枢纽，提升临安、富阳作为东中部交通网络与西部交通网络对接的交通枢纽。

19.4.1.3 都市扩张，交通延伸、优化结构、公交优先

随着都市化地区扩展，逐步延伸城市交通服务，重点是城市公共交通服务的延伸，都市化地区公路网的城市化功能改造等。

通过大力发展铁路、水运和优先发展公共交通，优化市域交通结构，引导集约化的城市开发，形成可持续发展的交通系统。

19.4.1.4 双环、三区、多放射的交通网络骨架

根据市域交通现状和发展趋势，结合市域综合交通需求特征和交通组织模式，市域形成“双环、三区、多放射”的综合交通网络框架，如图 19-5 所示。

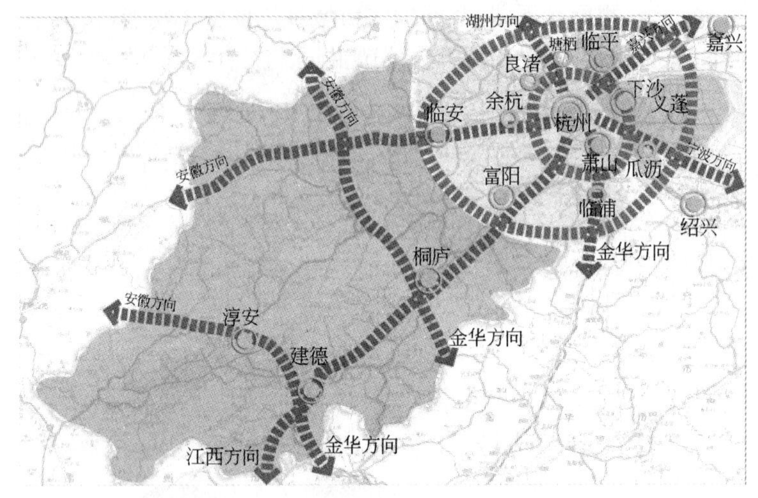

图 19-5　市域综合交通网络架构示意图

(1)双环。区域杭州新的定位和杭州湾联系通道的发展，使杭州的过境交通由南北转向东西为主，而西部地区的旅游客源地主要在上海、宁波方向，为减少中心城区的过境和组织杭州西部地区与长三角东部的联系，形成联系中心城区各组团的内环，联系都市区主要发展地区以及西部地区与长三角东部地区联系的外环。

(2)三区。按照城市发展特征和交通分析的需要，市域交通按照东、中、西三个分区进行组织。

(3)多放射。以杭州东中西为核心分别形成向区域和大杭州都市区放射的走廊，即，沪杭、杭甬、杭宁、杭金、杭徽、浙赣、临金、金建黄等交通走廊。

19.4.2　市域分区发展策略

杭州东部、中部、西部在资源条件、发展特征、交通需求上都具有明显的差异，必须制定有针对性的交通发展战略，通过错位发展协调产业布局、城市和交通发展，实现杭州市域全境共同发展。

19.4.2.1　分区发展目标

(1)中心城区交通发展目标。形成以公共交通为主导，设施、服务、管理、标志国际化，行人、自行车设施完善，公共交通换乘方便、服务多样、覆盖完全，有杭州特色，与历史文化名城保护相得益彰，环境幽雅的综合交通系统。

(2)外围组团交通发展目标。高质量、高标准建设与土地利用布局相互协调、与中心城区联系快捷、可靠、方便的交通系统，实现与中心城区同城化，引导城市合理空间布局的形成，促进中心城区职能转移。

(3)杭州市域交通发展目标。建立一体化统筹建设、管理和服务，客货分流、内外交通衔接良好的综合交通网络，引导和支持都市区的空间布局和社会、经济、产业一体化发展。

(4)东中部构建以轨道交通、快速道路为主体，联系各产业发展组团的快捷联系交通网络；西部进一步提高交通网络的等级和通达性，增强杭州中心城区向西部旅游和都市发展地区的辐射，提升西部在区域中的交通地位。

19.4.2.2 分区发展策略

(1)中部的主城区和萧山城区是大杭州都市区的中心，是杭州打造增长极、提高首位度的核心，是高端产业要素、高端服务功能集聚的中心，相应需要高品质的交通服务，与上海紧密对接，与其他区域副中心、大杭州都市区内各副中心、组团、中心镇联系便捷；内部构建现代化的城市交通体系，构造以公共交通为主体的交通系统。

(2)东北部是对接上海、与江苏联系的主要交通走廊所在地，沪杭高速、杭浦高速、沪杭铁路、320 国道、申嘉湖杭通道和即将建设的区域轨道等交通线，虽分割了临平、下沙与主城区之间的联系，但也提升了这一区域发展的交通优势，适宜发展现代物流业和加工业。东北部的交通发展，应结合城市、区域交通战略的转移——客运从道路交通向轨道交通转移，货运从公路向铁路、水运转移，在注重高快速对外联系的同时，尽量减少交通对城市用地的分割。在对外交通与城市交通的衔接上，适应城市扩大的要求。

(3)东南部义蓬、瓜沥，交通便捷，工业基础雄厚，是未来杭州工业发展的中心，是规划的重要工业园区。其内部与对外交通发展，要适应工业发展的要求，构建便捷的陆路交通和水上交通。

(4)中部外围的余杭、富阳、临安，要通过交通系统的融合加快“融入大都市，做强新城区”，要尽快完成交通结构的转变，跨越式发展公共交通，尽快实现城市交通的一体化发展。

(5)西部的建德、淳安、桐庐、临安西部，山清水秀，旅游资源丰富，宜居宜游，应协调环境与产业发展，转变经济增长思路，尽快完成污染工业的置换升级，坚持“有所为、有所不为”，重点发展旅游产业和环境友好的产业，如信息产业、现代农业等。为了与旅游发展相协调，西部不应再发展低端建材等需要大运输量的产业。在交通发展上，要通过客运交通的高快速化拉近西部与区域中心职能地区的时空距离。建立西部直接与上海、长三角其他中心城市、旅游中心、交通枢纽的快速联系通道，以引导高端产业落户。水运以旅游客运为主，货运向铁路转移。

19.4.2.3 交通与产业协调发展策略

根据杭州市域各地区资源状况、产业布局和发展前景，在市域范围内协调好交通与产业发展的关系。

(1)西部地区突出旅游，以旅游客运为主，强调与皖南、浙中、赣西等旅游区的交通联系。

(2)东部突出工业产业,加强与区域港口、区域通道、其他工业区的联系。

(3)中部地区突出综合服务,加强与长三角其他中心城市、市域各发展组团的客运联系。

19.4.2.4　西部中心提升策略

随着长三角对内陆辐射功能增强和区域交通网络的改变,杭州西部地区作为长三角对中西部地区辐射的重要环节,将在区域发展中承担更多职能。杭州与长三角区域的联系将由目前的东部为主,向东、西并重发展。长三角和杭州需要杭州西部地区城镇迅速崛起,形成中心城市和交通枢纽,承担长三角向西辐射桥头堡的功能。

杭州的城市性质(国务院批复的城市总体规划提出发展成为国际旅游城市)决定了旅游对于杭州市域,特别是西部地区的重要性,未来旅游将成为杭州西部真正的支柱产业,因此,西部的发展要围绕着旅游产业的发展,更加重视环境和生态保护,西部交通的发展,也需要把促进旅游发展作为主要目标之一。

杭州西部的发展将成为未来市域发展的重头戏,能否通过西部提升实现全境共同发展,将决定着杭州能否实现"一城七中心"的发展目标。

建德地理位置优越,东接杭州,西连黄山,中贯富春江、新安江,规划两条铁路交会。具有明显的区位和交通优势。因此,规划将建德作为市域西部的中心,成为西部对外交通和旅游交通组织的中心。

西部地区旅游产业的区域性,要求能够直接与客源地建立密切的交通联系。因此,建立西部地区的直接区域联系和对外联系通道,提升西部旅游交通区位,引导目前的产业升级和旅游产业发展,是西部地区的发展的关键。通过大外环和长三角的城际轨道实现西部地区与长三角核心区的联系,通过与黄山的联系走廊升级,打通杭州西部至安徽、江苏西部的通道,通过全面提升至金华走廊,实现与金华都市区的联系。

(1) 提升金华—建德—千岛湖—黄山交通走廊的服务水平。

a. 建设金华—建德—黄山铁路,使西部旅游区与黄山旅游区紧密相连;并将西部交通网络与安徽、浙江东南地区交通网络衔接起来。

b. 提高千岛湖至黄山的公路等级。

(2)建设杭建铁路,与东部产业区和中心城区相连接。

(3)建设临金高速公路,构建西部地区与安徽北部和浙江东南地区联结的快速通道。

(4)将建德站建设成铁路、公路、旅游、城市公共交通一体化的大型综合客运枢纽,实现对外交通与城市交通的衔接。

19.4.3　旅游交通组织策略

按照长三角西部风景旅游服务一体化组织的要求整合区域旅游服务,形成由旅游服务中心、次中心、集散中心构成的多层次、完善的旅游交通服务体系。在区域内,加强杭州中心城区、西部地区与上海、黄山、南京等区域级的旅游服务中心的联系,提供完善的旅游服务设施。

未来杭州旅游交通组织的重点是中部和西部。按照旅游景区的分布和旅游交通需求特征，结合交通枢纽整合，转变原有的旅游交通全部依靠主城区组织的模式，在提升中部旅游服务的基础上，建立西部完善的旅游服务系统，共同构筑区域的旅游服务中心，将杭州建设成为杭州-黄山旅游区的服务中心。

结合综合交通枢纽的布局，建立多级交通集散的旅游服务中心布局。在临安和建德设置一类客运枢纽，主要功能是旅游服务、集散。通过轨道、高快速路网络与机场、铁路、杭州中心城以及上海、南京等方向衔接，通过公共交通干线和高快速道路网络与黄山、千岛湖、桐庐等地的服务中心、旅游景区联系。

利用南北和东西方向的区域性走廊，构筑西部旅游地区内部和对外联系交通网络，形成独立的对外交通组织系统。

(1)建立西部旅游区与杭州萧山、黄山、金华机场(规划的浙中大型机场)的直接快速联系通道。

(2)建立天目山旅游区、千岛湖旅游区和富春江旅游区等主要旅游区各旅游点与对外通道的衔接。

(3)完善天目山旅游区、千岛湖旅游区和富春江旅游区等主要旅游区之间的联系通道。

(4)完善旅游集散中心与旅游点之间的联系通道。

(5)其他旅游区之间通过一般旅游道路联系。

19.4.4 综合交通枢纽发展策略

按照客运交通需求特征，一体化规划城市对外客运交通、城市公共交通和旅游交通，统一布局市域铁路、航空、长途客运、公共交通、旅游交通枢纽，形成独立于部门、行业，集区域、市域、市区交通组织一体的综合交通客运枢纽体系，作为一体化交通战略实施的“抓手”，整合与协调各种交通方式。

市域交通枢纽作为整合不同部门和行业的核心，通过分离各部门和行业交通枢纽规划中的生产性需求和枢纽交通组织性需求，把交通枢纽组织需求单独拿出来整合成为综合的交通枢纽，而生产性需求按照行业和部门规划合理进行布局，实现枢纽规划既与各行业、部门规划衔接，又一体化整合的目标。

以枢纽为核心组织市域综合交通网络。通过客运枢纽形成城市公共交通干线与中心城区、外围组团内部集散网络的衔接、对外客运与城市公共交通干线衔接、旅游交通与对外交通、城市公共交通衔接的交通网络布局。

根据城镇化发展延伸城市公共交通服务，都市区内部的道路客运、城乡公交与城市公共交通通过枢纽进行一体化规划、管理和运营。

通过枢纽实现旅游服务集散中心、服务中心与对外客运、区域交通、城乡公交等有机结合。

枢纽的发展纳入城市或乡镇的总体规划，与城镇空间、用地开发结合起来，实现城市交通、市域与区域交通的一体化，以及交通与城市开发协调发展。

枢纽及周围用地要按照枢纽的特征进行统一规划，形成客运枢纽与城市土地利用开发的一体化。实施枢纽与周围土地利用同步捆绑规划，在土地开发政策、用地性质、开发密度、开发方式等方面与交通枢纽特征相协调。城市外围地区的枢纽与驻车换乘结合起来，城市中心区的枢纽与地下空间开发结合起来。

19.4.5 重大交通设施协调和共享

区域协作，交通先行。要实现区域竞争力的提升、城镇体系空间布局和功能培育以及城乡的统筹发展，区域联动进行重大交通基础设施的建设，特别是把其作为实施空间结构调整和区域协调发展战略的有效载体，实行重大交通设施区域内共享和共建。

(1)交通基础设施建设要以空间发展战略及区域规划为指导

应强化城市和区域空间规划对交通基础设施建设的指导作用，从大杭州都市区发展和共享的角度合理规划区域重大交通基础设施布局和建设时序，探索跨区域交通设施共建共享机制，集疏运交通系统充分考虑区域腹地的需求，并重点推进与上海、江苏等周边地区的重大交通基础设施衔接，带动杭州和大杭州都市区全面融入长三角。

(2)交通基础设施布局要与市域城镇体系和产业空间布局相衔接

基础设施布局要与大杭州都市区、杭州市域城镇体系和产业空间布局相衔接，通过强化城镇之间、城市新区、重点开发区和重要枢纽的快速通道、集疏运系统及信息平台建设，高效组织区域的人流、物流。

(3)协调各类交通设施建设，发挥交通基础设施体系的整体运行效能

从网络化的视角统筹交通系统的规划和布局，强化各交通系统的协调和配合；通过优化运输网络结构，形成多种运输方式相互协调、有机衔接的综合交通体系；加强对交通枢纽、物资集散和口岸地区大型物流设施的统筹规划，充分考虑物资集散通道、各种运输方式衔接及物流设施的综合配套，加快发展现代物流，发挥交通基础设施体系的综合效益和网络效益。

19.4.6 运输组织方式和服务模式转变

城市空间的扩大和结构调整，以及网络化大都市的建设，要求交通系统也必须适时进行调整，才能满足城市发展需要，引导市域交通出行特征和空间结构的变化，以及市域城镇职能的重组。

在短短十几年里，杭州由小到大，实现了空间规模上的拓展，并开始了大杭州都市区的构建。联系交通出行距离增长，机动化需求提高，不同职能城镇发展地区的区域服务腹地也不断扩大，新结构下的中心城区正在形成，这使交通服务的要求、分布、范围都发生巨

大变化，而这种变化还正在进行之中，并深刻影响着未来的网络化大都市的空间和整个城市的社会、经济活动。

(1)交通网络要调整成为以多模式、多层次交通转换枢纽为核心的交通网络，交通衔接点、客货运枢纽、高等级道路出入口等，以及集散交通网络与枢纽的衔接作为交通系统布局的重点。

(2)随着机动化发展和都市区经济的发展，人口中不同的阶层开始出现，不同地区对交通运输服务的要求出现差异，市域交通需要考虑不同阶层人群、不同城镇职能的服务需求，建立服务于不同人群、职能而又相互关联的交通服务系统，而不再是以单一服务标准为准则建立起来的交通系统。

(3)城市空间结构的调整使城市的出行分布发生变化，原来以单中心为基础建立起来的环型放射交通网络在网络化都市发展中必然难以支撑外围城镇发展，需要建立以大杭州都市区和网络化都市职能布局为核心的交通框架。

(4)在交通服务组织上，按照实际的交通特征和空间分区划分交通服务，并进行管理，改变目前按照部门为单位的市域交通管理与运营服务模式。实现城市交通服务向市域、乡村地区延伸，促进城乡统筹和网络化大都市的构建。

(5)在货运交通组织上，以区域交通一体化为前提，加强多方式联运，充分发挥航运与铁路的功能。

(6)按照杭州在区域中的功能，融合区域交通与市域交通体系，实现两者一体化发展。

19.4.7 公交优先

无论是区域还是城市，优先发展公共交通(包括准公共交通系统)都是最核心的发展策略。要把优先发展公共交通作为城镇发展模式转变、交通发展方式转变、城市结构调整、城市土地开发模式(以 TOD 为主)调整的重要内容。

优先发展公共交通不仅在市区，也同时要在市域主要交通走廊、城乡之间、大都市区内部联系以及长三角区域联系中实现公共交通(包括准公共交通系统)优先。利用公共交通发展，将区域、大杭州都市区、杭州城市扩展纳入集约化发展的轨道。

作为区域服务中心，必然要求区域公共交通客运网络向杭州集中，使杭州的公共服务、区域职能和重大交通设施能够实现服务区域内的共享。杭州要在长三角成为重要服务中心，必须主动出击，主动构建以杭州为中心，辐射区域的公共交通(包括准公共交通系统)网络，并在体制、管理、投资、规划、建设等方面寻求突破。

因此，作为区域核心城市，要形成合理布局的都市区和区域空间，杭州公共交通网络必须随空间拓展而延伸。但公共交通的延伸不是简单的线路延伸，而是随着空间距离的增长，引入机动性高的公共交通工具，在都市区和区域范围内形成多层次的公共交通系统。

(1)城区、都市区、市域公共交通实现跨越发展，延伸公共交通服务到整个都市区，建立一体化以高机动性公共交通干线和枢纽为核心的公共交通骨架，根据不同分区交通特征，建立各分区相对独立的公共交通服务系统。

(2)实现市域范围内城市公交、旅游、长途客运、乡村客运的整合，利用票价、票制改革和综合交通枢纽一体化，建立新型市域公共交通系统。

(3)整合西部地区城市公交、旅游、乡村客运设施与服务，东部地区利用干线公交整合组团公交和长途客运，中心城区实现公共交通、长途、旅游在同一运行管理平台下一体化。

19.5 市域交通网络调整规划

19.5.1 市域综合交通系统协调发展规划原则

按照杭州市域综合交通协调发展研究要求和市域综合交通发展趋势，市域综合交通系统协调发展应坚持以下原则：

(1)把综合交通枢纽作为整合综合交通系统的“抓手”；

(2)根据市域城镇发展的前景，利用交通引导地区产业升级和城镇的发展；

(3)根据交通需求特征变化，扩大和延伸城市交通服务的范围；

(4)利用综合交通协调发展的机遇实现综合交通组织方式由部门、行业内部组织向以综合枢纽为核心的组织方式转变；

(5)利用市域干线网络建设整合各组团的交通网络；

(6)在一体化发展策略指导下协调区域、市域、城市交通的关系。

19.5.2 大杭州都市区客运轨道交通规划调整

目前的轨道规划覆盖了“一主三副六组团”主要范围。但是，随着大杭州都市区的建设，城市化地区不断扩张，与嘉兴、湖州、绍兴的联系越来越紧密，临安和富阳也日益融入中心城区。东部工业区发展迅速，也要求建立直接的轨道交通联系。现有的轨道规划对于这些变化的支持不足。

19.5.2.1 轨道交通功能等级划分

根据大杭州都市区空间发展特征，轨道交通系统既要满足中心城区交通需要，也要满足都市区和市域城镇和组团之间高机动性联系的需要。因此，大杭州都市区轨道交通系统根据需求特征划分不同等级，形成大杭州都市区快线和普通轨道线两级轨道交通系统。快线系统主要承担大杭州都市区主要发展组团与中心城区之间快速交通联系。快线系统一方面与长三角区域轨道交通系统通过综合客运枢纽衔接，另一方面接入各组团综合客运枢纽，与组团内部交通系统衔接。

轨道快线交通网络布局覆盖中心城区与市域、都市区主要组团放射性联系的主要客运走廊，形成由中心城区放射的轨道快线网络(图 19-6)。形成外围城市副中心、外围组团、绍兴、嘉兴、湖州部分发展地区与中心城区联系的放射性轨道交通网络快线，快线与中心城区的中心区、大型客运枢纽联系，运营速度要求达到 60～80km/h。

轨道快线的走廊主要有：

(1)临安—余杭—老城中心；

(2)富阳—转塘—城站；

(3)下沙(嘉兴)—义蓬—机场(瓜沥)—绍兴；

(4)湖州—临平—东站；

(5)下沙—东站；

(6)机场—钱江世纪城—萧山；

(7)萧山站—萧山中心区—钱江世纪城—钱江新城—城站—老城中心(武林广场)—东站—钱江新城。

轨道快线走廊如图 19-7 所示。

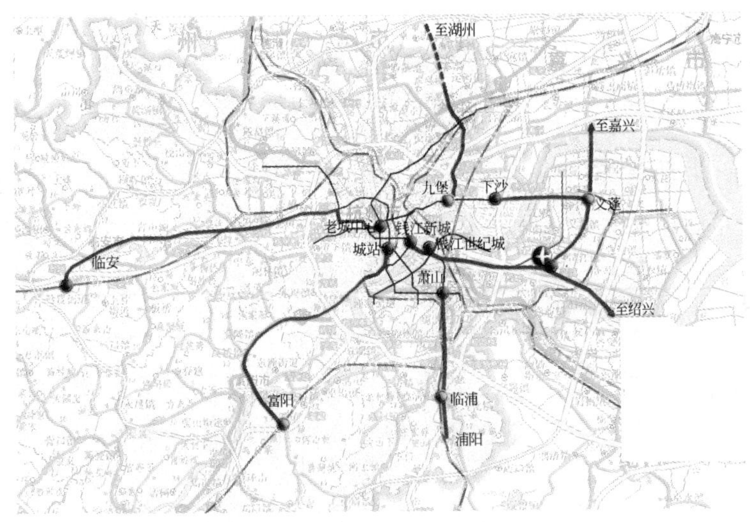

图 19-6　城市轨道快线走廊示意图

19.5.2.2　机场轨道规划

建立机场与都市区主要发展地区联系的轨道交通网，通过轨道交通快线联系都市区主要交通枢纽。

(1)机场与主城区联系的轨道线。机场—钱江世纪城—杭州东站/萧山，规划机场轨道线路与长三角区域轨道交通分别在铁路东站和萧山站衔接。

(2)机场与义蓬、嘉兴方向的轨道交通快线。下沙(嘉兴)—义蓬—机场(瓜沥)，规划机场轨道线路与嘉兴轨道交通相互衔接。

(3)机场与绍兴方向的轨道交通快线。机场(瓜沥)—绍兴，规划机场轨道线路与绍兴轨道交通线相互衔接。

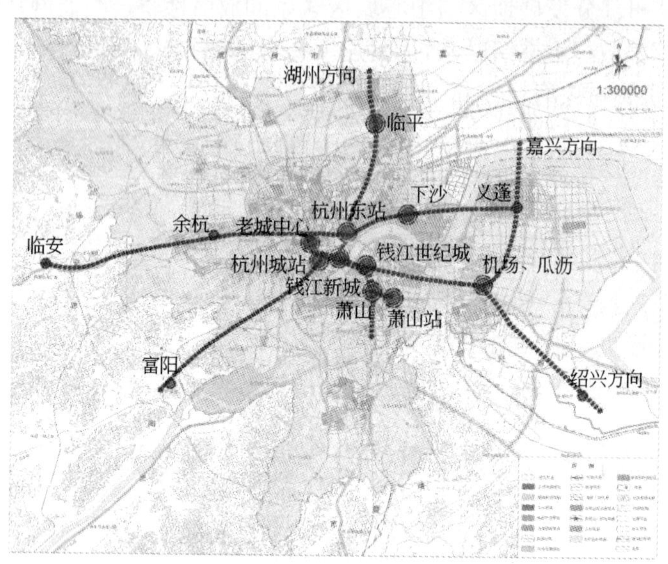

图 19-7　城市轨道快线网延伸示意图

19.5.3　客运枢纽整合

客运枢纽布局规划见表 19-1。

主要客运枢纽布局规划　　表 19-1

地点		主要交通模式				主要功能						规模	备注
		航空	铁路	城市轨道	省际长途	常规公交	水运	区域对外	都市区联系	内部交通	旅游组织		
东部	萧山机场	★		★	★	★		★	★	★	★	I	
	下沙			★		★		★	★	★		I	
	临平			★		★		★	★	★		I	
	九堡		☆	★	★	★		★	★	★	★	II	
	义蓬			★		★			★	★		II	
中部	铁路东站		★	★	★	★		★	★	★	★	I	
	铁路城站		★	★	★	★		★	★	★	★	I	
	萧山火车站		★	★	★	★		★	★	★	★	I	
	临安		★	★	★	★		★	★	★	★	I	
	老城中心			★		★			★	★		I	

续上表

地点		主要交通模式				主要功能						规模	备注
		航空	铁路	城市轨道	省际长途	常规公交	水运	区域对外	都市区联系	内部交通	旅游组织		
中部	钱江新城			★		★			★	★		I	
	钱江世纪城			★		★			★	★		I	
	萧山中心区			★		★			★	★		I	
	铁路北站		★	★		★		★	★	★	★	II	
	黄龙集散中心			★	★	★		★	★	★	★	II	
	客运北站			★	★	★		★	★	★	★	II	
	客运南站			★	★	★		★	★	★	★	II	
	客运东站			★		★			★	★		II	取消长途
	客运西站			★		★			★	★		II	取消长途
	老余杭		★	★		★			★	★		II	
	临浦			★		★			★	★		II	
	良渚			★		★			★	★	★	II	
	转塘		☆	★		★				★	★	II	
	三墩			★		★				★		II	
	康桥			★		★				★		II	
西部	建德		★		★	★	★	★	★	★	★	I	
	淳安		★		★	★	★	★	★	★	★	II	
	富阳		☆	★	★	★	★	★	★	★	★	II	
	桐庐		☆		★	★	★	★	★	★	★	II	
	分水				★	★	★	★	★	★	★	II	
	於潜		★		★	★		★	★	★	★	II	

注:当水运与陆路运输无法实现同站换乘时,应通过公共交通快线连接水运码头和陆路交通枢纽。

根据城市空间和主要公共交通走廊布局,形成杭州老城中心、钱江新城、钱江世纪城、萧山中心、下沙中心、临平中心、杭州东站、杭州城站、萧山站、机场、临安、建德 12 处 I 类客运枢纽,以及九堡(客运中心)、铁路北站、客运南站、客运东站、客运西站、客运北站、黄龙集散中心、桐庐、富阳、千岛湖、分水、淤潜、义蓬、临浦、良渚、老余杭、转塘、三墩、康桥等 II 类客运枢纽。其中,建德作为西部最重要交通枢纽和旅游服务中心。临安作为中心城区交通网络与西部交通网络衔接的重要交通枢纽,同时也是中西部重要的旅游服务中心,客运枢纽规划布局如图 19-8 所示。

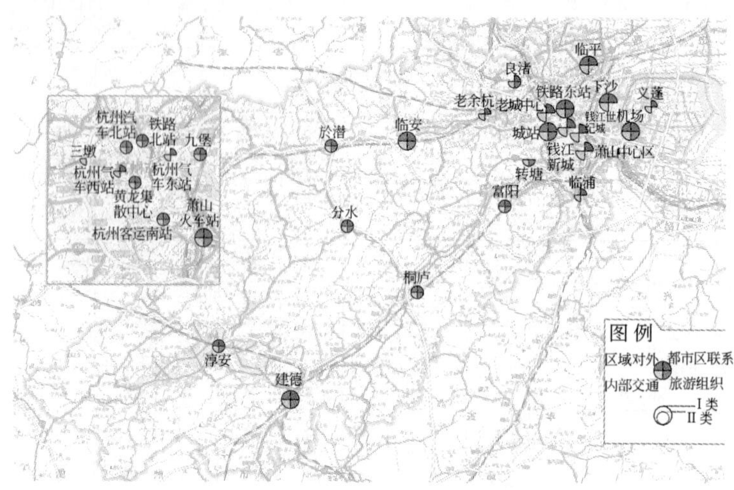

图 19-8　客运枢纽规划布局示意图

19.5.4　铁路网络与枢纽衔接

在既有沪杭、浙赣、宣杭、萧甬铁路干线铁路网的基础上，重点加强杭州西部地区铁路网络，弥补东部工业区缺少铁路线的不足。根据未来城市各分区的发展需要和需求特征，结合《长三角城际轨道交通规划》和《浙江省铁路网规划》，加快建设杭建衢铁路、杭黄城际轨道，以及建德—黄山铁路，并改造升级建德至金华铁路，完善杭州市域铁路网络。同时，加快建设沪杭、杭宁和杭甬城际轨道。东部工业区建设专线铁路，满足东部地区工业发展需要。

19.5.4.1　既有规划线路的调整

(1)杭建衢铁路

杭州—建德至衢州铁路(简称杭建衢铁路)，起点从杭州白鹿塘车站引出，经富阳、桐庐、建德至衢州。该铁路沿线旅游资源丰富。同时，沿线砂石、石灰石、大理石等矿产资源也比较丰富，目前较多采用水路运输，对旅游影响较大，该铁路的修建，将对开发沿线旅游和矿产资源、带动沿线地区社会经济快速发展，以及加强西部地区铁路与东部港口、物流中心的联系具有重要意义。

(2)杭黄铁路

《浙江省铁路网规划》中，杭州至黄山规划了两条铁路线，其中一条是杭州—黄山城际轨道，另一条是普通铁路，根据需求分析，杭州与黄山之间工业联系比较弱，而随着旅游发展，客运需求不断增加。因此，建议取消规划的杭州至黄山方向的普通铁路，调整原规划的杭黄城际轨道功能，为客货铁路，以客运为主，兼有货运功能。

杭州—黄山铁路(简称杭黄铁路)，起自杭州枢纽仓前站，并利用宣杭线增建第二线接入行宫塘站。再经过临安、淤潜、龙岗、昱岭关进入安徽省境内，接入皖赣线，进而与黄山车站连接。该线路将两大旅游地杭州与黄山连接起来，是一条名副其实的黄金旅游线。在路网中连接了沪杭和皖赣两大干线，增加了浙江西部出省通道，加强了杭州西部地区与安徽的联系，为内陆腹地物资进出宁波港提供了一条更为便捷的出海通道。

(3)建德—黄山铁路、改造升级建德—金华铁路

建德—黄山铁路(简称建黄铁路)起自建德车站，经石林镇、安阳，大墅镇，经中洲进入安徽省境内。该铁路的修建，将打通金温铁路向内地的后方通道，同时与杭建衢铁路构成连接黄山、千岛湖、杭州的黄金旅游线。在路网中连接了浙赣、皖赣两大干线，增加了浙江西部出省通道，加强了杭州西部与安徽和江西东北部的联系，为内陆腹地进出口物资进入宁波港、温州港提供了一条更为便捷的通道。

(4)沪杭城际铁路

沪杭城际铁路的修建，将缓解上海与杭州之间短途客流快速增长压力，改变主要依靠高速公路组织的交通模式，提高服务质量。

(5)杭宁城际铁路

南京—杭州城际铁路(简称杭宁城际铁路)，起自南京南站，经句容、金坛、溧阳、宜兴、长兴、湖州、德清至杭州。主要解决长三角南北两翼两个中心城市之间的交通联系。

(6)杭甬城际铁路

该线路从杭州东站引出，经新街镇到绍兴，再经上虞、余姚至宁波的沈家站。主要服务于杭州湾南岸沿线城镇短途客流和杭州、宁波之间的直通客流，是环杭州湾地区城际铁路的主要骨架之一。

另外，拆除南星桥与萧山之间的铁路，同时撤销南星桥货运站，将其功能转移至白鹿站，同时提升白鹿站等级为二级货站。

19.5.4.2 新建东部工业区专线铁路

杭州东部工业区主要包括义蓬组团和瓜沥组团。按照城市总体规划，义蓬组团是城市东部大型综合性工业发展基地，其中东部和东南部为工业区。瓜沥组团是城市东南部以临港工业、轻纺工业、服装加工为主的综合性工业区和区域性物流中心。

而组团内的萧山临江工业区以机械汽配汽车产业、新型建材业、纺织印染服装业、环保型精细化工业、生物医药及海洋产业、商贸服务业。萧山江东工业区按工业新城和制造业中心定位、设计，最终将建成中国最大的制造业基地和集商贸、物流等功能为一体的现代化、生态型、花园式的综合性工业新城。工业主要包括机电一体化、汽车配件、轻工纺织、电子通信、生物医药、新材料、食品等。

随着东部工业区各种基础设施配套建设不断完善，吸引了大批工业项目入驻。东部工业区将成为杭州湾产业带的重要组成部分。工业的快速发展将产生大量的物流运输需求。而目前东部工业区缺少铁路，单纯依靠公路运输难以满足需求，而且运输成本高。因此，建议在东部工业区建设专线铁路。该线可以从杭甬铁路线上的萧山站或夏家桥站引出，经义蓬或党湾镇后，再分别到临江工业区和江东工业区。

19.5.4.3 铁路枢纽

根据杭州市铁路网络和站场布局现状和发展需要，在铁路枢纽的布局上，从大杭州都市区和市域分区发展的角度考虑，建立服务于东部、中部、西部的铁路枢纽。形成城站、东站、萧山站、九堡站、建德站五个铁路一等客站，北站等作为辅助客运站的铁路枢纽。其中，高速铁路站、铁路东站、萧山站作为区域性站点，与都市区轨道快线衔接，应尽量扩大服务区域服务范围，铁路网络如图 19-9 所示。

图 19-9 杭州市域铁路网络及车站功能示意图

铁路客运枢纽站点如下：

(1)中部。城站主要作为城际轨道组织站点，东站主要作为城际轨道、高速客运专线组织的站点，两站均为一等站。萧山站调整为城市主要客运站，提升为一等站，主要组织向南的城际轨道、高速铁路。新增临安站(二等)和富阳站(四等)。

(2)东部。九堡站作为东部地区高速铁路客运组织站点，为一等站。

(3)西部。建德车站作为西部地区铁路客运枢纽，提升为一等站。新增昌化(四等站)、桐庐站(三等)和淳安站(三等)等铁路客站。

结合既有铁路货运站和编组站，铁路货运枢纽站点如下：

(1)中部。铁路东站(二等站)、杭州北站(二等站)、勾庄站(四等)、萧山西站(二等)、白鹿塘站(二等)、夏家桥站(四等)，以及乔司和艮山门编组站。新增临安货站(二等站)和富阳货站(四等)。

(2)东部。九堡铁路货站，为二等站。在临江工业区和江东工业区新建铁路货站，均为三等货站。

(3)西部。提升建德铁路货运站等级，为一等站。新增昌化站(四等站)和桐庐站(四等站)等铁路货站。

19.5.5 市域道路网规划调整

19.5.5.1 市域外环线

构建联系杭州、长三角西部地区与长三角东部地区,围绕杭州中心城区的两条东西向通道,形成大外环(暂名),便于东、中、西部分别组织对外交通。大外环的不同部分具有不同的交通功能:

(1)东部作为钱江通道,是联系东部工业发展区的快速通道。同时,也可以建立上海与杭州西部、长三角东部与西部的直接联系。

(2)南部作为宁波与杭州西部,以及与临安、富阳联系的快速联系通道。

(3)北部、西部形成上海方向与安徽方向的直接联系。

根据现状和交通需求特征,整个外环路可以由不同技术等级的路段组成。其中东段和北段为高速公路,利用拟建杭州湾萧山通道及接线工程、申嘉湖杭高速公路西段,在现有道路的基础上,构造自杭金衢到杭徽的高等级公路半环。形成沪杭、杭甬、杭宁、杭金衢等主要高速方向与东、中、西的联系。南段利用现有公路,适当提升等级,改造为一级公路或城市快速路。

19.5.5.2 东部网络

根据杭州工业发展规划,未来东部地区将是大型工业园积聚区。因此,为满足东部工业区发展需要,规划沿杭州江东大桥(钱江九桥)向东经过东部工业区一直延伸至绍兴开发区的城市快速路。

19.5.5.3 中部网络

根据城市发展调整城市快速路网络规划:

(1)加快跨江通道建设,进一步改善主城与萧山中心区的交通联系。

(2)提升城市中心与临安、富阳的交通联系。

(3)城市快速路系统要将萧山区、余杭区、富阳、临安的城市发展、交通网络发展纳入规划。

(4)建立与城市空间发展、主导联系方向一致的骨架道路网络,改变主城区环湖布局为向江布局,利用骨架路网布局打破目前各片道路网络走向、布局不一致所造成的交通组织矛盾。

(5)建立中部地区的交通枢纽与外围各发展组团的快速联系道路。

19.5.5.4 西部网络

加强西部地区与主城区、南京、黄山、金华方向的联系,融入国家和长三角网络。具体如下:

(1)建设淳安—黄山方向高速公路,加强千岛湖与黄山两个重要旅游地之间的联系。

(2)改造千岛湖与江西方向的道路网,提升为二级公路。

(3)提升文昌镇—昌化、昌化—临安界公路为一级公路,实现千岛湖与天目山两大旅游区之间的快速联系,同时,承担对外交通联系。

(4)加快临金高速公路建设,建成后的临金高速公路南与金丽温高速公路相接,作为浙西北地区到浙东南沿海地区的重要通道。

19.5.5.5 机场联系道路

(1)新建机场东侧出口道路,连接义蓬、钱江通道,通过钱江通道及其延伸线分别联系嘉兴、绍兴。

(2)建设之江大桥通道,形成西部地区与机场的联系通道。之江大桥—富阳的高速公路调整为城市快速路,加强西部地区与机场的快速联系。

机场联系通道如图 19-10 所示。

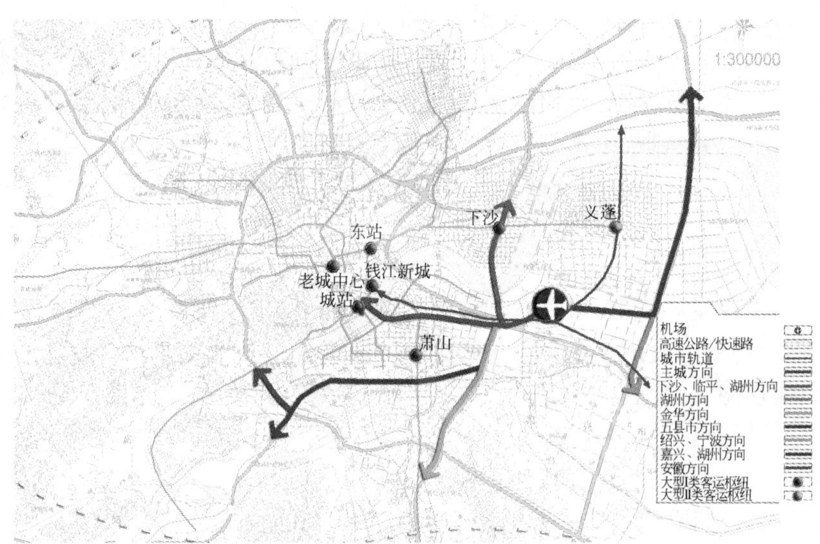

图 19-10 机场联系通道示意图

19.5.5.6 都市化地区公路网调整

随着主城区为核心的都市化地区不断扩大,主城区与周边新兴都市化地区间联系更加紧密,原来的公路交通特征向城市交通特征转化,但由于公路与城市道路建设、管理标准差异,制约了交通需求的发展和交通组织。因此,需要对都市化地区的原有公路系统进行城市化改造,以适应城市交通特征的交通流运行和城市开发。主要包括:大外环以内都市化地区的原有公路调整为城市道路。对于高速公路,需要将收费站外移到外环线外,同时适当增加出入口,成为城市快速路。主要包括:

(1)绕城高速公路调整为城市快速路。

(2)绕城高速公路以内的沪杭、杭甬高速,作为城市道路使用。

(3)其他公路根据城市规划,适时改造成城市道路。

19.6 航运发展与港口规划

19.6.1 航运

(1)西部地区航运重点发展客运,利用航运实现产业跨越式升级

西部地区航运以旅游为主,货运为辅,逐步撤销与旅游发展相互矛盾的货运码头,引导航运向客运为主导方向转化,促进西部旅游发展和环境保护。

- 提升改造钱塘江干线航道,畅通钱塘江中上游航道。
- 提高富春江大坝的航运通行能力,提高富春江航道等级。

(2)东部地区加快航运网络建设,积极融入长三角航运网

东部航运网络与上海洋山港、宁波—舟山港及其他沿海港口衔接,利用航道建设实现杭州的通江达海;市域内部疏通京杭运河水系、钱塘江水系和萧绍水系的联系。

- 减少京杭运河杭州主城区段货运对城市发展的影响,改变目前京杭运河货运穿过主城区的状,结合东部产业发展,建设运河二通道(图 19-11),改道京杭运河杭州主城区段货运航道,既有运河作为城市河道,逐步取消主城区运河上的货运港口,只保留客运,将港口岸线转化为城市生活和旅游岸线,同时对两岸的仓储用地进行置换。重点解决京杭运河杭州市中心段,北星桥—三堡船闸,约 15km 的"卡脖子"问题。同时加快改造提高江东工业园区航道等支线航道。

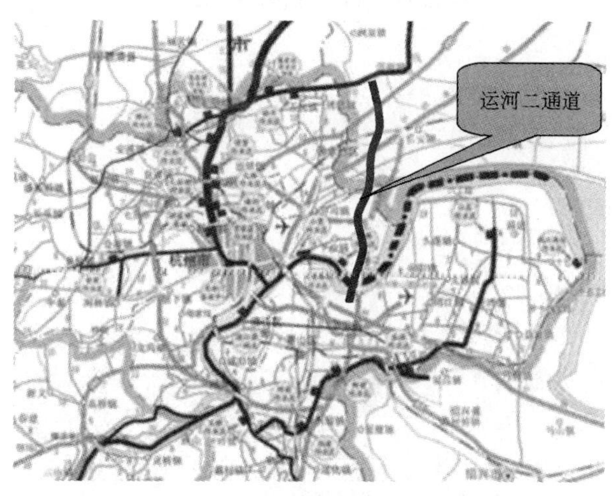

图 19-11 京杭运河改线(运河二通道)示意图

- 提升东部工业区的水运能力,加速东部地区航运网络建设,与杭州湾的乍浦港联系,融入长三角航运网,作为上海航运中心中转的组成部分。衔接上海港黄浦江沿线港

区、芦潮港区、洋山港区的杭申线、杭平申线，接轨宁波—舟山港的杭甬运河和可直达洋山港区的钱塘江出海航道。

19.6.2 港口

结合杭州市域产业及分布发展特征，即工业主要集中在东部地区、西部地区旅游资源丰富的特点，杭州货运港口发展的重点放在东部地区，即杭州港货运作业区的建设重点在东部地区，而西部地区逐步撤销货运码头，重点建设客运码头。加快集装箱港口建设，形成杭州内河集装箱运输系统。杭州市域港口规划调整如图 19-12 所示。

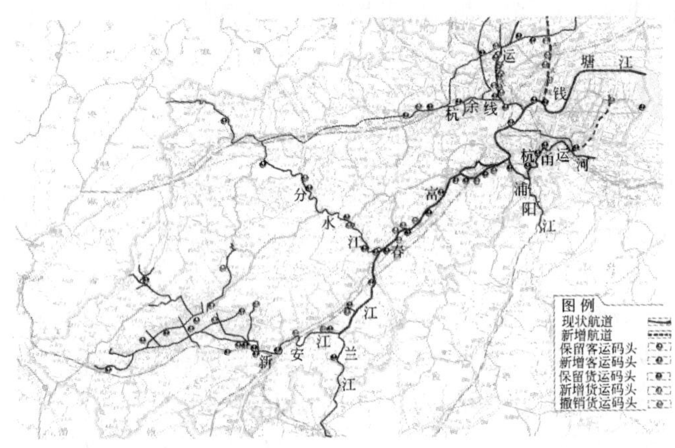

图 19-12 杭州市域港口规划调整图

20 广州交通发展战略规划

20.1 项目背景

广州从岭南文明史开始，就一直是岭南地区的政治、经济、文化中心，是中国近代革命策源地和中国改革开放的前沿。

2000年，以行政区划调整为契机，广州提出了加快城市发展的“南拓、北优、东进、西联”战略，开始了大规模的城市拓展和空间结构调整。2003年，广东省提出“泛珠三角经济区”的构想，作为区域经济合作构想的提出者和倡导者，广东省在参与珠三角区域经济合作的过程中起到了领导者和推动者的作用。广州作为区域性中心城市，其发展的影响力被放置到了更为广阔的区域中。2006年，广州的经济总量达到6 048.41亿元，GDP连续21年稳居全国城市第三位，增量首次超过北京，跃居第二位。

“十一五”规划提出要把广州建设成为带动全省、辐射华南、影响东南亚的现代化大都市，并明确提出了建设“经济中心、国际都会、创业之都、文化名城、生态城市、和谐社会”的发展目标。

2007年，广州市市委第九次代表大会在“南拓、北优、东进、西联”空间战略基础上，又提出了“中调”。从“八字方针”到“十字方针”反映了广州的城市发展进入了一个新的机遇期和转折期，城市发展从向延“拓展”为主转变为外延“拓展”与内涵“优化与提升”并举。面对国际国内发展形势的变化，广州的城市发展战略正在重新思考与定位。为了深入研究面向2020年的广州市总体发展战略，为新的总体规划编制提供技术支持，广州于2008年展开了新一轮的城市发展战略规划咨询，其中包括综合交通发展战略专题研究。

20.2 对广州交通发展的认识

20.2.1 交通发展与城市发展要求之间存在偏差

“十五”期间，广州市对行政区划进行了两次具有历史意义的重大调整，化解了城市发展空间不足的困局，“南拓、北优、东进、西联”战略实施拓展了广州的规模、转变了广州的空间结构，多中心、组团式、网络型的城市结构框架已见雏形。

在城市空间的扩展过程中，广州市以高/快速干线交通设施的建设促进城市空间的拓展。将快速路、城市轨道建设划分为交通疏导和交通引导两类，加大了交通引导设施的投入，缩短了新发展地区与城市中心区的时空距离，促进了外围地区的快速开发。但是，在大干快上的热潮背后，由于缺乏对交通与城市空间、土地利用协调发展的更深层次的研究（如完善过程、区域空间、发展弹性等方面），导致交通发展与城市发展的要求之间存在偏差：

（1）缺乏综合交通的整体性考虑，在引导城市发展过程中，国家、区域、城市交通设施仍然各自为政，没有形成合力。各种交通设施如天女散花，既加重了交通组织的负担，也分散了对城市空间的引导作用，造成空间和交通设施布局的错位。

（2）适度超前的“度”难以把握，对市场规律下城市土地开发的周期缺乏准确判断，导致部分交通设施运行效率不高，同时对市场主导的土地开发、产业发展等影响城市空间拓展的各种可能性缺乏弹性的考虑。比如，一些地区的发展速度明显滞后于轨道建设速度。

（3）整体交通网络骨架与空间调整尚有矛盾。在用地集约化发展和交通拥挤的背景下，利用交通引导城市开发的主要手段，应当从道路转向以轨道交通为主的公共交通，利用轨道网络和站点整合组团式网络化城市空间。广州市虽然加大了轨道交通建设力度，地铁运营线网总长度达到 116km，位居全国第二，但轨道交通网络结构还没有形成，特别缺乏对空间引导支持的轨道快线。同时，也需要全面整合各个层面的轨道交通，包括高铁、城际轨道、城市地铁等。

（4）交通引导将对区域和都市区空间的影响搁置一旁，考虑不足。较少从区域角度考虑重大交通基础设施布局和具有区域性影响的中心职能布局，造成区域性设施和职能区域共享困难，一定程度上影响了广州区域中心作用的发挥。

20.2.2 调整交通网格规划思路

广州市非常重视交通基础设施建设，持续加大交通投资，保证了重大交通设施建设项目的顺利进展。“十五”期间，广州累计完成了城建基础设施投资 906 亿元，2006 年全年市本级完成城建投资 256.28 亿元，其中主要是交通基础设施，成为历史上城市交通投资力度最大、建设速度最快、交通面貌变化最大的时期，为城市今后的发展打下了良好的基础。广州市历年城建投资额如图 20-1 所示。

经过多年大规模的建设，广州城市道路网络日趋完善，轨道交通初具规模，常规公交得到长足发展，多模式综合交通体系逐步建立，交通系统承载能力有了显著提高。2006 年城市道路总长度 5 196km，城市道路面积 8 642 万 m^2，地铁运营线路达到 116km，城市道路逐年发展情况如图 20-2 所示。

伴随着城市空间的成倍增加和机动化的快速发展，城市的交通特征正在发生根本转变，要求公交和道路交通网络结构也要随之发生变化，需要从传统的线路为主转向枢纽、衔接点为主，构建一体化的运输服务模式。但是广州大规模建设的道路网络和轨道网络仍是旧由单中心城市网络结构“惯性”延伸，给未来的城市空间结构调整和交通组织带来不少问题。

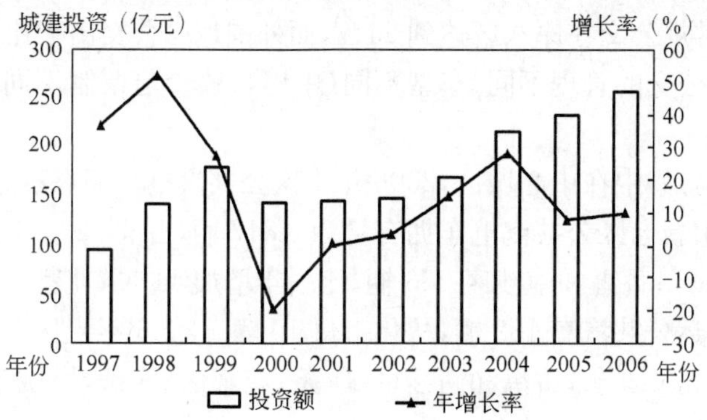

图 20-1 广州市历年城建投资额

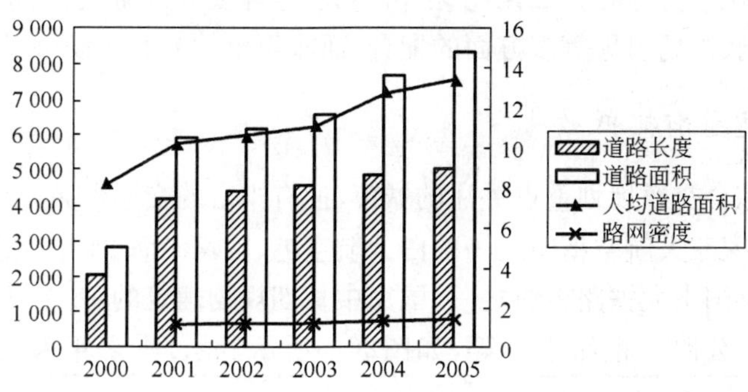

图 20-2 广州市城市道路发展

20.2.3 城区交通“二元化”问题突出

在“拉开建设，突出重点，新区先行，以新城区建设带动旧城区改造，重点向东、向南发展”的思想指导下，城市整体的交通骨架初步建立，新城区交通设施水平显著提高。

但是，由于历史上的原因和体制的制约，中心城区与外围地区在交通管理、车辆构成上差距很大，外围地区职能转移严重滞后于城市拓展，导致新旧城区之间、城乡之间交通“二元化”问题突出。广州各区域机动车组成结构见表 20-1。

2006 年全市及各区域机动车组成结构（%） 表 20-1

车　型	摩托车	小客车	大客车	小货车	大货车	其他	合计
全市	51.0	36.1	1.3	7.7	2.5	1.4	100
新七区	26.7	55.4	2.2	10.3	3.1	2.3	100
番禺和南沙区	70.9	21.6	0.6	4.8	1.4	0.7	100
花都区	77.3	15.2	0.3	4.7	2.1	0.4	100
增城市	74.2	15.7	0.4	6.9	2.4	0.4	100
从化市	83.6	9.1	0.3	4.2	2.2	0.6	100

以公交为例，常规公交在原八区达到 24%，而外围地区公交出行比例仅为 3%～4%。广州中心区与番禺公交的管理不同、车型不同（中巴）、票价与票制不同，制约了公交的一体化发展。

公共汽车也主要集中在中心城区，2006 年十区公共汽电车拥有量共计 9 292 辆，比上年增长 836 辆；其中新七区公共汽电车拥有量为 8 847 辆，占 95.2%；比上年增加 816 辆，占总增加量的 97.6%；番禺和南沙区 266 辆，比去年增加 11 辆；花都区 179 辆，比上年增加 9 辆。增城市营运公共汽车 132 辆，从化市仅 10 辆。2006 年十区公交线路共 463 条；其中新七区公交线路 416 条；番禺和南沙区 21 条；花都区 26 条，增城市公交线路 12 条，从化市 2 条。

交通的“二元化”与空间的“二元化”密切相关，这需要在交通与空间发展上的密切互动，需要政策、体制、市场引导等多方面的配合，而非简单的交通建设可以化解。

20.2.4 综合交通衔接低效

广州是国家综合交通规划重点关注的城市，拥有丰富的交通资源，是国家南部重要的交通枢纽，拥有国家三大航空枢纽之一的白云航空港、国家沿海 24 个枢纽港之一的海港，广州铁路枢纽是全国十大铁路枢纽之一，国家中长期规划确定的 18 个铁路集装箱中心站之一，是全国45个公路主枢纽之一等，如图20-3所示。经过十多年来的大规模建设，广

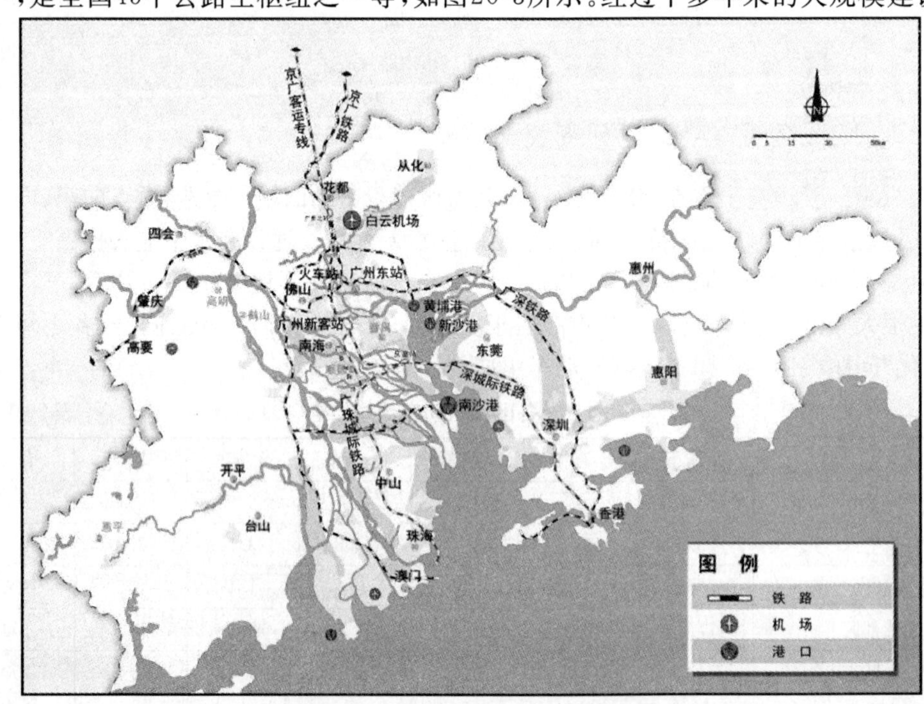

图 20-3 广州市主要对外交通枢纽布局

州市已经初步构建起以航空港、海港、铁路为龙头,快速轨道交通和高快速路为骨干的大都市综合交通系统。

但是,由于缺乏相互间的有效协调,广州多模式枢纽的作用还没有得到充分发挥,综合交通衔接低效制约了枢纽的整合。如,广州一直是华南地区重要的铁路枢纽,铁路网络发达,但铁路与其他重大设施的衔接不够合理,影响了综合效率的发挥。在建的高铁、城际轨道的规划也都忽略了新白云机场的存在。

20.2.5 缺乏区域协作主动性

经过多年的自我完善,广州开始积极应对区域的发展,但视野和行动还远远不够。目前珠三角新一轮的区域协调已经进入高潮,香港把广东省、珠三角各市的“十一五”规划作为自身发展规划制定的依据,从中寻求合作和机遇,在机场、港口、城市产业发展等方面,香港正在与深圳、珠海、澳门等展开新一轮的合作。但广州在其中一直“置身事外”,以广州为核心的发展地区在合作上启动缓慢,远落后于深港在区域合作上的动作。

在中部都市区的广佛联系上,佛山正在积极对接广州,并反映在新近完成的《广佛两市道路系统衔接规划》、《佛山轨道网规划》中,而广州还没有主动将佛山纳入其中心区服务范围来考虑交通组织。此外,广州机场、海港与佛山地区的衔接与都市区发展的要求也差距甚大。

在广州机场、港口与珠三角地区的其他设施的联系中,广州也仿佛是区域中的“独行侠”,对区域机场合作的“A5 机制”并不感兴趣,在港口发展上也与其他沿海城市的港口协作很少。目前国家已经把珠三角地区作为国家重要的门户地区,其中的门户设施需要作为一个整体发展,广州在区域合作上的慢半拍,结果将有可能导致在区域合作的大环境中被逐步边缘化。

20.2.6 交通需求多样化要求交通服务多样化

随着市场经济的发展和城镇化的快速推进,中国的社会阶层差距逐渐拉大,广州市更是如此。多层次的人口构成是交通需求多样化的直接原因。同时,活动的多样化导致生活出行的显著增加,而这部分出行的交通特征与通勤出行有着明显的差异,而活动范围扩大和机动化发展则直接导致了出行特征的多样化、复杂化。

20.2.6.1 机动化出行占据主流

根据 2005 年的居民出行调查,广州市区出行方式比例排在前 5 位的是:步行、公交车、摩托车、自行车和私家车,分别占总出行结构的 37.77%、21.77%、10.94%、9.09%、7.90%。从机动车和非机动车出行看,机动车出行占 53.14%,比非机动车出行高出 6.3%。机动化出行成为城市居民出行的主旋律,道路交通方式正从摩托车时代向汽车发展逐步演变,出行方式变化如图 20-4 所示,道路占有率见表 20-2。

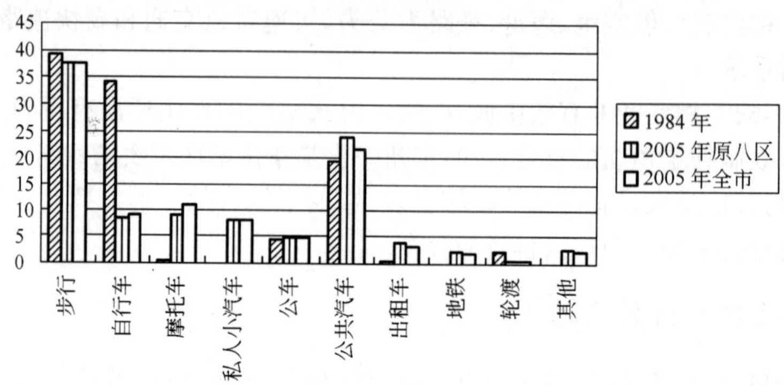

图 20-4　居民出行方式变化(%)

近四年各方式的道路占有率(%)　　表 20-2

方　式	摩　托	小　客	大　客	公　交	出　租	小　货	大　货	合　计
2006 年	14.74	53.55	2.29	6.01	15.12	6.70	1.60	100
2005 年	20.40	48.10	2.20	6.60	15.10	5.70	1.80	100
2004 年	24.80	45.10	2.10	5.10	15.00	6.00	1.90	100
2003 年	33.00	37.80	2.20	5.10	14.60	5.60	1.70	100

20.2.6.2　弹性出行比例提高

扣除回程和回家后，出行比例较大的几种出行目的依次是上班、生活购物、上学。上班、上学等刚性出行需求由 1984 年的 69.6%，下降为 2005 年的 45.8%，反映了出行目的构成正在发生根本性变化，如图 20-5 所示。

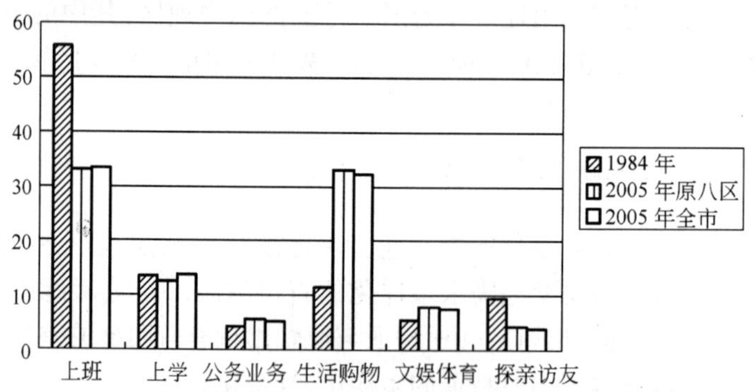

图 20-5　扣除回家、回程的居民出行目的变化

20.2.6.3　高峰时间延长

居民出行早晚高峰比例下降，全日分布态势趋匀。晚高峰跨时段出行的比例提高，时间拉长。道路上，内环路交通量高峰时段延长，从午间 12:00 一直延续至晚 18:00，峰值系数降至 9.17%。道路核查线流量的时间分布基本一致，早高峰时段从早 8:00 开始，延续至午间 12:00 回落。晚高峰从下午 14:00 开始，延续至晚 19:00。与往年相比，2006 年

早晚高峰的时段有所延长，午间低峰时段缩短至2小时，且18:00之后车流并没有明显回落趋势，18:00～19:00的交通量仍占全日总量的8.3%。

20.2.6.4 出行距离增加

市区全方式平均出行距离为5.03km，而1984年仅为3.17km。公务出行为11.61km，增长170%，上班出行为6.32km，增长了70%，显示城市范围扩大，空间分布特征发生根本变化，住宅郊区化现象初现端倪。

20.2.6.5 交通需求多样化

交通需求的多样化要求交通服务的多样化。在小汽车满足了先富起来的人群对机动性的需求的同时，大量的中低收入人群的机动性要求也在日益高涨。城市交通必须服务于社会各阶层，满足全社会不断增长、日益丰富的交通需求，才能在和谐的基础上，促进城市社会经济的健康发展。但是目前广州城市交通组织变化却相对滞后：

(1)作为一个国际化的大都市，公共交通发展的职责将包括引导机动化的健康发展、满足城市大多数居民的出行要求、引导城市布局的发展等任务，这决定了城市公共交通运输服务将涵盖城市不同收入阶层，既有高收入的人口，也有低收入的人口；既有外来人口，也有本地人口；既有通勤人口，也有旅游人口等，而这些阶层对公共交通运输服务的不同要求促使公共交通运输必须提供多样化的服务。多样化包括了从票价、舒适度、可靠性、机动性等不同方面的多样性要求。而广州市目前还远远没有做到，如高昂的地铁票价就使中低收入阶层望而却步。

(2)城市交通系统的层次与空间之间的关系还没有理顺。如现状番禺、花都等地到广州中心区的时间距离迫切需要进一步缩短。在新的城市区划下，广州市内交通的空间距离已经可以超过100km，这要求必须有更好的高机动性服务，提高城市道路/轨道交通的运行速度，同时，在交通的运行组织上，交通系统需要丰富的功能层次，各层次有良好的衔接，使系统具有高的转换效率。

(3)市区摩托车禁行后，由于对此部分需求的转移引导不足，公交准备不够，使部分摩托转移向小汽车，加剧了道路拥挤，降低了公交服务水平。

20.2.7 多元化公交稳步发展，但跨越式发展动力不足

随着十年来交通政策的陆续出台与实施，广州市的公共交通有了长足的进步，占全方式出行的比例从1984年的21.9 %提高到2005年34.3 %。2006年新七区四种公交方式总运量达到26.6亿人次，比前一年增加2.5%。其中常规公交有所下降，出租略有增加，地铁和客轮有较大增加。

但目前广州公共交通在消除城乡差距、中心区与外围地区发展上的“二元化”，建立区域公共交通协调的体制，向与城市空间、交通特征相适应的多层次、以枢纽为核心的公共交通网络转变，实现跨界公共交通运行，以及在投资、管理体制、运行模式上保障公共交通实现跨越式发展等方面的动力还仍然不足。场站不足、地铁与常规公交缺乏整合、线网层

次不清、票价票制缺乏全面协调以及在衔接等方面都缺乏整体的考虑，外围地区公交服务严重不足等等制约了公共交通优先的落实。

(1)广州公交客流的增长主要靠轨道建设带动，常规公交跨越式发展的动力和支持明显不足。

a. 常规公交的占全方式出行的比例有所下滑。

b. 现状各交通方式中，公交车出行耗时最长，达 48.1min，而私人小汽车出行平均耗时 30.9min。

(2)由于缺乏整体的发展对策，一体化发展后劲不够。地铁与公共汽车之间协调较差。

(3)地铁票价居高不下，发车间隔过长等。根据对广州收入阶层的分析，中、低收入人群在交通费上的支出与地铁票价还有很大的差距。

(4)在区域公共交通的发展和外围地区公共交通体制改革等方面，还没有迈出实质性的步伐。

20.2.8 城乡一体化交通发展滞后

自从 1993 年开展首次广州市城市交通研究(GUTS1)以来，广州市先后进行了广州市中心区交通改善实施方案研究(GUTS2)、道路网络深化研究、轨道交通线网规划、公共交通改善方案、行人设施改善实施方案、公共停车场规划、货运与物流等数十项交通规划与研究，并初步建立了面向市场经济、适合广州市交通规划、建设特点的城市交通规划编制体系框架，如图 20-6 所示。交通发展战略研究已经成为交通规划、建设和管理的行动指南，交通规划在宏观层面起到了调控、指导的作用，在微观层面也起到了指导具体实施效果。

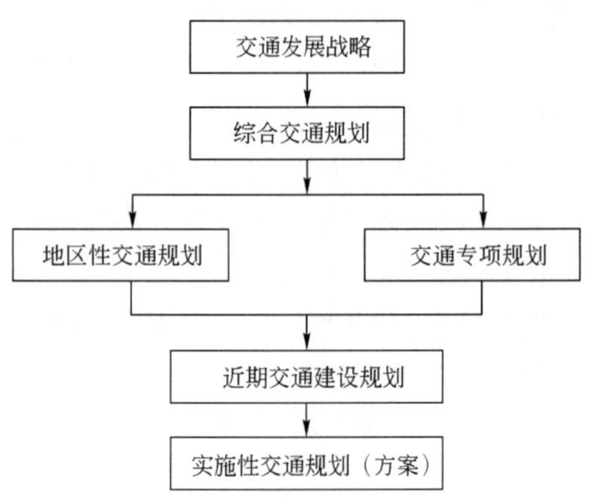

图 20-6 广州交通规划编制层级体系与框架

在交通发展战略的指导下，各项交通政策陆续出台，交通法规不断完善。如，先后发布了《广州市限制摩托车在市区部分路段行驶的通告》、《关于对电动自行车和其他安装有动力装置的非机动车不予登记、不准上道路行驶的通告》、《广州市机动车排气污染防治规定(修订草案修改建议稿)》、《广州市公共汽车电车客运管理条例》、《 广州市地下铁道管理条例》、《广州市摩托车报废管理规定》、《广州市城市道路自动收费停车设施使用管理试行办法》等。

但是，由于广州交通的管理体制并没有及时根据城市交通特征转变和城市空间结构调整与扩张进行调整，法规、标准也未与城镇化、区域化发展挂钩，造成现行制度、法规、标准不能完全适应城市空间扩展后区域、城乡一体化交通发展的需要：

(1)首先，城市交通中多部门的管理，使城市发展、交通发展和现状交通管理难以统一在一个目标下进行，城市规划、建设、交通发展、交通管理往往都“自说自话”。如目前城市交通管理中对道路资源的分配难以保证公共交通的优先；城市发展战略确定了集约化发展，但在机动车的发展上却缺乏相应管理等。

(2)各行政区各自为政，投资主体多，城市的投资分散，而目前处于跨区、市界交通设施建设高潮期，这种交通投资体制制约了交通设施运营、管理跨地区，从城市整体发展的角度进行考虑。

(3)中心城区内外、新旧行政区、城乡之间都存在严重的“二元化”发展。长途、公路运输等的性质和功能、标准并没有随着城市空间拓展及时调整。

(4)区域经济和社会发展越来越融合，但区域交通之间的一体化进程严重滞后，特别是广佛之间。

20.3 综合交通发展趋势及广州的挑战与机遇

20.3.1 区域交通发展对广州的影响

20.3.1.1 珠三角区域规划及对广州的定位

《珠江三角洲城镇群协调发展规划》(以下简称《规划》)在区域性范围内，强调了要求广州带动和协同周边地区发展，强化对外联系桥梁作用和高端服务中心功能等。

(1)《规划》确定的城镇群协调发展总目标

抓住机遇期，加快发展、率先发展、协调发展，全面提升珠江三角洲城镇群的整体竞争实力，建设成为重要的世界制造业基地和充满生机活力的世界级城镇群。

《规划》定位广州主城区为区域性中心，是在城镇群以及更大区域内发挥辐射带动作用的中心城市。广州东部地区、广州南沙为地区性副中心，是带动市域以及周边地区整体发展的中心地区。

(2)《规划》确定的区域交通发展目标

配合城镇群产业和空间布局，构筑与世界制造业基地、世界级城镇群相适应的高效率、低能耗、多层次、一体化的区域综合交通运输体系，促进珠江三角洲城镇群的协调发展和高效运作，同时为加强对外联系和拓展经济腹地提供保障。

(3)《规划》中与广州相关的交通设施

a. 航空。强化广州新白云国际机场作为国家枢纽机场。

b. 港口。重点发展南沙港区。

c. 水运。发挥广州国家级主枢纽港的主导作用；利用珠江三角洲河网密布的特点，发展以西江为主，北江、东江为辅的内河航运网络，加强港口的陆路疏运网络的建设，改善港口与腹地之间的交通联系。

d. 区域交通枢纽。广州主城区(铁路枢纽地区、城际轨道枢纽地区)、南沙、花都—白云等。

20.3.1.2　区域协调进入全新的阶段

区域协调目前已经成为我国城镇发展的重点,特别是在三大城镇密集地区,随着城镇群规划的编制,区域协调进入了全新的发展阶段。

珠三角作为国内城镇连绵程度最高,区域内城镇联系最紧密的地区,以下三方面的特征表现越来越明显,并成为主导城市发展和区域交通、城市交通发展的重要因素。

(1)区域城镇化、城镇区域化发展。城镇结构和城镇关系是交通布局的基础,交通网络要能够反映城镇之间的关系。珠三角城镇的快速发展,使区域城镇间经济、社会融合加深,各城镇都承担不同的区域职能,而城镇的空间扩展使区域空间中,各城镇连绵发展,整个区域呈现整体城镇化的态势。

(2)区域内部城市交通区域化、区域交通城市化。区域城市化发展和城市职能、城市发展的区域化下,城镇密集地区,区域交通与城市交通逐步成为一体,呈现了"区域交通城市化,城市交通区域化"的特征。即区域联系交通在需求特征和组织上向城市交通靠拢,而城市因职能的区域化,城市交通构成中,区域联系交通的份额提高,成为城市交通中的重要组成部分。

(3)区域发展单元由单个城市转变为经济、社会联系密切的都市区。城市交通的快速化和高速化发展,进一步拉开了城市的空间尺度,而区域高速交通的发展使城市地租曲线延伸到了相邻城市,市场化下的城市土地利用选址不再局限在单个的城市范围内,城市用地平衡在社会、经济联系紧密的相邻城镇中实现一体发展,多个经济、社会一体发展的城镇之间的边界逐步淡化,形成一体发展的都市区,代替原来的单独发展的城市,成为区域的发展单元。

根据城镇密集地区城镇关系的发展,区域协调按照三个阶段推进:

(1)被动协调阶段。城镇之间只有部分重大设施需要协调,协调意愿低,城镇独立发展是主体。

(2)主动衔接为主的协调阶段。城市之间在空间布局、产业发展上开始相互影响,相邻城市边缘在空间上相互靠近,城市交通设施需要相互在建设次序、功能等级上协调。

(3)一体化规划与发展的协调阶段。相邻城市按照都市区实现一体规划和建设,在空间、交通上统筹考虑,一体发展。

广州所处的珠三角地区是我国区域协调需求最早出现的地区,也是区域协调在机制、设施上比较完善的地区,广佛之间轨道交通的论证从 20 世纪 90 年代初就已经开始。目前以广州、深圳、珠海为核心的区域交通基础设施协调已经进入全面衔接的阶段,已经从公路、机场、港口、铁路等大交通设施的协调进入轨道交通、公共汽车交通、城市道路等城市交通设施的协调阶段。

在规划期，广州为中心的珠三角中部都市区发展将在目前快速道路、城市轨道等交通设施的引导下进入全面一体化协调的新阶段，而这阶段的协调将以中心城市为基点进行。

20.3.1.3　区域交通网络变化对广州的影响

(1)区域高速轨道交通发展对广州的影响

在目前珠三角地区还处于空间结构调整、城镇空间快速拓展，以及正在构建新型的区域城镇关系的时期，区域交通系统的发展不仅是支持城镇发展和区域经济发展的基础，更是引导城镇空间布局和新城镇关系形成的动力与杠杆。

新型的区域高速和快速交通方式加入区域交通系统(主要是城际轨道和城市轨道快线)，直接拉近了区域内城镇的空间距离，城镇职能服务范围将随着交通等时线覆盖范围扩展而扩展，将导致不同服务职能，以及居住、就业的选址范围随着区域交通可达性的变化而延伸，跨城市实现居住、就业和城镇服务将不再是问题，城市职能将随着交通网络的发展在一定交通圈内进行整合，城市交通特征也将随交通圈层的扩展而延伸，交通服务网络随着区域职能的强化而扩展和延伸。

就像每一次交通运输速度上的革命都会引起国家、世界范围内城市关系的变化一样，珠三角地区高速、快速交通系统发展，以及(城市)公共交通的发展与延伸也将引起这一地区城镇职能的重新分布，引起区域内城镇关系的变化，中心城市的地位将随着交通网络的建立更加强化，周边城市中的一部分服务职能将向中心城市集中，而中心城市中土地价格的提高，也将使部分对商务成本特别敏感的服务职能，以及居住等向周边城市转移，形成新的区域城镇关系。在土地开发上也将打破原来城市孤立发展时的用地平衡，中心城市的服务用地、外围城市的居住和工业将大规模发展，城市用地平衡将在区域内建立，而不是在一个城市的行政区范围内建立，相邻城市地租影响如图20-7、图20-8所示。

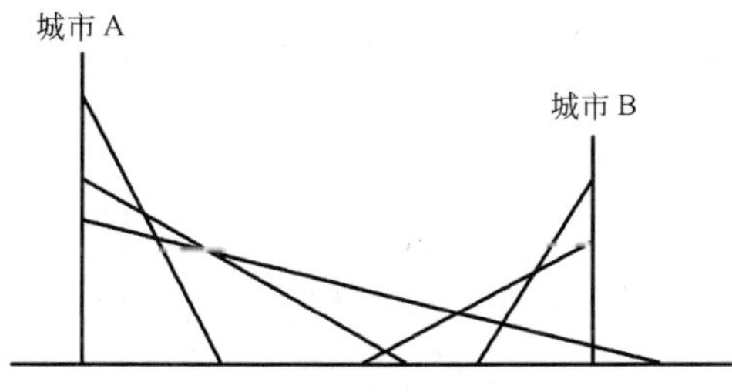

图20-7　相邻城市地租相互影响图解

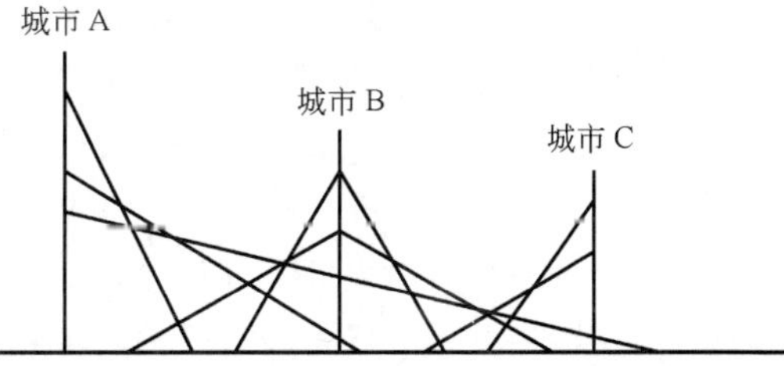

图20-8　城市密集地区城市之间地租相互影响图解

高速化的交通网络使大城市的极化作用进一步增强，区域高端服务职能加速向中心城市集中，要求交通服务网络与区域职能的集中相匹配；另一方面，快速化的城市交通使中心城市的服务职能向周边城市辐射的范围扩大，促进了区域城市职能的整合。

在区域空间的发展上，大城市职能极化和扩散两种模式并存的现象将会一直持续下去，随着目前区域交通高速化和城市交通快速化的发展，这两种空间发展模式还会加速，即各中心城市的主导产业日益壮大，并且其在区域中的作用和地位日益显著。为促进区域城镇职能的整合，对交通的发展也提出了区域交通高速化和城市交通快速化的要求。

对于广州来说，高速城际轨道网络建设和广州与周围城镇之间联系的轨道交通快线将促进广州服务地位的提高。

(2)区域交通网络结构改变对广州的影响

交通系统布局的变化也将直接影响区域和都市区的空间形态，区域交通网络结构的变化，特别是东西跨江交通通道的形成，将使珠三角在空间发展上打破传统 A 字形的城市空间布局结构，东西岸联系加强将进一步促进西岸地区的发展，促进西岸城镇快速成长，区域城镇体系布局将在新的交通网络结构引导下发展。

交通网络的发展同样也促进了区域内大型交通基础设施的共享，实现城市的合理分工，打破城市“小而全”的发展模式，使城市的优势资源得以充分发挥。

此外，多种交通方式和高速快速交通系统的建立，使城市在空间布局形态的选择上更加容易，空间选择上的交通瓶颈被打破，珠三角铁路枢纽规划及高速公路网络如图 20-9 所示。空间发展将可以更多的考虑环境、社会和谐等方面的因素。

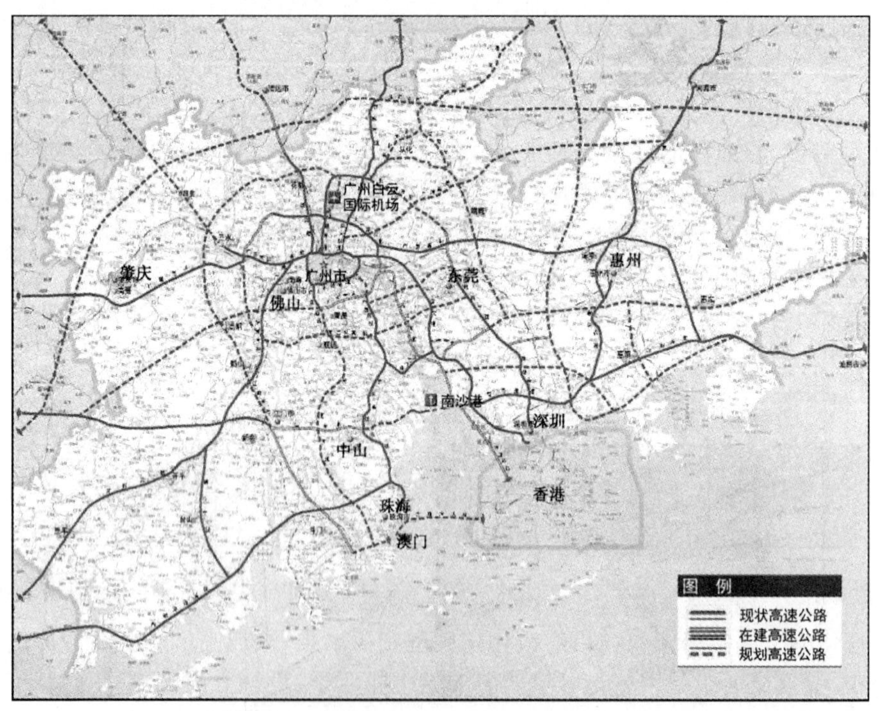

图 20-9　珠三角铁路枢纽规划及高速公路网络

珠三角跨江东西向网络加强后，广州汇聚东西的优势将削弱，深圳、香港对西部的辐射将加强。有助于形成广州和深、港两极影响珠三角西岸地区的格局，广州作为东西联系和对外中转的作用将削弱。这将对广州门户设施发展，以及广州都市区的联系产生直接的影响。

20.3.1.4 区域对外交通发展对广州的影响

在珠三角城镇群按照区域整体进行区域对外交通组织的模式，必然对作为区域与内地联系必经之地的广州的对外交通组织产生影响。

(1)对外交通系统发展向铁路、航运等广州优势的交通方式转化，将有助于广州在新的发展中发挥传统的交通枢纽优势。

(2)区域对外交通网络按照珠三角区域组织，一方面广州在传统交通枢纽布局上交通转换的功能将有所削弱，但另一方面，随着不同方向对外交通网络的建设，广州也可以充分利用深圳—香港枢纽的交通资源，提升广州在沿海发展带的影响力。

(3)在对外交通的布局上，处于我国南端的广州，需要与深圳、珠海等协调发展，优势互补，与深港共同构筑华南地区联系东南亚的交通枢纽。

20.3.2 华南门户中的广州“双港”

广州“双港”(新白云空港与南沙海港)作为珠三角重要的区域性资源，在珠三角和广州市的发展中起着举足轻重的作用，目前广州确定的南北拓展计划就是以“双港”的发展为基础来制定的。

20.3.2.1 广州港口资源条件与定位分析

珠三角港口以经济快速增长和以外贸为主的产业作为基础，形成了世界上港口最密集的地区，也是港口货运量最高的地区，聚集了香港、深圳、广州、珠海等枢纽港口，成为我国对外贸易和对内贸易最大的门户。

经过近年来的快速发展，目前广州港口已经成为国内和珠三角内贸和集装箱运输上重要的一极，已经初步建立起联系国内外主要港口的航运网络。在2006年完成的全国沿海港口发展规划中，根据港口的区位和特点对沿海各主要港口的功能和运输组织进行了规划。从国家对广州港口的定位可以看出，广州将要充分发挥对内辐射和对外衔接的作用，并且在战略性资源的运输上发挥重大作用。

(1)珠三角目前外贸产业和经济发展决定了东岸地区是港口集装箱主要的货源地，这培育了香港和深圳成为国内和世界上排名前列的集装箱枢纽港口。但从长远看，东、西岸之间平衡发展，将使西岸地区经济和产业所产生的港口运输需求迅速增长。

(2)广州港作为珠江河口的港口，在江海联运上有其他港口不可比拟的优势。随着珠三角交通机动化的发展，公路运输的可靠性和效率将下降，成本增加，内河运输的优势将充分显现。而且，广州所在珠三角地区河网密布，新编制的珠三角内河航道规划将进一步发挥广州港在这方面的优势。

(3)广州作为珠三角最大的铁路枢纽，铁路运输的优势一直是珠三角其他城市无法匹敌的，随着国家铁路网络的完善，以及国家运输政策向铁路倾斜，铁路将助广州港快速扩展腹地，成为真正的内陆地区出海口。

(4)在与珠三角其他枢纽港口的比较上，广州港陆域面积上的优势远非其他港口——特别是香港和深圳港口所能比拟的。

(5)在地理位置上，广州港口比深圳、香港和珠海更靠近西岸产业发展地区。

但在资源条件上，广州港口在珠三角港口群中既有其独特的优势，也有其在地理位置和航道上不利的一面，也存在先天的不足，广州港与珠三角其他港口比较见表 20-3。

广州港与珠三角其他港口的比较数据(2005 年)　　表 20-3

	码头泊位个数(个)	万吨级以上泊位(个)	旅客吞吐量(万人)	货物吞吐量(万吨)	集装箱(万 TEU)
广州	455	49	95	25 036	1 619
深圳	121	52	369	15 351	468
中山	24	—	114	2 072	99.9
珠海	100	9	504	3 557	47.8
江门	95	—	40	574	32.9

(1)首先，广州港虽然基本完成了由内河港口向海港的转移，但仍然是珠三角枢纽港口离沿海岸线最远的港口。与其他港口不同，珠江主航道的疏浚是保障广州港口正常运营的前提，而目前珠江航道水深为－11m，未来要疏浚到－15m，珠江航道淤积与疏浚之间的成本花费将会很高，将对广州港运营成本有很大的影响。这也对全国港口规划中对广州港定位(承担大量的矿石、油品等大宗货物运输)产生一定的影响。

(2)其次，在珠江河口内的广州南沙港，距离目前的桂山锚地约 80km，大型集装箱船和大型货船进出南沙要比珠三角其他沿海港口多花费 4～6h。

(3)南沙地处珠三角的核心，虽然港口的后方陆域条件在珠三角港口中与珠海港口相像，但区域环境等对后方陆域的开发限制仍然明显，石化、钢铁等与广州港运输定位相吻合的产业的高污染链段的布局受到制约。

所以对于广州港而言，如何发挥自身的优势，建立合理的港口—后方陆域—城市—腹地的关系至关重要，不能盲目发展。

20.3.2.2　白云机场的定位与发展分析

广州新白云机场是珠三角重要的门户设施，与铁路一样，是广州在珠三角门户中定位最高的门户设施，与北京、上海并列为国家三大核心航空枢纽之一。

白云机场与珠三角其他机场处于亚太地区中心，有着覆盖东南亚，连接欧、美、澳、非，辐射我国内地各主要城市的天然网络优势，是理想的国际、国内中转节点。

同时，珠三角作为我国城镇化程度最高的地区和国家的门户地区，人口密度高，人口总量巨大，高技术和高附加的产业密集，为航空发展提供了丰富的客、货运输需求。根据区域发展规划，预计到 2010 年，珠三角地区 3 个主要机场的航空客运量将达到 7 000～

8 000 万人次/年，到 2020 年将突破 1.5 亿人次/年。而且，根据预测，联邦快递亚太转运中心在 2008 年开始运营，当年可能会为白云机场带来 100 万吨的航空货运量。这将为地区的发展带来巨大的影响，也是广州北拓的源泉所在。

2003 年白云机场实现了老机场向新机场的转址，长期制约机场发展的空间瓶颈得以打破。目前是我国规模最大的航空公司——南方航空公司，以及深圳航空公司的基地。2005 年国际三大航空货运巨头之一的美国联邦快递亚太转运中心落户广州成功签约，2008 年，美国联邦快递亚太转运中心在白云机场正式运行。

但广州机场在与区域内其他机场竞争和合作上也有其处于劣势的一面。

(1)首先，广州白云机场新址向花都的迁移，偏离了珠三角的地理中心，区域服务的能力将大大减弱，为深圳机场留出了足够的发展空间，以及为深圳、珠海与香港合作分流部分国际国内中转客运和货运提供了条件。

(2)其次，正是由于广州机场北移，为深圳机场在客、货运发展上空出位置，使深圳机场在客货运发展目标提高。而且深圳与香港之间合作上最不利的因素——机场之间衔接交通，在广州机场北移后显得可以接受。

(3)此外，机场北移后与珠三角其他地区的集疏运交通衔接成为机场发展中弥补位置偏离中心的关键，但在目前的规划中，辐射珠三角的轨道交通与机场的衔接需要多次在不同速度和功能的轨道交通上换乘，公路直通大巴随着公路机动交通的增加，效率将大大降低(实际上，目前广深高速交通拥挤对深圳机场的运营影响巨大)。

机场的定位并不等于实际的运行，如果不处理好广州机场的集疏运交通，那么航空港对广州的影响，以及广州机场对区域的贡献将大打折扣。应该看到，广州机场选址使区域内其他机场发展的“野心”重新升高(如深圳机场的“南中国货运门户机场”战略)。如果不能培育和提升广州航空港枢纽的发展，广州北拓战略，以及北部空间结构调整将带来一定的困难。

20.3.2.3　双港的区域竞争与合作

处于珠三角门户地区，作为区域门户的一部分，同时也是广州城市空间和城市产业发展所依赖的双港，是面临区域竞争，需要区域内合作最多的门户设施。其在区域内竞争和合作的策略不仅关系到广州的发展也关系到区域的发展格局。

在机场发展上，珠三角是全国机场最密集的地区，总计有大小 7 个机场，其中 5 个国际机场，由于本地区人口密集，经济发达，商务、旅游等需求集中，机场客货吞吐量都保持了较高速度的增长(珠海机场除外)，目前广州、深圳机场都在进行扩建，以保障高增长的客流需求，珠海机场由于其服务范围内人口密度和总量不大，西岸南部地区发展与珠三角其他地区差距较大，导致目前的经营状况不好，但随着珠三角均衡发展策略的实施，珠三角东西向交通网络的建设，这种状况可能会很快改观。

在机场的定位中，广州虽作为国家三大航空枢纽，但在客运、货运上深圳机场与其定位极其相似，而在国际中转等方面，香港机场又有一定的优势。而且，在珠三角机场中，对广州机场发展影响最大的是香港与深圳机场，目前港、深、珠正在结成货运和客运的联盟，利用香港机场优越的国际航线资源和航空服务、深圳机场密集的内地航线和处于珠三角中心的位置，以及珠海机场设施与能力，在出入境航空交通组织和航空货运发展上已经取得不俗的业绩。这对广州机场的发展必将产生一定的影响。珠三角五大机场情况比较见表 20-4。

珠三角五大机场比较　　表 20-4

项　目		香港机场	深圳机场	广州机场	珠海机场	澳门机场
客运吞吐量（百万人次）	1999 年	29.06	5.25	11.90	0.58	2.64
	2000 年	32.13	6.40	13.20	0.57	3.24
	2005 年	40.75	16.28	23.55	0.65	4.25
货运吞吐量（百万吨）	1999 年	2.00	0.15	0.45	0.01	0.05
	2000 年	2.30	0.20	0.49	0.0062	0.06
	2005 年	3.40	0.47	0.60	0.0080	0.22
飞机升降（万架次）		26.34	15.1	21.10	2.20	4.50

在港口发展上，香港、深圳、广州、珠海腹地重叠、定位基本一致的局面也必将导致竞争。

但区域内的各机场和港口又共同承担珠三角门户地区交通组织，这要求机场和港口又必须进行合作、分工。对于广州的双港来讲，发挥自身的优势来弥补其不足是与区域内其他相关设施竞争与合作的关键，这些优势既是其他门户设施与广州合作考虑的主要因素，也是广州取得竞争优势的依托。珠三角机场、港口分布如图 20-10 所示。

但从目前来看，广州在利用本身作为省会的行政优势主动寻求合作，利用自身优越的交通资源和规划上的优势改善双港的集疏运环境上仍然做得远远不够，有些甚至没有作为，唯独在陆域优势的应用上提出了城市的空间拓展和产业发展计划，但可以想象，如果没有前两者的支持，陆域的发展也将难以达到应有的高度。

20.3.3　珠三角新型城镇关系中的广州交通

从改革开放前，香港与内地基本没有直接联系，广州在珠三角一家独大，到改革开放后深圳的迅速崛起，香港与内地关系逐步密切，产业向珠三角迅速扩散，广州发展速度与区域地位相对下降，再到香港回归后，香港的发展与珠三角息息相关，目前深圳城市发展策略提出“港深一体化”发展，而广州经过近 10 年的发展，经济总量、产业等又回到(小)珠三角的最前列，可以看出，珠三角的城镇关系在过去的 30 年里发生了巨大变化。而这种变化在区域交通联系上明显的体现出来，珠三角城市体系演变如图 20-11 所示。

目前珠三角发展已经进入一个新的阶段，新型的交通系统发展所带来的城镇关系重新定位中，各城市已经开始动作，作为广州城镇关系的整合更有新的意义，是广州重新树立城市发展目标的重大机遇。

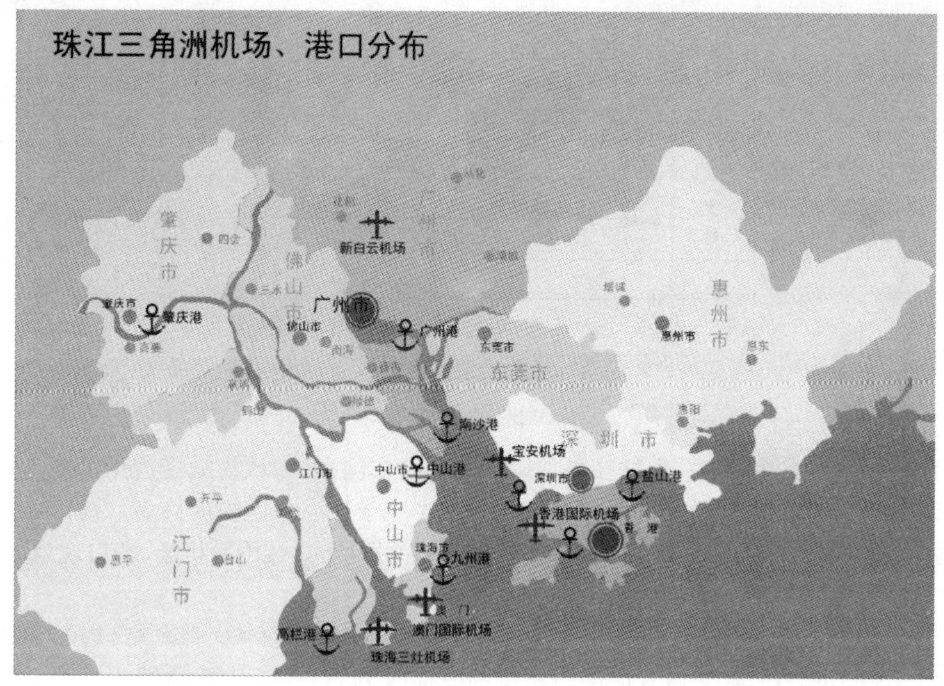

图 20-10　珠三角机场、港口分布

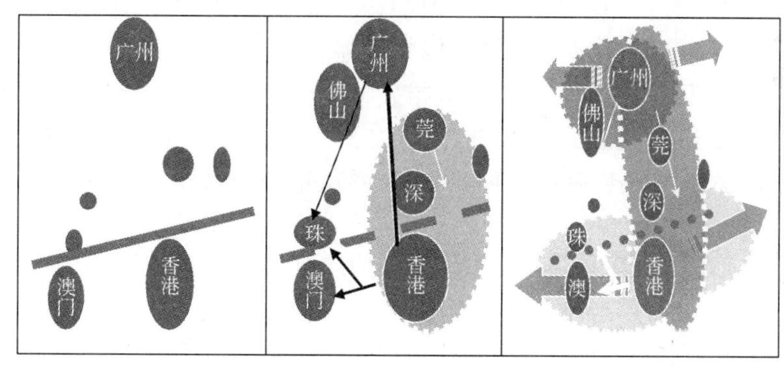

图 20-11　珠三角城市体系演变示意

20.3.3.1　广州与深圳、香港与广州

广州和深圳由于经济实力、行政资源、区域资源、门户设施，以及金融、高端产业等方面接近，在珠三角近年来的发展中，两城市的定位一直成为诸多规划和研究的比较话题。而两个城市在资源上的接近，造成在城市定位、城市发展目标、交通发展、在区域中的作用等方面，两个城市定位和发展策略重叠严重，二者经济发展比较如图 20-12 所示。

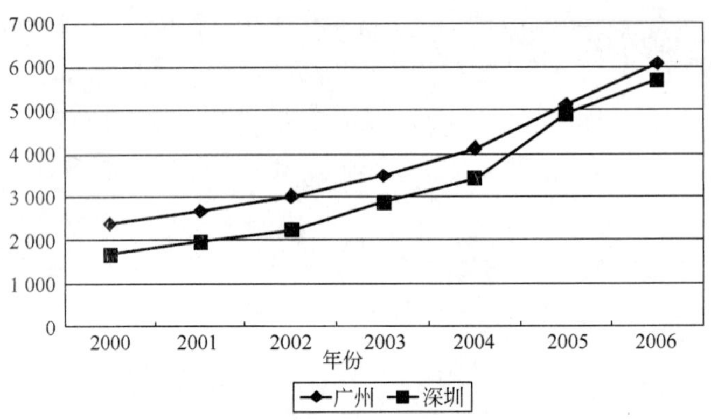

图 20-12　广州与深圳经济发展比较

而在广州与香港的关系上往往更加微妙。香港在国家、区域规划定位中的隐性存在和实际发展中的显性作用，使在国家和区域规划中赋予珠三角门户的许多职能落在广州的头上，但实际上香港在其中往往要承担一些重要的职能，如在国家机场、港口规划，以及在国家城镇体系中对广州的定位。

这种定位上的重叠和发展上的错位，往往都反映在交通的发展策略、规划和建设上。特别是不同的综合交通专业部门所做的发展规划，对珠三角这种城市关系的解读往往都不同，而这些不同恰恰又为城市之间定位的矛盾做了注解。广州拥有国家交通资源的优势在珠三角是其他城市不能比拟的，并且广州在近年来正在把这种资源化成城市发展的动力。而深圳和香港在新的国家规划和珠三角规划中正在作为另一个重大枢纽出现，交通资源的再分配所带来的城市发展资源再分配，如高铁发展、普通铁路发展将形成与广州枢纽对应的深圳枢纽，将对广州未来城市发展，以及城市交通发展策略产生影响。面对新的交通发展格局，广州需要从竞争和合作两方面出发制定自己的发展策略。

珠三角正在形成广州和深港两极共同发展的局面，这将对区域综合交通发展，以及广州城市交通、对外交通发展产生深远的影响。广州城市的空间和职能，以及重大交通基础设施的布局将需要以区域内广深港关系作为规划的背景。

20.3.3.2　广佛关系

广佛经济联系是历史形成的，广州和佛山在历史上就联系紧密，地域相近，经济社会的特征也很类似。广佛也一直是广东历史上经济最活跃的地区，广东历史上的四大名镇中有三个镇都在广佛范围内。随着改革开放和社会主义市场经济的发展，广佛关系又被赋予了新的含义，两者在地理上靠近、产业上互补，目前在经济、社会联系上早已打破行政界线，成为相互影响的一对。

广佛作为区域规划的中部都市区，两者之间一直密不可分。根据交通调查，广佛之间的交通是珠三角城市之间最大的，广州与其他城市的机动车出入境交通中，约 50％来自佛山，两地之间的交通已经完全城市化、同城化。

虽然，经济、产业、社会交往、教育、医疗、住房等在广佛之间由市场主导的内容中已经淹没了行政边界，但在政府主导的道路、公交、票制、体制、市政设施等方面则远远滞后于两地实际的交流发展，并造成两地之间在空间、土地开发上的畸形。

由政府主导的两地协调从2002年“广佛都市圈”设想开始，两地之间由“非正式”考虑相互之间的影响，到正式开始研究两地的协调，并且在近年来在交通衔接规划和实施上迈出了实质性协调的步伐，编制了两市交通的衔接规划，对交通卡等的同城化改造，其影响已经开始波及两地城市空间和产业的布局。

两地新的协调规划，必将带来两地在城市规划上用地平衡不能在一个城市范围内解决，而这又将反映在广佛之间的交通上，由此，广佛之间的相互影响已经深入到微观的发展单元，仅靠宏观的衔接规划已难以触及。因此，目前广佛之间交通衔接的规划和实施，其实也没有改变政府在广佛协调发展上亦步亦趋的局面。两地实际发展中的一体化诉求，在两地城市政府事权范围内的协调远未解决。城市交通、对外交通、空间、城市职能等城市规划的问题（广州历版轨道网络规划、道路规划中以“├”形结构为主导的模式，实际上忽略了广佛关系的发展），以及就业、住房、社会治安、教育、医疗等之间相互影响，必须靠一体化的思路解决，而一体化的实施将对目前两地诸多的规划、经济和社会问题产生广泛而深远的影响。

可以预见，广佛的发展需要构建“新型的广佛关系”，而在规划期内广佛一体化将成为“新广佛关系”最好的注解。在广州的未来发展上，“新广佛关系”的构建也许是广州在空间拓展、产业完善后对广州城市发展影响最大的战略之一，将影响到广州城市发展的方方面面，并促进形成真正广州目标的大都市地区。环顾珠三角，为了提高城市的竞争力，目前深港把一体化作为未来发展的目标，通过对各自优势资源的整合，成为在世界城市体系中重要的节点。而广州作为珠三角的另一极，如果不在规划期考虑广佛关系的重新定位，走在珠三角城镇整合的前面，广州在珠三角城镇关系的竞争中将处于下峰。

如此，交通将在其中起关键的作用，而达到这一点两地的交通就不能停留在现在衔接的层面上，一体化的规划、建设、管理、运营必须提上日程，才能实现交通发展与两地城市社会、经济、城市空间、城市职能的同步发展。

“新广佛关系”所带来的城市职能、空间调整，以及用地开发、土地布局上的影响需要在交通中重新评估，这将涉及道路、地面公交、轨道交通、交通枢纽的重新组织，以及体制、机制、价格政策、交通策略的统一制定。

广州城市职能提升需要佛山，从更大范围看，区域空间中“四角山水”所形成的交通瓶颈对广州对外交通的影响，要彻底解决也需要佛山，而广州“双港”战略实施更需要佛山，广州铁路枢纽的发展本身就包含了佛山。同样广州资源也是佛山资源，如教育、医疗、商业、交通等。

20.3.4 广州交通特征转型与交通发展的策略转变

20.3.4.1 交通特征和交通服务组织变化要求规划随之改变

目前国内特大城市在规模、交通构成、交通特征上，与20世纪相比已经不可同日而语，城市范围迅速扩大，机动交通比例迅速增长，而住房的市场化又给城市居民在居住地的自由选择上提供了可能。所有这些带来的结果是居民出行距离大幅度增长。

各种交通方式出行距离增加，使城市交通系统中高机动性交通成为保持城市运行效率的重要手段。城市交通系统中各种速度和服务范围的交通工具相继出现、同时存在，彻底摆脱了过去以自行车交通为主体时代，平均速度代表一切的交通系统特征。

交通系统层次的增加和功能的细分，使不同交通服务层次之间的衔接成为系统中的关键，交通运输组织由原来以线为主转向以点(枢纽)代线，交通枢纽成为决定城市交通运行效率的咽喉，城市交通开始围绕衔接点组织，交通系统也形成了围绕衔接点各司其职的模式。

这种改变不仅体现在交通上，更深刻的影响着城市用地的规划和空间结构。对于目前还处于快速成长期的中国城市来讲，交通与用地需要同步围绕新的交通运输服务组织模式展开。用地围绕交通系统的变化向交通衔接点集中。

这为城市在TOD下进行开发和未来形成可持续的交通与土地利用关系，提供了难得的机遇。

广州城市交通的发展历程也是如此，随着城市拓展战略的实施，城市出行距离逐步增加，可以预见，随着外围地区城市功能的完善和中心区职能、人口疏散的实施，城市交通出行特征的变化将更加明显，而交通网络中目前已经开始搭建的区域和城市的快速骨架与轨道交通，将使广州的交通层次更加丰富。区域、市域和市区(组团)交通衔接，以及不同方式的城市交通衔接将成为维系广州城市正常运行和效率，以及发挥广州中心城市作用的关键。

这些在交通系统、交通组织上的变化将促使广州城市交通发展策略上的转型，以应对城市交通的变化，并且通过政策的制订促进交通和城市开发的协调，见表20-5。

20.3.4.2 应对运输服务组织和城市空间调整的新型交通网络结构

运输服务组织转变和城市空间结构调整所带来的交通需求分布和特征上的变化，需要建立新型的、与这些变化相适应的交通网络。

对应于交通运输组织的变化，城市交通网络将形成层次分明、以枢纽和衔接点为中心的结构，而对应于新空间结构调整所带来的交通运输需求分布和特征变化，交通网络就必须打破原来单中心、孤立城市发展为基础下形成的交通系统结构，形成带动和支持新的空间结构、对原空间结构进行调整的交通网络。

对于广州这样在运输组织上集区域对外、区域交通、市域联系、中心城区内部交通为一体的城市，区域和城市的空间变化，以及区域和城市交通运输服务组织的变化，都会引起城市内部交通网络结构调整的反应。所以，这一切需要作为区域核心城市的广州积极应对，充分利用国家、区域以及城市交通发展的各种资源，为广州城市空间发展和提升广

广州市城市规模变化和交通系统发展

表 20-5

	1980	1985	1990	1995	2000	2005
总人口(万人)	302.7	328.9	357.9	385.4	413.9	750.53
建成区面积(km^2)	135.96	162.92	187.40	259.10	297.5	734.99
道路总里程(km)	391	415	945	1 809	2 053	5 076
道路面积（万 m^2）	349	447	1 085	1 983	2 805	8 325
人均道路面积(m^2/人)	1.15	1.36	3.03	5.15	6.78	13.49
机动车总量(万辆)	3.06	8.67	25.12	56.25	67.97	177.3
自行车总量(万辆)	103.94	156.61	220.67	220.36	190.77	—
公交线路长度(km)	—	948	2 516	4 248	4 216	8 157
公交车辆(辆)	—	1 189	1 483	2 772	4 962	8 130
主要交通方式	自行车和公共汽车		公共汽车、摩托车为主		公共汽车、摩托车为主，地铁、小汽车起步	小汽车迅速发展

续上表

	1980	1985	1990	1995	2000	2005
主要交通发展大事记	1984年,实行大货车白天通行许可证制度； 1986年,广州市交通规划研究所成立； 1986年,建成小北、大北高架路； 1987年,修建了全国第一条高架道路——5.2km长的人民、六二三高架路		1990年,对小货车实行单双日行驶制度； 1993年,环城高速公路北环全线通车；1998年,东南西环通车,成为全国城市市区第一条高速环路； 1998年,提出城市面貌“一年一小变,三年一中变,2010年一大变”； 1998年,地铁一号线开通； 1999年,第一条城市快速路——华南快速干线通车		2000年,内环路全线贯通； 2000年6月,番禺和花都并入广州； 2001年元旦,广州市第一条公交专用道——东风路公交专用道正式开通； 2003年,地铁二号线开通； 2003～2004年,广州市大规模调整公交线路； 2004年起,逐步在市区限制摩托车； 2004年,新白云机场启用、南沙港一期4个深水泊位建成、广州东二环高速公路开工、新火车站开工	2005年： 1月,广州火车站大规模改造完成； 2月,广佛放射线工程通车； 4月,南沙新客运港启用； 6月,始建于光绪年间的广州铁路南站正式关闭；武广客运专线正式动工； 12月,广深港铁路、广珠城际轨道开工。 2006年： 1月,联邦快递亚太转运中心动工； 8月,新白云机场航站楼扩建工程启动； 9月,公安交通管理中心新址及智能交通管理指挥系统建成； 12月,广州港南沙港区二期开港 西二环高速公路建成通车； 12月地铁三号线、四号线(新造至黄阁)开通； 2006年,“羊城通”通佛山市区； 2007年,广佛地铁正式动工； 广州第一条BRT建成

州城市地位服务。

20.3.4.3 机动化背景下交通发展管理的思路转变——交通拥挤管理与优先

机动化发展最大的副作用就是交通拥挤。作为珠三角中心城市和珠三角与内地联系组织中重要节点的广州，由于经济的持续高速发展，机动化一直以很高的速度发展，从20世纪末的摩托车到今天向小汽车为主的机动化换代，都一直超前于国内其他城市，但这也使广州要解决交通拥挤的行动所换来的交通相对畅通的时间一次比一次缩短。

随着交通机动化在区域和城市中的迅速普及，渴望利用机动车带来交通畅快的人们也许不得不接受，交通的发展并不像他们所预计到的那样，想要通过小汽车获得交通速度的人越多，他们就会发现事实与他们的设想之间的距离就越大。

城市和区域的发展使需求总量增长，出行距离的增加使交通周转量成倍增加，交通拥挤使交通出行时间增加，也反映在交通空间需求的增加上，几方面的因素加起来使交通需求实际增长比实际的需求翻了几倍。交通系统运行状态从目前资源相对宽松向资源约束转变。届时，交通饱和运行成为城市交通系统的重要特征，特别在中心区，交通系统的规划和管理必须考虑对交通需求的管理和控制。

也许政府和民众还没有意识到，与交通拥挤的战争是一场难以打赢的战争，而逐渐他们就发现，交通拥挤将成为城市日常生活中的一部分。城市和区域交通机动化的快速发展，使耗费大量交通投资建设的道路很快就会被车辆发展的洪流填满，随着交通设施按照规划建设，很快我们就发现，规划的道路设施已经完成，但交通拥挤还在持续上升，交通拥挤成为城市交通的“常态”。我国的大都市交通状况将与国外发达国家大都市地区的交通拥挤相似，而这一切对于广州来讲，也许就在规划期内变成现实。

因此，城市要维持运行的效率，保持其竞争力，城市交通发展必须思考新的策略，靠意图满足需求的交通建设来缓解交通拥挤的想法，在规划期可能会随着时间的推移会变得越来越不现实。

在交通发展供给与需求这对矛盾中，对需求的管理将开始唱主角，而交通建设也必须开始有选择的对不同的需求进行细分，从而制定不同的计划对需求进行回应，即交通优先—对不同出行给予不同程度的交通优先权，以保证城市运行的效率。

交通发展的这个战略性转型在2020年前就会到来，这要求广州必须以一种全新的思路面对交通规划、建设管理等方面，以及城市发展与交通的关系处理，而这必须在本次城市规划中得以贯彻。

交通特征反映的是城市活动，所以交通战略的转变必然也将带来城市活动特征的改变，进而到城市的布局，因此交通战略的转变要从城市规划全方位的看待，城市规划的方法与技术也需要转变。

20.3.5 交通功能转变对广州交通与城市发展的影响

随着城市管理体制的变化、机动交通和交通投资日益增加，交通在城市发展中也被赋予了更多的功能，成为城市政府应对城市发展的重要公共政策。

(1)越来越多的市场因素介入到城市开发当中，使政府对于城市发展调控的手段与计划经济时代相比越来越少，交通的投资和政策正逐步成为城市政府可以有效利用，以体现政府引导和调控城市和社会发展意图的重要手段。

(2)交通反映城市社会、经济活动，城市所有的人的活动都必然表现在交通活动中。这一特征，使利用交通政策解决城市社会经济活动中的部分问题成为可能，体现交通的公共政策性。在就业问题、弱势群体关怀、住房、产业发展等问题的解决方案中，都可以看到交通的身影。

(3)在城市空间结构快速调整的时期，交通对城市空间的影响不可忽视，城市建设的市场化和交通发展的政府主导，正是规划得以实施的基础，忽略交通的城市规划在今天将变得毫无意义，利用交通引导城市空间发展成为当前我国城市规划的重点。

(4)广州作为我国南部的中心城市，在城镇化发展中汇集了来自四面八方的人口，人口在收入、出行需求上的差异较大，这完全有别于20世纪改革开放初期，平均数已经不能再表达人口在交通需求上的实际状况，差异化的需求需要差异化的交通服务。这包括了对低收入人群和弱势人群的交通出行服务政策。

我国城市目前处于快速发展时期，各种发展中的问题相互交叉，在这个阶段交通公共政策化，以及利用交通引导和处理城市发展中的诸多问题，对交通发展提出了更高的要求，要求交通投资、政策不能以交通论交通，必须关注到城市发展的各个方面。

20.3.6 公共交通进入城市发展和资源合理利用策略的核心位置

公共交通发展目前作为应对城市发展中资源、环境和人口问题的国策，是建设集约发展的节约型城市的核心。城市的机动化发展、区域的城镇化、城市能源消耗降低、缓解环境污染、解决交通拥挤等问题，都有赖于公共交通在城市和区域交通中承担更大的责任，需要在目前发展的基础上，在规划期实现跨越式发展。

保障城市交通效率的交通方式由道路开始转向以轨道为主体的公共交通。机动化发展和机动交通需求以车辆拥有的几何级数增加，所导致的交通拥挤将大大降低城市道路服务的范围，目前城市所提出的基于公路和城市道路的“交通圈”概念在交通拥挤下将大大压缩。专用路权的轨道交通为主体的公共交通干线竞争力迅速提高，其等时线所构建的交通圈成为支撑城市活动范围划定的依据，也成为带动和引导城市开发的主要交通方式。交通拥挤对城市地租曲线的影响如图20-13所示。

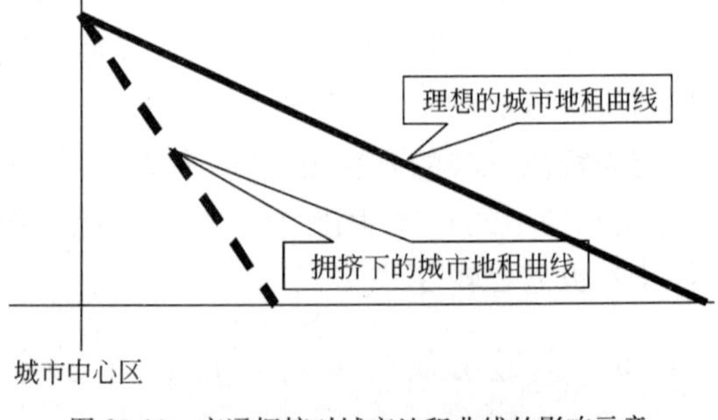

图20-13 交通拥挤对城市地租曲线的影响示意

广州作为我国南部的核心城市，其城镇化、机动化、环境、交通拥挤、集约化发展等问题远比其他城市严峻，公共交通如果不能成为城市交通的主体客运交通工具，那么对于处于快速机动化、城镇化和城镇空间快速扩张中的广州来讲，无疑是灾难，交通问题将会对广州城市辐射产生致命的打击，城市竞争力将随着城市交通拥挤所造成的效率下降而迅速下降。

目前广州公共交通在消除城乡发展、中心区与外围地区发展上的"二元化"，建立区域公共交通协调的体制，向与城市空间、交通特征相适应的多层次、以枢纽为核心的公共交通网络转变，实现跨界公共交通运行，以及在投资、管理体制、运行模式上保障公共交通实现跨越式发展等方面的动力还不足。此外，广州在城市和区域公共交通发展上，不仅需要解决自身公共交通发展，还要承担起区域的责任，实现公共交通由城市向外延伸，促进区域的一体化发展。

这些都需要广州制定全面的公共交通发展政策、措施，并在规划期全面落实，来解决广州市、广佛都市区、广州与珠三角区域内城市的公共交通发展中的问题，全面提升公共交通的服务，实现公共交通在质、量和运营管理模式上的跨越式发展。

20.4 广州交通发展与空间结构调整

交通是在城市快速扩张，城市空间结构调整，以及区域内城镇间协调和区域空间调整时期引导空间发展的决定性因素，作为政府在城市和区域内最主要的投资，利用交通引导城市和区域空间结构也是政府最主要的意愿。

目前珠三角和广州市，交通发展正在进入一个新的阶段，高速交通和快速交通发展成为城市和区域交通建设的重点，这些重大交通基础设施的布局必将对广州城市空间，以及广州与周围城镇的关系产生决定性的影响，从而引导形成新型的城市空间结构和城镇关系。

广州在2000年开始实施城市空间拓展战略以来，城市结构调整和优化成为广州在未来一段时间内城市发展的主题，建立合理的空间结构应对广州城市社会、经济的发展，以及新型区域城镇关系下广州的新职能发展，成为规划期广州城市发展的重点。

20.4.1 重大交通基础设施发展对城市开发、空间结构调整的影响

根据国家、广东省和广州的发展规划，在规划期，广州将进入城市和区域重大交通基础设施建设的高潮，多条高速铁路、城际轨道、普通铁路、高速公路、城市轨道、机场港口扩建、双港的集疏运网络完善、城市快速道路系统、综合交通枢纽等。这为广州城市开发和空间结构调整提供了动力。

目前广州已经基本按照规划实施了城市内部的道路网络骨架，并且，双港的建设在广州城市空间南北拓展战略中已经发挥了巨大作用，这决定了广州城市空间在形态上的雏形。而在规划期，城市轨道、区域轨道、国家铁路建设将进入高潮，这些设施的建设均对广

州的城市职能产生巨大影响，也是实施 TOD 最有效的交通基础设施。这将成为广州空间整合和完善城市职能，形成对应空间形态的“城市内容”，并由此调整、完善城市空间的最后机遇，形成广州未来基本定型的城市空间与职能布局。

在目前已经规划的综合交通基础设施中，空港、海港、高速铁路站成为国内城市用来调整城市空间结构的最主要的设施，其作为可以影响整个城市或区域的设施，对城市的产业、中心、空间形态等的布局产生直接的影响，而区域轨道、城市轨道，以及客运枢纽则作为辅助，用以“充实”城市空间，实现城市职能的内部调整和布局。如果将空港、海港、高速铁路看成城市空间的骨头，那么区域轨道、城市轨道、客运枢纽则是肌肉。

目前国内各大城市已经意识到高速铁路、区域轨道的作用，都在研究高速铁路（客运专线）站、区域轨道站点建设对城市空间和城市职能的影响，并将其与城市职能调整、空间结构调整结合起来。

对于广州而言，在已经确定了依托空港、海港的城市拓展策略后，如何利用国家、区域、城市轨道，以及由此形成的综合交通枢纽，完善和支持城市拓展策略、城市中心的有机疏散策略、城市的多心发展策略，并由此建立合理的区域城镇关系是目前广州规划的核心内容。

拓展战略解决了广州的发展空间问题，而目前所做的则是要决定广州城市的未来。

20.4.2 新型广佛关系下交通发展对广州城市空间的影响

一体化下“新型广佛关系”是完善广佛城市职能、强化竞争力必须跨出的一步，不仅影响广州和佛山，对珠三角区域格局，以及珠三角对泛珠三角辐射都将产生影响。

新广佛关系建立，将从根本上改变广州的空间结构，并影响广州中心城区、南沙和花都的城市职能的构成，并将对佛山东部产业发展和佛山中心区的职能产生影响。而所有这些都以一体化的交通为基础。

在广佛大尺度的都市区空间下，道路网络对接是最容易实施的，只要在等级、功能上衔接就可以形成连续的交通服务。但是，对于公交网络，简单的衔接往往不能起到应有的作用，反而使公共交通系统的效率下降。单一城市规划的公交网络在功能等级上不一定适合于广佛都市区的空间尺度，同时，边界衔接所产生的换乘大大降低了公共交通的效率。而这种公交可达性的降低，一则影响都市区交通战略，使公共交通在都市区联系中处于从属的地位，难以提升公交的品质，这对于紧临佛山的广州中心区来讲可能是灾难性的，将面临城市职能和交通皆输的境地。再则，因为缺乏公共交通支持，在集约开发下的广佛都市区计划将成泡影。广佛都市区的衔接处于两者的核心地带，而衔接面也将成为未来都市区的核心地区，没有公共交通的强有力支持，对于广佛这样空间形态的都市区一体化的整合几乎难以进行。

因此，广佛都市区公共交通的一体化是实现新广佛关系的前提，而实现公共交通的一体化发展，需要广佛两地公共交通规划体制、运营组织上的创新。通过制度创新，以实现区域公共交通一体化发展，是国家赋予城镇密集的先发地区的责任。

20.4.3 城市结构调整与交通网络结构调整

没有交通网络结构和交通运输组织的调整，就没有实现城市结构调整的可能。广州目前已进入城市结构调整的关键阶段，交通的支持和引导将成为这一战略能否实现的关键，这需要综合交通系统在布局的结构形态、运输组织方式、交通网络的层次功能以及不同交通方式之间的结合等方面，与空间形态和城市职能耦合。

20.4.3.1 交通网络的结构形态

(1)广州是由一个单中心、依托珠江的城市发展起来的，交通网络随城市的成长而逐步成长。目前城市要向多心、多轴的空间形态发展，城市交通系统就要在继承目前形成的交通网络的基础上，适时改变结构形态，与多心、多轴结构相吻合。如交通网络对新城市中心的支持，原来以中心城区为核心的环放结构要改变为以多心为核心，中心之间密切联系的交通网络。

(2)在广州城市交通发展的同时，城市的对外交通系统也在逐步发展，形成了围绕广州主城的环线和放射线网络。而目前广州和佛山要成为新型关系下的广佛大都市区，实现一体化发展，两地的交通网络要融为一体，原来以单个城市为核心的对外交通网络就首先需要改变，形成都市区内以多中心对外辐射的交通网络，部分原来的对外交通设施将成为承担都市区交通组织的设施。

20.4.3.2 交通系统的层次

交通上另外一个影响城市空间结构的重要因素是交通系统的功能层次。由于城市空间规模的扩大，使城市快速交通系统成为提高长距离交通效率的重要手段，城市已经不可能由单一或者简单的交通系统功能层次来满足城市所需的交通可达性和机动性要求。而高机动性快速交通(道路和公共交通)的出现，城市交通组织的层次增加，相互之间的转换效率就成为制约整个系统运行效率的关键，促使整个交通网络必须围绕交通枢纽展开交通的组织，交通运行模式和组织模式将发生巨大变化。交通系统需要分层次对应不同特征的交通需求，同时各层次又通过衔接有机地组织在一起，形成城市的综合交通网络。

广州南北绵延达150余km，如果按照普通速度组织交通，则会造成由于交通机动性不足而割裂城市联系，导致城市布局分散、职能组织困难(广佛都市区也是如此)。建立都市区内部的高速交通网络，充分发挥高速交通系统在广州都市区交通组织的作用是广州交通系统效率提升的关键，不同交通方式的速度和服务范围见表20-6。

不同交通方式的速度和服务范围 表20-6

交通方式	步行	自行车	普通公交	普通轨道	轨道快线	城际快线	城际高速	小汽车
速度(km/h)	5	10	20	40	80	160	320	20～100
建议服务范围(km)	2.5	5	10	20	40	80	160	10～50

20.4.3.3　交通方式与城市空间结构的匹配

交通方式与城市空间结构的匹配也是影响都市区空间“内容”的重要因素。目前国内多数城市偏好于利用道路网络引导城市空间结构，但由于机动化水平不断提高，以及城市空间规模扩大，出行距离增加所引起的交通需求增加等将导致未来依靠道路系统所确定的等时范围逐步缩小，道路对城市空间的影响力逐步下降，同时，由于初期的道路引导所形成的交通结构又难以轻易改变，到时候可能要花更大的成本，才能实现合理交通方式与空间结构的匹配。因此，针对城市实际的空间结构、职能，选择合适的道路和公共交通结构，才能对城市的空间结构和“内容”起到支持的作用。广州以道路为先导的模式开始了城市空间的拓展，目前还未形成真正的城市空间，现在正是采取措施建立合理交通模式的时机，以充实合适的空间内涵。

20.4.4　空间“二元化”与交通“二元化”

广州在实施拓展战略后，空间规模迅速拉开，但空间发展上的“二元化”特征却在近期内难以消除，中心与外围地区在开发质量、城市内涵等方面的差距仍然相当大。而空间上的“二元化”发展直接导致了交通上的“二元化”。如公共交通在外围发展地区与中心区的承担的客运比例差距甚至达到10倍以上。交通结构、交通服务在外围地区还大量保留着原来郊区的特征，交通“二元化”又反过来加剧了空间的“二元化”特征的发展，导致目前城市东、南、北部地区与城市中心区潮汐交通成为目前广州城市交通分布的一个明显特征，居民出行OD调查结果如图20-14所示。

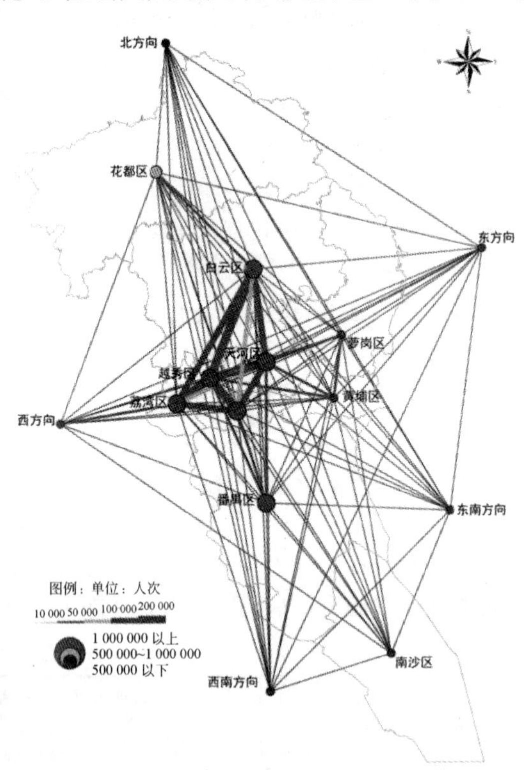

图20-14　2005年广州居民出行全方式OD调查

要消除空间的“二元化”必须以交通为“抓手”，通过不同方式和功能等级的交通系统引导外围地区城市生活圈建立，从而逐步消除空间上的“二元化”。

交通和空间“二元化”问题是目前国内每个特大城市空间发展中都共同面对的问题。通过加强城市中心与新发展地区交通联系，促进中心区城市职能的有机疏散，实现城市发展的平衡是每个城市都要采取的策略。因为机动化下城市道路交通拥挤将城市公共职能向外疏散受阻，所以，联系交通网络的建立中，公共交通发展才是化解

"二元化",促进城市职能重新分布的重要手段,特别是轨道交通。

20.4.5 分区组团发展与交通网络结构

组团布局是特大城市空间扩展中选择最多的模式,其有利于多中心布局、发展灵活、交通设施布局弹性大等特点,以及在发展环境等方面的优势使组团分区的城市空间结构在国内外的城市空间扩张中大行其道。

组团布局城市结构的核心问题是解决组团之间的联系交通,以及多中心之间的联系交通可达性,构建适宜组团发展的自由的交通网络,形成与"摊大饼"城市发展的多环放射网络(图 20-15)不同的、以城市中心为核放射各组团的自由式交通网络。

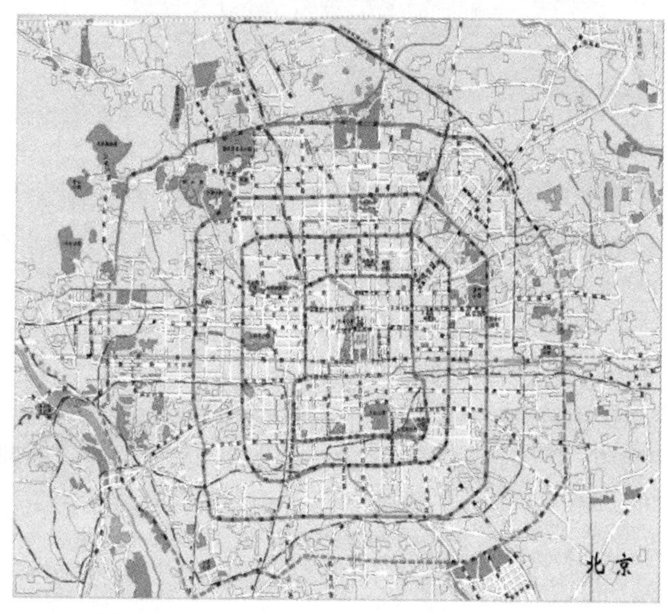

图 20-15 北京的多环放射网络示意

组团发展城市的交通网络分为两个层次——组团间联系交通和组团内部交通组织,两个层面的交通系统在运输组织上的思路、结构和指标完全不同,组团联系的交通网络按照中心、组团构建,形成以中心和枢纽为核心的多模式的连续干线走廊,以交通机动性为核心,而组团内部则以与干线走廊衔接点和衔接的枢纽为核心,按照组团内部实际交通组织的模式,以交通可达性为核心,构建适合自身交通组织的交通网络。

广州在空间拓展战略中的组团发展采取了分片安排不同功能的发展格局,这使各片由于交通特征的不同,交通组织和网络布局可以各异,如大学城(图 20-16)、天河中心、南沙、花都等。但各片区之间功能的突出又相互联系,以及与中心城区之间的联系要求增加,才能组成有机发展的城市。

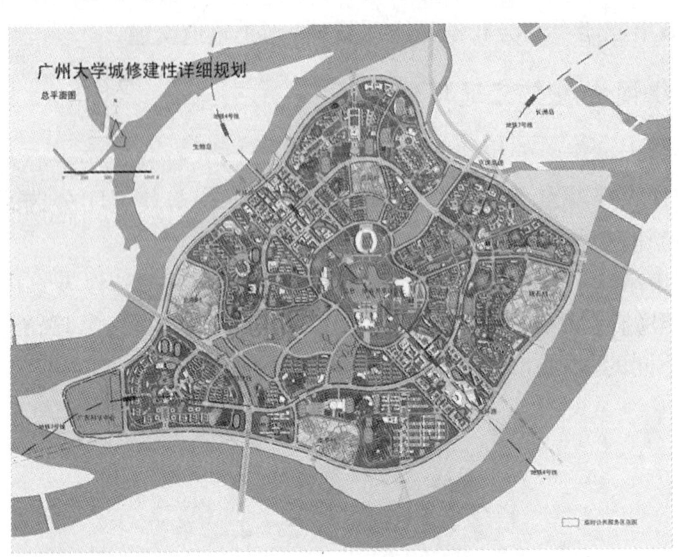

图 20-16　广州大学城修建性详细规划

目前，针对广州城市空间组团式拓展的交通网络骨架系统还在构建之中，但是，在都市区(广佛)内部高速轨道和道路联系交通与组团空间布局的同步发展和整合上，仍存在不少问题。

(1)高速道路系统目前主要由公路部门建设，虽然在珠三角地区，其按照城市节点进行规划、建设的模式已经有所改变，但与城市空间之间的结合仍然有很大的距离，如城市高速环路等。随着城市空间的拓展，高速公路为城市联系服务并将成为都市区交通的一部分，需要在结构和功能上进行改造、补充，使其作为都市区联系网络的一部分，与城市的快速交通系统相结合，形成都市区的联系交通网络。

(2)轨道交通是都市区承担组团联系交通的主角，但区域轨道与城市轨道快线仍然脱节，没有能够共同结合形成都市区公共交通联系的干线。同时轨道交通快线网络的布局与组团、多心的城市空间也不吻合，都市区范围的考虑仍不是重点。

(3)在布局上，城市主要干道只是"惯性"延长，公共交通干线与枢纽的布局与组团布局的思想也不完全吻合。

在规划期内，广州要在新的广佛关系下，建立都市区组团布局的城市空间，必须对区域交通(包括原来意义上的对外交通)、城市干线交通、交通转换与衔接枢纽的布局进行整合，形成与空间一致的分层次组织的交通系统。广州高快速路网现状与规划如图 20-17 所示。

20.4.6　广州中心区交通发展的机遇与挑战

中心区作为一个城市功能最积聚的地区，用地开发密度、交通密度往往是城市中最高的地区，也是交通资源最紧张、交通问题最多的地区。因此多数城市都把中心区交通问题

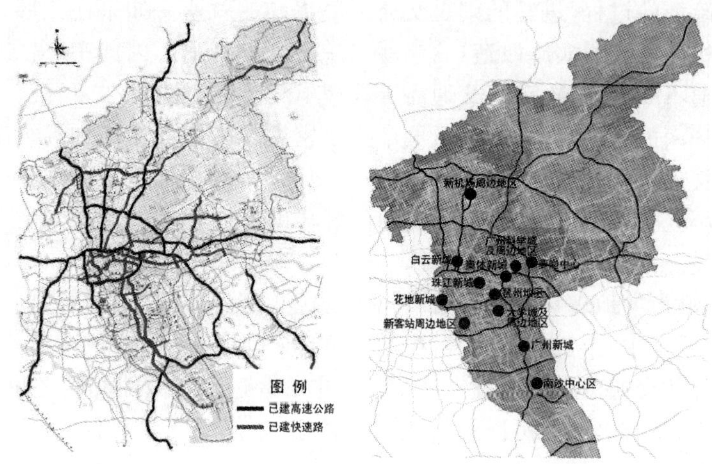

图 20-17 广州高快速路网现状与规划

的解决放在首位。

中心区的交通问题来自于职能的聚集和中心区功能的发挥，这也就决定了中心区交通问题的解决原则须以不损害中心区职能发挥为前提，而不是用损害中心区职能的“外科手术”式的方法解决中心区的交通问题。中心区的交通发展与中心区的职能、开发，以及中心区功能的发挥密切相关，是城市中交通与城市用地发展最敏感的地区。因此，如何在保持或提高交通密度的前提下，降低机动交通密度就成为中心区交通发展的关键。这就使交通需求管理和公共交通成为国内外应对中心区交通问题的必然选择，而非大刀阔斧的拓宽道路。

平安大街被人称为北京的“第二条长安街”。自从 50 年代有人提出要修建平安大街之后，有关是否应当修造这条路的争议持续了 40 年之久，但赞成修建的意见最终还是获得了决策者的青睐，他们把期望中的平安大街定义为“集交通、旅游、商业为一体的综合性现代化干道。

为了方便交通，平安大街全长 7026 米，路面宽 28 至 33 米；为了发展旅游，沿街修造了明清风格的仿古建筑；而平安大街优越的地理位置也使决策者们对它吸引商家的魅力深信不疑。

然而，平安大街并未达到设计者的初衷。把商业区的功能与交通的功能混为一谈，二者都想追求最大化，结果哪个都没做好。平安街上最窄的地方，店面距街道不过两米，仅容三四人并排通过，根本无法停车。千店一面，商业无主打特色，导致房地产市场开发并不理想。而在交通上过多的交叉口限制了行车速度，进出平安大街出入口更是严重堵塞。——摘自《中华工商时报》，北京平安大街，失败的改造，史彦、马璐瑶

此外，中心区的职能也在不断发展，城市对传统的中心区开发随着城市的发展不断在进行，而中心区的改造过程往往也是交通强度增加、职能提升的过程，如目前国内许多城

市中心区人口疏散的过程，进驻的则是交通强度更高的就业。如果还按照以道路为主体的交通模式对中心区交通实施改造，后果就是中心区的衰退。因此中心区交通发展的过程就是公共交通不断加强，机动车交通需求管理不断严格的过程。

广州作为华南的特大都市，中心区城市开发密度在国内大城市中名列前茅，同时，经济发展带来的交通机动化也已经使广州中心区交通拥挤名列前茅，尽管在过去的几年里，广州为解决中心区交通下了大力气，但交通的好转也只是昙花一现，很快新增的交通就将改善的努力淹没。

而且，广州城市的地理特征决定了广州中心区正好处于珠三角城市向北过境交通的要道上，这更加剧了中心区交通问题解决的难度，20 世纪 90 年代～21 世纪初的几年里，广州中心区的多数交通建设的出发点就是解决中心区过境和内部交通之间的矛盾。

在目前广州新的规划中，可以想象，随着广佛一体化发展，广州老城中心将承担更多的职能，而新的城市中心随着城市的拓展也将不断完善，并承担新的城市职能。

可以讲，中心的发展是广州发展的基础(作为区域的中心城市)，但这些地区目前在交通需求管理以及公共交通密度上与广州的地位、广州的目标仍有差距，在新的规划里，必须结合国家、区域、城市重大交通基础设施的布局，强化中心区交通辐射，屏蔽过境，使中心区交通能够辐射内外(内：市域；外：区域、泛珠)、支持广州发展目标下城市职能向广州中心区的聚集，以及部分职能的向外疏散。

20.5 广州市综合交通发展目标

20.5.1 城市发展目标

广州在不同的时期都根据城市发展的特征和国家经济发展的环境提出了相应的城市发展目标，但无论什么时期的目标，都把强市、中心城市作为目标的核心，并根据国家和国际经济发展的特征，不断提升广州经济发展水平和人民生活水平，不断扩展广州中心的腹地。

2000 年完成的《广州城市发展战略》所确定的广州城市发展战略为：

充分发挥中心城市政治、文化、商贸、信息中心和交通枢纽等城市功能，坚持实施可持续发展战略，实现资源开发利用和环境保护相协调，巩固、提高广州作为华南地区的中心城市和全国的经济、文化中心城市之一的地位与作用，使广州在 21 世纪发展成为：

(1)一个繁荣、高效、文明的国际性区域中心城市；

(2)一个适宜创业发展、又适宜居住生活的山水型生态城市。

2003 年，广东省委、省政府提出，到 2020 年，“把广州建设成带动全省、辐射华南、影响东南亚的现代化大都市”的战略目标。

2005 年批复的《广州市城市总体规划》确定的城市发展目标为：以科学发展观统领全

局，坚持实施可持续发展战略，实现人口、经济资源环境发展相协调，促进产业化水平的提高和经济健康发展并保持社会稳定，推动社会经济发展模式转型，促进社会发展和人的全面发展，构建社会主义和谐社会；充分发挥中心城市政治、经济、文化、信息中心和交通枢纽等城市功能，巩固和提高广州作为华南地区的中心城市和全国的经济、文化、对外交往中心城市之一的地位与作用，使广州在21世纪发展成为带动全省、辐射华南、影响东南亚的现代化大都市，高效、繁荣、文明的国际性区域中心城市，适宜创业发展又适宜生活居住的山水型生态城市。

确定的广州城市性质为：广州市是广东省的政治、经济、文化、交通中心，我国的历史文化名城和华南地区的中心城市，我国重要的经济、文化中心和对外交往中心之一，我国南方的国际航运中心。

广州市最新研究初步确定的城市性质：国际城市（国家级城市中心）、中国南方经济中心、文化中心、国际航运中心和对外交往中心，国家级历史文化名城，广东省省会。以及我国重要的信息流通枢纽和科教创新平台，率领我国南方地区融入世界经济体系的国家中心城市，环境优美、文化繁荣的家园城市和现代化大都市。

20.5.2 交通发展目标

《广州市城市交通发展纲要（草案）》确定的广州交通发展目标为：

适应广州建设现代化大都市和"两个适宜"城市发展要求，强化区域辐射与合作，协调交通与土地利用，大力发展海、陆、空交通，以城市路网和轨道网为支撑，积极构筑以轨道交通为骨干、常规公交为主体、出租车轮渡为补充的公共交通系统，尽快形成内外一体的多模式一体化交通系统，实现畅达、集约、绿色、和谐的综合交通发展战略目标，促进广州与整个泛珠三角地区社会、经济与环境的可持续发展。

广州交通发展目标比较全面地提出了广州交通发展的方向，但还应根据广州规划期城市发展的主要任务，以及交通与城市、区域发展的关系，重点突出以下四个交通发展基点，达到综合交通发展的集约、绿色、和谐的综合交通发展战略目标：

(1)区域协作。广佛都市区一体化交通发展，以及协调广州与珠三角，特别是与深圳—香港都市区重大交通基础设施的合作、协调，加强对西岸地区和北部地区的辐射。

(2)实现公共交通的跨越式发展。改变公共交通"二元化"发展状况，建立城乡一体、都市区一体、区域与城市一体、对外与城市一体的区域性公共交通系统。根据城市的发展逐步调整公共交通网络的结构、层次，逐步建立起多层次，以衔接枢纽为核心的公共交通服务体系，使公共交通成为广佛都市区交通联系的核心。

(3)交通对空间、土地的引导整合，是现阶段的重要任务。逐步调整交通网络，引导和适应城市空间的调整，建立交通与土地利用协调的开发模式，在交通引导空间发展的策略中，随着交通拥挤下道路交通对空间引导作用的降低，实现从道路发展引导向以轨道交通为主的公共交通引导转移，利用国家铁路、区域轨道、城市轨道枢纽和走廊，引导和整合城市空间的发展。

(4)针对交通机动化发展，都市区内部高效率优先交通系统的建立和交通需求管理政策的建立，也是广州规划期交通发展的又一重点。

20.6 综合交通发展战略

20.6.1 总体策略

无论是国家还是广州，规划期内城市发展和交通发展都将进入一个全新的发展阶段。在科学发展观的指导下，在机动化、区域化、空间扩张持续、高速发展的形势下，利用国家、区域和地方交通发展的大好时机，在机制、政策等方面发挥广州的创新精神，对区域协调、城市职能、城市空间、土地开发模式、居民出行特征等有计划的进行引导，扩展广州的服务腹地，完善广州的服务职能，达到城市和交通发展的集约、节约、和谐。

(1)积极引导机动化发展，引导居民出行结构向以轨道交通为主的公共交通转移，实现区域、市域交通由以道路为载体的私人交通为主，向以公共交通为主导的交通模式转移。

(2)利用交通发展的机遇，扩展广州的辐射和影响。

(3)积极利用国家、区域、城市交通大发展的时机，促进 TOD 模式的城市发展，建立可持续的交通与空间、土地利用发展模式。

(4)积极参与区域合作，整合交通规划、建设与运营管理，促进广佛一体化。

(5)把交通策略作为广州城市公共政策的重要组成部分。

(6)积极进行交通网络调整，引导和整合都市区和城市空间。

(7)建立多层次的交通服务体系，调整交通运输服务组织。

(8)促进公共交通跨越式发展，实现城乡、区域、都市区公共交通一体化发展。

(9)采取必要的交通需求管理政策。

(10)在政策、体制、法规等方面进行积极创新。

20.6.2 提升广州综合交通枢纽地位

随着国家综合交通网络的发展，广州综合交通的职能将更加丰富，发展需要抓住国家综合交通网络完善的机遇，以完善和强化铁路(轨道)枢纽为龙头，进一步提升双港，突出广州重要职能地区的区域性和开放性，巩固广州在国家的地位，带动区域协调与合作，辐射泛珠三角地区，促进广州门户战略和利用综合交通枢纽促进城市发展战略的实施。

(1)利用铁路(包括轨道)整合广州综合交通系统，进而整体提升广州枢纽的地位，作为广州综合交通发展的核心。铁路枢纽是广州的优势，而国家和珠三角交通战略把铁路(轨道)发展作为综合交通发展的核心，高速铁路为核心的铁路网络是扩大广州影响，确立广州在全国和珠三角城镇体系中地位的主要设施。因此，广州要充分利用自身在铁路网络中的优势地位，促进综合交通系统的全面提升，利用铁路（轨道）与双港、城市核心职能发展区、重要的物流组织设施等区域性设施的紧密衔接与联系，把广州的战略性地区的发展融入铁路枢纽，实现通过铁路扩大广州战略设施、职能和经济、社会影响。

（2）国家铁路发展，以及珠三角在铁路网络中的地位加强，使区域铁路资源的分布上，深圳—香港作为区域内的另一个枢纽发挥作用，广、深—港枢纽分工明确，沿海、京九等铁路资源将以深圳为中心布局。为扩大广州对沿海、京九等的影响，需要广州与深圳枢纽联合，形成珠三角的综合铁路枢纽。

（3）双港作为珠三角门户的重要组成部分和重要的区域性设施，集疏运网络必须体现双港的区域性特征，利用高速铁路、城际轨道、区域货运铁路、高速公路，建立泛珠三角地区和珠三角地区与双港直接联系的高等级集疏运交通，提高双港的区域交通可达性，来弥补双港在区域中位置和地理上的劣势。

（4）公路交通的服务水平将随着机动化发展而下降，将使铁路和区域轨道占据区域联系交通核心位置，广州中心的区域性服务、机场的区域性服务必须有区域轨道的直接支持。同样，机场枢纽与区域轨道、高铁枢纽结合，才能弥补机场在位置上的劣势，与广州机场作为华南出入境机场，以及国家三大核心枢纽的功能相吻合。

（5）国家港口规划把广州作为国家南部地区内外贸和战略性资源的主要运输港口，是珠三角门户的重要组成部分，将与珠三角其他城市的港口设施一同构成国家的南部门户。广州港在发展上要充分发挥内河、铁路和高速公路运输等优势，建立干线货运铁路、干线高速公路与广州港口的直接联系，加强东、西江、珠江内河航运与广州港的直接衔接，货运铁路、铁路集装箱线路直接进入广州港，利用铁路优势发挥广州港作为内陆出海口的作用，加强疏港道路与珠三角西岸，以及北部地区的联系，在区域内培育与深圳—香港港口的错位腹地。

（6）建立基于门户设施的综合运输和物流枢纽，通过门户港口、铁路集装箱中心站、高速公路，建立多方式联运枢纽，并与工业产业发展结合，形成基于双港与铁路的珠三角综合物流中心。

（7）铁路站点的设置要符合大广州都市区联系及对外联系的要求。

20.6.3 积极参与区域协调，实现广佛交通一体化发展

区域是广州城市发展的依托，特别是在新广佛关系下建立广佛一体化都市区，是广州扩展城市功能，向“带动全省、辐射华南、影响东南亚的现代化大都市”迈进的前提。因此，广州应该积极进行区域协调，主动承担区域责任，特别是在作为区域协调和实现广佛一体化的重要载体——交通上，通过广州各功能区和战略性设施与区域交通网络的密切衔接，实现广州与区域的融合，进而达到利用交通带动广州的区域化和利用交通引导区域职能向广州聚集的目标。

在广州城市交通的发展上，正视区域对广州以及广州对区域的双向影响，建立向区域开放的交通系统。将区域交通网络彻底融入广州的交通网络中，促进广州区域职能的聚集和提升。

改变目前将区域、对外交通置于城市外围与城市交通衔接的布局模式，将区域轨道交通、道路引入广州的各中心区、重要发展地区、主要客运枢纽，打破广州作为一个城市与区域衔接的思路，按照广州不同的职能承担地区和组团与区域交通进行衔接。在机动化迅速发展下，特别要注重区域轨道交通与广州城市客运交通的一体化发展，通过交通设施的区域共享，推动广州城市职能的区域化发展，从分散衔接到整体提升，来强化广州区域核心的地位。

同时主动建立以广州为核心、与周围城市主要发展地区联系的城市轨道交通快线，作为区域轨道交通的补充。

建立城市、区域走廊全面联系佛山，通过主要区域走廊联系深圳—香港与东莞的主要发展地区，通过主要对外走廊联系北部城镇，通过不同等级的区域走廊联系珠三角西岸其他城市，进广佛一体化发展，与东岸通过联系实现区域合作，辐射西岸和北部地区。

广佛一体化是广州城市发展战略的重点，涉及广州城市功能、空间、布局的调整。在新广佛关系下，按照一体化发展模式重新编制广佛都市区综合交通系统规划，分步推进，促进区域交通和城市交通设施、服务、运营实现一体化发展，按照都市区模式建立新型的广佛交通联系。特别是都市区的公共交通，线网、枢纽按照都市区的发展模式统一规划、运营，实现轨道网络、地面公共交通干线网络的一体化发展，在运营管理上通过机制转换实现完全统一，从根本上改变目前市界换乘的模式。

20.6.4 交通引导城市空间调整与土地利用发展

利用交通引导城市空间结构调整是规划期内交通发展的重点，利用国家交通网络、区域交通网络建设的高峰期，以及城市轨道交通的发展，引导广州城市空间结构、广佛都市区空间结构的调整。不同功能交通设施与城市发展结合起来，实现空间在形态和内容(职能)上的拓展和优化，并通过空间调整与交通的结合实现国家、区域、城市交通的一体化发展。

(1)利用可控性高的高速和快速轨道、道路交通系统作为城市空间的骨架，通过站点、出入口的控制与城市的组团布局结合起来，避免交通可控性差的城市主次干道跨越组团所引起的连绵开发。

(2)改变单中心时代形成的广州交通网络的惯性延伸，利用国家、区域和城市交通快速发展的机会，适时改变交通系统的布局形态，与城市的空间形态吻合，以引导合理城市空间结构的形成。

(3)结合组团内生活服务设施的建设，塑造组团内的生活圈交通，实现真正的组团布局城市结构。

(4)在对城市开发和空间结构的引导上,由以道路为主向以轨道为主转变。按照城市的集约开发,以轨道交通作为城市空间骨架的主体。建立中心区、副中心之间密集联系,通过与中心结合的大型客运枢纽放射其他发展地区的轨道交通网络。

(5)根据广佛城市“四角山水”,以及广佛莞“八大片区”的布局模式,利用国家、区域和城市交通设施构筑大广州都市区内部的联系框架,以及大广州与港—深、珠—澳的联系框架,如图 20-18 所示。

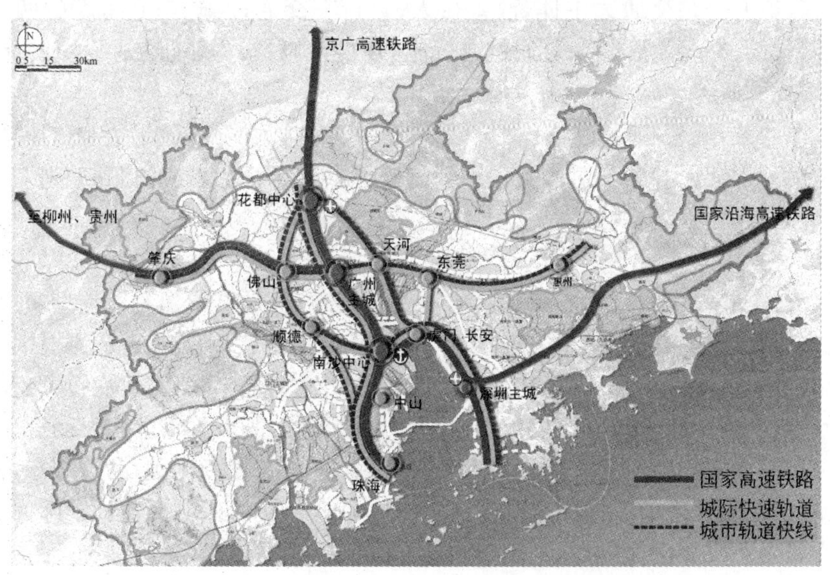

图 20-18 大广州都市区联系及对外联系框架

(6)抓住客运交通系统布局模式由原来均质型线网向多层次网络与枢纽结合发展的时机,利用国家客运铁路、区域轨道和城市轨道交通结合所形成的客运交通枢纽,促进多中心布局形成和新兴地区发展,以大型综合客运枢纽对高端服务、办公的吸引力,促进新型副中心地区的成长。重点加强天河、南沙、花都、东部中心区的客运枢纽建设,促进这些地区副中心的成长,扩大机场的腹地,提升机场地位,以整合空间拓展战略的成果。

a. 把国家高速铁路(目前的京广、贵广、至沿海高铁的联络线等)与机场枢纽、老城中心区、南沙、东部中心的发展和调整结合起来,巩固机场作为华南出入境门户的地位,以及促进中调的实施和南部、东部副中心的发展。

b. 区域城际轨道发展中,形成广珠、广深的双线,新的城际轨道在南沙中心交汇,形成珠三角城际交通的转换中心。广珠城际延伸至老城中心、机场。促进机场、老城中心对西岸腹地的服务,以及利用区域轨道走廊带动广州南沙地区的发展。广珠、广深铁路在老城中心形成衔接枢纽,并衔接佛山、东部副中心区枢纽。

c. 通过广佛一体化运营的城市轨道快线联系南沙、老城中心、机场枢纽与佛山中心区、顺德中心区。

d. 通过城市轨道快线联系莞城与广州的东部中心、南沙与虎门、长安地区。

(7)利用轨道交通快线发展促进中调,促进中心区的职能提升与疏解。建立中心区与广佛都市区各副中心、主要客运枢纽、重要发展地区密切联系的轨道交通系统,通过影响地租,促进中心区的改造和中心区部分职能的疏解,实现中心区职能的优化和提升。

(8)将主要道路系统按照功能划分为客运走廊和高等级的机动车交通组织道路,客运走廊以轨道、地面公共交通为主体,改善行人、自行车交通设施,与高密度的两侧开发配合,而机动车交通组织走廊则主要通过通行能力改善,以提高机动交通组织的能力为主,不主要对用地的服务。

(9)在旧城区,交通与历史文化保护结合起来,建立以公共交通为主体的旧城区交通系统,减少机动车交通和尾气对历史保护区的破坏,以及大拆大改的道路改造。

20.6.5 全面实现公交优先,促进公交跨越式发展

公共交通发展是广州空间发展和交通发展的核心,也是广州建立节约型城市的关键。目前公共交通发展虽然取得长足的进步,但距离跨越式发展的要求还差的很远。而要实现公共交通跨越式发展,建立真正的大都市区公共交通系统,广州需要从投资、设施、网络结构、服务、票制、补贴、管理、运营、机制、政策、用地开发、需求管理等各方面全面突破。

(1)广州要在规划期内通过各种努力,提高公共交通的投资比例,改善服务,大幅度提高公共交通在客运交通中的比例。都市区进入中心区公交的比例要达到国际大都市的标准,市区公共交通要全面提升,达到《广州交通发展战略》提出的目标。

(2)目前广州中心区和副中心地区规划公共交通的密度(轨道站点等),特别是外围中心区,与国外发达的大都市地区相比仍有很大的差距,要实现广州中心区的功能提升,成为影响泛珠三角的中心,公共交通密度必须大幅度提升,才能满足功能提升所带来的客运交通需求。

(3)加快制定保障公共交通跨越式发展,全面实施公共交通优先,引导居民出行行为向公共交通转变的交通需求管理政策。

(4)公共交通网络结构要尽快向以枢纽为核心的多层次公共交通网络转型,通过区域高速轨道将广州的各中心与其他城市的核心地区联系起来,城市轨道快线交通联系中心与各副中心、佛山的中心地区,以及外围的主要发展地区,城市普速轨道覆盖城市的主要客运走廊,地面公共交通干线覆盖城市的次要客运走廊,其他作为补充,形成不同层次、速度的公共交通网络,不同层次的网络之间通过客运枢纽衔接。

(5)利用市场机制建立广佛一体化的公共交通管理机构,打破投资、体制、运营管理的障碍,全面推进广佛公交一体化发展,实现城市轨道、公共交通干线、交通枢纽的一体化布局和一体化运营。

(6)全面推进城乡公共交通一体化,利用公共交通推进城乡统筹发展。

(7)在公共交通服务上,满足城市不同层次人群的公共交通服务需求,打破按照平均主义设定的公共交通服务,既要能够吸引高收入的人群,又要能够满足低收入人群的服务需求。

(8)对公共交通的票制、票价体系进行改革,按照城市职能分区和空间结构目标逐步推行区域票制,引导公共交通网络结构向多层次的干支线结合的网络转变。

(9)加快公共交通的改革,根据城市空间的拓展和城镇化进程逐步拓展城市公共交通服务,促进以广州为中心的区域公共交通网络发展,利用公共交通补贴体系逐步调整和转化原来的区域长途运输网络和运输服务模式。

(10)促进客运走廊与用地开发结合,与住房政策结合,引导居民出行方式的转变,为公共交通与土地利用的可持续发展奠定长远的基础。

(11)适度发展以校车、班车、厂车等为主的准公共交通系统,并与城市公共交通统一布局。

(12)在公共交通走廊、枢纽、城市中心区、历史文化保护区,全面改善自行车、行人交通环境,以及与公共交通的换乘,实现这些地区以公共交通、行人、自行车为主体的客运结构。

(13)在实行机动车交通需求管理的中心区边缘,外围各片区、组团公共交通枢纽附近,轨道线路末端,建立私人机动车与公共交通的换乘设施,鼓励私人机动交通与公共交通之间的换乘。

20.6.6 适应城市和区域发展,适时调整城市综合交通网络

城市空间扩大和城市结构的转变和调整,要求交通网络形态也必须适时进行调整,才能满足居民出行的需要,引导居民出行特征和空间结构的变化。

在短短10年里,广州由小到大,实现了空间形态上的拓展,并开始了广佛都市区的构建,城市人口、就业的分布迅速变化,居民出行距离增长,机动化需求提高,城市不同职能地区的区域服务腹地也不断扩大,新的城市中心地区正在形成,这使交通服务的要求、分布、范围都发生巨大变化,而这种变化还正在进行之中,并深刻影响着未来的城市和城市中居民的生活和经济活动。

(1)随着广州城市空间的变化,城市交通网络调整成为以多模式、多层次交通转换枢纽为核心交通网络。交通衔接点、客货运枢纽、高等级道路出入口等,以及承担集散的交通网络密度与枢纽的衔接作为交通系统布局的重点。

(2)随着机动化发展和居民收入的变化,城市人口中不同的阶层开始出现,各阶层对交通服务、居住和就业等的不同需求,使城市中不同交通服务的分布出现变化,城市交通要考虑不同阶层人群服务需求,建立服务于不同人群而又相互关联的交通服务系统,不再是以多数人的平均需求为准则建立起来的交通系统。针对以多数居民出行需求为基础建立的交通系统,重点扩展对高收入人群和低收入人群服务的交通系统。

(3)城市空间结构的调整使城市的出行分布发生变化,原来以单中心为基础建立起来的环形放射交通网络在多中心的发展中必然难以支撑外围副中心发展,需要建立以都市区交通框架为核心,多中心之间利用大运量走廊密切联系,并放射各中心服务范围的交通网络。

(4)广州和广州都市区作为组团布局的城市,城市交通网络按照都市区空间结构和组团布局的特点,建立由都市区骨干交通系统联系片区,片区至组团,组团之间辅助联系,以及组团内部集散系统构成的多层次道路和公共交通交通网络。

20.6.7 加强交通需求管理与拥挤管理,促进城市交通系统平衡发展

要实现在资源约束下的交通可持续发展,就必须对城市交通和区域交通需求发展进行有效管理,“量体裁衣”,建立科学的交通需求管理体系。

即使在道路交通基础设施十分发达的国家,在机动化快速发展、交通需求,特别是机动交通需求迅速增加下,也必须实施严格的交通需求管理政策,才能保障交通的正常运行。

随着机动化和区域化的发展,要实现城市公共交通的跨越式发展,保持交通需求和供给的相对平衡,需要从城市的整体发展、整体运行的角度,制定全面、分步骤推进的交通需求管理政策。

同时,在交通拥挤作为“常态”的交通运行状态下,把道路的拥挤管理和优先路权保障作为保障都市区和城市道路交通系统能够正常运行的手段。

(1)对高等级道路的出入口进行进出交通管理,保证城市高等级交通网络的基本畅通,以保障空间拓展后城市的整体运行。

(2)由此,高等级道路系统,以及与集散交通网络的衔接(主要是城市的立交系统)须按照拥挤管理的目标进行设计和改造。

(3)建立高等级道路系统上的优先车道系统,鼓励高乘客占有率车辆(HOV)的通行。

20.6.8 提升中心区的交通环境,重塑中心区交通

老城中心作为广州、广佛都市区,以至于珠三角和泛珠三角部分职能的中心,也是广州历史文化保护和展示的核心地区,而其他副中心,作为城市片区的中心,也都承担了大量的区域职能,如花都的区域航空物流服务、机场服务,天河的会展、产业服务,南沙的区域产业服务和航运服务等,而随着泛珠三角合作的深入,这些片区中心的服务职能还将进一步加强,服务的腹地也将进一步扩大。

中心区作为广州区域职能和城市职能的聚集地区,也自然成为区域和城市交通的集中地区,成为广州交通强度最大的地区。

随着机动化的发展,广州各中心区的交通将无法按照目前以道路交通为主的模式进行组织,必须在扩大中心区公共交通服务的同时,对进入中心区的机动车交通进行有效的

调控管理，提高机动车交通进入中心区的成本，建设良好的过境交通组织系统，提升高质量公共交通在中心区的交通可达性，创造良好的中心区交通环境。

(1)对以老城中心为主的各中心区实施交通需求管理，加强停车管理，通过停车收费提高，调控进入中心区的机动车数量。对老城中心，在规划期内，针对历史文化保护和区域服务的提升，实施区域收费管理。

(2)针对广州中心区的分布，建立老城中心和各片区中心的外围过境交通组织系统，屏蔽中心区过境，对于已经建设的穿越中心区的高等级道路系统，实施全面的进出口交通管理。

(3)增加老城中心和各片区中心轨道交通站点的密度，特别是各副中心地区轨道交通站点的密度。

(4)制定以提升中心区公共交通服务水平为核心的中心区公共交通的区域票制和票价，提高中心区公共交通的竞争力。

(5)在老城中心和各副中心地区，建立以国家高速客运铁路、区域轨道、城市轨道快线、普通城市轨道，中心区地区性服务公共交通的综合枢纽，枢纽与中心区职能空间的布局相吻合，枢纽的形式根据中心区到达交通为主的特点，以分散组合型枢纽为主。

(6)全面升级和改造中心区慢行交通系统的环境，在对机动车需求管理的基础上，通过道路环境、中心区不同的道路断面等，给予慢行交通以更多的路权，在公共交通枢纽地区和主要的人流集中地区，结合公共交通布局，开辟更多和更大范围的步行区。

(7)老城中心要以广佛交通一体化为主导，加强广佛公共交通的联系，促进城市职能的调整。对目前已经形成的各自为政、边界衔接的轨道交通网络、客运枢纽规划按照一体化运营的目标进行调整。

(8)结合老城中心的职能调整、历史文化保护，与轨道交通建设相结合，扩大老城中心的步行交通区范围，重新塑造优雅、繁荣、和谐、精致的老城交通环境。

20.6.9 积极推行体制和政策创新，促进交通可持续发展

城镇连绵地区跨界都市区发展和全境的城镇化发展，给交通系统在现行体制和法规框架内进行城镇协调、城乡协调提出了新的课题。

(1)公共交通补贴与跨界运行；

(2)交通设施属地化规划、建设、管理与经济社会活动在连绵地区城镇间的一体化运行；

(3)城市交通与区域交通、城市公交与长途客运的标准、运营、票制票价差异；

(4)区域全境的腹地经营与属地化的区域性设施管理等。

广州作为区域和都市区的中心城市，需要承担起积极推进交通行政体制和政策上的创新，以适应该地区新形势下的区域协调和城乡协调发展。

(1)需要基于区域协调和城乡协调，建立新的交通评估体系，积极运用市场机制上的

创新，通过市场化的力量，解决跨界交通组织和一体化发展。

（2）广州作为区域的核心，应该在区域协调中承担更大的责任，积极创新和推动规划、投融资和交通运营组织上的区域合作新模式，共同规划、共同融资、市场化运作，分步骤推进，探索属地化投资管理、交通一体化运营、管理的新模式。

（3）积极推进针对全境城镇化发展下新型的城乡交通统筹发展，利用城市公共交通等作为促进城乡统筹公共政策实施的保障的。

（4）积极创新区域交通与城市交通融合下的交通管理，按照交通的特征和区域交通的融合，改变既有城市规划、交通规划的思想，以及城市交通管理、需求管理思路，促进广州的区域地位发挥。

（5）探索都市区交通发展的新模式，创新行政管理、交通补贴、交通发展政策等机制和体制。

（6）积极寻求区域性设施区域共享的机制和管理创新，扩大广州区域性设施的服务腹地。

21 北京市大兴新城综合交通规划

21.1 项目概况

21.1.1 项目背景

《北京市城市总体规划(2004～2020)》规划北京市将形成“两轴、两带、多中心”的发展格局,处于中心城外围的“新城”成为北京未来城市发展的重点。

由此,北京新城发展将进入一个新的历史发展机遇期,发展模式上将发生重大变化:原来相对独立的“郊县”发展模式将被彻底摒弃,新城的发展和建设将更多地融入到整个北京市及更大区域的整体发展中。

大兴新城地处北京南大门,在众多新城中具有相对特殊的地理区位,北部邻丰台区和朝阳区,西部依房山区,东部靠通州区和亦庄新城,是北京唯一同时联结“一轴”、横跨“两带”并与“多中心”相关联的新城。新城距北京中心城区南三环仅 13km,紧临南五环,是北京距离中心城区最近的新城,如图 21-1 所示。在区域层面上,大兴区处于京津区域发展的核心地带,是北京市与区域衔接的要地。

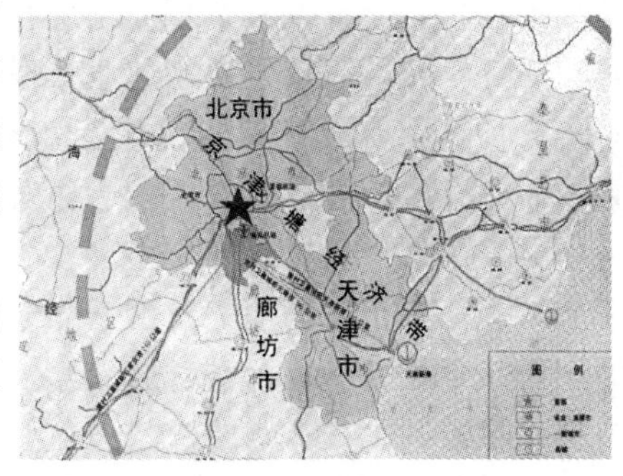

图 21-1 北京城市发展模式及大兴地理位置

21.1.2 规划范围与年限

综合交通规划与新城总体规划规划确定的规划范围一致,新城交通规划范围为包括现大兴新城兴丰街道办事处、林校街道办事处、清源街道办事处、黄村镇、西红门镇、北臧村镇、团河农场、天堂河农场的部分用地,总面积 163.03km^2。对外与区域交通研究范围为大兴区行政辖区范围,面积 1 036km^2。

规划年限:近期 2010 年,规划 2020 年。

21.1.3 研究思路与技术路线

(1)结合新城总体规划,深入研究交通与城市发展的互动关系,在研究过程和内容上,突出新城交通对于新城城市空间、职能以及土地利用的引导作用,协调综合交通与城市发展；

(2)大兴新城未来的发展并不是现有城区的单纯蔓延，新城的交通规划，在规划思路上更加强调如何实现未来目标，而不限于既有问题的简单改善；

(3)突出规划弹性，结合大兴新城发展特点，在规划中对新城发展具备战略性功能的预留地区，考虑远期发展转型需要，在交通系统规划中予以弹性考虑；

(4)协调新城交通规划与其他规划，特别是与北京市城市总体规划提出的新城承担中心城人口和城市职能分散的规划思路相衔接；

(5)构筑高标准、现代化、一体化运营的新城交通运输体系，落实北京市发展重点向新城转移的发展策略；

(6)突出大兴新城处于北京对外和区域联系“门户”的重要作用。

21.2　新城城市职能与土地利用规划

21.2.1　城市职能与功能

大兴新城总体规划确定大兴城市功能为：是北京具有生态特色的城市发展新区，北京重要的居住、物流中心，是现代制造业和文化创意产业的重点培育地区。并且确定大兴的城市职能为：“北京市发展制造业和现代农业的主要载体，也是北京市疏散城市中心区产业与人口的重要区域，是未来北京市经济重心所在。主要任务是依托新城、国家级和市级开发区，增强生产制造、物流配送和人口承载功能，成为城市新的增长极，为全市的持续快速协调发展做出贡献”。

大兴区在土地利用上就由三部分构成：北京疏解中心城区人口的重要居住区；北京具有生态特色的新城；京南依托优越交通条件发展的物流中心、现代制造业和文化创意产业重点培育地区。

1.疏解北京中心城区人口的重要居住区

北京居住郊区化的现象在20世纪80年代初现，20世纪90年代后趋势更加明显，速度更快，集中表现在旧城区人口的逐步下降，近、远郊区人口的急剧膨胀。从1990年～2000年，北京近郊区的人口由398.8万人增至638.9万人，年均增长率4.82%。远郊区人口449.4万人增至506.6万人，其中昌平、房山、大兴、通州、门头沟、顺义等远郊区增加了53.2万人，年增长率为1.58%。

外围各区政府所在地的人口和接近中心城的城镇增长速度都比较快，人口向这些城镇进一步集聚的趋势明显。随着中心城区用地条件限制因素增多和地价提高，以及放射性交通基础设施和快速便捷的公共交通系统的形成，进一步刺激居住向新城和靠近中心城的城市化地区聚集。同时，随着生活水平和消费水平不断提高，第二居所悄然兴起。大兴凭借其良好生态资源有望在新一轮的居住分布格局调整中占据重要地位，并带动产业、公共服务设施从中心城区向外转移，最终形成功能完善的城市地区。

近年来，随着中心城的改造和人口疏散，大兴区已经成为北京市外来人口的主要居留地和市区人口主要疏散地之一。2004 年流动人口是 2000 年流动人口的 4.87 倍，截至 2004 年，大兴区户籍人口 55.5 万人，人户分离人口 18 万人，流动人口 50 万人，流动人口和人户分离人口超过了户籍人口。从流动人口分布来看，流动人口主要集中旧宫、瀛海、西红门、黄村等靠近中心城城镇，其中流动人口最集中的旧宫，流动人口接近 20 万。在靠近中心城地区以翡翠城、龙熙顺景、独墅逸致等为代表的房地产项目的开发，提升了大兴整体居住形象，成为吸引中心城人口疏散和城市新增人口的重要居住地。

2.京南物流中心、现代制造业和文化创意产业重点培育地区

根据北京市商业物流区域协作分工体系、大兴区的产业基础和发展条件，大兴区将建成京南流通门户，成为辐射华北、西北、东北的重要物流集散地。大兴区物流发展以物流基础行业为基本平台，以第三方物流业和大型商业物流业为主。主要由以下五部分构成：即京南物流基地（即京南物流商港）、轻工商贸物流区、高标准农产品流通市场体系、为产业聚集区配套并提供商业支持和商旅一体的商业服务体系。

在产业发展上，大兴集中力量发展北京四大现代制造业基地之一的“北京生物工程与医药产业基地”，立足于北京的人才、技术、政策等优势，促进区内产业资源整合，完善产业发展环境，吸引国内外大型医药企业入驻，形成集聚优势。同时注重发展产业基地的辐射带动作用，促进周边地区生物工程和医药制造业、汽车配套产业、新材料产业、精细化工产业等高新技术产业和现代制造业的发展。

北部重点发展食品加工制造业、印刷包装业和纺织服装三大都市型产业和文化创意产业。

21.2.2 新城土地利用与空间布局规划

根据《北京市城市总体规划（2004～2020）》和《北京东、西部发展带协调规划》，2020 年大兴新城人口规模控制在 60 万，用地规模为 65km^2。

规划期内大兴新城的城市设施水平和城市功能将得到大幅提升，本区域户籍人口将进一步聚集，同时承接中心城区人口的疏解。

《大兴新城总体规划》提出新城的空间结构为“一心六片三组团”，建设用地共划分为十个片区（组团）。

（1）京南绿色新城核心区。东到京沪铁路为界、西达芦宋路（广九联络线以南部分以芦东路为界）、北至清源路、南临六环路，是大兴新城的行政中心和文化中心。

（2）东片区规划为大兴区的综合服务功能区。东片区拥有大兴新城商业主中心以及两个次中心，分别位于兴华大街与清源路、行政街、黄亦露的交叉口。规划东片区承担面向大兴新城及大兴区的综合服务功能。东片区以大兴新城前身黄村镇、大兴县城为基础

发展，继续发挥大兴区社会、经济等公共服务中心的功能。部分服务职能、产业、人口随着新城整体向西转移出东片区。置换出的空间与东片新发展的空间，重点升级和优化新城的公共服务职能，以及安排中心城区分流至新城的职能。该片区的建设以升级、置换、改造为主，提升城市建设水平，特别是公共交通、市政设施、公共设施的建设水平。

(3)东北片区规划为新城的综合功能承接区。结合大兴新城的主要产业进行发展，重点发展创意产业、都市工业、第三产业，成为主要服务北京中心大团的生活区及产业区。

对目前已有的建设进行整理，严格控制该区的产业建设准入门槛，通过产业政策引导发展文化创意产业、都市工业、物流业等内容。

(4)西片区规划为文教先导综合发展区，成为大兴新城的次中心。规划西片区建设以文化、教育、科研、居住等北京中心大团分流出的职能为核心，结合东片区转移出来的公共服务职能，建立高标准的综合发展新区。西片区采用新城新区建设的高标准，充分发挥交通、基础设施、公共设施建设对城市新区发展的引导作用。

(5)东南片区规划为物流先导的综合产业区。规划东南片区在既有铁路货运的基础上，利用公铁联运的优势发展物流，并与新城周边的第三方物流企业建立紧密联系，发展以物流业为先导的综合产业区。

(6)西南片区规划为生医先导综合产业区。继续发展成为以生物医药基地为主导的综合产业区。该片以现有的生物医药基地为基础，积极发展关联的产业及科研。

预留发展片区，未来承接片、新城综合发展片。该片预留发展大兴新城的次中心。该片区作为将来大兴新城发展的预留用地，主要准备接纳北京新分流出来的职能或大兴新城新增的职能。

(7)西红门组团规划为主城区人口疏散的居住区，组团西部为大兴新城次中心。组团重点发展面向北京中心城区的经济适用住房，改善交通条件和公共设施配套条件，完善组团的生活居住职能。

(8)孙村组团规划为发展控制区。根据北京市城市总体规划对中轴线南部通道及南苑机场的控制要求，严格控制该组团产业和村镇发展，规划期内对孙村组团的职能进行必要的疏解和转移。

(9)狼垡组团规划为综合生活服务区。作为服务本地居民以及北京中心城区的综合生活居住区。

大兴新城用地布局规划和片区划分如图 21-2 所示。

21.3 新城的功能区划

大兴新城的三大城市功能定位，在土地利用和空间布局上，区划分布明确，北部靠近中心城区的地区主要布局以疏解北京中心城的人口为主的居住区和以北京中心城为对象的相关的服务职能；中部地区为大兴新城的核心，主要布局以新城内部的人口、就业，承担服务新城人口和产业的职能；而南部地区重点依托新城，重点发展区域性的工业、物流等产业，如图 21-3 所示。

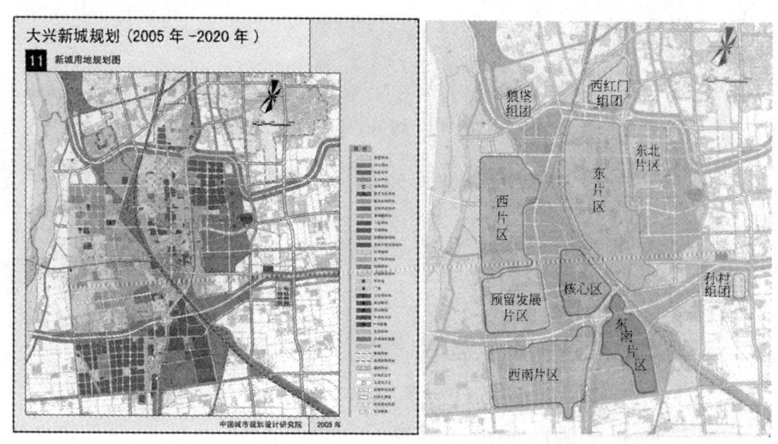

图 21-2 大兴新城用地布局规划和片区划分

■ 北部：中心城区功能扩散区
居住区、商业区、高校园区

■ 中部：区级职能聚集区
行政办公区、居住区、商业区

■ 南部：区域产业发展区
生物医药基地、京南物流园区

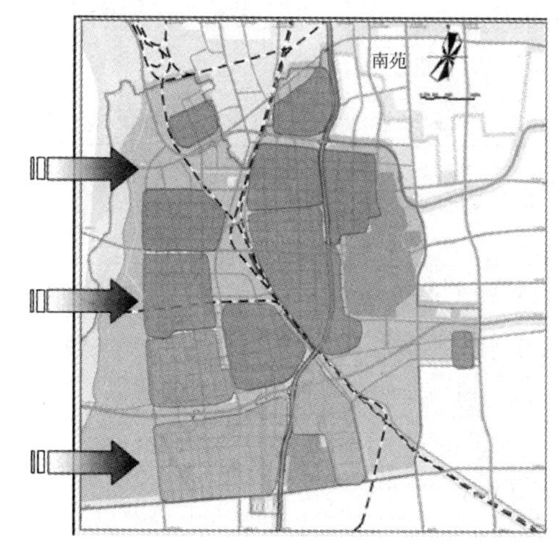

图 21-3 新城的功能区划

新城三大功能区由于职能、人口和就业构成不同使其交通特征差异巨大，北部地区以与中心城的联系为重点，中部地区主要为新城内部交通联系，以及与南部工业发展区的联系，而南部地区则以区域或更大范围的货运交通和与新城服务中心的客运交通联系为核心。

根据交通和土地利用的特征，将大兴新城按照功能区划分为三个区进行研究和规划。即北部的中心城区功能扩散区、中部的区级职能聚集区和南部的区域产业发展区。

21.4 分区交通调查组织与交通特征

21.4.1 调查概况

按照大兴新城的分区发展的土地利用与交通特征，交通调查按照三类地区的划分进行组织。北部的中心城区功能扩散区作为一类小区，中部的区级职能聚集区作为二类小区，南部的区域产业发展区作为三类小区，分别抽样调查样本，如图 21-4 所示。

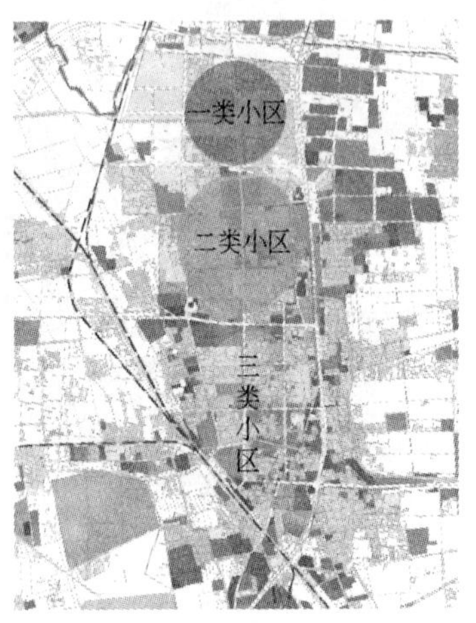

图 21-4 调查小区分类

1. 各分区调查样本特征

各分区的调查样本构成情况见表 21-1、表 21-2。

调查的分区特征与大兴新城分区的分析基本一致，不同的分区在人口的构成和车辆的构成上表现出较大的差异，并符合三个分区职能的基本定位。随着距离主城区的距离增加，承担中心城区居住功能逐步减弱，而大兴本地居住人口比例逐步增加。

调查样本分布及分区情况 表 21-1

小区编号	小区名称	入住户数(户)	居住人数(人)	调查人数(人)	大兴籍住户占总住户百分比(%)	分区
1	郁花园	4 085	10 270	345	6.49	一
2	兴涛	1 615	7 779	168	24.77	一
3	金惠园	1 080	3 024	124	13.89	一
7	枣园	4 192	14 186	173	22.66	一
4	康盛园	1 642	4 926	134	62.85	二
5	滨河北里	2 644	8 870	228	49.39	二
6	清源西里	2 347	8 347	230	46.27	二
8	滨河东里	1 898	5 700	154	84.29	三
9	富强西里	1 745	4 467	185	83.83	三
10	义和庄	421	960	145	79.33	三
11	车站中里	940	2 634	156	96.49	三
12	兴政西里	2 542	5 812	150	81.43	三

各分区人口构成与汽车拥有情况 表 21-2

户籍构成	大兴籍	北京籍(大兴除外)	非北京籍	小汽车拥有
一类小区	17%	67%	16%	29%
二类小区	53%	35%	12%	15%
三类小区	85%	12%	3%	20%

2. 居民出行

人口构成和各分区城市职能的差异，表现在出行的方向和交通出行方式的构成上，见表 21-3～表 21-5。中心城区职能扩散区主要是与北京中心城区联系，小汽车加公共交通占到出行方式构成的 90%以上；新城区级功能职能聚集区，联系方向上则以内部出行为主，其次是与中心城区的联系，其内部出行呈现一般的城市出行结构特征；区域产业发展区，在居民出行上主要与新城联系。

分区主要出行方向的出行比例 表 21-3

主要出行点分布	大兴黄村	北京城八区
一类小区	20%	65%
二类小区	55%	37%
三类小区	80%	14%

居民出行方式构成(按分区分类) 表 21-4

交通方式	步行	自行车	公交车	出租车	小汽车	大客车	其他
一类小区	13%	15%	18%	2%	49%	1%	2%
二类小区	34%	21%	16%	3%	24%	1%	1%
三类小区	38%	34%	17%	1%	7%	2%	1%

居民出行方式构成(按出行方向分类) 表 21-5

出行方向(百分比)	步行	自行车	公交车	出租车	小汽车	大客车	其他
新城内部	42.5%	38.5%	5%	0.3%	10.7%	0.1%	2.9%
北京城	0	0.8%	38.5%	1.9%	54.1%	2.2%	2.5%
其他镇区	21.2%	19.7%	21.7%	1.1%	32.4%	1.2%	2.7%

21.4.2 交通流分布与运行特征

新城与外部交通联系的重点是与中心城区的联系，其次是与区域和其他新城的联系。从进出大兴新城的机动车流量空间分布看，大兴新城与北部联系最为紧密，其次是南部和东部地区，与西部的联系较弱。往来于北京市区和北部郊区县，以及张家口、承德、唐山的车流量占进出新城总交通流量的34%；其次为榆垡片区和保定方向，流量占30%；采育片区和天津方向流量占25%；门头沟、房山方向流量占8%，如图21-5所示。

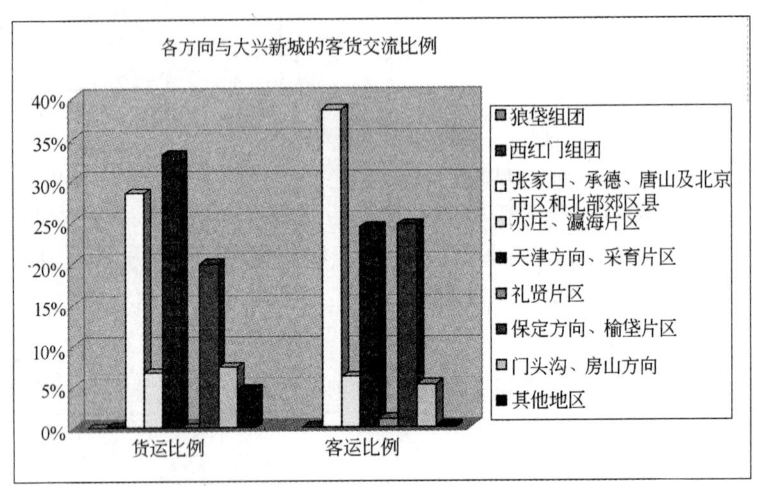

图21-5 各方向与大兴新城客货交换比例

同时，由于处于中心城区对外交通联系的要道上，过境交通和货运交通的比例也比较高。现状进出调查范围的机动车辆客货比例相差不大，客车占51%，货车占48.9%。其中又以小客车和小货车为主。小客车比例最大，占39.4%；小货车次之，占36.5%。二者合计占75.9%，超过总量的3/4，其他车辆比例均在10%以下。

现状新城内部交通量主要分布在京开高速公路西和京山铁路东相间区域，交通流的运行，如高峰时段、交通饱和度、交通方式构成等，呈现出中等城市的特征，如图21-6所示。

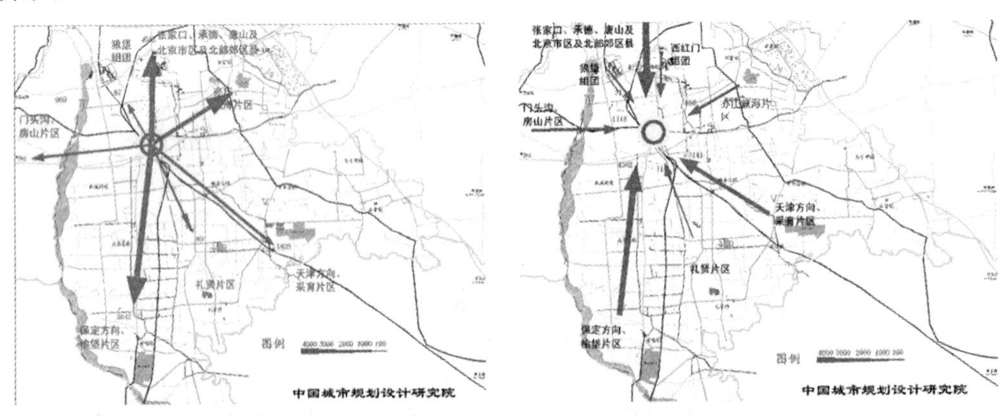

图21-6 早高峰进出大兴新城机动车空间分布

21.5 新城交通规划

21.5.1 城市交通发展目标

1. 区域交通发展目标

整合大兴丰富的对外交通资源，构筑大兴完善的对外交通网络体系，强化大兴与主城区、周边新城以及区内各发展组团的交通联系，扩展大兴区的经济腹地，提升大兴区的竞争力，促进大型交通设施的区域共享，为进一步推动区域合作与发展提供交通支持，提升大兴作为北京市南部重要"节点"的战略地位。贯彻城乡统筹协调发展的思路，逐步推进区域内城乡交通的一体化、区内交通规划、建设和运营管理的一体化的发展。

2. 新城交通发展目标

构筑与大兴"京南绿色新城"和分区发展模式相适应、以公共交通为主体(包括轨道交通与常规公共交通)、步行交通、自行车交通和小汽车交通等多种交通方式相协调的新城综合交通体系，为大兴新城营造一个和谐的、人性化的、可持续发展的"绿色"交通环境，适应全社会不断增长和变化的交通需求，引导大兴新城由农业化地区向城市化地区的转型。

城市交通发展要适应从卫星城到新城的转型，适应新城经济和社会的发展需要，并在促进区域交通协调发展，引导城市空间拓展与整合，引导城市产业调整和升级，引导机动化发展发挥积极作用。

将公共交通作为新城绿色交通的核心进行重点建设，使 2010 年、2020 年公共交通整体出行比例分别达到 25％和 50％，其中在新城与主城间的交通出行中，公共交通方式比例应分别达到 52％和 75％，发展目标如图 21-7 所示。

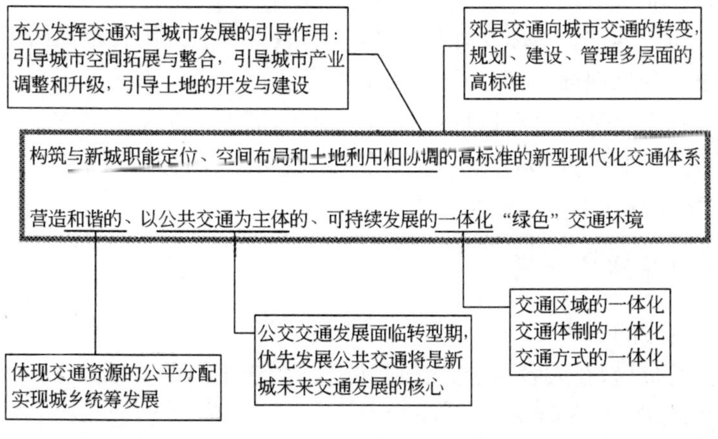

图 21-7 新城交通发展目标图

21.5.2 新城交通特征分析

在我国，新城建设的目的主要在于拓展城市发展空间，实现中心区城市人口和城市职能的外疏散。那么新城交通需求必然和一般独立城区有明显差异，进而影响新城交通设施布局分布，而随之又将对新城的用地布局产生深刻的影响。新城内的交通需求在方向上主要可以分为以下三类：

1. 与中心城的交通联系

主要是在主城区功能扩展区。

新城与主城区同是城市的重要组成部分，两者之间具有密切的联系，新城是主城重要的人口疏散地和服务职能、产业转移承接地，承担主城区城市功能延伸的职能，同时又是相对独立的城市。因此，与中心城以及周边新城的联系将成为大兴新城对外交通联系的主要方向。是否具备与主城区便捷、快速、大容量的交通联系是新城发展的关键因素。

相应地，与中心城的联系交通主要以长距离出行为主，联系频繁，出行相对集中，工作日以上下班出行为主，潮汐性明显，出行端多集中于居住区和就业区；节假日双向的流动特征相对明显，出行目的地多集中于为中心区和新城内的旅游娱乐等消费区。

由用地功能和交通需求决定了与中心城联系的核心交通方式须以轨道交通为主，结合地面快速公交，并适度控制小汽车交通。

2. 新城内部的交通联系

主要是新城区级功能职能聚集区。

新城内部组团的联系交通特征以中短距离出行为主，联系频繁，强调点到点的交通联系。交通方式以公共交通为、步行、自行车为主，多种交通方式并存。

3. 与周边其他地区的交通联系

主要是区域产业发展区。

主要包括与周边其他新城以及外省市的联系，联系交通以中长距离出行为主，与周边新城的联系交通主要是地面公交、小汽车交通并存。

与外省市联系主要是旅游和区域性货运交通等，联系交通以长距离出行为主。其他主要为过境交通。但如果首都第二机场选址在新城境内，则会对周边省市的交通需求产生明显影响，在交通方式上以小汽车方式为主。

21.5.3 交通引导城市开发

21.5.3.1 分区概念的引入

根据公共交通布局，在大容量公共交通和道路系统不同的交汇点上对应不同的土地功能和开发强度，如图 21-8 所示。

(1)“A”区。大运量交通工具支持高密度开发——大型轨道交通枢纽型地区。

(2)“B”区。较大运量工具支持一般密度开发——轨道交通与常规交通的枢纽地区。

(3)“C”区。较低运量工具支持低密度开发—常规道路交通服务地区。

根据“TOD”的开发模式，落实到“ABC”的分区概念上，实现以交通(设施)引导新城空间布局的规划与土地的开发利用。

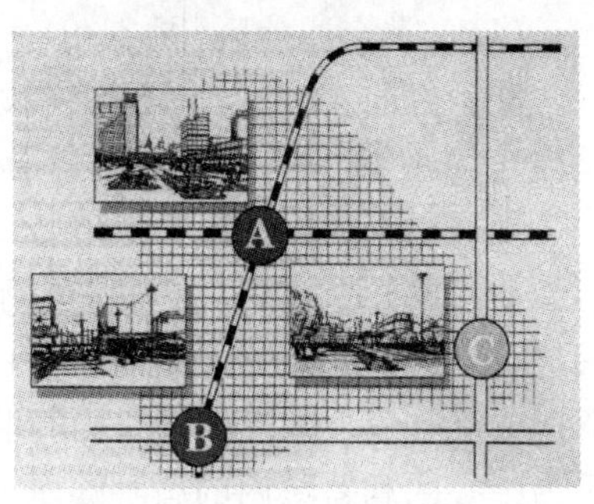

图 21-8 交通引导的 ABC 分区概念图

21.5.3.2 根据土地功能进行分区

(1)A 类地区。高密度开发地区，需要与城市主城区达成高强度联系的地区。

如靠近主城区的地区，主要承担中心区的人口疏散，故其要求新城(居住)—主城区(就业岗位)之间的交通服务应具有运力充沛、准时、舒适、可达性高等特征。又如新城的行政办公、商业服务中心、次中心等服务职能集中地区，一方面其需要与主城区达成密切联系；另一方面这些功能地区与新城内部、其他新城之间的联系需求也将随着新城的发展逐渐增强。

(2)B 类地区。适度开发地区，一般密度居住、生活服务、制造产业聚集区等地区。与主城和新城中心均有较强联系需求的地区。

如新城未来的大型生活居住组团、产业聚集的重点发展镇区，其与主城、其他新城等之间均有较强的联系需求。在重点方向可能需要大运量的公共交通服务和快速的机动化交通，而在一些次要方向的联系需求会降低至常规地面交通系统(常规地面公交和私人小汽车)就可以支持的程度。

(3)C 类地区。一般开发地区，生态保护或低密度开发地区，高档的低密度居住地区，在各层面与外界联系的强度均处较低水平地区；

如新城未来的高档生活区、重点生态保护地区等对开发强度具有相当限制的地区，由于密度低，其各方向的交通产生联系量主要由常规地面交通系统承担(常规地面公交和私人小汽车)。

21.5.3.3 新城的交通与土地利用

大兴新城的城市职能和空间目前正处于快速发展之中，因此，如何使交通设施支撑新城用地和空间形态的发展，又充分发挥交通对新城空间和土地利用的引导作用，根据交通发展为土地利用规划和城市空间发展提出建议，也是新城交通规划中的重要工作内容。主要体现在以下几个方面：

(1)依托交通设施布局，根据不同性质、不同职能用地的交通特征进行用地布局规划，充分发挥交通对土地利用的引导和支持作用。

(2)重点突出公共交通特别是轨道交通对新城规划的引导作用。

(3)在规划中根据分区，形成交通和土地利用的协同发展。

规划以交通设施布局为基础，将大兴新城的用地进行交通分区，对不同的交通分区内建议布局不同功能的用地，为新城的土地利用规划提供参考。

(1)A 类交通分区(图 21-9)。

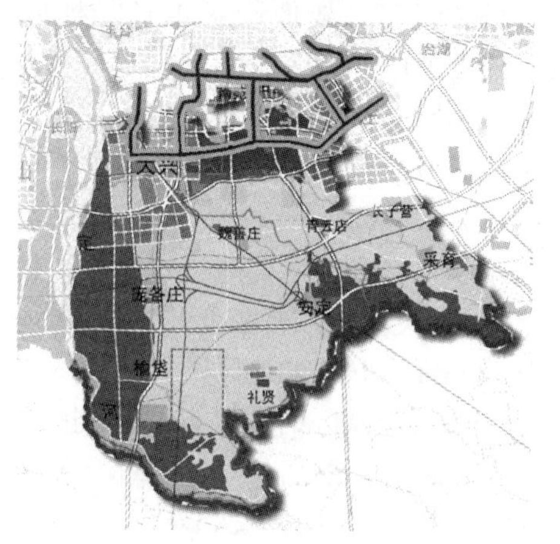

图 21-9　大兴区“A”类交通分区分布示意

联系方向:向北与中心城的联系为主,其次是向东与亦庄和房山的联系。

交通联系特征:长距离出行,联系频繁,出行相对集中,工作日以上下班出行为主,潮汐性明显,出行端多集中于居住区和工作区;节假日双向的流动特征相对明显,出行目的地多集中于为中心区和新城内的旅游娱乐等消费区。

主要交通方式:以轨道交通与地面快速公交为主,适度控制小汽车交通。

适宜安排的城市建设用地:居住、行政办公、文教科研、交通枢纽、驻车换乘。用地规划中,充分发挥交通枢纽对土地开发的支撑作用,对不同等级枢纽周边用地的开发,在用地性质和开发强度的控制上实行差别化的政策。

(2)B 类交通分区。

联系方向:与周边新城的联系、对外交通:与周边省市的联系、与中心城区的联系。

交通联系特征:以与周边新城中长距离出行为主,东部亦庄的联系需求较大,其次是与大兴区内的旅游区联系,及过境交通。但如第二机场落在大兴境内,则对对外交通需求产生明显影响。

交通方式:地面公交、小汽车多种交通方式并存。

适宜安排的用地:居住、区级服务、旅游和相关工业产业。

(3)C 类交通分区。

联系方向:以新城内部的交通联系为主。

交通联系特征:区内中短途出行,联系频繁,可达性要求高,快慢交通混合,注重交通环境。

交通方式:以公共交通、自行车、步行为主,多种交通方式并存,体现“绿色交通”的概念。

适宜安排的用地:居住,区级服务职能等。

大兴区 B/C 类交通分区空间分布如图 21-10 所示,大兴新城用地分区如图 21-11 所示。

21.5.4　大兴交通设施布局结构分析

大兴新城的交通设施布局不同于一般的城市,多数在北京市城市总体规划中已经确定,而且新城交通特征与北京主城区明显不同,也不同于其他独立的城市,因此新城交通设施布局要与新城的交通特征相适应。主要体现在以下几个方面:

(1)中心城的对外联系交通干线对新城用地造成严重分割。穿越大兴的公路和铁路主要有 106、104、020 国道,京沪、京九、京山铁路干线和东西向的铁路联络线,对于大兴,这些交通干线主要承担快速过境交通，较少直接为大兴提供服务，但对大兴的用地布局产生明显影响。

图 21-10　大兴区“B/C”类交通分区空间分布示意

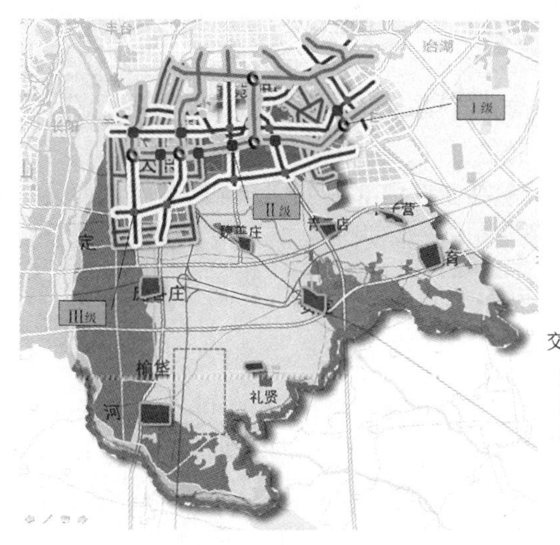

交通枢纽

I级：轨道+轨道

II级：轨道+道路

III级：道路+道路

图 21-11　大兴新城用地分区示意图

(2)与主城区联系是新城对外交通联系的主要方向，同时，基于北京城市发展中功能互补、产业关联的发展要求，大兴与周边新城，特别是与亦庄及整个东部发展带方向的横向联系将逐步加强。

(3)用地布局上形成以交通干线(同时也包括其它的自然分隔)为界的多组团式布局，跨越交通瓶颈的组团间联系是城市交通联系的重点。

如图 21-12 按四级交通联系通道构建整个新城的交通系统：

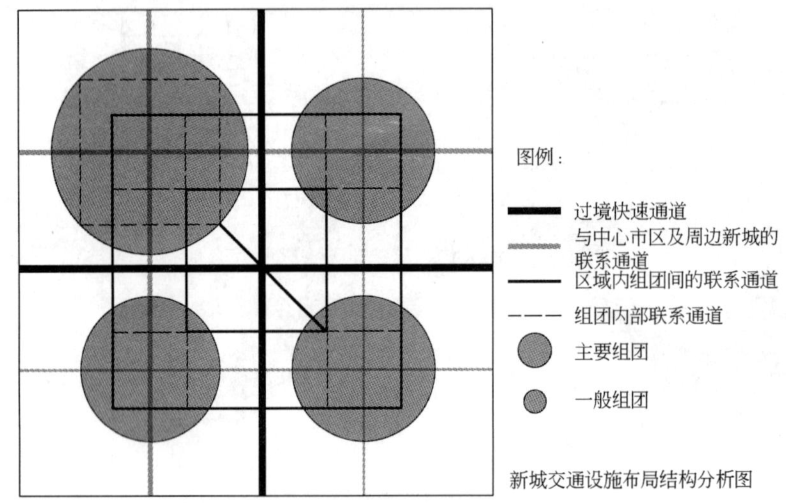

图 21-12　新城交通系统结构图

第一级：以过境交通为主的快速通道。主要包括高速公路、一级公路、国家或区域铁路干线等。

第二级：联系主城区和周边新城的联系通道。包括城市轨道线、城市快速路、城市主干路、郊区铁路等。

第三级：组团间的联系通道。包括新城内部的主、次干路，新城地面公共交通干线。

第四级：组团内交通组织系统。包括组团内部的次干路、支路、支线公交等。

21.5.5　职能分区下的道路与公共交通规划

21.5.5.1　道路系统规划

在用地布局上，新城北部的中心城区功能扩散区，形成以高品质居住、市级服务和高校为主要职能的区域；中部的区级职能聚集区，形成以区级行政办公、居住和商业为主要职能的区域；南部的区域产业发展区，是大兴的生物医药基地和以公铁联运为主的物流园区。各职能分区表现出的交通特征存在较大差别，因此需要建立与不同分区相适应的道路交通体系，既考虑未来的发展弹性，又与各片区的职能契合。

1. 分区交通特征与道路级配

三个分区的交通特征：

(1)中心城区职能扩散区。对外为主、内部为辅。主要承接中心城区的职能疏散，与中心城区联系密切，联系交通潮汐现象比较明显，与其他新城之间的关系也相对密切。交通组织受中心城区交通系统制约大,与中心城区之间的联系主要以公共交通为主。

(2)区级功能职能聚集区。内部为主、对外为辅。主要布局大兴区级职能,在继承原来县、区功能的基础上进一步提升。区域内各组团和功能区之间联系紧密,出行范围主要集中在新城内部,但与中心城区、其他新城之间有一定的联系。此区域内交通规划的重点是处理好组团之间、组团内部的交通联系,处理好与高等级干线的衔接。

(3)区域产业发展区。货运对外、客运对内。是北京市和大兴对接区域产业发展的重要地区,也是区域产业集群的有机组成部分,但产业工人和管理人员大部分生活在大兴新城,客运交通与大兴新城联系紧密。货物、物流也是区域物流的组成部分,应重点实现与区域网络的衔接,以及作为新城的一个组团与新城其他功能区联系。

道路网络布局上,中心职能扩散区以市级主干道和支路为主,道路级配成哑铃形,主干道和支路比例较高,次干路较低;区级职能聚集区主、次、支道路合理分布,道路网密度最高,道路级配成三角形关系,支路密度最高;区域职能发展区以次干路和市级主干路为主,道路级配成枣核形,主干路和支路比例较低,次干路最高,如图 21-13 所示。

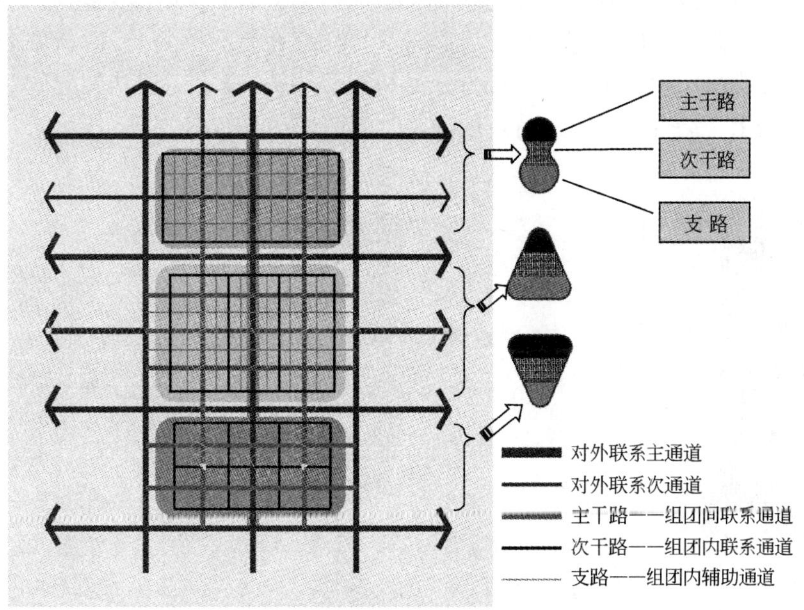

图 21-13 分区道路级配关系及道路密度

2. 分区交通特征与道路红线、断面规划

新城规划道路红线是以原有规划控制为基础,以新城道路功能定位和新城分区交通特征为基础进行规划。在预测各级道路所承担的交通量基础上确定红线的规划宽度。同时针对分区服务的区域范围和承担的城市职能,规划中以各分区交通联系特征对道路断面进行规划。

中心城区职能扩散区人口就业分布以中心城为主，新城为辅，在出行方式的选择上，行人、自行车出行量相对较少，自驾小汽车方式较为普遍，且早晚高峰小汽车潮汐交通相对明显，道路断面应适当增加机动车车道的数量，并考虑在早晚高峰设置变向车道。因此，道路断面中，自行车和行人空间较小，红线宽度小，主要用于机动车通行，道路断面应取消中央分隔，为变向车道的设置提供条件，同时应设置 HOV 车道，鼓励合乘。

区级功能聚集区是大兴新城人口和工作岗位较为集中的区域，行人、自行车出行量较大。道路断面设计要充分考虑行人和自行车交通，同时考虑到机动车出行量也会较多，机非交叉又普遍集中在交叉口，所以干线道路断面应设置中央分隔，以利于交叉口渠化。

区域产业聚集区交通对外联系以货车为主，但部分上下班出与新城联系的行则主要依靠自行车或公共交通和部分小汽车。所以，道路网络规划中，货运交通与客运交通首先在空间上要适当的分离，货运道路与区域对外干线良好衔接，在与新城中心联系的道路断面上适当考虑行人和自行车交通，道路红线适当扩大，为未来产业区城市功能升级后客运交通增加留有余地。新城道路功能组织如图 21-14 所示。

21.5.5.2　职能分区指导下的公交规划

根据交通分区下不同类型用地对交通需求特征存在差异的特点，对新城未来公共交通系统的功能、服务水平、服务特征进行分类和特征分析，确定交通功能分区对公交设施发展的主要需求。结合新城分区特点的公共交通结构示意如图 21-15 所示。

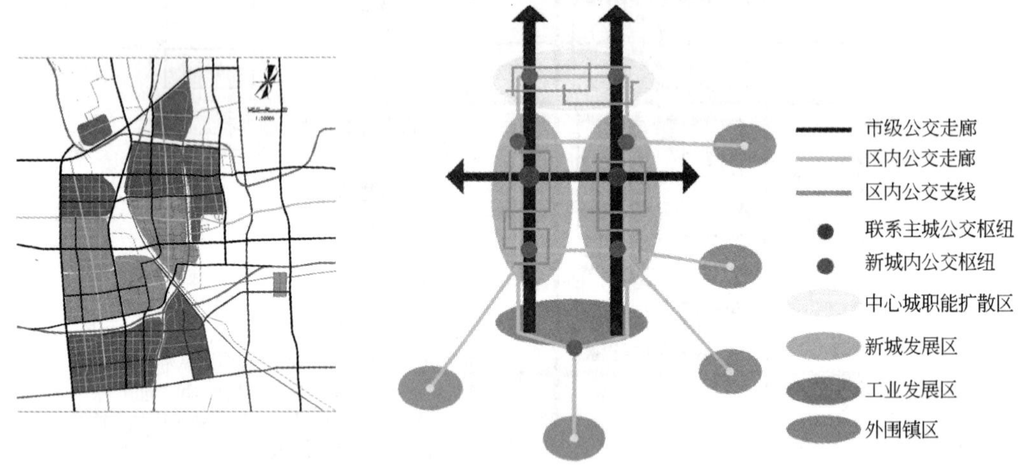

图 21-14　新城道路功能组织示意

图 21-15　新城公交结构示意

(1)中心城区职能扩散区。这一区域主要的联系方向为主城区，因此公交网络应以提供直接联系主城区的大运量、快捷的公交服务为主，保障联系主城区的出行需求。

该区域枢纽规模较小、换乘方式比较简单，联系中心城区的公交线路直接延伸进入这一分区内部，缩短居民换乘距离；通过区内线路与枢纽衔接。

线路应以联系主城区的市级线路为主导，辅以少量的区内公交线路，联系新城内和大兴区的其他镇区；场站的布局上，以布置中心城区公共交通配套场站为主，应注重布置 P+R 换乘枢纽及服务于主要居住区的主要公交首末站。

(2)区级职能聚集区、区域产业发展区。区级职能聚集区承担带动大兴全区发展职能，既要衔接主城区，同时更要对大兴区内其他镇区发挥辐射、带动作用，因此应以大兴区内公交服务为主，通过主要换乘枢纽与联系主城的公交网衔接。由于该区将承担对主城区、对新城内各片区、对大兴各外围镇区等多方向、方式的换乘需求，因此未来这一分区内的换乘枢纽将形成具有衔接多种交通方式、覆盖较大范围、规模较大的综合性交通枢纽。

区域产业发展区则主要通过区内服务的公共交通线路与新城中心联系。场站的布局上，在区级职能聚集区内，以内部服务公共交通场站为主，尽可能在区域产业发展区内选择适当地点，布置较大规模的停保场站，如图 21-16 所示。

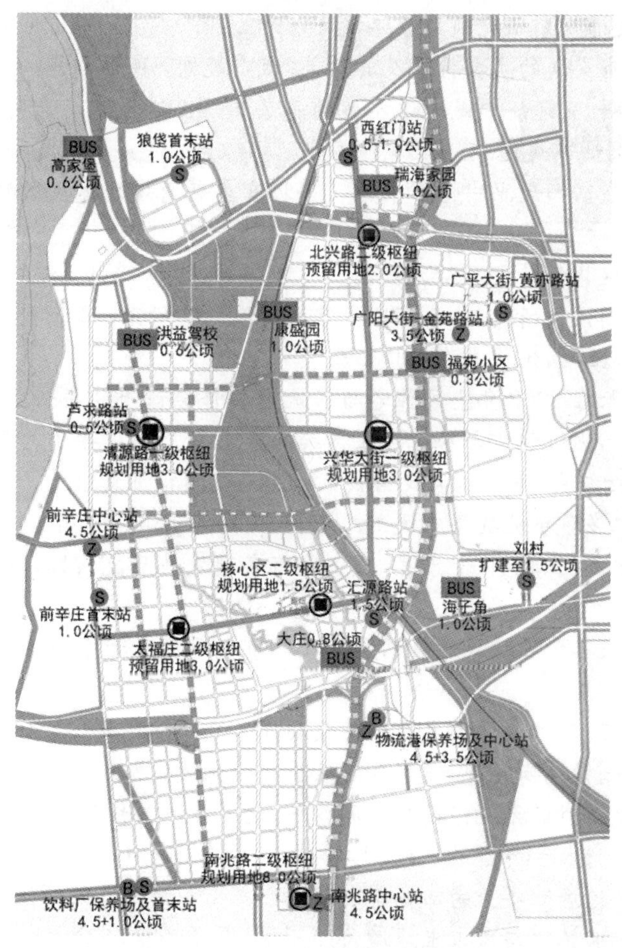

图 21-16　公交设施规划布局示意图

参 考 文 献

[1] 中国城市规划设计研究院. 杭州综合交通规划修编现状分析专项报告. 2008.

[2] 从“浙江村”到北京时装之都，北京日报.

[3] 宁越敏，黄胜利. 上海市区商业中心的等级体系及其变迁特征. 地域研究与开发，2005，(25)，4.

[4] 刘秉镰，郑立波. 中国城市郊区化的特点及动力机制，理论学刊，2004，10.

[5] 北京市城市总体规划修编资料，2004.

[6] 陈彦光，刘明华. 城市土地利用结构的熵值定律. 人文地理，第16卷，第4期.

[7] 杭州市战略交通规划研究项目最终报告，1992.12.

[8] 敏捷. 我国城市交通的主要特点及其对策. 城市规划，1984，4.

[9] 夏丽卿，陆锡明. 交通规划是交通发展的龙头——上海城市交通的回顾与展望，迈向21世纪的中国城市交通.

[10] 殷丽，高扬. 在回顾反思中憧憬未来——北京市交通规划建设回顾、反思与展望. 北京建设.

[11] 中国城市郊区化的特点及动力机制.

[12] 中国城市规划设计研究院. 北京城市空间发展战略研究，2003.9.

[13] 丁金宏. 城郊互动，优化上海人口布局.

[14] 刘志锋副部长在2003年全国住宅与房地产工作会议上的讲话：《继往开来、与时俱进、深化改革，促进住宅与房地产业持续健康发展》，2003年1月13日.

[15] 熊国平. 20世纪90年代以来我国城市形态演变的特征总结.

[16] 肖延方. 采取多种措施提高农民工工资，人民网.

[17] 钱连和，全永鑫，王晓明，金东星. 北京城市交通发展历史回顾，迈向21世纪的中国城市交通.

[18] 城市交通与汽车产业协调发展的关系及城市交通发展研究，中国城市规划设计研究院，1997.

[19]《城市交通与汽车产业协调发展的关系及城市交通发展研究》，1997.

[20] 中国城市规划设计研究院. 杭州市发展公交优先政策与机制，2007.

[21] 兰荣. 中国城市交通系统建设与发展. 检讨运输系统工程与信息，2001年，1(2).

[22] http://www.gzcc.gov.cn.

[23] 马林. 城市交通规划事业的回顾与发展.

[24] 周一星. 健康城镇化与城市土地增长.

[25] 新增建设用地有偿使用费明年翻倍. 新京报，2006-11-21.

[26] 中国城市规划设计研究院. 广州2020城市总体发展战略规划咨询，2007.6.

[27] 中国城市边缘新居住区发展模式.
[28] 曾培炎.在城市总体规划修编工作座谈会上的讲话.
[29] 朱天明.我国城乡二元结构的新变化.
[30] 人口变动与城市体系. http://www. china. com. cn.
[31] 中国城市规划设计研究院.东莞市协调发展规划,2004.
[32] 李若建.广东省在业人口职业结构时空变迁及人口流动过程中的职业流动.市场与人口分析,2004,10(1).
[33] 赵卫华.北京市社会阶层结构状况与特点分析.北京工业大学人文社会科学学院.
[34] “十五”时期广东人口的发展与变化.广东统计信息网.
[35] 收入差距变化的趋势性特征.
[36] 珠三角城镇群规划,2004.
[37] 秦国栋. 2006 年城市轨道交通规划盘点.
[38] 广州交通发展战略. 2007.
[39] 城市规划资料集第 10 分册,城市交通与城市道路.
[40] 吴子啸,宋维嘉,池利兵,潘俊卿.出行时耗的规律及启示.城市交通,2007-1-(5).
[41] 中国城市规划设计研究院.厦门岛城市交通规划. 1996.
[42] 世界银行.中国:加强机构建设,支持城市交通可待续发展. 2005.
[43] 北京交通拥挤现状简报.
[44] 交通拥挤愈演愈烈,区域经济破解北京交通难题.中国经济时报,2003-11-7.
[45] 2007 年度北京市交通经济运行分析,2008.
[46] 世界银行.中国:加强机构建设,支持城市交通可持续发展,2005.
[47] Steven Norris. Miniter for Transport in London.
[48] 广东省政协委员建议广深高速公路降费. http//www. chinawuliu. com. cn.
[49] 2008 年中国城市轨道交通行业及设备制造企业研究.
[50] 中国城市规划设计研究院.北京轨道线网规划,2002.
[51] 中国城市规划设计研究院.杭州市域综合交通规划研究,2007.
新华网. 2005,8.
[52] 砦琨,涂先库,黄永青,杨仁法.城市交通与机动车排放控制.城市环境与城市生态,2005,3(18).
[53] 中国城市规划设计研究院.苏州市综合交通规划,2007.
[54] 中国城市规划设计研究院.北京综合交通规划纲要,2004.
[55] Lyon urban mobility master-plan.
[56] 百科全书(Wikipedia-the free encyclopedia,http://en. wikipedia. org).
[57] 美国“精明增长”的城市发展理念.
[58] 刘沛.轴辐式快速货运网络规划研究[D].山东大学,2007.

[59] 深圳市轨道交通规划简要报告.
[60] 中国城市规划设计研究院. 北京综合交通规划纲要,2006.
[61] 苏莎莎. 轨道交通对城市商业空间和房地产价值的影响.
[62] 黄肇义,杨东援. 生态城市典范——库里蒂巴.
[63] 广州南沙总体规划.
[64] 历史上的天津港口.
[65] 甄静. 京沪线铁路客流规律分析. 中国铁道科学.
[66] 杜春江. 哈尔滨铁路局旅客运输市场调查分析. 中国铁路,2007(11).
[67] 建设部交通工程技术中心. 可持续发展的交通运输. 北京:中国建筑工业出版社.
[68] 中国城市规划设计研究院. 北京西单灵境胡同危改小区交通影响评价. 2005.
[69] 中国城市规划设计研究院. 杭州交通发展纲要国内咨询. 2006.
[70] 中国城市规划设计研究院. 福州综合交通规划(纲要初稿). 2008.
[71] 关于确定城市交通方式结构的研究.
[72] Traffic Congestion and Reliability: Trends and Advanced Strategies for Congestion Mitigation—TRB.
[73] Traffic Congestion and Reliability: Trends and Advanced Strategies for Congestion Mitigation. TRB.
[74] 中国城市规划设计研究院. 杭州公共交通发展机制研究. 2007.
[75] travel time minimization versus reserve capacity maximization in the network design problem.
[76] 贵州省城市公共交通管理条例.
[77] 建设部. 关于优先发展城市公共交通的意见(建城[2004]38 号),2004.